# 西方美学论稿

王向峰 著

辽宁大学出版社

图书在版编目（CIP）数据

西方美学论稿/王向峰著. --沈阳：辽宁大学出
版社，2011.11
ISBN 978-7-5610-6582-2

Ⅰ.①西… Ⅱ.①王… Ⅲ.①美学史－西方国家
Ⅳ.①B83-095

中国版本图书馆 CIP 数据核字（2011）第 246896 号

---

出 版 者：辽宁大学出版社有限责任公司
　　　　　　（地址：沈阳市皇姑区崇山中路 66 号　　邮政编码：110036）
印 刷 者：沈阳航空发动机研究所印刷厂
发 行 者：辽宁大学出版社有限责任公司
幅面尺寸：170mm×240mm
印　　张：24.5
插　　页：2
字　　数：370 千字
出版时间：2011 年 11 月第 1 版
印刷时间：2011 年 12 月第 1 次印刷
责任编辑：董晋骞
封面设计：邹本忠　韩　实
责任校对：合　力

---

书　　号：ISBN 978-7-5610-6582-2
定　　价：48.00 元

联系电话：024－86864613
邮购热线：024－86830665
网　　址：http：//www. lnupshop. com
电子邮件：lnupress@vip. 163. com

# 序

  辽宁大学中文系教授王向峰先生是我国著名的文艺理论家和美学家之一，也是我所敬重的同辈学者之一。他的《西方美学论稿》即将由辽宁大学出版社出版。向峰先生说："写出《西方美学论稿》，出一本独立存在又有相当规模的书，可以说是我的一个梦想。"现在他实现了自己的梦想，我向他表示衷心的祝贺！

  西方美学研究主要隶属于西方美学史学科。上个世纪 60年代初，朱光潜先生写的两卷本《西方美学史》是我国第一部以马克思主义为指导系统研究西方美学的著作。改革开放后，我为适应新形势下的教学需要，也写了一本《西方美学史教程》。此后又陆续涌现了好多本《西方美学史》，更有蒋孔阳先生和汝信先生分别主编的多卷本《西方美学史》。在新时期西方美学研究已有很大进步。但是，西方美学史是一门艰深的学科，长期以来人们在编写西方美学史的时候，更多偏重于引进和介绍，对西方美学家和美学流派的观点辨析讨论不够，往往显得很不好懂，理论脱离实际，缺乏现实感和理论深度。不论读者还是作者，对西方美学史的写法都不很满意，对此美学界多次开展过讨论。我觉得，向峰先生的《西方美学论稿》开始打破了这种局面，这是一部后来居上的很有特色的著作，是西方美学研究可喜的最新成果。

《西方美学论稿》是向峰先生多年科研和教学的心血结晶。全书五大编三十五章，从古希腊一直到当代，重点突出西方美学史上主要代表人物的美学思想，是按时代先后的顺序展开的。该书是一部重点突出而非面面俱到的西方美学史，更适合教学，突出的特色是较好地做到了史与论的结合，不是史料的堆积和流水账。向峰先生以马克思主义为指导，站在当今的高度，对历史上的各种美学观点、美学思潮，做了深入的有自己独立见解的分析和评论。他没有停留于史料的客观介绍，而是以实事求是追求真理的精神，着力于弄清和阐释历史上的各种美学理论、观点、范畴是怎样形成的，其真实内涵和实质是怎样的，哪些是今天可以吸收的有益的正确的，哪些是有局限或是错误的，一一作出自己的判断和有关是非的评论。他引用了古今中外许多著名的文学艺术作品，用文艺创作和欣赏的审美实践，来说明、对照、印证或批评历史上的美学观点，把美学理论和审美实际结合起来。例如，仅在亚里士多德美学的思想这一章中，他就结合讲到了宋代词人张先的《一丛花》，《水浒传》和欧阳予倩的话剧《武松和潘金莲》，索福克勒斯的《俄狄浦斯》，奥斯特洛夫斯基的《大雷雨》等作品。在其他章节里，你还可以看到有关《红楼梦》、《聊斋》、曹禺的戏剧，贺敬之的诗歌等的议论。在理论阐发的过程中，他还广泛融入了易经、孔子、庄子、释迦牟尼、马克思、恩格斯、毛泽东、鲁迅等的相关美学思想，采用把中西美学、古今美学加以对比的方法，使美学史的写作变得立体化。这种把史与论、美学与艺术、中与西、古与今相结合的写作方法，比通常的写法显得更生动、更开阔、更好懂、更有学理性、启发性和现实性。我觉得这种写法是很好的，这本书不但给读者提供了丰富系统的关于西方美学史的知识，而且能够激发读者美学理论上的思考，使之获得多方面的启发，对于我们的文艺创作和审美实践是会有帮助的。当然，"文无定法"，我并不认为这是唯一的写作方法，也不认为这本书已写得十全十美，但是，我敢说，与一些呆板枯燥的《西方美学史》相比，在写法上它已提供了新的方向和范例。

其实，写出一本好的著作，不只是写作方法的问题，而首先是思想理论水平的问题。朱光潜先生晚年谈他美学研究的经验教训时多次指出，要学好美学首先要弄通马克思主义，同时还要掌握哲学、历史、心理学、文学艺术等多方面的知识。向峰先生在这方面做得是很好的，他是一位博学多才、具有复合型知识结构的学者。他长期在高校辛勤耕耘，治学严谨，硕果累累，已出版过三十多部著作，发表过数百篇论文，并多次获奖。在这本《西方美学论稿》之前，他已出版过《中国美学论稿》、《中国现代美学论稿》和《"手稿"的美学解读》等美学专著。其中《"手稿"的美学解读》是我国学术界唯一一部全面系统解读马克思《一八四四年经济学哲学手稿》中美学思想的专著，是他从上个世纪六十年代以来的研究成果，曾获第三届鲁迅文学奖和首届中华优秀出版物（图书）奖。他的《西方美学论稿》写得这么好，这么有特色，绝不是偶然的，是和他的主观条件和努力分不开的。

党的十七届六中全会已经提出努力建设社会主义文化强国的历史性任务，要把我国建设成文化强国，我们不但要弘扬传统文化，推动中华文化走向世界，同时也要积极吸收借鉴国外优秀文化成果。几千年的西方美学史是一座丰厚的文化宝库，我们应当批判地继承这笔珍贵的文化遗产，加强中外文化的交流，以我为主，为我所用，为建设有中国特色的马克思主义美学不懈努力。我们期待在神州大地上将会涌现出更多复合型人才和更多优秀的著作。

李醒尘

2011 年 11 月 17 日于北京大学燕北园

# 初 版 前 言

　　1987年我当中文系主任并主持文艺学重点学科时，曾计划以学科力量为主，集体合编"中国美学史"和"西方美学史"两门课的教材，与此前已完成的几部教材配套，实现专业的主干教材建设计划。当时为这两史的出版已与沈阳出版社签订了出版合约。在后来的进行当中，由于六月的"政治风波"的影响，两书的执笔人多半没有如期完成执笔任务，出书计划自然落空了。

　　从文艺理论教学与研究多年的经验中，我深知这两门课的重要基础意义、包容意义与前沿意义，实在是想把它们搞出来。于是我只好改变思路与作法：埋下头来自己慢慢地搞下去。1996年我整理了我的中国美学史的教学与研究成果，在中国社会科学出版社出版了《中国美学论稿》，实现了预想中的一半；同时我还想着计划中"西方美学史"的那一半的心中召唤。

　　我1990年正式开始准备"西方美学史"的课程，写讲课题纲，写到康德美学的第三题"康德的崇高分析"，还未等写出解释文字，就觉身体不能支持了，到沈阳陆军总院一查体，医生说是"急性黄疸"，得住院，我就此放下了写到半截的讲稿，非常懊丧和失望地在讲稿的空白的尾页上写了一句当年在云南昆明西山太华寺记下的一付对联——"世外人法无定法当以无法为法，天下事了在不了唯有不了了之"——的下联，时间是 1990 年 8 月 7 日。当天我就住进了解放军 202 医院。这时身外的一切都真正地放在身外了，是一种确切意义上的"不了了之"。由此也非常痛切地明白了什么是真正的"身外之物"和欲行无力。当时也不敢想到以后还会有机会重续前缘写这本讲稿。苍天佑我，住了两个月院，躺在病床上难以停顿的思维，由理论转向文学创作，开始不停地写诗。出院一年以后身体全然康复了。这时虽然有不少东西要写，但对"西方美学史"仍未忘情，总想重寻旧梦，再做冯妇。

人如果没有外力的推动难有更大的作为。当时由于本科自考生、硕士生、博士生的教学需要，在 1994 年 12 月 17 日开始，我又接着写起了关于康德的美学思想的讲稿，陆陆续续地写出了关于尼采、巴赫金、存在主义、现象学、德里达的读书笔记，大体上勾画了西方美学的一个基本轮廓，曾为我的博士生讲过两轮。2006 年春天，鲁迅美术学院史论系主任杨振国教授和文化传播系主任张伟教授，邀我去为他们的硕士研究生讲"西方美学史"，我接受了这个任务，受到了教学责任的推动，又重新整理旧稿，补充新章，在当年的下半年在那里讲了一个学期，从古希腊的柏拉图一直讲到法国的德里达，虽然在有限的课时内跳着又挑着讲，但也成为一门绵延和贯通古今的"西方美学史"课。

在鲁迅美术学院讲的西方美学古今通史的课程，除了本院的硕士生外，还有辽宁大学的一些硕士生和博士生也坚持到底地听完了我的课。听课的人多了，又听出了兴趣，对我的推动力也就大了，好像舞台上的演员，台下一有人鼓掌，演的就特别起劲，特别是从第一讲开始，沈阳大学的阎丽杰教授就坚持录音，一直录到最后一讲；鲁美的钟国盛、王洪等同学也录了音，并表示要把录音转成文字，争取印出来，这就更使我不敢怠慢，争取尽量讲得清楚一点、丰富一点、生动一点。在课程进行之中，阎丽杰就组织听课的一些研究生以及她所联系的未听此课也对所讲内容有兴趣的同志，大家分工把所讲的全部录音转换成为书面文字，然后我再进一步整理，变成可以印刷的文字，这对于把声音转换为文字的那些人是一个苦差事，他们帮我做了。他们是：阎丽杰、谢忆梅、杨慧、钟国盛、孙殿玲、王洪、姚韫、张睿、许宁、王影君、王香宁、王明刚。他们的辛劳和认真奉献精神使我特别感动，实在是感到无以为报，我许诺说："我新出的几本书要印出了，一本诗集《长河流月》，一本散文集《遥远的回声》，还有《向峰文集》第七、八两卷，以及评论我的论文集《生命价值的创造》等，到时一起赠送给大家。"我知道，这几本书远不能补偿他们为我付出的辛苦，特别是对于运筹经理此项任务的阎丽杰和多次帮我整理录音稿的许宁。

这次在鲁迅美术学院讲"西方美学史"，我讲课所用教材有朱光潜的《西方美学史》、李醒尘的《西方美学史教程》、朱立元主编的《当代西方文艺理论》；还有鲍桑葵的《美学史》、吉尔伯特和库恩的《美学史》、克罗齐的《美学的历史》作为参考。我还组织学生备了李醒尘和朱立元的两本书，作为课中主要依据。我在讲课中所涉史论的结构线索，主要取自朱光潜和李醒尘这两本书的有关部分；引用原著中的一些文字，也尽可能用他们引用在书上的，以便于向学生解读；有些归纳转述原著的地方，参考了朱光潜和李醒尘的概括，这些在我的讲稿中多已注明，这是要向先行者表示感谢的。

西方美学史的历史久远，内容丰富，头绪繁多，见解异样，用在课堂上讲授，是个讲不完的课题。我在讲课中只是选取了各个时期的一些重点人物，以及在当下影响比较广泛的美学观点的发出者，所以讲稿集中在一起也不足以称为"史"，只能是"讲稿"——好在"讲稿"是一种自由讲谈，讲到谁，讲谁的什么，怎么讲法，完全取决于讲课人，我的这本《西方美学讲稿》，就是这样一种讲课录音稿，印出来作为从学从教的一段里程的记录，下次再讲此课时也能作为一个思路的提引，此外没有更多的期望。

回顾这本讲稿成书的历史，可谓路途曲折，能有今天的结果，不仅要靠自己坚持不懈的努力，也不少了别人的帮助。马克思在《剩余价值学说》中说："密尔顿非创造《失乐园》不可，就像蚕非生产丝不可一样。这是他的本能性的实际表现。"我们一般人的才情无法与英国17世纪这位伟大诗人相比，但是人们一入此道，"本性的实际表现"差不多是一样的。我希望自己能保持"像蚕非生产丝不可一样"的理性冲动。

王向峰

2007 年 3 月 14 日

# 目　　录

## 第二编　多元美学时代的经验与沉思

# 第四编  现代美学的发生与发展

# 第五编　现代与后现代美学

附彩页：

1.《胜利女神》　2.《米勒岛的维那斯》　3.《西斯廷圣母》

4.《摩西》　5.《最后的晚餐》　6.《劫夺吕西帕斯的女儿》

7.《浪子回头》　8.《赫拉斯兄弟之誓》　9.《街垒上的自由》

10.《喂食》　11.《伏尔加河上的纤夫》　12.《草地上的午餐》

13.《皮靴》　14.《舞蹈》　15.《拉斯莫尔国家纪念碑》

16.《哥尔尼卡》

# 第一编　最早闪烁的美学之光

　　欧洲的美学在古希腊发生，出现了像柏拉图和亚里斯多德那样的大家，他们面对艺术与自然进行了许多美学的思考，留下了重要的典籍。此后的希腊化时代，罗马时代，人们一直寻找美的解答。直到中世纪，人们在严重的历史局限中，也力图克服认识上的难关，给出一个克服不了历史局限的关于美的答案。今天看来，不论这些人局限有多大，他们给人的启示是有益于历史的，非常难得地让后世看到了黎明前闪烁的美学之光。

美是寻求唯叹难，千年戛戛辩开端。
乞灵上帝终无补，溯本追源在世间。

# 第一章　古希腊早期的美学

一般地说，古希腊文化主要是指公元前 13 世纪到公元前 5 世纪这一历史阶段的文化而言，人们称此为伯里克里斯（奴隶主民主派政治家，雅典国家的统治者）时代。公元前 5 世纪，大约是中国的老子、孔子，北天竺的释加牟尼所处的时代。古希腊文化有全面的繁荣，其中戏剧为最。戏剧，主要根据神话题材创作，悲剧作家有埃斯库罗斯、索福克勒斯和欧里庇得斯。喜剧作家是阿里斯多芬。悲剧的题材主要来自神话传说和荷马史诗。古希腊的哲学与美学也有非常高的成就，其中代表性人物，在早期为毕达哥拉斯、赫拉克里特、德谟克利特、苏格拉底，之后是柏拉图和亚里斯多德。这个阶段是奴隶制度从开始萌生已达到完备阶段。

## 一、毕达哥斯学派

毕达哥拉斯（公元前 580－前 500）学派的美学观点有一定价值，代表人物以数学家为主，还有天文物理学家，他们主要从自然科学观点去看美学问题，想找出自然界中能统摄一切的因素，终于找到了"数"，认为它是万物的原素，"黄金分割律"就是这派发现的。他们认为艺术和美离不开数，先于一切而独立在对象事物中存在，统治着一切现象。后来客观唯心主义把数看作一种客观存在的精神在那里，除了神之外就是数，认为宇宙中最基本的元素是数，先于一切而独立存在。从数学观点研究艺术导致了美的和谐论，在这一点上中西方观点是一致的，发现声音发音有质的差别，长短、高低、轻重，后面包含数量，可以用数计算。长短、高低、轻重可以看成质的差别。这是发音体数量差别造成的结果。音乐是由不同的声音组成的和谐体。清浊，由声音进入到音乐。和谐是许多杂要素的统一。杂要素不是由单一相同的音连续发出的。单调不是和谐。和谐不是由"同"构成，而是由"不同"构成。这如同

《周易》中的阴阳论。春秋时代晏婴的"和如羹焉",说羹需要调味,不是单一的味道,味在咸酸之外。史伯说:"和实生物,同则不继","声一无听,物一无文,味一无果,物一不讲"。这些都是讲由不同而统一为和的美学论。

毕达哥拉斯学派最早发现艺术美由和谐构成,把美指向对象,偏重形式美。认为圆形最美,是脱离内容条件的形式主义论。关注艺术对人的影响,认为人是一个小宇宙,广大的世界是个大宇宙,认为人和外部世界有同构关系,内心感受可在外在世界中发现。内心感受可以找到对应的外在世界加以表现,因为人的小宇宙和外在的大宇宙有同构关系。人体的内存和谐受外在和谐的影响。

## 二、赫拉克利特

赫拉克利特(约前540—前480)是古希腊的唯物主义哲学家,强调美在于和谐,和谐在于对立的统一。"差异的东西相会合,从不同的因素产生最美的和谐,一切都起于斗争。""自然是由联合对立物造成最初的和谐,而不是由联合同类的东西。"他的美学强调变动和更新,美是不断变化的,前水不是后水,所以美不是绝对永恒。对后来美的相对性理论有影响。他说"看不见的和谐比看得见的和谐更好。"对美的衡量尺度不一样,在人看来,"最美丽的猴子与人类相比也是丑陋的。"

## 三、德谟克利特

德谟克利特(约前460—前370)是唯物主义美学家。他认为人之美在于身体"与聪明才智相结合"。他认为人应该"追求美而不亵渎美"。人"应该只追求高尚的快乐"。他对灵感论和艺术产生都有论述。艺术产生于余力(奢侈)。提出艺术摹仿说,人向动物学习。"从蜘蛛我们学会了织布和弥补;从燕子学会了造房子;从天鹅和黄莺等歌唱的鸟学会了歌唱。"不同的物种中,人最具有灵性,他继承赫拉克利特的传统,从数量关系的角度认识美,合适、适中是美,这对德国古典美学家康德、席勒都有影响。

## 四、智者学派

智者学派又称诡辩学派,这一派主要代表人物为普洛泰戈拉斯和高尔吉亚。他们反对自然哲学的存在论(本体论),推崇相对主义,提出显现论,各人有各人的显现的尺度。普洛泰戈拉斯说:"人是万物的尺度。"智者学派的文献《辩证法》中认为美是相对的,如果每人把自己认为丑的东西集中到一起,然后又从中各选取自认为美的东西,最后那堆东西什么也不剩了。他们关于"美是通过视听给人以愉悦的东西"的说法影响久远。高尔吉亚提出艺术本质的幻觉欺骗性,感人之处由此而生。"悲剧制造一种欺骗,在这种欺骗中骗人者比不骗人者更为诚实,而受骗者比未受骗者远要聪明。"

## 五、苏格拉底

苏格拉底(前469—前399)希腊早期唯心主义哲学家,反对民主政治,后被处死。一生以神的使者自命。美学思想包括几方面:

一是对美的性质的判断,以有用适用和有害来区分美丑,这和美的理论处在初级阶段有关,也与人们的生产实践生活相关。这种实用主义思想起源于人们以实际生活需要为基础,为此他认为凡是美的,也是善的。

二是艺术摹仿自然。但是要"把每个人最美的部分集中起来",这揭示了艺术表现的集中概括的规律,这是艺术所以成为艺术的一个决定条件。

三是艺术创造必须有对象,凡是艺术都是由人创造的东西。用物质媒介作为载体去摄取对象,同时要描绘人的情感、心理方面的特点。内心要显现在人的各种活动过程中,认为看不见的东西也可以模仿,可以用画眼睛表现人的神色,这突破了一般意义的表象模仿。

英国美学家鲍桑葵认为,当人的内心在能够显现为外在以后(内心显现在感官上),可以反映人的内心。看不见的东西也可以模仿,这是后代理论的先声。

# 第二章　柏拉图的美学思想

柏拉图（公元前 427—前 347 年）是古希腊客观唯心主义哲学家、美学家。他出身贵族，是苏格拉底的学生。在政治上反对民主政治，维护贵族统治，他的思想主要体现在《理想国》和多篇对话体的文本中。朱光潜编译的《柏拉图文艺对话集》是柏拉图文艺与美学论的集成文本。

## 一、美本身和美的东西的区别

这是要给美下定义。如果把美的东西等同美本身，就不可能给美下定义。美的现象是具体的存在，如一匹马，一个汤罐，这些对象是"美的东西"，不是"美本身"；美本身它是"加到任何一件事物上面，就使那件事物成其为美"的东西，也就是本质。可见"美本身"是所有美的东西里面贯穿性的东西，它使所有的东西成为美的，是美的本质所在。美的东西叫美的对象，美本身叫美的本质。区分美的东西和美本身，是要建立美的本体论，但柏拉图没能回答出美的本质到底是什么，并没有给美下一个明确的定义，他最后只好说："美是难的"。美无所不在，他能把美的东西和美本身划分开，就具有积极意义了。

## 二、美是理式

理式是先验性存在的东西，是客观精神的存在。朱光潜认为"ldea"应翻译为理式，不宜译为理念，因为它是独立于个别事物和主观意识之外的范型。柏拉图把世界分为理式世界、感性世界、艺术世界。感性世界不是起点，起点在理式世界，理式世界给感性世界提供范型。现实中的桌子是对理式世界中桌子的模仿，画家画的桌子是模仿现实中的桌子。柏拉图认为理式是事物本体，万有之源，永恒的最高的美。是自然中本有的，神创造的，给中世纪美学提供了依据。理式可以创造一切的真实体，是某物所以成为某物的原因。物的创造和艺术的创造都模仿理式。但是物离理式最近，直接模仿，艺术模仿物。理式创造一个大模式，放之四海而皆准。艺术是对于模仿的模仿，与理式有根本的距离，模仿激情（情欲），不模仿理性，便于模仿，能逢迎人性中低下的部分。柏拉图根据模仿的高低确定艺术的社会地位。认为艺术说谎，不让情欲接受理性的控制，患了感伤、哀怜癖，歪曲了神和英雄。其实这正是艺术的人性化的体现。在希腊神话传说中，众神具有人的七情六欲，如暴怒、嫉妒，而往往悲剧（伤心的事情）给人以更大的冲击力。诗歌和戏剧灌溉了理应枯萎的情欲。在"理想国"中有三个等级：哲学家，战士，商人、农民、手艺人。他提出艺术家模仿现实，比如英雄（战士），作为艺术家与其模仿，不如自己去做现实生活中的英雄，认为艺术不合时宜，没有价值。他贬低艺术是因为艺术以表现人的情感为主，大多是对坏的、丑的情感的模仿，本不应该模仿，但他从反对艺术的角度清晰地看到了艺术的本质所在——情感，艺术没有情感，不能称为艺术。苏格拉底认为艺术模仿要模仿外形，还要模仿内在，补充了应有之义。

### 三、现实美与艺术美

柏拉图认为现实世界是理式世界的摹本，现实美所以成为美，不是源于它自身的本质规定性，而是从理式美分有来的，这就把现实美定在次要位置上，而艺术以现实美为摹本，能否创造真正的美还是问题。艺术比理式美、现实美更低一等，它无条件低于理式美、现实美。因为艺术的模仿不能体现绝对真实，充其量是理式的外在的影子，模糊、零星的摹本。二者的关系在西方美学史上不断有争论，其中一种观点是艺术美无条件低于现实美，或者是相反。我们今天认为，这两者是在有条件的前提下互相超越。现实美是广泛的存在，存在于现实中，它的丰富性、原生性、变动性是艺术美不能抗衡的。

### 四、灵感说

柏拉图的灵感论带有唯心主义神秘主义的色彩，与我们今天谈的灵感不同。他认为文艺家所显现的那种类似迷狂状态是有一种神灵凭附，这是艺术家失去平常理智显现出来的精神状态，这是神灵向他发出的诏令，像磁石吸铁一样，艺术家创造的作品都是这种力量推动的结果。

这种灵感论并非现实的现象说明。人们在神灵附体的迷狂状态下是没理性的，柏拉图的灵感说是绝对排斥理性的，这个观点影响深远，影响到十八世纪康德，和二十世纪美学家倡导的反理性主义。

其实，艺术灵感心理能发生强烈的感应力，不是神灵的凭附，而是从现实中获得顿然激发所产生的应感之会。之所以有神秘主义的解释，是因为柏拉图不能科学地解释它，而把现实的感悟说成是神灵附体，代替神去发言。

综合柏拉图的灵感论其要义大体是：

1. 柏拉图认为灵感是文艺才能的根源。2. 灵感所产生的迷狂是理智状态的窒息，而由神暗中操纵来进行创造，是你单凭自身所不能实现的。3. 激发生前带来的回忆，是实现灵感创造的重要条件。

柏拉图这三条，从积极意义上说，他看到了艺术创作的主体在心理活动方式上不同于常人，心态特别，但他不能正确加以说明，而是把现实的特殊性引向了超现实的神秘之路。

## 五、对文艺的取舍原则

柏拉图给文艺开了两大罪状：一为说谎，歪曲了神和英雄的性格；二为讨好观众，渲染情欲，"拿旁人的灾祸来滋养自己的哀怜癖"。

柏拉图把艺术表现分为三种模仿方式：一是直接叙述，就是把生活情景直接拿到接受者眼前，如戏剧。二是间接叙述，用一种物质媒介，在模仿中看不见事物本身，只是符号，如诗歌。三是直接叙述和间接叙述的混合方式，如史诗和叙事诗。在确定好坏上说，他认为直接叙述最坏，因为在舞台上演坏事，观众会模仿。这些演坏人的演员也会受影响。他认为艺术作品必须"对我们有益，须只摹仿好人的言语，并且遵守我们原来替保卫者们设计教育时代所规定的那些规范"，因此，"除掉颂神和赞美好人的诗歌以外，不准一切诗歌闯入国境。"这在很大程度上否定了当时的文艺作品。柏拉图对当时的神话、史诗、悲剧、喜剧进行思想清理，痛加批判。对于当时流行的四种音乐，也主张只保留音调简单严肃的多斯式和激昂战斗的佛律癸亚式，而哀婉的吕底亚式和柔弱的伊俄尼亚式则不予承认。这里的根本原因是按贵族统治的标准采取对自己政治有用的文艺。

# 第三章　亚里斯多德的美学思想

在古腊美学史中主要代表人物就是柏拉图和亚里斯多德（前384—322）。他们分别创立了自己的学派，他们的美学思想源远流长，各自影响了两千多年，后世美学家或者从柏拉图，或者从亚里斯多德思想出发，18世纪19世纪，乃至20世纪某一个美学流派，都能和他们联系在一起，都受到柏拉图和亚里斯多德的不同影响。

亚里斯多德是柏拉图的学生，直接在那里受业。亚里斯多德的思想主要是唯物主义思想，与柏拉图不同。柏拉图认为世界的一切根源产生于理式。但是理式不存在，是设在空中的观念。柏拉图把世界看成模仿理式的结果，这是颠倒了物质世界和观念世界本质性关系。亚里斯多德认为无论什么样的理都在事中，没有事就没有理存在的条件，所以理是从事中获取的。我们居住的世界是真实的世界。亚里斯多德承认物质存在的第一性，把柏拉图颠倒的理和事的关系颠倒过来了。如果把这个理论转移到对艺术的考察上，可以概括他们都主张艺术是模仿的。只是柏拉图认为艺术模仿现实，是对理式的影子的模仿，艺术模仿的现实不是本源。

## 一、艺术模仿说

亚里斯多德认为艺术模仿的对象是作为本源存在的现实，这个现实是真实的。柏拉图认为艺术是对模仿的模仿，不能是真实的。而亚里斯多德认为艺术不仅可以是真实的，而且可能比现实更真实，因为亚里斯多德认为艺术不仅模仿外在，在模仿现实的时候还追求对现实对象的内在模仿，追求模仿中的普遍性和必然性，用中国古代的语言来说是由表及里，找到现实对象的内在的原因和根据。

艺术模仿可以超越象表，比现实更真实，其原因在亚里斯多德的《诗学》中有理论解释，他提出艺术模仿中的可然律或必然律方式。前者指没有发生但却有可能发生的东西，这给艺术家创作时提供了虚构和幻想的可能性，可以根据对生活本身的评量和分析，写出有可能出现的。必然律的不仅可能发生，而且必然发生，这要求艺术家对生活本身要有深刻地了解，可以超越现实，超越时间，不只描写对象现在必有的状态。"诗人却描述可能发生的事"，"诗所说的多半带有普遍性"，"所谓'有普遍性的事'，指某一种人，按照可然律或必然律，在某种场合会说些什么话，做些什么事——诗的目的就在此"。①

针对艺术的模仿对象，亚里斯多德认为有三种：过去和现在有的事（已然之事），传说中和人们相信的事（可然之事），没有发生必然要发生的事，应当发生的事（必然之事）。传说中和人们相信的事是可然之事，传说和神话中很多情形在生活中不是有可能出现的，因为它在事实上不符合逻辑，从事实本身上来说是不可能出现的。如牛郎织女的传说，喜鹊用翅膀搭成桥，等等。不合乎道理的事情，人们为什么愿意相信呢？这是因为虽不合理但是合情，人们创造艺术或观赏艺术，实际是驰骋着一种向往，当有一种表现有助于向往的实现就承认它。如宋代词人张先的词《一丛花》中"沉恨细思，不如桃杏，犹解嫁东风"，以女性口吻回忆早年失意的恋情，女主人公把残花被风吹走当作东风用花轿娶新娘，清代的理论家贺裳称之为"无理而妙"。如果只是按照合理来要求艺术，有时是不符合艺术规律的。

亚里斯多德认为艺术家把现实作为对象进行表现，不仅模仿事情，赋予这个事物以具体感性形式，还要揭示原因，就是所以然，这个事物成为这个事物的原因。因此在模仿的过程中，在三种样子中实现对其所以然的解释，就是本来的样子、人们所说所想的样子，应当有的样子。

应当有的样子是亚里斯多德美学观点中的核心理论，以后分野为生活逻辑的客观应有与主观认为的应有两种，以非常大的适应性适应了许多艺术家的艺术创造，一人写一样，主观认为的应有，这与接受美学中的期待视野相适应，艺术家按照自己的观点写生活本身。例如，潘金莲在《水浒传》中已定型为荡妇，与《水浒传》中对女性的总体原则态度一致，人们在读到武松杀潘金莲时，觉得理直气壮。但是在"五四"以后，现代剧作家欧阳予倩的话剧《武松与潘金莲》中，潘金莲是要求自由的女性，追求婚姻自由，爱情自由，结尾写到武松杀潘金莲，抓住潘

---

① 亚里斯多德：《诗学》，人民文学出版社，1960年版，第28页。

金莲衣领时说，我看你这贼妇人的心是什么颜色的，潘金莲却说："二弟，我这颗心早已属于你了，你拿去吧!"情节处理使人们对潘金莲是寄予同情的。再如曹操，历史上（《三国志》）的曹操与小说、戏曲中的形象是不一样的。在艺术模仿中还有化丑为美，不仅在它自身的程度上加强，还可以把对象从本质上加以改变，重塑，不仅是机械的模仿，这种模仿实际上是一种创造。

## 二、悲剧理论

1. 悲剧定义："悲剧是对于一个严肃、完整、有一定长度的行动的模仿；它的媒介是语言，具有各种悦耳之音，分别在剧的各部分使用；模仿方式是借人物的动作来表达，而不是采用叙述法；借引起怜悯与恐惧来使这种情感得到陶冶（katharsis）。"①

这个定义规定了悲剧性质："对于一个严肃的、完整的、有一定长度的行动的模仿。"悲剧"模仿足以引起恐惧和怜悯之情的事件"，要使之产生悲剧效应，必须注意三条：一是不应写好人由顺境转入逆境，二是不应写坏人由逆境转入顺境，三是不写极恶的人由顺境转入逆境。"因为这种布局虽然能打动慈善之心，但不能引起怜悯或恐惧之情。因为怜悯是由一个人不应遭受的厄运而引起的，恐惧是由这个这样遭受厄运的人与我们相似而引起的。"亚里斯多德认为不如此，便不会引起恐惧和怜悯。"对于一个严肃的、完整的、有一定长度的行动的模仿"，是指在形态上属于悲这种性质的模仿，此中特别是对行动的模仿。行动指人物的行为，人物在舞台上，他必须得去做，他要出自他性格本身做必然要做的事情，这是剧作家根据分析，让人物自身展开性格逻辑。古希腊剧作家埃斯库罗斯和索福克勒斯的剧本，都不同程度地存在命运的观点，命定因素。如《俄狄浦斯》，杀父娶母，用抗争反而成就了不可摆脱的命运，因此严肃的行动成为悲剧人物的发展和表现。

"完整的、有一定长度"的悲的形态，是在悲剧的体式中出现的，舞台上展现出来，实现悲剧的效果，一个人情感淡漠通过悲剧增加这种情感，一个人情感过剩通过悲剧来冲淡这种情感。这揭示了悲剧无论作为形态出现还是作为体式出现，都达到了比较深刻的揭示程度。后来有

①　亚里斯多德：《诗学》，第 19 页。

很多美学家并未采用这种说法。恩格斯提到悲剧冲突的性质，即"历史的需要和实际上不可能实现之间的矛盾"。悲剧主人公所争取的目标合乎历史需要、未来需要，今天即使有需要的程度，但没有实现的条件，合乎历史需要就有正面素质。鲁迅认为"悲剧是把有价值东西的毁灭给人看"。这个"价值"最重要的是历史价值，但是这个价值没有实现，被非常强大的现实力量毁灭了。

2. 悲剧"借以引起怜悯与恐惧"，这是悲剧的作用。要看到模仿的人从行动模仿中唤起怜悯和恐惧的意识。原因是这个严肃的行动，行动者的行为高尚，人物的经历过程必然是可怕或可怜。如欧洲的悲剧从古希腊到文艺复兴直到当下，大体都脱离不开这个。如果脱离崇高正义的道德性质，不会符合严肃，即使高尚，在发展过程中他必然受阻而抗争，不能超过反对者，必然失败，最终导致死亡，令人感到恐惧。悲剧主人公失败的原因是悲剧主人公代表先进的思想和要求，他的力量在开始时候是弱小的，而反对势力是强大的，在力量对比中不能战胜对方。在悲剧的人物类型中这是首要类型。还有普通人的悲剧，他们在压迫力量强大时，即使抗争，抗争力量小，结局也是失败的。还有旧思想、旧制度代表人物的悲剧。马克思认为，旧制度或旧思想代表人物，只要他存在就依然有某种合理性，成为当时现实存在，他也要实现他的要求，但是有多种条件阻挡其存在。不论是哪种悲剧，主人公他们有正面的素质，他们的要求不可能实现，在可怕或可怜中收场，引起怜悯和恐惧，悲剧的目的得以实现。怜悯和同情仅仅是个心理形态，在内心当中的怜悯和同情，还要使接受主体最终实现审美。"净化"，在亚里斯多德原著中称为"卡塔西斯"（Katharsis），希腊语中它有两个来源：一个是医学上的，就是宣泄；一个是宗教上的，如果你有过失、罪过，意识到罪过并忏悔，洗罪。亚里斯多德把医学和宗教的词汇赋予其文艺美学的意义。在审美上要实现这个境界，让欣赏者情感由开始的怜悯和恐惧因宣泄而平静，恢复和保持住心理的平衡，达到"无害的快感"，他受难就像你受难一样。

3. 悲剧根源的探讨。亚里斯多德和当时一些悲剧作家观点不一样。一些悲剧作家在写悲剧时对悲剧原因设定为命运。命运是超自然、超社会的，由神决定，往往你在逃脱命运的时候正是走向命定，如索福克勒斯的《俄狄浦斯》：科任托斯的俄狄浦斯长大后到神庙，听到预言自己要杀父娶母，就尽力摆脱。他到了忒拜城，当了那里的国王（因解除狮身人面女妖的谜语有功），结果是知道他来此路上打死的人（拉伊俄斯）正是其父，他娶的王后伊俄卡斯特正是他的生母，他终于无法逃脱命运的安排。亚里斯多德认为人的悲剧来自现实生活中自身的品质、性格、行为，有自身现实的原因。他不能是完全的好人，也不能是完全的坏人，而是与我们相似的遭受厄运的人。这个人在现实环境中有一种遭际，性格决定命运，反过来命运也造成性格。亚里斯多德的解释和我们现在的认识大体相似。

亚里斯多德分析悲剧中的人物，认为这样的人既不"十分善良，也不十分公正"，而他之所以陷于厄运，不是由于他为非作恶，而是由于他犯了错误，这种人名声显赫，生活幸福，如俄狄浦斯。

"与我们相似"是说普通人正常人，即"中等人"和一般人具有同样思想和情感的人，你看到他们遭遇悲剧的时候，特别能够感同身受，这种命运遭际你也会遭受。

人物有错误，本质不是恶德败行，他过去曾经好过，其错误即使不可原谅，也不是有意为之。悲剧人物在道德品质上并不是好到极点，他自身有缺陷，或有薄弱环节。

从悲剧根源上揭示了教训，如果悲剧是由于人物的错误导致的，也可以警示人们自身，想办法避免错误。

### 三、悲剧情节与性格

亚里斯多德的悲剧论中悲剧情节占有突出地位，把它分解为六大成分：情节、性格、言词、思想、形象、歌曲。亚里斯多德认为此中意义更强的是情节、性格、思想。

情节和性格的关系。情节乃悲剧的基础，是悲剧的灵魂，性格则占第二位，把情节放在性格之上，情节造成悲剧性格。这个观点与我们现在的观点相反。原因在什么地方？在古希腊悲剧表现上，在舞台表演的主要是这个人物的遭遇，如果这个遭遇是命运的支配，这个性格不能成为戏剧情节的动因，冥冥之中有一种力量支配他，所以不是人物性格推动情节，而是从戏剧舞台现状得出的。如果进入到艺术家创作的自觉时代，从情节和人物的关系上看，性格决定命运，是悲剧的灵魂。如将《红楼梦》作为悲剧考察，贾宝玉的悲剧是他具有启蒙主义思想，要求自由，摆脱封建羁绊，主张按照自己要求追求所爱之人，与封建伦理道德不相容，处处碰壁，最后出家，是他的性格导致情节。后代的戏剧中多是性格决定情节。俄国悲剧作家奥斯特洛夫斯基《大雷雨》，女主人公卡捷琳娜生活在沙俄统治下，它自身要求爱情自由，但在贵族统治森严的家庭中，专制的家庭和社会不允许她追求自由，最后她在雷雨之夜投河自尽。她如果安心在家中做贤妻就不会有这种事情发生。

亚里斯多德的情节决定性格论，受当时创作条件的影响和限制。即使如此，情节也是重要的，从行动的意义上说，行动造成戏剧情节。情节是事件的安排（我们现在认为是结构），无论是情节决定性格，还是性格决定情节，都需要适当的安排。

在悲剧中如何使情节达到完美、完整？亚里斯多德提出避免写好人由福转祸，避免写坏人由祸转福。人们希望好人有好报，坏人有坏报。避免一个穷凶极恶的人由福落到祸。亚里斯多德认为这样写好象要使恶人很快就结束了他的恶，不符合人的审美心理习惯。

"借以引起怜悯与恐惧来使这种情感得到陶冶"，这显示了悲剧在社会人心方面的影响和创造作用，实现了对人的影响。悲剧引起可怕、恐惧、悲痛的感觉，可怕、悲痛的感觉对于欣赏主体来说是一种痛感还是快感，是愉快的还是痛苦的？《诗学》提出，当你引起而导致内心情感净化的时候，这是一种心理上的治疗和净化，这时开始由痛感转化为轻松舒畅的快感。朱光潜《西方美学史》中认为，亚里斯多德把悲剧意义最高停滞在心理净化，达到人自身心理的调节，这仅仅是悲剧作用中的一个环节，人们从戏剧的悲剧在反映社会历史矛盾上，能让尖锐的斗争场面反映出社会世相的深刻方面，这在后世黑格尔的悲剧论中表现出来了。

# 第四章　贺拉斯的美学思想

公元前四世纪末，古希腊统一的奴隶制政治统治的局面已经瓦解。这时，北方的马其顿国兴起，特别是马其顿国王腓力二世的儿子亚历山大（前356—前322），率领大军东征，征服了小亚细亚、叙利亚、巴比伦、波斯，一直到印度，建都巴比伦，建立了一个横跨欧、亚、非的三洲的大帝国。此即亚历山大帝国，宣告希腊统一的局面结束。对此，历史上称为"亚里山大里亚"阶段，这时的文化被称为希腊化文化。紧接着罗马帝国兴起，它把希腊所有政治上的残余、领地纳入进来。这是古罗马的开始。

贺拉斯（公元前65—公元8年）是古罗马时期的诗人和理论家，其传世之作是《诗艺》。人们对《诗艺》常与亚里斯多德的《诗学》相提并论。贺拉斯本身是诗人，对诗的构成、特点非常精通，而且有实践经验，所以他的诗论论述得比较到位。在古希腊时代，《诗学》或《诗艺》，指的就是文学理论或美学。其含义是，这个理论不仅仅论诗，因为那时很多艺术，如戏剧，都用诗体来表述，说的是诗的语言，能把文学和戏剧统摄到一起，而且这两门艺术与其他艺术有直接联系，像戏剧是综合艺术，歌唱、布景都渗透到舞台艺术当中，所以，他论述戏剧，也有论述整个艺术的意味。因此，把这种艺术理论叫做"诗学"，既能够表达文学理论，也能表达艺术理论，还能表达美学理论。这个说法在本世纪，也就是21世纪好像又回来了，人们也把文艺理论或美学叫做诗学。广义的诗学就涵盖着艺术理论、文学理论、美学理论。所以，我们看到的诗学这样的字样，常常是指文学、艺术、美学理论。这是常见的一种说法。

贺拉斯的《诗艺》内容比较丰富。

## 一、《诗艺》中的三个基本问题

这三个问题是规则与想象、传统与独创、理性与感性。在这三个问题里，每一个结构里边都是带有对立性的问题。如在艺术创造当中，艺术创造有基本规程，即每门艺术创造都有其基本规则，不能把绘画弄成行为，也不能把小说弄成戏剧。艺术实践离不开这个规则。但规则和想象是什么关系？因为想象有些地方要突破规则。

传统与独创是一个对立面存在。每种文学发展都有它的历史传统，这就形成了在这个领域里边遵循的原则，用什么样的思想、显示什么精神，以至于在文学的体式上，大体要保持怎样的规范的问题。如我国的古典诗歌，从唐代开始普遍发展起来的近体诗（就是杜甫常写的那些诗），五律、七律、五绝、七绝，或是排律，都有固定格式，形成了古典诗歌在体式上的传统。这个传统直到今天严格写诗的人仍然遵循着。这个传统表现在多方面，既有内容方面的，又有体式方面的。那么，传统与独创是什么关系？创作当然不能离开传统，要在传统中进行创化。但如果写的东西总要符合传统，那么这个传统就不能发展了，这就需要独创。独创就必然与传统发生矛盾关系。

理性与感性在人的思维中出现，是既有联系又不相同的思维类型、思维内容。在这些方面，贺拉斯都提出了自己的见解。就规则和想象来说，古希腊的文学或诗歌发展到亚历山大里亚时代明显走向衰落。文艺由单样性转为多样性，由客观型转向主观型，个人主义、感伤主义和形式主义日益抬头，人们对重大社会事件和人类理想的激情日益淡薄。这是社会思潮显现出的一种状态。这种思潮的发展必然向这三个问题中的某个问题靠拢，并与之发生矛盾。《诗艺》就是针对这种思潮提出的见解，总的目标是要改变当时落后的面貌。我们在《诗艺》中能看出这方面的批评。李醒尘的《西方美学史教程》描述了这种现象，比如，戏剧表演中一味讨好观众，制造笑料，追求新奇，随意虚构，随意滥写，胡乱拼凑人物形象。这种现象非常盛行。这点和我们最近这些年文艺界或舞台上出现的情景有很大相似性。《诗艺》就是针对这种现象提出了他的非常明确的见解。

那么，在这三对矛盾中，贺拉斯在《诗艺》中侧重强调的是什么？贺拉斯特别推崇希腊文化，因此，在社会文艺思潮混乱的状态下，总体提出来要向希腊文化看齐。因此，不论在规则上、理性上、传统上，他都强调要遵从古希腊所显示的出来的那种非常经典式的创作原则和模式。贺拉斯一段话，能全面表现他在这方面的基本观点，他说："我们的诗人对各种类型都曾尝试过，他们敢于不落希腊人的窠臼，并且（在作品中）歌颂本国的事迹，以本国的题材写成悲剧和喜剧，赢得了很大荣誉。此外，我们罗马在文学方面也绝不会落在我们的光辉的军威的武功之后，只要是我们每一个诗人都肯花工夫、花劳力去琢磨他的作品。"这是就文学艺术能和时代靠拢说的，虽然他在很多方面遵从了古希腊文化原则，但是又有自己的创新，不是用古希腊原则束缚罗马的文艺发展，而是在遵从原则、遵从理性、遵从传统之下来发展罗马自己的文艺。在古罗马时代，军事力量强大，我们在电影、电视中也看到过这种情景，用这种力量征服了很多地方，以至于征服了非洲。贺拉斯在这里说到的"不会落在我们的光辉的军威的武功之后"就指这种军事上的功绩。这段话的中心可以归纳为：要遵从规则，不能随意滥写；参照传统，在传统中求独创；在感性和理性关系上，用理性来统治感性。这都是针对当时的文艺时弊提出的问题，而且最后指出，强调这些不会影响当时文学艺术发展。

## 二、文艺的真实性

在贺拉斯的《诗艺》中，第二个比较重要的问题就是关于真实性的问题。真实性是文学艺术中普遍突出的实践问题。因为当时的认识是艺术是对现实生活的"模仿"，作家、艺术家创作时要有个对象，表现这个对象，这就存在真实与不真实的问题。真实性理论非常复杂，在整个文论史中，不同时代不同人都在这方面提出了探讨性的理论。比如，真实包含许多相近的概念，如生活事实的真实、历史的真实，进入到艺术当中，有艺术的真实，这些都是真实性里边的分支性概念。对这些问题的阐述在不同时期理论说法非常复杂（我们现在不往远处引伸）。在贺拉斯的《诗艺》中，他强调，艺术家进行艺术创造，必须到现实生活中去，到风俗中去，即艺术创造必须找到一个非常实际的对象，只要找到这个实际对象，作品创造出来，才有真实性。他没有严格分析这个真实性是什么真实性，那我们可以说，人如果能够深入"到生活中到风俗习惯中去寻找模型"，① 能把生活的五光十色拿出来，显然就能用文学作品观照生活，因此，也有生活的真实性。对这个思想往前追溯，我们接触过亚里斯多德的《诗学》，从《诗学》中我们看到，亚里斯多德强调

————————

① 贺拉斯：《诗艺》，人民文学出版社，1962 年版，第 154 页。

文学艺术要模仿生活。贺拉斯没有说要模仿生活，但他说要面对生活，对生活进行反映，因此在作品中能创造出生活的真实性。那么，面对生活，是否能把生活搬到作品里边来就实现了生活的真实性表现？在《诗艺》中，贺拉斯强调了两方面，这两方面是实现艺术真实性不可缺少的。

一个是诗人要有理性判断。理性判断为什么如此重要？他对决定艺术真实性有什么关系？他没有详细阐述。但就事理关系来说，因为生活五光十色，泥沙俱下，是一个复杂的存在。那么应当写什么？怎样认识生活的规律、把握生活的本质？靠的就是判断力，就是理性。否则就可能分不清生活中的主流和支流、本质和现象，就不能把生活写得非常真实，因为写生活真实必须要切近生活的本质规律性，绝不是照抄生活表面。贺拉斯《诗艺》强调这一点非常重要。

另一方面强调应该日日夜夜把玩希腊的范例。它指的是古希腊文学以至于整个艺术创造非常光辉的榜样，有非常丰富的经验。在罗马时代，要想在文学创作上有比较大的发展。就个人来说，作品要想写得非常成功，必须借鉴古希腊。他把借鉴说得非常严重，就是说你得下全力，要想写好今天的诗和戏剧，必须把古希腊诗、戏剧揣摩透，掌握以往创作经验。在今天的实践经验创作中，规律也是如此，进行某一种艺术类型的创造，如果对这个领域中的历史过程当中的经典性作品没有把握，不知道什么是高，什么是低，什么是好，什么是坏，那么在进行创造的时候，就不知道向哪个方向取向。所以，不论是过去还是今天，中国还是外国，作家、艺术家在谈到这些问题时都讲了非常好的经验，就是一定要借鉴，要找到自己在创作中取法的榜样。我们看到，这个问题是说要深入生活，了解风俗，取得源泉。那么，取得源泉怎么判断，这就需要靠理性，然后还要靠借鉴。这样就可以在一个主体的创作过程中能实现真正的、能达到相当水平的艺术创造。这是《诗艺》中一个很重要的观点。

## 三、"合式"或者叫做妥帖得体

这是《诗艺》中比较重要的理论问题，也是一个综合性的理论问题。

就"合式"来说，它是从文学艺术的表现角度提出来的问题，是文学艺术表现规律的一个关键词。《诗艺》中的"合式"是他美学思想的一个中心点，它几乎可以涵盖一切，即不论思想也好，艺术表现也好，甚至包括言词等等，怎么能做到"合式"，能达到这一点，就是能达到美。《诗艺》中谈到的"合式"，"式"是公式的"式"，形式的"式"，我们会想到柏拉图的"理式"。就"式"来说，它本身就有一个先验的规定性。一般说来，先验的规定性是客观唯心主义的，它指的是在实践之前，就有一个对实践的规定。本来"式"是实践以后才能创造出来的一个"式"。所以，凡是提出来"式"，它总带有某种先验性，但这个先验性和我们现在所说的这个先验性或者说"合式"的"式"，和柏拉图的"式"不同。柏拉图的"式"是无条件的、在任何实践之前都有一个客观的先在精神在规定着，但这里的"式"可以有两方面理解。

一方面作为文学艺术的表现，在历史传统中进行创造，在历史发展的过程中，在之前人们已经在这方面取得了相当的经验，并且根据不同时代不同人的经验，确立了一种带有规约性的那种做法。如果在创造时遵从了这种规约性，就意味着有一个"式"，那就要合乎这个"式"。如写诗歌，你要写押韵诗，什么字和什么字押韵不押韵，有一个公式，我们今天写新诗，可以突破四声阴、阳、上、去，不分平仄，但韵母要相同，这才能押韵，能使你合乎韵式。唐人写近体诗，是根据齐梁时代形成的关于诗的韵律的规定，即所谓"四声、八病"，到了宋代称之为"平水韵"，平、上、去、入，四声平仄分明。就押韵来说，合式不合式，大体上都有一个规约。即在实践之前，别人作为经验肯定下来后，成为一个"式"。就形式来论，还有人们在实践中处理艺术的综合构成中，怎么能够把多层关系处理好，如表现什么样的思想，用什么样的形式，采用什么样语言（语言可以落实到不同艺术的专有语言，音乐有音乐的语言，绘画有绘画的语言，诗歌有诗歌的语言，戏剧、电影都有各自的语言），而达到这几个方面都完全统一。这个在庄子美学里称作"适"，这种合式也好，适合也好，都是在前人经验基础上让自己创造的合式，它的含义大大突破了一般人所说的体式所能涵盖的内容。在《诗艺》中分四个方面对合式进行了分析。

第一个方面，文艺创作要符合自然，首尾融贯一致，做到整一。贺拉斯的《诗艺》特别强调统一、一致，他认为艺术创造必须把所有的矛盾方面组合到一起，达到统一、一致，不能自相矛盾。他举了反复被人谈到的事例。他说："你不能从吃过早餐的拉米亚的肚皮里取出一个活生生婴儿来。"婴儿被妖吃掉了，再活生生地出来是不可能的，这就要符合自然，做到统一，不能不伦不类，不能自相矛盾。他举了很多突出的例子，这是一个方面。

第二方面，艺术创造要有魅力，要有真情实感，以情感人。他的这个理论也经常被人引用。即作者创作要感动别人，首先是写时自己要感动，自己不感动，别人看了也不会感动。进入到作品，写出的作品让人看了之后能够悲痛得痛哭，那么作者本人写的时候是否感觉悲痛呢？如果自己感觉不悲痛，别人看了也不会悲痛。即是说，艺术家要想感动别人，必须要在自己写之前、写的过程中，要有真情实感，要感动。能感动，创造的作品就合式。

第三个方面，文艺创作要有光辉的思想。不论作者在其他方面做得如何好，如果在作品中不能表现出生活中让人重视的、值得称道的，或者对现实、社会、人心不能起到作用的，这个作品就不会有什么真正的意义。

第四个方面，是他为戏剧制定了一些法则，如剧分五幕，场上只能有四人，凶杀之事只能口述，不能实演等等，作为早期的艺术经验，有的也有一定意义。

## 四、"寓教于乐"

这是《诗艺》特别重视的，而且可以说《诗艺》里边没有任何一句话像"寓教于乐"这个理论被反复强调，或者说，它可作为贺拉斯诗歌理论或是他的美学至高点来对待，没有任何一个说法，能够有"寓教于乐"这个说法所占的地位高。

"寓教于乐"问题在文论史上、文艺实践历史上好像是不成问题的问题，但是在这之前，或是在我们讲的古罗马之后一直存在争论。争论焦点是文学艺术究竟有无教育作用，或者说要不要赋予文学艺术以教育作用。艺术家在创造时要不要考虑自己的作品对人们在思想道德等等方面承担教育的任务。这个问题一直存在着，一直到今天也存在着。从我们前面接触的两个主要人物柏拉图和亚里斯多德来看，实际上也涉及这个问题。柏拉图认为，文艺是模仿人的思想情感，但模仿什么样的情感是有益的，模仿什么样思想情感是有害的？他认为，不应该模仿那些低劣的情欲，否则文艺有害。由此可见，柏拉图看到了文艺有作用，是事实存在的。亚里斯多德讲的"净化"也注意到文艺对人思想感情的作用。这个作用体现为作用人的思想情感。这就是说，以前这个问题已经提出来了。

贺拉斯在《诗艺》中明确指出，"诗人的愿望应该是给人益处和乐趣，他写的东西应该给人以快感，同时对生活有帮助。""寓教于乐，既劝谕读者，又使他喜爱，才能符合众望。"① 这两方面可以简单概括为"寓教于乐"。如果在作品中包含了理性，也包含了感性，既有内容又有形式，既有思想性又有艺术性，这个作品肯定在艺术上能够悦人情性，同时对人起到思想教育作用。这是艺术历史经验早已肯定了的问题。理论的任务是怎么发现这个，说明这个，并且如果作进一步分析，就是怎么样能够实现既有娱乐作用又有教育作用。教育作用在文艺这个环节里怎么实现，这是后来很多理论家不断探讨的问题。作为主流美学理论，无一例外地肯定文学艺术对人有教育作用。但与其他意识形态门类所能实现的教育作用，如道德、政治、教育等，这些可以产生教育作用来实现教育，甚至就是通过娱乐的方式来实现教育，是并不一样的。文学作品的教育意义不是在作品中单独有一块，这块是实现思想教育的，那块是实现娱乐的，不是这样，而是先使人感动、愉悦，人们在感动、愉悦同时不知不觉地受到教育。所以，讲到文艺作用中的认识作用、教育作用、娱乐作用，这三个作用在文学作品中不可分。就教育来说，它是在娱乐的同时受到了教育。这就要讲方式。在这方面，贺拉斯的《诗艺》给我们提供了非常好的理论认识开端。这是比较早的。当然，和中国古代文艺思想比较起来，贺拉斯这个理论的提出是在公元前5—8年，与孔子讲的"兴"、"观"、"群"、"怨"比，晚了400多年，但在西方比较早，而且是非常明确地提出来的"寓教于乐"观点。

## 五、天才与艺术的关系

在公元前几十年提出天才问题，和柏拉图提出关于天才与灵感理论、特别是灵感理论相比，是几百年以后的事了。这不是新问题。但在《诗艺》里提出问题本身在当时和以后的美学发展中相当有意义。意义在于，艺术家进行艺术创造所显示出的作品层次很不相同，如果按四级

---

① 贺拉斯：《诗艺》，第 155 页。

来分，不及格、及格、良、优，可以分开等次，有些看不像艺术，有些可以是艺术，但极其一般，大量、普遍的就是这样的存在。那么再往上一层，但还可以，有些特点，但不是经典；那么再往上一层，是经典性的作品，不管放在哪种艺术门类里边，如绘画、音乐、小说、电影、电视，如果设四个筐，哪个作品都能找到一个地方，但会发现，最好的筐里装的东西很少，这就是经典。拿小说来说，中国古典小说人们习惯于四部并提。中国长篇小说不只这四部，四百部也有，清代才子佳人小说特别多。但哪本也不能和《红楼梦》比。所以，在才子佳人的题材大类里，《红楼梦》一下子鹤立鸡群地突现出来。也即说长篇小说里也就这么几部，当然还可以把一些往上挂挂，但很难相提并论，恐怕其他艺术门类里也是如此。那么这些最好的作品是怎么造成的？其原因是什么？这个艺术理论提供了这方面的参照系统。《诗艺》说到的艺术和天才，说的是艺术能力。那么艺术能力和艺术天才，对艺术家来说哪种最主要、是决定性的？我们看到的回答常常是截然靠拢在一个方面。康德说靠天才，柏拉图说靠神附灵感。当然也有人说艺术能力源于后天的艺术实践，我们也常常看到有人讲靠的是后天实践。贺拉斯回答是："苦学而没有丰富的天才，有天才而没有训练，都归无用；两者应相互为用，相互结合。"① 他明确反对"迷狂"的疯颠诗人。他不想在这两者里边特别强调哪个方面，二者并重，不进行刻苦训练不行，光凭天才不能进入到这个领域里，也不能真正创造出什么东西。那么如果没有天分，想要在这方面获得如何长足的进展，也难以实现。

---

① 贺拉斯：《诗艺》，第 158 页。

# 第五章　朗吉弩斯的美学思想

在西方美学理论中，对崇高的论述，或者把崇高作为美学范畴明确提出来的，首要贡献者是公元1世纪古罗马时代、住在罗马讲授雄辩术的希腊人朗吉弩斯。在西方美学史上，美学概论里的基本范畴不多，大体上有十几个，如美、美的本质、美的规律、自然美、艺术美、社会美、悲剧、喜剧、崇高、优美、滑稽、美育等。这十几个概念用它编制美学概论里边的章、节，最基本的范畴也比较少。因此可以说，在美学史上，这个人所起的作用在于，能确立一个范畴，开辟一个范畴，从现象里提出一个范畴，也就很可以称道了。朗吉弩斯的贡献是对崇高范畴最早地进行了比较系统的论述，后来康德、黑格尔很多美学家的很多论述，实际上都是在这个起点的基础上来生发的。

在历史上，叫朗吉弩斯的有两个人。公元前3世纪有个修辞学家叫朗吉弩斯，全名是卡苏斯·朗吉弩斯；此外，公元1世纪在罗马讲雄辩术的一个希腊人也叫朗吉弩斯。就《论崇高》文章来说，究竟是谁写的，有一段时间确定不了，甚至说是公元前3世纪的朗吉弩斯。后来弄清楚了，是公元1世纪的希腊人写的。发现于16世纪，后来渐渐在欧洲传开。

《论崇高》问题的提出。在朗吉弩斯写作之前，已经有一个叫凯齐留斯的人写过同名的《论崇高》，文本现在找不到了。朗吉弩斯写《论崇高》主要针对凯齐留斯的《论崇高》。他对凯齐留斯的许多观点不同意，进行驳斥，写出了自己的《论崇高》。现在我们关于崇高的理论中，有许多概念开始于朗吉弩斯的《论崇高》。因此可以说，崇高这个范畴的确立，朗吉弩斯是首创。当然，后来崇高的理论有许多发展，而且由对象的崇高延伸到崇高的意识等不同的崇高方面，但首创之功归于朗吉弩斯。

## 一、崇高范畴作为风格价值的标准

在朗吉弩斯的《论崇高》里，他论崇高的方式和别人的论述方式不同，不论是其后在博克的论崇高，还是康德的论崇高中，他们论崇高都以一个崇高的物态作为对象论起，如高山、大海，都是具有强大威力的对象，从现实美、自然美这个角度提出崇高问题。可是在朗吉弩斯时代，他对崇高的了解和把握不是从这方面开始，而是从通过语言来表述的作品，从作品存在的风格开始论崇高，好像与中国古代的山水诗、风景画对自然的关注为什么出现在魏晋以后这个历史阶段有相似性。中国人最早身边有自然，且从自然中走出，洪荒时代都是自然，只有人是社会的，人在自然环境中不断改造自然，创造了社会文化。但人的审美关注点却不在自然中，因为人在自然面前力量太小，很难把握自然，更不必说征服自然，所以自然不能成为审美对象。因此，在古代作品中，如魏晋之前，虽然早有了自然现象，但对这个自然现象很少发现其有独立的审美价值，所以出现了美学的山水"比德"论，看山水把它作为人的道德存在物来说，"知者乐水，仁者乐山"，山有君子的德行，水有智者的智力，都不是把水和山作为独立的审美对象。在西方，崇高这个问题的发现不是首先来自于物质世界，而是在文学作品中从风格角度发现，这与"比德"论有点相似。那时人们还没有意识到自然界的崇高，应该说自然界的崇高比文学作品中的风格已经更早地存在了，甚至它在制约着文学作品中的崇高风格。但朗吉弩斯不一定意识到这一点，所以才从文学作品里的风格描写来进入崇高这个范畴，从文章风格进入到崇高。

他从哪些方面看到这种崇高存在的特点呢？作品中表现的首先是言辞的崇高风格。他说："所谓崇高，不论它在何处出现，总是体现于一种措辞的高妙之中，而最伟大的诗人和散文家之得以高出侪辈并在荣誉之殿中获得永久的地位总是因为有这一点"。① "伟大的语言只有伟大的人才说得出"。作者在文学作品中用一种风貌让接受者感受到，并能看到写作品的人是崇高的。作品中有崇高的精神，作者也有出群的崇高。我们讲到的孟子的"浩然之气"、"充实之美"，就是一种主体精神，且

---

① 朗吉弩斯：《论崇高》，见《文艺理论译丛》第 2 期，人民文学出版社，1958 年版，第 34 页。

非常雄厚、博大。那么如果在作品中灌注这种精神，人们接触作品时就会感受得到作者的精神，他的精神会得到提高，他也有一种相适应的崇高的提升。作者通过作品得到提升，也提升了接受者的精神。这点，我们在欣赏艺术实际经验中有感受。展示在我们面前的作品所包含的精神非常伟大，非常崇高。如王朝闻在刘胡兰故乡山西文水刘胡兰纪念馆雕塑的刘胡兰雕象，英姿挺立，坚强不屈，内在充满精神力量，就能感到实际活生生的崇高精神在你面前展现，这类作品确实能提高人的精神。一台戏剧，一本小说，一首诗，如果展现了这种精神，读了以后，精神马上不一样。比如读毛泽东的《沁园春·雪》，精神确实能得到提升，马上会跃上一个新的层次。这和读那些萎靡不振、靡靡之音的作品，显然感觉不一样。在朗吉弩斯的《论崇高》里，人的精神所显现的崇高，是通过文学作品的形式表现出来的，即通过艺术创造所显现的崇高，是崇高的特殊角度，这个角度有它的特点，他把生活当中的崇高进行了艺术加工，变成了艺术上的崇高，虽然它不是第一性的崇高，但这种崇高有它的特殊意义，即它的目的性特别突出，与看高山、大海不一样，这里边有一种主导倾向，引导人对崇高的对象景仰诚服，能自然地得到心灵提升。

## 二、崇高的来源

朗吉弩斯是从文章风格角度进入崇高的。这与从社会和自然界当中看具体生活中的崇高角度不同，因此就来源来说，侧重指文艺作品的崇高来源，这与在自然界里看到的高山及其他方面的对象让你产生的崇高感的对象来源不一样。在作品中，崇高来源从总体来说，朗吉弩斯认为"崇高风格是伟大心灵的回声"。为什么就艺术品来论崇高的来源呢？如果在自然界里看到崇高的景象，就很难说自然界的崇高是伟大心灵的回声，因为人的心理中的崇高感，是起于崇高对象之后的。

我们具体解释在文学中出现的崇高。文学须借助语言来表现。语言是人说的，人怎么说，什么样的人能够使这种语言显示出崇高意义呢？他把这个伟大的心灵的根源又落实到了伟大的人。如果把上面说的这些加以具体分析，共有五点：

第一点：庄严伟大的思想。这是作品产生崇高的原因。

第二点：强烈而激动的情感。因为文学艺术作品的作者有一种非常强烈激动的情感爆发到最高度，表现情感最高度的语言就形成了崇高的风格。

第三点：运用藻饰的技术。就是语言装饰。装饰有风格，是优雅的，还是低俗的；是阴暗的，还是明丽的；是庄重的，还是轻佻的，有各种不同的风格。使用语言时，如果表现强烈而激动的情感，那么语言以至于里边的韵律，特别响亮，如杜甫的《秋兴八首》，使用不同的韵律会使作品的语言产生不同的作用。

第四点：高雅的措辞。进入语言的崇高风格必须高雅，俗了不行。俗就达不到崇高。我们欣赏相声、小品、喜剧，从风格来说，不能往崇高方面发展，即使偶尔出现崇高，也要去消解它，走向反面，这才能抖出笑料。

第五点：整个结构的堂皇卓越。在朗吉弩斯的《论崇高》里说到这几点时，也说出了怎样限制走向反面。比如高雅的措辞，运用藻饰的技术，但不能一味地雕琢，过分就会走向反面，不仅不会实现崇高，反而会走向滑稽。

朗吉弩斯也指出了哪些不是崇高的来源。这也有意义。他在说到崇高来源时说，在现实生活中，财富、名誉、权力（可以概括为权势和财富），好像会使财富和权势的主体显得非常有力量，但这个东西不是崇高的来源。特别是他说到的崇高，是文学作品中的崇高。就文学作品的崇高来说，和它们所表现的对象，以至于由什么的样人来表现有直接关系。作为一个具有崇高风格的作品，就意味着不能够从财富和权势中来。相反，即使你歌颂这个东西，也不能使你的作品获得崇高的风格，因为这个东西不是文学艺术所赞颂的对象，它本身也不崇高，财富和权势和真正的崇高精神不相关，甚至也不是文学作品所推崇的对象。如果真以财富和权势作为作品表现的对象，这种文学就是阿谀文学、奉承文学、溜须文学、拍马文学。现在的艺术当中就有这种情况。有权有势的人，可以雇人给他写颂歌，写所谓的报告文学、立传。这样的作家不值得尊重，这个作品所写的对象也不值得歌颂。文学艺术和这个东西没有直接联系，因为写出了这样的文学，就是列宁所说的"用钱袋豢养"的作家。这在两千多年前一个外国理论家那里早已做出了论断。

## 三、社会生活和自然的崇高

我们在谈到朗吉弩斯《论崇高》时，起点非常明确，它是由文学作品通过崇高风格而显现的一种美学范畴的特点，而且是崇高的最基本来源，是作者的伟大心灵造成了作品风格的崇高，又能提升欣赏作品的人的崇高精神，也就是对崇高精神的一种培育。那么这种崇高和自然界和社会生活中的崇高是什么关系？从总体上来说，朗吉弩斯在他的著作文本说到的崇高中，应该说也表现了他对生活、自然界中所存在的崇高对象的感受。他感受到了自然界和社会生活中那种崇高对象的存在。但为什么专注于作为第二性崇高的风格存在呢？因为在文学作品中出现的崇高，除主要来自于作者崇高精神之外，与作品里所表现的对象崇高也有相当的关系。即使写的现象不是作品中的全部内容，但它涉及的自然现象里也有崇高的意味。朗吉弩斯列举了荷马史诗里所写的急风暴雨，是自然中的一个崇高现象。虽然这个现象并不能决定荷马史诗整个作品崇高的风格，但就一种自然现象本身来说，就有崇高与不崇高之分。除此之外，在朗吉弩斯《论崇高》中，他还把人与自然和社会生活联系在一起，讲到了人自身，而且讲得较多。朗吉弩斯说："大自然把人放到宇宙这个生命大会场里，让他不仅来观赏全部宇宙壮观，而且还热烈地参加其中的竞赛，他就不是把人当作一种卑微动物；从生命一开始，大自然就向我们人类心灵里灌注进去一种不可克服的永恒的爱，即对于凡是真正伟大的，比我们自己更神圣东西的爱。"因此，人在这个宇宙的生命的大会场里更要拼搏、要斗争。"而在人的实践当中所遇到的那些如看到一切事物中凡是不平凡的、伟大的和优美的都威严高耸着，他就会马上体会到我们人为什么生在人世间，这时我们赞美的不是小溪、小涧。"① 由此可见，自然界的事物出现在生活当中，这个对象本身具有崇高美。而人在这个崇高的自然对象面前和实践斗争当中，也必然激发起崇高精神，这时人自身也显示出他的崇高价值。所以，崇高不仅是表现在文学作品中的一个风格，它还是人自身的一个整体表现，不论是在文学作品之内，还是在文学作品之外，它都可以显现为自身力量的崇高。而且人也正是在他所接触的社会实践的内容里和自然界的环境里，和这些本身具有崇高意义的对象打交道，发生各样的关系，因此也显现了作为人的崇高行为和精神对象存在的崇高。这些问题的提出都给以后关于崇高这个范畴的研究提供了非常明确的线索，所以后来探讨的大体上不外乎是人自身、文学艺术作品、人所接触的自然界、社会斗争当中

---

① 朗吉弩斯：《论崇高》，第35章第4节。

所遇到的情景。这都是从朗吉弩斯《论崇高》中进一步衍化来的。

## 四、创造性的模仿自然

朗吉弩斯就他的艺术崇高论来说，和贺拉斯有一致性。他们都是古典主义的崇拜者和主张者，都不否认模仿自然，主张艺术反映现实生活，但都认为艺术反映现实生活的同时，应强调模仿古典。朗吉弩斯讲到古典的崇高和贺拉斯有相当的不同。他在分析模仿时强调创造性的模仿，能够在模仿中显现自身，技术上的模仿不应该变成作者自身消融到原来的古典体式当中去，应该有自己的个性，应该显现自己的天才、想象、激情和灵感。所以评价他的很多人认为，他思想中有相当程度的浪漫主义倾向。

## 五、关于天资和人力的关系

实际上，我们在接触贺拉斯的《诗艺》时就已接触到了天才与艺术的关系，这与前面说到的天才与艺术的关系一样，是同一个问题。朗吉弩斯讲的天资和人力也就是天才和后天努力、苦学苦练方面的关系。所以，他不同意艺术创造中的天才决定论。在艺术当中，有人认为如果不是天才，绝对不能进行艺术创造，创造了也不能创造出什么东西。他特别不同意天才是唯一能够传授他的老师（以天才为师），天才是先天禀赋，不学即能。他认为天资、人力二者都不可少。人不经过实践怎么会知道有天才，即使实践了也不是一接触到某种实践领域，天才一下子就显现出来。就像鲁迅所说的，天才儿童啼哭的第一声也不是天才的诗，也和一般孩子啼哭没什么两样。这是在艺术方面的观点。在《论崇高》还有一句话属于朗吉弩斯引用别人的话，说到社会政治，有一句名言："民主是天才的好保姆。"此话非常深刻。一个社会没有民主就不会扶助天才，而专制制度专门扼杀天才，在任何一个时代都是如此。

# 第六章　普洛丁的美学思想

普洛丁（204—270 年）生于埃及，在亚历山大里亚学习过，参加过罗马皇帝的远征军，到过波斯，远征军失败后，又回罗马讲学。这个人是古代社会和中世纪交界期的人物，他的美学观点直接秉承柏拉图，后又影响许多人，他的"流溢说"、"分有说"在后世有不同的变种。

普洛丁是新柏拉图主义者，宗教神秘主义哲学的始祖。我们在柏拉图的理式说里说到客观唯心主义，他认为在实践之前就有一个理式规定着，它是最高的权威，决定着一切，产生着一切。但柏拉图并没有说理式就是神，虽然理式的地位相当于神。所以，不管他说它是神，还是理式，都是客观唯心主义。但到了普洛丁这里，理式变成了实实在在的神。普洛丁的美学是神学美学。我们看看他的美学的演绎逻辑。

## 一、美与"太一"的流溢

普洛丁的美学的核心思想是美是"太一"的"流溢"，也可以说是神性的流溢。

他的所有理论观点都从此生发出来。普洛丁认为，宇宙万物的本源是"太一"，"太一"在世界的地位、在逻辑系统中的地位，与柏拉图的理式具有同样意义。世界的本源就是"太一"，它是第一性的存在，这个存在本身就是神，神是最完满的，必然"太一"也是最完满的，有巨大的能力，能创生一切，那么从这个本源体流溢出来的东西就是最美的东西，就意味着它是神创造的，那么美也是从"太一"流溢出来的。这就把物质世界和精神世界的关系完全颠倒了，设定了一个"太一"，或一个神，把它当作世界的本体存在，认为包括真善美在内的一切东西都从这里产生出来。不仅仅所有的一切都是从这里面流溢出来的，他的理论模式里还有一个循环，从"太一"里边流溢出来的，最后还要归于派生它的母体。如果人的活动，或美的创造活动，作为艺术家进行的艺术创造，那就必须回到"太一"这个本体，才能进入艺术创造，才能显现出天才，才能有灵感。所以，他在解释艺术家出现灵感状态的那种迷狂时，就断定这是艺术家向创造他那个"太一"的母体当中回返的一个标志。如果在艺术创造中，艺术创造者是清醒的、理性的，就和天才无缘，也不能回归"太一"，因此也就不能创造美。这把柏拉图的观点又推进了一步，把柏拉图虚幻的东西变成一个特别客观化的过程，使完全不存在的东西变成为一个非常具有主导性的力量，就是"太一"。在理式那里，理式仅仅作为客观规定着，到这里变成主使者、驾驭者。所以，"流溢"不仅流溢出美，也流溢出人心、作家艺术家的迷狂状态。

## 二、此岸美与彼岸美

普洛丁把美分成此岸的美和彼岸的美。此岸的美就是现实世界。宗教把人所在的世界和神所在的世界严格分开，设想有一条河，此岸是现实的，彼岸是人不了解的。在解释此岸与彼岸时，在不同的宗教、不同国家的神话里，有不同的故事和说法。在希腊神话中叫冥河，死后过河到彼岸，过河时喝一种忘川水，喝完后，以前这岸的想法记忆全部消失，不知道原来是做什么的。普洛丁所谓的此岸美，即感性事物的美，如人们所看到的具体对象，通过视觉和听觉可以接受来的现象。精神美指风度、品德。普洛丁并不否认这些都是此岸美。除此外，他认为还有一种先于一切的彼岸美。实际上如他所说的彼岸美是不存在的，但不存在的彼岸美却是决定此岸现实美的一种力量，不是在此岸存在着，而在彼岸存在着。普洛丁出于"流溢说"，他特别否定美在事物本身，"物体的实质并不同于美的实质"，这近于柏拉图之说，但普洛丁的终极在于强调美来源于"太一"，实际也在否定此岸美的本源性。他反对罗马作家西赛罗的美在比例说，确立的乃是一切美皆来源于神。

## 三、"分有说"

他在分析美时，把美分为此岸的美和彼岸的美。彼岸是神的世界，神是"太一"，是流溢出一切美的根源，因此现实世界的美来自彼岸，等于说美来自于神。那么此岸的东西身上所具有的美从何处来？用普洛丁的话说，此岸所有事物身上的美都是分有"太一"的美、分有神的美，此岸事物的美才能成其为美，都是分有了神的理性、神的光辉。他说："有些事物（例如物体）之所以美，并非由于它们的本质而是由于分享。"① 神的理性和光辉一接触到现实世界中的对象，就会使此岸世界的对象发生变化，重新安排了现实生活中的事物，使事物在组织、结构上发生变化，变化成为一个凝聚的整体，具有整一性，这种美可以安坐在现实生活中的对象上，使这个对象各部分和主体都美，如果现实中的对象不能从"太一"当中分有这种流溢出的美，没有沾染到身上，那么这个现实对象就丑。这个说法显然是虚幻的。但从这里边能看出一个很有意义的东西，虽然是唯心的，虽然说美是神创造的，但透露出一个东西：由于"太一"的因素流溢到现实对象身上，现实对象本身发生了重新的组合，组合之后又能成为一个整一的东西，它才能显示美；那么如果这个对象身上的美不是来源于神，而是来源于自然，或来自于人工，使对象具有结构的整一性，这样解释美，我们能从"分有说"中看出美的事物与某种形式结构的建造有直接关系。在他的解释中，头半截的"太一"没有意义，而后半截的由"太一"的组织安排和凝聚整合却有美的创造意义。

在普洛丁的观点里，还有一个非常突出的观点，以至于到今天也无法验证，好像是似是而非，又很有意义，即所谓的用"内在的眼睛"，"收心内视"，"把眼睛折回到你本身去看"，"凝注你的眼神去观照吧"，"设法使自己和那对象相近似"，② "灵魂的视觉"等。这个问题进入到审美过程中本来应通过实验来解决，但现在有的却是无法进行实验的问题，不少美学家在解释审美现象时，好像都涉及到这方面一些情况。比如说一个美的对象不管是"流溢"出来的，还是"分有"的，还是它本身生就的，它具有美这种特性，那么，人们在对象面前也包括人创造的艺术品等等，这些美的对象人们怎么才能感受到是美的对象？靠什么？固然人有接受审美信息的各种官能，如眼、鼻、耳、舌、身，这是五种官能，佛禅在几种官能的后面加了一个"意"，然后面对现实世界中的相应的声、香、色、味、触、法，它们能把外在的对象都接收过来，如靠耳朵能把音乐都接收过来，靠眼睛能把绘画的五光十色都接收过来。

① 北京大学美学教研室编：《西方美学家论美和美感》，商务印书馆，1980年，第53页。
② 北京大学美学教研室编：《西方美学家论美和美感》，商务印书馆，1980年，第62—63页。

如果都能接收过来的话，恐怕外在世界的美不会有任何遗漏，都会流到人的心底。而实际上人们在对象面前却又千差万别。按普洛丁观点，要把握物体美的本质，要认识更高级的美，比如事业、行为、学习、品德、心灵美，尤其是"神"的美，就不能凭感官，要凭心灵和理性，凭"内在的眼睛"、"灵魂的视觉"。他在对象里加了一个现实中没有的东西——"神的美"。如把神的美抛出，对那些比较精微的，还有特别精微的事物，它们在被接受时，在庄子看来，仅用感官是无法实现的，用语言也表达不了，因为用语言来表达的东西都是属于粗的东西。所以，庄子要求不是"无听之以耳而听之以心；无听之以心，而听之以气"。即是说只有超感官的感受能把对象吸收过来。如象罔寻得"玄珠"。普洛丁说："至于最高的美就不是感官所能感觉到的，而是要靠心灵才能见出的。"① 可见普洛丁与庄子非常相似。对人的审美接受中，怎么把主体的东西非常地、甚至量化地把它揭示出来，现在还做不到。所以，美学发展到今天，基本上不是实验美学。即使用实验、测验，一些地方也测验不出来，如声音，怎么组合能使人的心情发生欣喜、或者悲凉，为什么这个声音会引起人的这种心理感受。又如色彩，几种色彩的配合会引起人的沉郁的心情，怎么去揭示这一点，去量化这一点，只能有个大体的实验。美国有些心理学家曾经做过这方面的实验，比如给出声音，叫人用色彩来反映。接受者根据声音，画出了色彩。结果 20 人进行的实验，做出同样色彩的是大多数。当问为什么用这种色彩时，却说不出道理来。这种超感官的经验能力究竟是什么，普洛丁称作"内在的眼睛"、"灵魂的视觉"，这就不是一般的眼睛。现代美学当中也有一种理论，说这是审美感受的综合能力，就是说它不是通过单一的感官来实现的，如看这个东西，不仅仅靠看，还要靠听，靠感受，几种感官同时并用，甚至超越单一感官实现对于对象的接受，就是钱钟书强调的"通感"。很显然，通过眼睛看对象，不只是用眼睛，虽然有眼睛，但是有听觉和其它感觉，综合起来，才能够感觉到眼睛看不到的东西。虽然普洛丁说的这种眼睛超越的时候要飞跃到美的本源那去，即神那里。很显然仅靠眼睛或眼、鼻、耳、舌、身，没有综合性的"意"的介入，就达不到美的根源。我们从普洛丁说的"内在的眼睛"、"心灵的视觉"中，看到了审美的玄妙之处，这个玄妙的地方不是通过直接的感官和实验能

---

① 《西方美学家论美和美感》，第 60 页。

证明了的。只有建立在感官基础上，综合多方面的感觉能力，才能达到极致的状态。"内在的眼睛"就揭示了这一点，即是说，审美要借助感官，不借助就不能接收外在的信息，也就无法审美，这是综合感官的运用，以至于要上升到心灵体验。在这方面，普洛丁理论比较突出。他认为，只有经过这个过程，才能达到美的顶点。就是飞到神那里，也要超越单一的感官所能实现的那种功能，而采用综合感官的感兴能力。这个"内在的眼睛"现在也没有通过实验证明它在人自身存在当中以什么样形式存在，人们能够把它揭示出来、验证出来，现在还没有做到。但是人们的感觉中存在着这种东西。就拿人们对审美对象的感悟来说，感悟固然要通过感官的信息接受，而感官发生交合作用的时候，人们却不能理出它清晰的脉络。普洛丁笼统地甚至超实验、超现实地把它说成是一种内在的神力在支配着，这是人们在不能科学解释一种现象时把它赋予人之外的一种力量的做法。

## 四、心灵的综合功能

普洛丁说："美是由一种专门为美设的心灵的功能去领会的。"他认为为审美而设的这种心灵的功能，对评判特属于他的范围里的那种对象比起其它功能都较适宜，尽管其它功能也同时参与这种评判。他在的审美实现中看到了人在内心构成上，即在审美能力上要求一种特殊功能，这种功能靠推理不能实现，完全靠感觉也不能实现，必须是各种心灵功能的共同合力才能实现。

在普洛丁的美学见解中，人的心灵的综合功能与对象的整一性是对应的。普洛丁以神为理式，认为："等到理式来到一件东西上面，把那件东西的各部分加以组织安排，化为一种凝聚的整体，在这过程中就创造出整一性。""一件东西既化为整一体了，美感就安坐在那件东西上面，就使那件东西各部分和全体都美。"① 这里说理式使对象构成为整一的美，是找错了原因，实际是来源于人的力量或自然界的力量。但他看到了美显现为创造的整体性，却是有意义的见解。

---

① 《西方美学家论美和美感》，第 54 页。

# 第七章 奥古斯丁的美学思想

奥古斯丁（350—430）是中世纪早期的美学家。生于北非，年轻时信奉过波斯的摩尼教，后改信基督教，396 年当过非洲希波城的主教，曾写有《上帝之城》、《忏悔录》、《论音乐》等书；书中不少地方关系到美学。

## 一、代表世俗美学的奥古斯丁

不论是哲学、美学还是从著作来说，奥古斯丁都是比较被关注的。我们前面说到的普洛丁等人的成就主要是在美学方面和神学方面。奥古斯丁的影响比较全面，是著作家。他的著作影响比较大的是《忏悔录》。他原是无神论者，后来皈依了基督教。皈依前他有许多议论和著作，皈依后他对自己过去的议论和著作进行了审视，发现自己"错了"。本来他过去对了，他却用神学来纠正，所以就变成了一种宗教忏悔。他的著作中先后观点不一致。在忏悔之前写的东西有相当的价值，所讲的一些观点应该说相当有意义，对我们的美学来说也有启发。

在皈依基督教之前，他作为学者直接接触到古希腊许多著作和作家，对亚里斯多德、西塞罗等，接受了他们不少的美学观点、哲学观点，并且在这些人的理论基础上，谈他对世界的看法和美学观点。尽管不是他的独创，但这些观点还是有意义的。如他根据亚里斯多德的"整一说"和西塞罗的关于美是在于各部分的适当比例说法，说美是整一或者是"和谐"，物体的美中各部分适当的比例再加上一种悦目的颜色。按这种观点来看美，即使没有深入到美的对象的内部去研究，或者说没有把美放在人的实践当中，但他主张美的整一性、和谐性这个观点是有意义的。他的观点，无论是他之前，还是对于以后进入文艺复兴时期，甚至到现代，一般地说谁谈美也没有抛弃美的"整一性"和"和谐性"、各部分适当的比例、悦目的颜色，这都是"整一"和"和谐"所不可缺少的内容。所以，这个观点还是一种比较现实的美学理论。他的专著《论美与适宜》，阐述美是整一、和谐、各部分适当的比例、悦目的颜色，这都是在美与适宜的命题下的观点。他对美有定义性的观点。他说："美是事物本身使人喜爱，而适宜是此一事物对另一事物的和谐，我从物质世界中举出例子来证明我的区分。"① 这里把美的事物作为一个对象，并且这个对象是物质世界中的一个对象，这就是承认美的对象具有客观性或者说美具有客观性。这个问题就得到了确立。普洛丁所说的美是"太一"的流溢，即是说美是加上去的，不是事物本身的美，那么奥古斯丁的观点就和普洛丁的不同，这是他皈依基督教之前的现实观点。至少他确立了美在于美的对象本身，而本身是自身所具有的那种整一与和谐，不是上帝安排以后才具有的整一与和谐。自然界事物具有自身特点，如一棵树、一朵花，花瓣的构成、色彩、分布，包括人自身的四肢，都不是经过神的安排，是人自身所具有的本于自然的结果，而且自然界的事物都具有美的结构形式。我们看雪花、冰花有奇特的结构，这种结构为人表现事物时提供很多经验，而人对美的创造常常是按照自身创造了和人有关的美的对象事物，把自身的构成现实地、理想地施加到对象身上。这都是美的客观性所决定的。这与普洛丁完全不同，他的美学观很有意义。

## 二、走向宗教美学的奥古斯丁

奥古斯丁在皈依宗教后，他忏悔了自己的观点，说法就变了。对过去的观点，包括社会观点进行了批判。他讲的一些基本看法和普洛丁的观点一样了。说美也是来自上帝，神才是美的本体，这就与"流溢说"、"分有说"合流了。即使他原来说的"整一"、"和谐说"也变成了由神来打上的烙印。奥古斯丁虽然皈依到宗教，但他也不完全抄袭普洛丁的观点，即使讲的是神学美学，也与普洛丁有相当区别。

李醒尘在《西方美学史教程》中作了四点区分，可为参照。②

第一点，一般神学或是普洛丁的神是作为"太一"的本体存在，然后分化为各种对象的美，到了奥古斯丁这里变成了三位一体，即圣父、

---

① 奥古斯丁：《忏悔录》，商务印书馆，1981年版，第64页。
② 李醒尘：《西方美学史教程》，北京大学出版社，1994年版，第113页。

圣子、圣灵。三者共同存在于共同的本体当中。于是分有为意志、情感、智慧，成为由一体而变成三位一体，由三位一体分成意志、情感、智慧的人格化身。这是第一个不同。

第二点，奥古斯丁放弃了"流溢说"，认为世界不是"太一"的流溢，而是上帝按照意志自己直接制造的，不是从一个客观精神体中自然流出来的。直接创造和"流溢"有何不同？上帝直接创造更能显示具有自身性格特点的性格创造，这就可以使我们看到的许多不同的美的事物显现为各自不同。在这里，应该说，奥古斯丁是以神为主体，强调了创造主体的直接自觉性非常重要。

第三点，此前的新柏拉图主义认为，灵魂是纯洁的，它有摆脱肉体回复到神的自然倾向，可以通过净化从迷狂中回到神，认识到最高的美。相反，在中世纪的神学不一样，如原罪说，亚当、夏娃偷食了禁果，人类祖先犯了罪，经过遗传以后，子子孙孙都有罪，所以，人类失去了自由意志，人也无法自救，只有求助于上帝和神来教化，来忍辱负重，一心向上帝，求得上帝的宽恕，才能得救。也有上帝和它的化身耶稣基督直接出面教化人，和自然地回归神是不一样的。

第四点，奥古斯丁认为，艺术只涉及情欲，人们创造艺术和美，不但不能净化自己的灵魂，回到神，反而会被引向卑微的下界。普洛丁认为神创造了艺术家，艺术家是"太一"的流溢，分有了"太一"的美，然后他的心灵又回到"太一"，回返的标志是进入迷狂状态，那就肯定了艺术的存在。而奥古斯丁认为，艺术本身不应该在社会中存在，艺术是欺骗，是假的，有否定艺术的倾向。这种观点与中世纪中不少基督教神学美学家所持有的观点基本一致，即否定艺术的价值，认为艺术是有罪的。那么，奥古斯丁的观点还有何意义？

## 三、面对实际艺术的奥古斯丁

在奥古斯丁观点里，由于他否定了艺术的存在，他根据的是什么？柏拉图、亚里斯多德都强调模仿，柏拉图认为艺术是模仿的模仿，艺术不是直接模仿真理，艺术里也不会有真理，与真理隔了一层，"理式"是真理，凡是模仿，本身都不是现实。到了亚里斯多德，认为艺术模仿现实，现实里没有先验的东西，那么，艺术模仿现实，它本身不是现实，不论模仿的是什么，它都是被模仿的东西的代替，它本身是模仿的东西。他把这个观点向艺术的具体内容延伸，认为戏剧史诗里边所写的内容本身都不是历史存有事实，即使说的历史上的事，写历史上的某个人物，演的历史上的某个角色，演员也不是历史人物本身。从柏拉图对艺术的批判当中，我们看到，艺术模仿的都是人的低劣的情欲，把人的低劣情欲直接写到作品中，来给人看，那艺术就会败坏人心。奥古斯丁的观点向柏拉图这个方面延伸。因此，得出艺术是虚假的，是欺骗。但奥古斯丁的理论价值在于他把欺骗进行了区分：一个是自然所产生的欺骗，一个是活人所进行的欺骗。把活人进行的欺骗又分两种，一个是实际和虚意的欺骗（诈骗），第二个是以娱乐为目的地的欺骗。喜剧、悲剧、哑剧里边也有通过艺术虚构进行的创造，在什么意义上说是欺骗呢？是说这个演员不是亚历山大大帝，本名叫约翰，他在台上按剧作家规定的在做与说话。不管他做的事、说的话是否是亚历山大做过的、说过的，在舞台上出现的确不是亚历山大。从这个意义上来说，这个演员是在欺骗。但这种欺骗不是骗取别人东西，而是提供一种娱乐，是一种善意的欺骗。

关于欺骗，在艺术史上，在人类社会发展过程中，不少作家都思考过这个问题。在中世纪，艺术家通过表演方式、虚构方式反映生活，但在理论上没有阐述透，没有清楚地认识它是什么。奥古斯丁将其分成善意的和恶意的，以娱乐方式欺骗没有恶意。虽无恶意，当时也被当作欺骗。为什么这么说？后代理论家在对艺术进行说明时也常常如此。巴尔扎克说他的小说是"庄严的谎话"，就是把两个不同的倾向结合在一起，虽无此人无此事，但说有此人有此事，指向一个目标，表现一种生活，一种精神，而且是伟大的精神。曹雪芹说自己的《红楼梦》是"满纸荒唐言"，这是"谎话"的另一种说法；后边的"一把辛酸泪"是说自己认真在写，直逼现实生活。巴尔扎克的说法与他一致。奥古斯丁看到了活人所进行的欺骗，也能把艺术的欺骗和恶意的欺骗区分开来。这是对艺术的虚构性的深刻发现。他还对此作了进一步分析。他认为，艺术不进行欺骗就不会是艺术。即艺术所以真实，就在于它们所具有的特有的虚构性，没有虚构手段的使用，就达不到艺术真实。我们知道，艺术品创造典型就要概括，正如鲁迅所说的，脸在北京，嘴在浙江，衣服在山西，一个人是三个人拼凑起来的角色。只有进行虚构概括，才能把这个人写得非常充分，才能揭示生活，达到历史本质的真实。奥古斯丁说，一个演员不在一定意义上做一个骗子，他就不可能忠于自己和职守。后来人们常说写戏的是骗子，演戏的是疯子，看戏的是傻子，就有这个意味。看戏的人看见好人死了就哭；但是角色死在舞台都是装死，在虚假当中让人看到了真实。所以一个演员在演戏的时候不做一个骗子，就不能是演员，不能进入角色，也就不能显示出演员的创造意义。演员的职守就是将早已消亡的人活灵活现地展现在舞台上。所以，奥古斯丁的分析，使人对艺术本质的理解前进了一大步，虽然他还是按照中世纪宗教的视点来解释艺术和戏剧，但仍然显示出他的美学意义，不论他对艺术各种门类进行怎么攻击。如，他在《忏悔录》中说杂技是荒谬的游戏，也反对戏剧，认为喜剧表演过于卑鄙，简直是糟蹋观众，因为悲剧演出的都在演旁人的悲剧，观众从旁人的悲剧中得到快感，还养成说谎的习惯，这都是不道德的。他对早年酷爱荷马、维吉尔的爱情描写也进行了忏悔，说"我童年时受这种荒诞不经的文字过于有用的知识真是罪过。"[1] 但在具体阐释艺术时说的话，还是一个比较有学问、相当有眼光的哲学家所能说出来的话。

总之，在中世纪，很多观点都与神学结合在一起，摆脱神学非常困难，因为在欧洲中世纪，不论是哲学家、文学家很难摆脱宗教观念。就是但丁写的《神曲》，整个结构也是按照地狱、净界、天堂这三重结构来设置的，艺术情节、写的地狱中人，虽然带有很多尘世的象征，但仍然把人放到地狱中。《神曲》中"地狱"中第七歌写到的保罗和法朗赛斯佳，是意大利历史上的事。保罗的哥哥在结婚时，因为长得丑，他就用保罗代替他与法朗赛斯佳举行了婚礼。娶来后，姑娘爱上了保罗。事情败露后，二人都被杀掉了。史有其事。杀掉后，人们却悲悼这两个人。按新世纪观点二人没有罪过，但按宗教观念，犯了摩西十戒中的一戒，他必须下地狱。但丁写他们在地狱的风中摇荡怎么也掉不下来。但丁听了维吉尔讲的这个故事，也非常痛心，以至于昏倒，

所以但丁也不能完全摆脱中世纪的宗教观念。就像在莎士比亚的《哈姆雷特》里边，哈姆雷特在他的叔父忏悔时，他本来可以轻易把他杀掉，但他有一个观念，如果人有罪，但在祈祷或忏悔的时候杀掉他，他的灵魂可以完全得救。哈姆雷特就犹豫了，他是报杀父之仇的，杀了他等于把他送进了天堂，不能那么做，没有将他的叔父杀掉。这说明莎士比亚的人文主义角色也不能摆脱宗教观念。所以说，普洛丁也好，奥

———————————

① 奥古斯丁：《忏悔录》，第17页，转述文字，参见《西方美学史教程》，第115页。

古斯丁也好，他们都无法摆脱宗教观念，尽管当时他们非常有学问，也是当时的智者。所以，在宗教思想束缚之下，仍然能迸发出有价值的观点，像普洛丁"内在的眼睛"，奥古斯丁"为了娱乐的善意的欺骗"等，都值得肯定。

第一编　最早闪烁的美学之光

# 第二编　元美学时代的经验与沉思

　　欧洲从文艺复兴开始进入了新的时代，开启了文化历史的新纪元。这种局面一直发展到 18 世纪的启蒙主义，更显出认识上的自觉性。此间研究美学的人们有了更为自觉的观念，形成了各自的主义："人文主义"、"理性主义"、"经验主义"、"启蒙主义"等等，并以各种理论方式形成对注昔美学历史的延续与补正，开始形成为不同的美学思想的模式，对后代发生不同影响。这些人不论是论艺术，扬理性，尚经验，创新说，都给后代留下了可以引为借鉴的美学思想与丰富的文献资源。

经验沉思几脉流，多元主义探源由；
虽难论定一尊理，各有千秋供远求。

# 第八章　达·芬奇的美学思想

在欧洲 14 世纪——16 世纪末这几百年，在欧洲文化史或社会史上，把它叫"文艺复兴时期"。"文艺复兴"在欧洲文化史中是非常突出的时代，这个时期艺术非常发达，在很多国家都出现了大艺术家，无论戏剧、绘画、雕刻、文学，可以说在欧洲历史上是空前的。但作为理论形态的美学，在这段时间里并不是很多，如果说起艺术见解还是很多的。

## 一、文艺复兴时代

"文艺复兴"主要是以但丁作为起始的标志。恩格斯说但丁是处于中世纪和新时代交替过程中的，用形象的说法就是"一只脚迈入了新时期，另一只脚还留在中世纪"。他是开始跨入新世纪门槛的一位作家。由于是过渡期的人物，在他那里还有许多中世纪的思想，特别是宗教的思想，在他的诗歌里始终也没离开神的观念，虽然不像前面说的一些人主张艺术的源泉或美的源泉在于神，在于上帝，但主体观念却并未完全脱离神学。所以在《神曲》的构成上，如从地狱到净界，或者说从炼狱到天堂，在天堂里，人就得到升华了，人能够见到上帝。在诗的结构上采取这种结构方法，包括他所写的人，都是历史上有的人。在处理这些人的关系上，总体上也没完全脱离中世纪的神学观念。但在他的思想里已经有很多是超出中世纪观念的思想。另外他在理论上有一篇《论俗语》，运用民间常说常用的语言，这在文学史上影响非常大。虽然里边也谈到一些美，但直接能从中抽出的美学思想并不十分多。文艺复兴是以他作为标志开始的，这一点已经是有定论的。

"文艺复兴"从这段社科和文化的概括意义来说，用"文艺复兴"是什么意思呢？在中世纪后期，发现了古代希腊和罗马的文化材料，特别是在考古发掘中，发掘出很多古希腊的雕像。这些雕像展现在人们面前，人们感觉到它们确实表现了非常辉煌的、充满生气的人的形象。因为在整个中世纪封闭的环境中，人们主要崇拜的是神，因此在表现神的时候都非常有生气，而在表现人的时候，人的形象却是卑微的。因为人和神相比，人只是为了侍奉神才有价值，所以无论在哪种艺术中，在中世纪表现人的时候，人的形象是非常干瘪的。从古希腊、罗马的艺术中发现了新的精神、新的境界，因此就把古希腊、罗马的艺术作为在新的时代里创造艺术的一个目标，也就是说要像古希腊、罗马描绘那个时代的人那样去描绘人。所以从这个意义上说，是要复兴过去非常辉煌的文化。而过去是不能恢复的，提出要"文艺复兴"，"复兴"什么东西呢？实际上是以古希腊、罗马的文学艺术作旗帜，然后走向新的目标。这个目标就是要创造属于自己这个时代的社会的经济、政治和文化，也就是不同于中世纪的新的社会历史存在。所以文艺复兴实际上并不是要回到过去，而是要创造将来，这就是后来马克思在《拿破仑第三政变记》中所说的"使死人复活是为了赞美新的斗争"。所以要把古代希腊、罗马精神呼唤出来。挑起这个旗帜，实际上是为了新的时代的创造。因此，这一时期对艺术的见解，对神的见解，对人的见解等等，和过去都有根本的不同。

主要有什么不同呢？在欧洲的中世纪，主要是有两大支柱支撑这个社会的思想和权力。一个是君权。因为当时是封建君主专制，倡导君权，要求服从君主。再就是神权，神权的确立是以牺牲人权来做代价的。神权的推崇必然要贬低人的价值，只有贬低人的价值，才能把神权树立起来。而君权和神权，在当时有点像中国封建社会那种观念，就是君权是神授的，它是由神派定的，神让他来做这个社会的统治者。所以，提倡人的价值，人的权利，不仅仅是对神权的否定，也是对君权的否定。马克思有一篇写在 1843—1844 年的文章——《黑格尔法哲学批判导言》，这是在《马克思恩格斯选集》四卷本的第一卷中的第一篇文章。文章写得非常好，非常深刻，论述的逻辑（包括语言），都非常值得一读。在《黑格尔法哲学批判导言》中，他特别强调了宗教的异化与政治异化的关系。他认为人们对神崇拜，神成了人的统治者，人在偶像面前进行膜拜。神从哪里来？来自于人，没有人就不会有神，它是从人那里，根据人创造出来的，然后回过头对人进行统治，因此是人的异化。那么反对神权，反对对人的统治仅仅是反对神权的一个方面，甚至不是主要的方面。因为神是从人那里异化出来的，而在现实社会中，当人被统治者统治时，这时在天国里的神是不会服输的，也不会让出位置。所以，天国里的神的统治就是现实的君主统治的一个"神的外衣"的表现。因此这种统治在人世间不能被清算，神权永远不会被推翻。所以就中世纪这两大支柱来说，完全是合在一起的。因此反对君权、神权这两者是合二为一的问题。马克思说："谬误在天国的申辩一经驳倒，它在人间的存在就陷入了窘境。"这说明反神权与反君权是人民的同一任务。

中世纪这两方面的统治都显现得非常森严，但随着欧洲资本主义的生产力的发展，生产关系中新的因素的出现，资产阶级要取得社会的统治权；这个统治权最初的表现形式是要求自由，而这个自由最初是以实现贸易的自由作为首要的口号的。因为在欧洲中世纪，封建壁垒森严，在一个国家不仅仅是一个王国，而是有许多独立王国，它们阻碍经济、政治和思想文化的自由。资本主义贸易以商品交换来实现，它的力量比中世纪攻打城堡的大炮还有威力。大炮打不进去，但一旦商品打进去，封建王国就会垮台。为什么呢？实现了完全以商品交换作为社会交换的杠杆，一切都变成为商品，这时国王的统治就没有意义了。所以当法国资本主义发展起来后，那时法国贵族还有相当权力。恩格斯说，不论将来强迫还是自愿，封建贵族必须把政权让出来，总而言之非得垮台不可。商品经济在他刚刚兴起时有非常大的杀伤力，它甚至可以以和平的方式把社会的政权改变了。在文艺复兴时期正是在进行这种经济上的、政治上的、思想文化上的革命运动。

拿文学来说，那个时期文学中对封建专制都采取了非常有力的批判。如莎士比亚的剧作，西班牙赛万提斯的《唐·吉珂德》，剧作家卡尔德隆的戏剧，还有剧作家维加的《羊泉村》，写当地群众反对封建统治，发展到武装暴力的斗争，这都是接触到非常尖锐的政治问题。

意大利作家薄迦丘是《十日谈》的作者。《十日谈》是以男女主人公用讲故事的方式来结构这部小说，都是短篇小说。讲故事的人一直都是贯穿者，是从前到后不断出现的人物，里边讲的故事都各自成为独立的故事。里边主要是批判中世纪的宗教、道德，强调人的自由、友谊、爱情和冒险精神等等，故事都非常生动。

在法国文学中，有位作家叫拉柏雷，他的长篇小说叫《高康大》。是写这个人在修道院里的生活，对教会进行了尖锐的批判。这个人不讲中世纪的道德礼法，执意妄行，这方面在欧洲文学中是少有的典型。后来俄国作家巴赫金从这个小说的写法提出一个"狂欢"的理论。

由于反对君权、神权，实际上都是强调人的自由和解放。在哲学上，或者说到美学理论上就变成人文主义、人本主义、人道主义。人文主义核心是"以人为本"；人本主义强调人的实践、人的思想、人的追求，以这个作为文学艺术、社会生活的基本的出发点和最终目的，排斥神，排斥封建主义；就人道主义来说，主要强调人不应受从人那里外化出去的异己的力量，即神的束缚，人自身要比他伟大得多。这在莎士比亚的戏剧中有明确的表述：人是社会中最杰出的存在，是了不起的杰作，比天神高贵。所以人道主义的所向是反对神权、君权，在西方文字中的 Humanism，有不同强调时又分别译为人文主义或人本主义、人道主义。

在文艺复兴美学中我想重点说说达·芬奇。

## 二、艺术面前的两种摹本

达·芬奇（1452—1519）是意大利文艺复兴时期的画家和科学家，是恩格斯所赞赏的"巨人时代"中的"巨人"，其成就是多方面的。它的知识视野和实践创造深入到许多部门，这就使他在美学的表述上能超出其他许多人的观点。

文学艺术的创造在实践感悟的基础上才能创造出文艺作品，这个感悟是非常非常重要的。这个感悟应达到什么程度呢？就像一面非常明亮的镜子。拿这面镜子去照见现实，这镜子如果是明亮的，它能把呈现在面前的事物都展现在镜子中。就镜子本身来说，他映射外在事物是不受阻碍的，所以以镜子去观照现实，就能把现实状态表现在镜子中。

这个观点，我们在前面也讲过。在古希腊的柏拉图、亚里斯多德，他们讲"模仿说"。从"模仿说"到"镜子说"，有什么不同和发展变化呢？柏拉图的"模仿说"是说生活模仿了理式，艺术模仿了生活。抛开这个唯心主义基础，他也是说文学艺术直接来源于现实。亚里斯多德比他彻底，就是直接模仿现实对象。虽然亚里斯多德也讲模仿现实对象，但达·芬奇的"镜子说"与他们有区别："镜子说"在镜子表现中是观照自然，同时达·芬奇特别强调不仅取法自然，还要胜过自然。虽然在亚里斯多德说法中也有模仿者自身对模仿对象的了解、体验，甚至要把模仿所要实现的目的表现在模仿中，比如强调"净化"，这就不仅仅是实现艺术模仿，模仿还有个作用，甚至出现不同的模仿在净化中也有差别。所以这个模仿也有某些能动的意味，但无论如何也没有达到达·芬奇所说的"画家与自然竞赛，胜过自然"①的境地。

达·芬奇在讲到对自然的模仿时，以他的创作经验作基础，提出模仿的两种对象：一种是别人作出的作品，如别人画的画；再一种就是生活现实，不是经过别人做了一次模仿，再提供给你模仿，而是原初的自然。在谈到模仿时，达·芬奇特别强调以生活现实本身作为取法的对象，如果努力从自然事物学习，就会取到很好的效果。从这点看，达·芬奇已把罗马时代以后的绘画史的教训总结出来了。在罗马绘画史几百年的时间里，不少人都是以别人的画作为自己的摹本，而不是以现实、自然作为自己的表现对象，这样就使绘画的走势越来越下降。达·芬奇不仅自己是个画家，而且对欧洲的绘画史看得非常透，他提出来要取法自然，他说："自然是一切可靠权威的最高向导。"这里边包含了几百年的教训。

达·芬奇说到关于"艺术是儿子还是孙子"的问题。在历史上，歌德也接着这个问题来讲艺术和自然的关系：如果艺术家是以自然为师，"外师造化"，这时是自然的儿子；如果不是"外师造化"，而是以别人的作品作为"师"，这时艺术家就是自然的孙子。这就是艺术家在现实中由于自己的原因，把自己降低了一辈。艺术要取法自然，表现自然，对自然的重造，可以成为第二自然。由此可见，在达·芬奇的"镜子说"中，主张要超越自然，要创造第二自然，第二自然要能胜过自然，真正的艺术创造必须胜过自然。所以能超越自然，在于以自然为对象的创造者，把自身的灵性表现在对自然的重新创造中。这种人的灵性，人的自觉，人的审美表现是自然对象本身原本并不包含的，只有人介入以后才能出现艺术。

## 三、艺术与自然科学的结合

达·芬奇是一位科学家，而且又是大艺术家，他在进行艺术创造时，可以说是把科学的思想被他直接引入到绘画创作中。他在论艺术时，有许多精深的见解，如空间透视、线条、比例、明暗、色彩等等。他说："绘画是自然界一切可见事物的唯一模仿者。"他认为绘画是从哲

---

① 《芬奇论绘画》，人民美术出版社，1979年版，第42页。

学角度细致入微地审度海洋、陆地、树木、动物、花草等一切形式的本质，即审度被阴影和光明所笼罩的一切。绘画实际上是一门科学，又是自然的合法女儿"，"因为它是从自然产生的。"① 从这个角度来讲绘画，是说艺术中要包含有科学的思想，而且在处理艺术表现时，应该让它合乎自然的法度，要包含科学的基因，这是强调艺术要讲究科学，特别是在绘画中。

当然，也不能用科学的观念和原理来要求艺术的所有方面，因为在艺术中，还有另一表现的路数，即不合理却合情。从现实主义艺术来说，更多地要求构图、比例、光的处理要合乎科学的概念。但有时为了艺术表现，也有违背科学的时候，以后在讲歌德时会讲到卢本斯的绘画用光。比如户外的光源在实际生活中就是从一个方面来的，在光线的遮挡处肯定是没有别的光源能照到那儿，但为了表现画面，有的画家做了"双重光源"的处理。有时我们在照相馆照相时，为了造成光的明暗效果，就不只是用一个光源，那是人造的光源，而在自然界中只有一个光源。达芬奇的这个强调是必要的，特别是在现实主义艺术中。

## 四、对美的基本看法

就达·芬奇对美的表述来看，在此前的美学史上我们并不是没有见着过，但在他这里却形成了比较完整的关于美的观念。他是从人对对象的美感来讲美的特点的，这是以面对作为美的对象的人，在对象面前是怎样感受美，由此来确定美的。这个讲法是比较新鲜的，他认为美感完全建立在对象的各部分之间的比例关系上，各种特征必须同时作用，才能产生使观者往往产生如醉如痴的和谐感受。对此如果简单说，他的观点就是"美感完全建立在各部分之间神圣的比例关系上，各特征必须同时作用，才能产生使观者往往如醉如痴的和谐比例。"②

"和谐"也好，"比例"也好，这在前面都接触到了。他在表述上的不同在于："和谐比例"是一个客观的存在。这个客观存在必须被接受者实际感受到，把握到，使和谐比例进入到欣赏者的观念中去，变成他的审美意识。如果不变成审美意识，这个"和谐比例"依然还是一个外

---

① 《芬奇论绘画》，第17页。
② 《芬奇论绘画》，第28页。

在的东西。当然他也不是因为一个人面对一个具有和谐比例的对象,没有感受到和谐比例,就认为这个对象就不是美的对象,达·芬奇不是这样认为。所以他认为必须通过公论,而不是单凭个人的感受来评定这个对象是不是具有"和谐比例"。如果这个对象就是"和谐比例",那么人们总体上来说能感受到,并对它如醉如痴,即使你没有感受到对象具有这种特点,那么这个对象特点并没有丧失,所以这时也不要拿某一单个人的感受,来评定这个对象本身是否具有美的特点。

应该说达·芬奇在关于美的基本看法中,强调美在于"和谐比例",并没有仅仅停留在形式上。他以绘画为例,特别说明,绘画在表现时,具有"和谐比例"是必须的,但在"和谐比例"中,如想把对象指向对人的表现,除了对人的表现,还要使你进入人的内在,表现人的精神状态,像欲望,嘲笑,愤怒,怜悯等①,这就是精神境界。它本身并不属于"和谐"、"比例"范畴之内,这就说明,美是"外在的和谐比例"和"内在的神韵"的统一。这样,达芬奇的美论并不是在前面看到的古希腊的"和谐比例",而是对他们有所超越。

## 五、诗与画的比较

达·芬奇在论述绘画特征时,涉及到音乐,诗歌等,已伸延到其他艺术中,并和其他艺术作比较,总体倾向认为绘画是最好的艺术,任何其他艺术都不能相比。好像所有的艺术都有局限,绘画却没有局限。对此,后来德国十八世纪的莱辛,已经否定了他的观点,认为各有所长。

从达·芬奇关于艺术分类的理论当中,我们可以看到,首先他对绘画自身的审美特征论述得较充分,因为他有实践经验,而且是同其他许多艺术进行比较来论述的。把绘画的地位提高到应有的高度,这也和当时的时代有关系。因为从古希腊、罗马以来,绘画地位一向低微,和诗歌、音乐相比,认为它们是比较高尚的、自由度比较强的艺术。从自由度来说,诗歌的自由度最大,因为它用语言来叙述,语言不受时间、空间限制。其他艺术在时间、空间上的限制比较明显:如绘画在表现时,总是定在一个空间中;诗歌可以在时间中通过语言表述事态,这时是共时的,又是历时的,不受限制。比如《木兰辞》里写"将军百战死,壮

---

① 《芬奇论绘画》,第 169 页。

士十年归"，它用十个字写了十年，别的艺术能有这么自由吗？用绘画怎么表述？电影怎么表述？那都要费很多功夫才能表述出来，而语言通过叙述的过程就直接出现了。但任何艺术都有它的长处和短处，正因为这样，才出现了各种艺术。

达·芬奇在论述这点时，举了许多事例：如说文学或诗歌，它是一种塑造间接形象的艺术，它不能提供直观的画面，必须在叙述描写中，通过你的经验感悟转换为头脑中的形象。绘画就不用这样转换，很显然在这方面文学有局限。比如画一个人像和用文字或语言来表述这个人名时，如果这两个东西放在这里让人们去挑取，很显然都会去拿有形象的，不去拿人名。他举这样一个事例，这是以绘画的所长来比文学的所短。如果换一个角度来说，用文学来表述，不仅描述出一个形象，还把人的内心状态描述出来，而且描述得非常精确，他这时该怎么想，想些什么，就不会有蒙娜丽莎的微笑"究竟为什么微笑"的千古猜度，也不会有这种遗憾了。可见在这方面，达·芬奇论述了绘画的长处，这种表述也是必要的，但很显然只说了一个方面的道理。中国西晋时代的陆机说过两句话，把这个问题解决得非常彻底，叫做"宣物莫大于言，存形莫善于画"。如戏剧、电视、绘画、雕塑都是直接造型的，都有质感形象，这是他的特长。如果要对对象物内在的意义进行揭示，最有能力的就是文学，因为文学中可以表现非常深奥的内容。像唐代刘禹锡所讲的"片言而明百意，坐驰而役万景"。诗人可以发出想象，人没有动，神思可以周游天上地下，可以用想象来支配万般景象，这种情况只能出现在文学上。

# 第九章　笛卡尔的美学思想

笛卡尔（1596—1650）是 17 世纪法国著名的理性主义哲学家，影响非常大。他的代表作是《方法论》、《形而上学的沉思》和《哲学原理》。他对当时经院哲学非常反感。经院哲学是以神学作基础的。如果信仰神的存在，必须否定人的理性。如果用理性来思考，去追问神的存在，经院哲学最后是无法给予答复的。神学把需要进行理论思辨和实践论证的对象，不经过理性思辨和实践论证就作为神圣存在。因此我们看到，普洛丁、奥古斯丁、托马斯·阿奎那讲神是一切存在前提条件，这是以冥想的东西为事实，作为根据起点，很显然是不能成立的。理性主义以此作为理论对象来思考，然后重新审视世界，从这个角度来说，理性主义在当时有它的进步性——提倡理性必然要反对中世纪烦琐哲学和盲目的宗教信仰。以往一切结论都要重新以理性来思考，来确认它的存在价值。从这一意义上说，笛卡尔的哲学基础是唯物主义的，但不够彻底。在物质和精神的存在上是二元论者，在评价他的二元论侧重于哪一方面，不同人对他评价不一样。二元论是事实，但主要是唯心还是唯物，不同人有不同的观点。

## 一、张扬理性的"我思故我在"

从美学上提出问题来审视笛卡尔，首先就是举世都传颂他的一个命题："我思故我在"。这是什么意思？在这个命题下面强调的基本思想是：我是正在思维的存在。这时的我是一个独立的、有理性思考的人。这个人的主体的理性的存在得到特别突出的张扬。因此笛卡尔的理性主义集中地以他的"我思故我在"张扬开来。就是说，我除了理性没有别的。理性除了我在它的身边，此外没有别的，我和理性是同在的，强调人不能迷失理性，迷失理性就也迷失了自身，就等于取消了自身。他所理解的理性是与生俱来的良知良能，与实践经验无关："善于判断和辨别真伪的能力——这其实就是人们所说的良知或理性——在一切人之中生来就是平等的。"① 由此可见，"我思故我在"具有非常突出的强烈的理性排他性。"理性排他"，排斥一切反理性的东西。因此在人的经历中，在人所生存的世界上，一切对象物，一切存在，都必须经过人的理性过滤。如果不符合理性，就是要否定的，这样就必然突出理性，崇拜理性，也必然形成对感性经验的排斥，也要削弱情感的存在。

这里有两个东西：一个是中世纪传下来的，就是神的观念，对这个必然要怀疑，要否定；再就是人们平常从事的活动，一些感受、经验，在理性主义哲学面前，这些东西并不被认为是可靠的。这样推崇理性，确定理性的地位，就会把理性看作是衡量一切的依据和标准，所以理性就成了人所具有的良知良能。这种良知良能面对美的对象，必然要把理性放在美的对象当中要求。自然在评价的标准中，理性也成了一个标准。

这个思想对后来法国古典主义的影响是非常大的。法国古典主义，其中很重要的一个支柱就是理性主义原则：强调人的一切活动都要符合理性。我们在看古典主义戏剧时，因为戏剧总有矛盾冲突，矛盾冲突最后统一在什么上？不论正剧、悲剧，最后统一在理性中。如法国悲剧作家高乃依的最有影响的代表作《熙德》，剧中两个主人公的父辈有矛盾：斯曼娜的父亲唐·高迈斯与女儿未婚夫罗德里克的父亲唐·狄哀格，为争太子师傅有怨结，罗德里克为报父亲被打耳光之仇，杀死了高迈斯；女儿斯曼娜也要向罗德里克复仇。这两个年轻人因为父辈的矛盾就出现了爱情与荣誉的矛盾。按照"父亲有仇，子女要报"的道德，必须把爱情结束，并把男方杀掉。这就出现了一个荣誉和爱情的矛盾。后来敌人入侵，罗德里克带人打退了敌人的进攻，立了大功。国王下令让斯曼娜服从国家的利益，把父辈的仇恨化解。后来斯曼娜听从了国王的大义思想，放弃了复仇，恢复了爱情，归于理性。把"我思故我在"这个思想转移到文学艺术上来，就须要求无论哪方面——文辞、结构，还是整体、部分等等都统一于理性，就能实现和谐。如果不合理性，很显然就不能和谐。怎么处理这个和谐？所以他要有一个思想在里面，不只是有一个比例数就能和谐。这是对"我思故我在"的一个理解。

① 见朱光潜：《西方美学史》，第183页。

## 二、美在于愉快

在西方美学史中，明确提出"美在愉快"，在笛卡尔这里算是早的。他说："所谓美和愉快所指的都不过是我们的判断和对象之间的一种关系"，"能使最多数人感到愉快的东西就可以说是最美的。"[①] 在西方美学史中一般说到美的时候，人们很少讲到美和愉快的关系，好像有一种禁忌一样，就是不要把美和愉快搅在一起。为什么不想往这方面引发呢？愉快是属于一种感受，其中有心理的情感和生理的快感。如果分得不清楚，就容易使美感变成生理感官的享受，所以总是回避审美愉快的说法。一个美的对象，它所引起人的感受究竟有没有愉快？比如看到亚里斯多德悲剧理论中说的恐惧和悲悯情形，这可以引起人的审美心理感受，就恐惧和悲悯来说，本来它里面也可以有生理、心理的区别。

审美始于生理感官接受信息，最后也须转变成心理上的审美愉快，不转变也不是审美的愉快感。生活中的悲痛和惊恐造成生理刺激，本身并不是美感；当感受的主体对于对象做出一种"间离"的情境，就是造成一定的距离，这时就解除了身心上的负担，使自身与它脱离了，这时才能有一种审美愉悦。戏剧效果也是这样，舞台上出现了一个非常丑恶、低下的人，引起了很多嘲笑，比如说法国古典主义作家莫里哀写的《伪君子》或《吝啬鬼》，吝啬鬼被嘲笑，伪君子被嘲笑，观众坐在剧场里笑这个人：《吝啬鬼》中的主人公阿巴公，他钱丢了，怀疑家里很多人，最后怀疑自己，这钱是不是让我自己偷走了？这个吝啬鬼在舞台上连自己都怀疑，可见对钱的重视超过自身。这个人把自己都异化了，自己分身为一个爱钱的钱奴和一个偷钱的贼人，自己的人格都分裂了。这时，观众很显然非常嘲笑这个人物。法国有个霍尔巴赫，他说我们看喜剧时为什么笑呢？觉得我们比他高明，比他高明就是一种"间离"，假如不是这样，舞台上的吝啬鬼就是你自己，是看戏的这个人，写的就是你的事，你的名，然后你在底下看，这时就没法间离，就没法笑，只能愤怒，不是因为歪曲了你而愤怒，就是因为正打正着，如同俄国的贪官看《钦差大臣》。

马克思在《1844年经济学哲学手稿》中，从考察无产阶级的命运，

---

① 《西方美学家论美与美感》，第79页。

讲到人在社会生活中，劳动者在资本主义生产关系下，是处在非人的地位上的，是劳动者作为人的存在变成动物的存在。只有它实现人作为动物功能时，虽然自身是人，但这个人和动物具有同样的地位遭遇。而人是痛苦的，在劳动中也是痛苦的，因为不是自由劳动，而是奴役劳动。所以只有在离开劳动时，才能感觉到有愉快。他把人的痛苦和愉快作为对立的范畴提出来。而资本主义的异化劳动，却使人应有的愉快完全丧失了，这也是人性的丧失。所以用共产主义的自由劳动来取代资本主义的异化劳动，才能真正地实现人的全面解放，以至于身心愉快。马克思在谈到人的实践感受时，并没有回避愉快这个概念，而是将愉快看做人的自由自觉能得以实现才会有的感受结果。马克思谈的不是在艺术欣赏中，而是在实践生活中的感受。这种感受是人的一种自由自觉的心理，也是一种美感，是生活实践中的美感。

怎样来看笛卡尔所说的"美就是愉快"？愉快的实现，在笛卡尔的美学中是从一种客体存在角度来谈的。客体存在和主体内在的感官之间有一定的比例，感官从客体上构成什么样的比例关系才会是愉快的？在说明这一点时，我们看他在《音乐提要》中的分析，他说愉快要在感官和客体之间有一定的比例，在对各种客体感觉中最令人愉悦的，既非最易为感官所感受的客体，也非最难为感官所感受的客体，而是这样一种客体：他不像本能需要那样容易为感官所感受，但也不是难到使感官疲惫不堪。这是说既不太难，也不太容易，是个确定不了的比例，这个合适的比例并没定出来。他在这个问题上没有找到一个真正的比例，最后他提出一个办法，就是他在 1630 年 2 月 25 日答麦尔生神父的信中说的："凡是能使最多数人感到愉快的东西就是美的"①。但这个大多数人又不是比例，他排斥了个人心理标准，实际上，最后愉快不愉快仍是一个心理标准。美作为一个对象存在，客观标准是什么？顶多是在形式上有一个合适的比例。但比例也不明确，最后又回到心理的感受程度，所以美失去了真正的客观标准。笛卡尔的美学留下了很大的漏洞，最后停在了相对性的标准上。

---

① 《西方美学家论美与美感》，第 79 页。

## 三、美感的差异性

关于审美对象的自身的性质和主体的感受上的差异性，笛卡尔在论析它时，主要以音乐作为主要对象，他在书中举了一个事例：同一事物呈现在人们面前，人们对这个对象的感受是不一样的，甚至是相反的。有的人接触这个对象能引起痛感，另一个人会没有这个感受。比如听音乐，一个人在跳舞时听到这个乐调，在下次听到这个乐调时，跳舞的欲望就马上起来了；如果听到这个乐调时心里非常悲痛，下次再听到这个乐调时就会非常难过。乐曲对他心理是一种提引，当时是什么心情，再听时，一下就把原来的情感勾起来。他举了一条狗的例子：有条狗，他听到一首小提琴曲时，正遭受一顿痛打。打了几次后，你再放这首小提琴曲时，听到曲子狗就跑。这是什么原理呢？听者把这个曲调和当时的遭遇连在一起了，造成一种条件反射。因此说曲子会引起什么反应不是固定的，是和当时的听者情感、心境直接相关的。这就是说，美感不在于审美对象，甚至几乎和它无关。这与中国美学史中讲的嵇康的"声无哀乐论"是同一原理：乐曲里无悲无喜，因此并不引起主体的情感反应，而取决于听曲子的人当时的心境是什么样的。前提就是这个曲子是一个形式。把不同的因素组合在一起形成曲调，这里没有人的感情，这就是"声无哀乐论"。决定对象的原因在于主体。笛卡尔没有否认在对象中包含一定的情感倾向，这点他还是承认的，但是包含一定的情感倾向在起作用时，并不一定引起接受者相适应的情感，接受者不一定必然按作品的情态而顺势感动，而取决于接受者当时的情感状态。这个现象就与我们说的一个作品能按自身的意向去创造出和自身的情态相适应的人相矛盾了。这也可以说是一个二律背反。

# 第十章　布瓦洛的美学思想

布瓦洛（1636—1711）是法国十七世纪的诗人和文艺批评家，是法国古典主义艺术的美学立法者，影响甚大。他的代表作是《诗的艺术》。他的理性主义总体来说同笛卡尔相适应，即艺术要体现理性原则，以理性为标准。他给法国的戏剧提供了非常完备的古典主义理论，影响非常大。西方的诗学有三部非常成型的著作：一部是亚里士多德的《诗学》，贺拉斯的《诗艺》，再一部就是布瓦洛的《诗的艺术》（是用诗歌的形式写的，分行的）。他的哲学基础是笛卡尔的理性主义，落实到文学艺术的创作上，强调诗人需要有天才，但更需要理性，在艺术实践创造中要以理性为主。

## 一、艺术的理性遵循

在我们接触的古希腊、中世纪、文艺复兴的艺术理论中，没有遇到任何一个人像布瓦洛这样强调艺术理性的重要性，把艺术和理性连在一起，强调诗人、艺术家必须按理性来创造，必须以理性为艺术的定度。而在布瓦洛的《诗的艺术》中把这个特别明确地定下来。他说："首须爱理性，愿你的一切文章永远只凭着理性获得价值和光芒。"在以后 19世纪、20 世纪，好像也没有一个理论家在谈到艺术创作和艺术品的构成时，把理性提到这样的地位上。总体上布瓦洛在他的《诗的艺术》中，理性被强调到非常过分的地步。他把理性原则推到艺术的各个领域后，我们发现他的理论许多地方却又有道理，是不能忽视的。在具体的艺术创造实践点上，又能见出在艺术创造中理性的不可缺失，在艺术的各个实践点上理性是应非常值得重视的。

在布瓦洛的艺术理论中，他把理性、美、真、自然作为一个整体对待，在所有这些表现中，都不应该脱离理性。布瓦洛所说的自然，不是我们所说的自然界中的自然，而是指作为普通理性表现的自然人性，或者说是常理常情。这时就不是纯粹的自然了，而是经过理性的过滤和筛选，认为它是合情合理。实际这个自然是理性的一个表现，不是自然而然状态。如果进入文学艺术的创作中，真实性就受到很大影响。因为它不是从生活现实出发，是从理性出发。

法国的悲剧、喜剧领域出现了很多大作家，创作出在全世界范围内都有广泛影响的作品。像拉辛、高乃依、莫里哀都是非常有影响的人物。有些在当时的影响都超过了莎士比亚。特别是在法国，一直到19世纪初，雨果以他的《欧尔纳尼》推到舞台上来以后，并在理论上痛批古典主义，这才在历史发展的条件下，结束了古典主义在法国的独尊，在那以后，古典主义戏剧就很难占上风了。实际上这种理性化的戏剧，在主体上最后都归结为理性的胜利。而在创造人物时，也成为某种理性观念的代表。这个人物就被确定为类型的典型，就失去了丰富的性格。比如说，这个人有荣誉观念，但除了荣誉观念就没有别的了；这个人虚伪，除了虚伪就没有别的了。为什么类型化呢？这里有一个理性化的制导，设计成了一个有理性的范型，而丧失了个性。

## 二、类型化的人物论

布瓦洛的《诗的艺术》所论主要是戏剧的艺术。在西方的文艺理论概念中，整个文学理论都可以称之为"诗学"。也因为欧洲18世纪以前的戏剧多是诗体的，所以戏剧论也称为"诗学"。从《诗学》到《诗艺》，再到《诗的艺术》，这三本书所面对的文学艺术对象，远远超出了诗歌本身。在西方传统观念中，诗的理论完全是艺术理论。《诗的艺术》中关于人物的塑造，人物的性格，都提出了一系列见解。

首先，在写人物时，写这个事是真实还是不真实？布瓦洛主张可以不以真实的事作对象。不是真事，可以虚构，但必须让人相信；相反，生活中发生的真实的事情，进入到艺术中去表现，不见得是艺术所需要的。为什么真事写出来后却让人不承认呢？有一个非常重要的概念就是：在艺术中所表现的，不管是真事还是虚构的事，取决于"真情"。这个"真情"不是情感，而是合乎"常理常情"的情形，也就是可以让人相信的事情。这个观念是非常有意义的，在后面可以生发出很多理论。在后来的18、19、20世纪，都根据这一理论生发出许多理论。

艺术表现究竟和真人真事有什么关系？生活中确有真人真事却不让

人相信，或者说不能抄录式地写。比如托尔斯泰的《复活》、《安娜·卡列尼娜》，这都是有真人真事背景的，但都改制了。不仅是结局改变了，进入小说中的真实人物已经变成艺术中的人物，使他能合乎作者所要表现的时代的需要；法国的斯汤达的《红与黑》，福楼拜的《包法利夫人》，都是有真人真事的，但作者写的时候却做了很多改变，不改变的话，即使有其人其事所据，也不符合真情，不符合作者所要展现的时代。艺术的巧妙就在于写出来使人相信的，又不是真人真事的实录，这是艺术家应达到的境界。就像《红楼梦》，并没有一个真正的大观园和"十二钗"。

在人物性格的描写上，布瓦洛的观点是古典主义的，是类型式的。用他的话说就是"从开始直到终场表现得始终如一。"如写一个吝啬鬼，他在整个剧情中，从一出来就吝啬到底，除了吝啬没有别的，不能改变什么。今天看来，这种观点不合生活和艺术规律。因为作品中的人物，本身固然有个性的起点，但这个起点在情节冲突中，也是受制于时代的典型环境的冲击，就像现实中的人，总是要发生许多不可避免的变化。如果把作品中的人物一出场就定型，在情节中如何表现呢？如果始终如一的话，这个剧情就完全是按理性的原则活动着，很验证有鲜活的生命力。鲁迅在以《红楼梦》和之前的小说比较时说，自有《红楼梦》以来，中国小说的思想和写法完全被打破了。因为以前的小说（包括《三国演义》在内），那里好人完全是好，坏人完全是坏，始终如一，人物性格很难有真正的发展，《红楼梦》中的人物都不这样，你认为是正面的人物，身上有缺点；认为是反面人物的，身上也有正面的东西。就拿贾宝玉和王熙凤来说，贾宝玉身上有很多不好的东西，贵公子的习性在他身上体现出来。王熙凤非常坏，但他有个原则，对她有利的坏事她干，没利的事坚决不干，甚至以正义姿态出现，如对于贾赦欲娶鸳鸯，她不仅不想介入，还有批判的言辞。这是现实主义的写法。

在划定性格类型上就更不科学了。他给戏剧中设定不同年龄段的人的性情类型，如青年人浮躁、易受坏影响；中年人好钻谋而审慎；老年人抑郁、贪财，抱怨现在，这些都是以偏概全，不符合生活实际。

## 三、崇尚古典范式

所谓"古典主义"，就是要追寻古希腊、罗马那种诗歌、戏剧的原则进行创作，以那个时代为规范。以希腊罗马作为原则，是不是古典主义呢？后来的人研究这段历史时，认为这是"伪古典主义"。古典主义所确立的文艺原则，是建立在对古希腊的理论和艺术创造的误解上的。布瓦洛是特别赞赏荷马、柏拉图、亚里士多德、西塞罗，无论是理论，还是作品都非常推崇的。在向古典学习上认为非常重要。他说："如果你看不出他的作品的美，你不能因此就断定他的不美，应该说你瞎了眼睛，没有鉴赏力。"就是你不应怀疑，你如果最后也没发现美，你还应承认作品是美的，只是你没有这种眼光。并且得出了一个结论：古典就是自然，模仿古典就是模仿自然。这是把文学艺术的"流"当成了"源"。同达·芬奇比较一下：达·芬奇说画像必须画自然本身，画实际的生活存在，不应该画画像里的自然。按画去模仿，会影响艺术的创造。

对古典的艺术表现，《诗的艺术》中做了总结，形成了一个公式是："要用一地、一天内完成一个故事，从开头到末尾维持着舞台充实。"这个公式，人们把它叫做"三一律"分开说就是：

1. 剧情所经时间在一天之内，不能超出二十四小时。

2. 剧情发生在同一地点，不用换场景，剧中人都来这一个地方。

3. 情节要连续不断，人物可以上来下去，但是都是在一个情节过程中。

这就是"三一律"，是古典主义戏剧原则，说这是从古希腊的悲剧中总结出来的。其实古希腊的戏剧理论不是这样总结的。比如时间二十四小时，按意大利学者琴提奥 1545 年研究，时间的"整一律"，是说一个剧作家的参赛的三个悲剧和一个笑剧，用的演出时间不超出一天时间，后来误读成戏剧情节发生的时间不能超过 24 小时。不过这个误读却产生了意义，就戏剧来说，是一个直接面对观众的艺术，就艺术表现来说，怎样更简洁，表现更集中，少换地点，不换地点，在这个意义上说，写的戏剧的情节是一个比较集中的、连续的情节，还是比较有意义的。虽然这是个死的规定，后来很多剧作家在构思剧情时，却比较关注这一经验。比如中国曹禺的戏剧《雷雨》，剧情的时间大体上都在一天出现：一开始就有雷雨的征兆，后来几个人又死在雷雨交加之夜；地点除了周公馆外，只有四凤的家；情节也比较集中。在国外的现代戏剧中，如美国现代戏剧的创始人奥尼尔，他的许多戏剧都是发生在比较短的时间内，代表性的剧本《榆树下的欲望》（又译为《榆树下的恋情》），这个剧的场景全是在农场主凯勃特的家里。对戏剧来说，适合于人去表演，也适合于去观赏，而且从经济意义上说可以节约很多成本。我们现在有些话剧，五场话剧，一场一个地方，这些布景做完后如果换一个地方演出，两卡车也拉不完，没有多大意义。中国的戏曲以意象的形式解决了这个矛盾。不管事情发生在什么地方，在舞台上，就是一个指定的空间，它可以是个战场，也可以是个家庭，都在一个舞台上；可以用布景，也可不用，用表演来显示事情发生在什么地方，比"三一律"还简明。

## 四、艺术功能和艺术家的修养

认为艺术的功能要符合道德功能。艺术要把真、善、美结合起来，不应违背道德，伤风败俗。特别反对把艺术变为商品，特别是把自身变成"专在金钱上打滚"的诗人，违背艺术的良心，自己出卖自己。这点很有现实意义。在商品社会里，艺术也不免受商品经济的影响。但艺术不仅仅就是商品，即使是商品，也是特殊商品，是作用于人的精神道德情操的。这方面必须保持真、善、美，实现培养真、善、美的作用。

马克思说："无疑的，路易十四时期的法国戏剧家从理论上所构想的那种三一律，是建立在对希腊戏剧和它的说明者亚理斯多德的不正确理解上。但是另一方面，同样无疑的，他们正是按照他们自己的艺术需要来理解希腊人的，因而在达斯和其他的人向他们正确地解说了亚里士多德之后，还长久地固持着这种所谓的'古典'戏剧，……不正确理解的形式正好是普遍的形式，并且在社会的一定发展的阶段上，是适合于普遍使用的形式。"[1]

为什么长久地固持着这种"三一律"？这是他们的需要。在当时的法国戏剧，许多戏剧家都有资产阶级自由思想，但政权掌握在封建统治者手里。政治必须严格控制戏剧，戏剧必须适合于封建政治需要，不仅理性标准要适合于戏剧，整个艺术规程也要适合于这个目的，不能出格，所以这个"三一律"就应运而生。即使有人指出这个"三一律"不合适，也仍照行不误。

除此之外，在讲到 20 世纪美学时，要讲到这一观点，即新历史主

---

① 《马克思恩格斯论艺术》，人民文学出版社，第 1 卷，第 190 页。

义、解释学、后结构主义，他们认为所有的历史都是现代史，因为今天你写的历史，是你在写，这就必然把你的眼光和态度带进去，用这样的眼光去写这个人物，这时的古代人物是你笔下的人物，甚至在某种程度上也是现代人，这在艺术创作中带有普遍的适用性。这个历史的人物变成了现代的历史人物。马克思在这里用的是"不正确的理解"，即"误读"，误读就变成了现代人对古代人的解读的普遍形式，只不过程度有不同，有的甚至是完全误读。

误读有创造性的误读，也有因无知而曲解的误读，也有强就自己偏见的误读，这后两种不能使作品产生意义。这个问题在以后讲德里达时还要讲。

# 第十一章　荷加斯的美学思想

荷加斯（1697—1764）是英国的画家，在铜版画创作方面有相当的成就和影响。他的理论代表作是《美的分析》，主要从绘画的经验，特别是从绘画的形式、规律这方面进行了系统的分析，而且选择了古代的很多绘画作品，对这些画作里的许多典型的笔法，都一一做了分析。在绘画理论中，像他这样讲画法的人并不特别多，从绘画的角度来领会他的《美的分析》，会对自己绘画的技艺有很大的提高，这与一般画家讲绘画理论不一样，与非画家讲绘画理论更不一样。下面从三个方面、分三个问题来谈谈他的观点。

## 一、建立在经验上的基本理论

按照对欧洲美学史的大体上的分类，分为理性主义和经验主义，荷加斯属于经验主义美学。经验主义美学特别强调经验，认为经验是最可信的，只有从经验中来把握事物是最可靠的，与理性主义完全相反，理性主义认为，自由理性是最可靠的，而经验是不可靠的。

荷加斯的《美的分析》采用理论联系实际的方式，能从个别上升到一般的经验。很显然，如果是单个、个别的经验，有时不能用它来概括、指导其他的行为，如果能从经验中总结出共同的规律，那么这种经验主义，虽然是从现实出发的，是从现实现象中总结出的规律，这个规律也是可靠的，而且能够充分说明很多经验现象。在荷加斯的绘画美学中有一个最基本的理论，可以叫做"剥壳观察法"，来自于他对绘画经验的分析。他说在观察一个物体（绘画）时，能够把观察的对象想象为被挖得只剩下一个薄薄的壳，这个"壳"由挨得非常紧密的很细的线所组成，其内外部都和这个对象的形状完全符合，可以获得关于整个对象的确定表象。也就是说在面对一个对象时（这个对象假设为一个物体对象），应该把对象最外在的外在表象拿到，把握形体的轮廓，"我们的想象自然而然地进入这个外壳的内部的自由空间，而且从那里，你是从一个中心出发，可以从内部遍观整个形体，从而能极为明确地想象到与之相应的外露部分。"① 这个东西是怎样构成组合成的，就能看得非常清楚。这个比喻是要画家在面对的对象时，不论是一个实物或者是一个艺术品，都可以把它的构成方式当做一个壳，把形式从对象物身上抽象出来，然后对对象物的构成细细地加以分析研究。对对象物或者是艺术品做这种剥壳的抽象是完全可能的。在荷加斯《美的分析》中，后面附有很多组合的例图，是从古代绘画中总结出来的，把图像中属于形式的东西单独抽象出来，如牛羊角的弯曲形，他抽象出来四种图形。在人的形象上可以抽象曲线，从阿波罗或维纳斯身上抽象出许多曲线进行比较，这就是他的形式抽象法，即挖得只剩下一个薄薄的壳。这种方法与一般的画家或绘画理论在讲到这个问题时，在平面上把物体放大或缩小的观照方法是不一样的。荷加斯这个理论是对绘画的构成中或者形式构成中的构成法的抽象。这种方法在绘画中也可以进行实验，看看这种方法对于取法名家的技法能起到什么作用。这是他在绘画理论中的一个突出观点。

## 二、形式美的规则

荷加斯的《美的分析》就是分析美的形式，他面对一个绘画不是全面分析这个绘画，更不是着重分析绘画具有什么意义，或这个意义是怎样表现的，而更多的是分析绘画的形式构成。在形式构成中，特别是线条的构成，是他的《美的分析》中的重点。在形式美的分析中他特别注重形式美构成的规则，也就是在绘画中要创造形式美，他确立的这些方面是带有经验性的，在形式创造中都是不可避免的，而且是应该追求的。但有的美学家也驳斥了他的一些观点。关于美的规则，他认为就是适应、多样、统一、单纯、复杂和尺寸，他认为所有这一切都参加美的创造，互相补充，有时也互相制约，他对这些规则都一一做了分析。

1. 适应。适应是指对象的构成，实际上就是这个对象在实现他的目的的时候，他自身的构成怎样适应他的总的目的，这两者应该相符合，就是对象的形式美，要适应和符合目的，所以对于目的的适应就成

---

① 荷加斯：《美的分析》，人民美术出版社，1988年版，第19～20页。

了这个对象具有美的形式的最大的要求。我们可以用一个具体的事例来说明，比如车和船，都是交通工具，车船的形式构成应使这种交通工具在行驶的空间中更好地达到它的目的，必须按照这个创造它的形式；如果这种形式适应这种目的，那它就是最好的形式。比如流线型的车，车头低，在行驶中减少阻力，流线型就是形式，它与对象物本身的目的相适应。船在水中要破浪，决定了船头的造型都是锐角形，即使是万吨船船头也是比较尖锐的角，而拖船就不是这样尖锐，前面是收窄的平头。目的制约着形式，形式造成了之后，它还得美。荷加斯单纯从形式的角度提问题，有时就暴露了这种理论的局限：如果凡是形式适应目的这种形式就是美的，有时我们会看到，形式与目的非常适应但却不美。有的美学家驳斥这种说法举了"猪头"的例子：猪用嘴觅食拱地，嘴巴子长，鼻子厚，这是拱地的结果，嘴离眼睛较远，且比较小，这样拱地时不会影响视力，这种形式构成最适合目的，但它却不美。所以形式总是有它的相对性，形式的构成，总是受到多方面的限制，不只是功能的限制；但形式和功能，又常常联系在一起，如果不把它绝对化，也还是有意义的。

2. 多样。指对象的构成在形式上具有复杂多样的特点。这种多样性是有条件的，是在一个统一的组织中的多样，而不是杂乱无章的。这也是我国古代美学中所说的"杂而不越"（《周易·易传》），即在多样构成中没有多余的东西，在统一的构成中具有丰富性。从多样可以有美这个意义上说，多样性在形式上确实可以造成美的特点，但在美的对象中有的在形式构成上不一定都是一律多样的，有时不是多样构成也有美的存在。

3. 统一。指多样的统一，荷加斯认为具有整齐、对称等特点可以产生美。怎样算整齐对称，有一个决定的条件：适应目的的需要。

4. 单纯。不是简单地谈单纯，它总是和多样构成、统一相结合，并且也是适应目的。适应目的，就形式构成来说，落实在一个对象身上，它有形式的多方面表现，单纯是它的多样表现中的一种构成。荷加斯举了金字塔的例子，金字塔本身具有既单纯又多样的特点，它由直线构成，但从基部到顶端又不断地改变形式，从各个视角看，比各个角度看都同样是圆锥体优越，在金字塔身上的造型，能通过单纯而达到使线条有所改变，不仅是一个平面或圆锥体，比这个有更多的单纯之中的变化。

5. 复杂。荷加斯讲的复杂主要是指形式变化，特别讲到蛇线形时，作为线条来说，它不是直指向一个方向，在波状的形状中起伏变化着，就使简单的线变得复杂了。这里讲的复杂与他讲的蛇线形的理论是一致的。

6. 尺寸。在总体上，荷加斯比较欣赏较小的对象，所以他强调避免过大。在荷加斯时代，人们在进行美的探讨时，关于美和崇高的分析，是把美和崇高分开，作为两个各自不同的范畴来对待。不把崇高放在美的概念里来论述，是因为崇高体积庞大，力量强大，小的东西不能引起人的崇高感，所以谈美都谈小。在形式尺寸的强调上，荷加斯特别倾向于小，或从美的构成来说，是优美，而一谈大海，森林、宫殿等，就进入到崇高了。当然，在他的尺寸里，也不排斥那些庞大的建筑物或者体积大的高山、大海等，这些也进入到形式尺寸的衡量中，但这些就变成了崇高，而不是一般意义的美。

形式美规则的这六个方面，有的完全是从纯形式的角度来谈的，在一般意义上，它是适应审美对象在形式表现上的特点，但作为规则来制定，有时现象的分布已经突破了它的规则。

## 三、蛇形线

荷加斯在《美的分析》中，分析了线条的类型，主要有直线、曲线、波状线、蛇形线。如直线的发展变化，可以做出折线，造成直角或锐角形状。在这几种线条里面，把波状形和蛇线形特别加以突出，判定为美的线条。在荷加斯的分析中，可以找到他认定蛇线形是美的线条的三种原因：（1）从视觉的感受中，蛇形线能够显出多样性。这个线条在运动中，假如视觉盯上它的一个起点，这个起点往前伸延，它可以有不同的转折，这个转折就是上下浮动或者左右浮动，这是单纯的形式上的线条的表现。如果线条在表现它的对象物时，这个对象物会比线条本身带有更多的多样性，假如一条小路，曲曲弯弯，人们能在弯曲的路上看到更多的东西，单纯从视觉的形式来说，它能造成视觉所见的多样性。（2）不同的转折包含不同的内容，它有更多更大的表现力。（3）空间容量的多样，能够造成人的想象上的自由。在蛇形线运动中，这种运动比起直线等线条，它占领的空间更大，人们在线条所占领的空间里，可以驰骋更多的想象。观赏线条时得以实现主体更大的精神自由。所以他说在美和艺术创作中，主要应当关心的恰巧是这种线条。

他在选取过去的绘画来进行分析时，找了很多事例来说明这种蛇形线所具有的表现力。如维纳斯所代表的女性人体的轮廓，阿波罗所代表的是男性人体的轮廓，在这两个经典的塑像身上找蛇形线，维纳斯身上所出现的蛇形线是最多的。在进行美的欣赏时，特别是当时把美和崇高分开，在维纳斯身上看到的优美的线条更多，所以美的意义更强；而在阿波罗身上有更多壮美的形式的表现。在分析蛇形线的时候，荷加斯不仅在绘画中来分析它的意义，他还把这个形式延伸到戏剧、舞蹈等领域中来讲它的意义。动作，可以在绘画中表现人物的动作，舞蹈中体现的是舞蹈者的身体动作所造成的舞姿；在戏剧中，人物在舞台上表演所做出的动作，如果能遵循蛇形线这种形式来做出动作，在荷加斯看来，都能够比较充分地体现形式美。所以蛇形线不仅在绘画中，在戏剧、舞蹈中也具有重要意义。如果演员总是做直线动作，或者拿着手在舞台上劈来劈去，在文艺复兴时，已对此提出批评，莎士比亚的哈姆雷特就反对这种舞台上的直线动作，因为直线动作表现的意义很少。所以蛇线形不仅仅是绘画中的美的线条，在其他艺术中也应体现这种美的形式。

# 第十二章　休谟的美学思想

休谟（1711—1776）是英国著名的哲学家和美学家，在美学史上影响较大。他讲的虽然是经验主义的美学，但他的经验主义与其他人不同，别人的经验主义大体上属于唯物主义，而他的经验主义最终集中体现为主观唯心主义，而谈的观点又比较充分。他的《论人性》是西方经典名著之一。他的哲学从贝克莱的主观唯心论走到怀疑论和不可知论，在唯心主义方面非常有代表性。接触了他的美学观点就可以了解唯心主义美学到底是什么样的了。他特别关心文学艺术，特别想把"哲学的精密性"带到美学领域中来。他的美学特别注重心理经验分析法。

## 一、美在观赏者的心里

一个人对美的本质的回答，能比较清楚、集中地体现出这种美学理论的哲学性质。

休谟在《论趣味的标准》中有一段话："美并不是事物本身里的一种性质，它只存在于观赏者的心里。每一个人心里见出一种不同的美。这个人觉得丑，另一个可能觉得美。"这就是说美存在在人心。"美在人心"否定了美是世界中的一种客观存在，具有客观的属性。他把感觉决定事物的存在论推延到所有客观对象身上："各种味和色及其他一切凭感官接受的性质都不在事物本身，而是只有在感觉里，美和丑的情形也是如此。"① 如果美是发生于审美者心里，那就是在客观世界里没有美的对象。如果没有具体欣赏者对这个对象的欣赏，这个对象是不能成为美的。按他说的美在审美者心里，那么对于美的对象，欣赏者或者没有关注到这个对象，或者由于自己的主观条件没有和美的对象达成对象化的关系，没有看到这个对象美，这个对象不仅不美，连存在也不存在

---

① 《西方美学家论美和美感》第108页。

了。如果美在欣赏者的心里，就是这样的结果。所以美有没有客观性，这个问题是对所有的美学理论、美学家提出的第一问题，美究竟在哪里，美是客观存在的，还是在人的审美意识里，美在心还是在物，休谟的回答是美在鉴赏者的心里。就是说美既不是客观存在的，也不是美的对象自身所具有的一种属性，不存在于客观世界中。如果是这样的话，怎么使美的对象存在在审美者的心里，审美者心里的美是从哪里来的呢？那只能是由审美者在心里制造出来的。如果审美者不依据美的对象在自己心里可以制造出美，那就不需要对某个事物去进行鉴赏了。对此，休谟却另有说法。他认为美虽然不是对象身上的一种客观属性，但却是造成人心效果的条件，因为人性本来所具有的心理结构，需要外来的对象的"某种协调"才能发生。

休谟有两段话突出说明了他的观点：

"美是〔对象〕各部分之间的这样一种秩序和结构；由于人性的本来的构造，由于习俗，或由于偶然的心情，这种秩序和结构适宜于使心灵感到快乐和满足，这就是美的特征，美与丑（丑自然倾向于产生不安心情）的区别就在此。所以快感与痛感不只是美与丑的必有的随从，而且也是美与丑的真正的本质。"①

"同一对象所激发起来的无数不同的情感都是真实的，同为情感不代表对象中实有的东西，它只标志着对象与心理器官或功能之间某种协调或关系；如果没有这种协调，情感就不可能发生。"②

在这两段话中休谟坚持美生于心中，但他与一般主观唯心主义不同的是，仍能看到心生之美得靠外在的同构对象的"协调"，外在的对象对心理激发，激发的是心理中的东西，并不是对象本身所有的东西，所以内心存在的美与外在对象本有的性质无关。休谟如此紧抓对象的激发作用，足以使他的主观唯心主义丧失大半，因为他还坚持"人性的本来的构造"和"心理器官的功能"。

## 二、美为什么会产生于心？

如果美就存在于鉴赏者的心里，不在客观事物中，在鉴赏者的心里

---

① 休谟：《论人性》，见《西方美学家论美和美感》，第109页。
② 《论审美趣味的标准》，转引自朱光潜《西方美学史》，第226页。

怎么就产生了美感呢？休谟有做出这种解释的逻辑，他的这种逻辑的中心点在于，鉴赏者内心中有一种"趣味"，这个趣味在鉴赏者心里是一种原生的存在，趣味里包藏美。他认为趣味在一接触外在对象世界时，它就在内心造出一种美感。休谟在《审美趣味的标准》中说："诗的美，恰当地说并不在这部诗里，而在读者的情感和审美趣味。如果一个人没有领会这种情感的敏感，他就一定不懂得诗的美，尽管他也许具有神仙般的学术知识和知解力。"这段话的核心是说当欣赏一个审美对象时，读者或欣赏者在情感、内心世界里已经有一种审美趣味了。从一般反映论来说，对象里有美，就使接触这个对象的人产生了美感。当然美感的产生主体也需要条件，但根本是在于对象的唤起。就心外的对象本身来说，休谟认为美不在对象里，而存在在读者的情感和审美趣味里，情感、审美趣味自身就包含着美，顶多是外在的对象起了一个叩击的作用，把趣味叩击起来，一拨动，趣味、情感一发生就变成了美。究竟什么东西能把它唤起？如果内心中已经具备了一种产生美的机制，是不是用任何东西都可以把内心潜藏的东西激发出来？很显然不是，必须用美的东西。那么心中美的东西和对象美是一种什么关系？如果做这样的追问，这个理论就无法坚持。用一个东西来叩击，并不是以什么都可以，而是需要一种特殊的对象来激发起内心的趣味。这个特殊的对象中不包含美、不是美的能不能激发起来呢？实际上不能。所以只要需要外在对象激发，肯定这个对象本身必须具有美质。休谟的观点否认了客观美，而主张美在心，这样谈标准就必然要失去标准，他有一段话："不同的心就会看到不同的美；每个人只应当承认自己的感受，不应企图纠正他人的感受。想发现真正的美或丑，就和妄图发现真正的甜和苦一样，纯粹是徒劳无功的探讨。根据不同的感官，同一事物可以既是甜的，也是苦的；那句流行的谚语早就正确地教导我们：关于口味问题不必做无谓的争论。"① 出于"趣味无可争辩"，休谟认为趣味在人的心里，每个人都用自己的趣味去接受对象，而且最后是按照趣味去感受、包容、消化对象，所以无论怎样表现趣味，最后还是这个人自己的趣味成为这种鉴赏的结果，他不会依从对象来改变趣味，趣味就是人，人在和外在世界接触过程中，是人在感受这个世界，不是外在世界消化、感化人，因此对口味的问题不必作无谓的争论。休谟得出人们只能按照自己的趣味去

① 休谟：《论审美趣味的标准》，见《古典文艺文艺理论译丛》，第5辑，第4页。

接受，外在对象不会改变我的趣味，趣味是我心的一种体现，这样不仅作为对象存在无标准，就是作为心理存在也无标准了。

## 三、快感与美感

休谟认为是秩序和结构作用于人的天性，然后产生快乐与不快，快乐就是美。已如前面所引述，休谟认为美是一种秩序和结构，它们适于人的天性构造，使人的灵魂发生快乐和满足，这就是美的特征，并构成美与丑的全部差异。丑的自然倾向，乃是产生不快，因此快乐和痛苦不但是美和丑的必然的伴随物，而且还构成它们的本质。在此，休谟认为的美和丑非常清楚，就是由于秩序与结构作用于人的天性，这种作用的结果使人产生快乐或不快，快乐就是美，如果不快乐，那就是丑。所以他特别提出美的本质、丑的本质分别是快乐与痛苦。

休谟在此提出了快乐。就快乐来说，它是人的一种感受，作为感受来说，有生理感受和心理感受。从美感的本质来说，它不是生理感受，而是心理感受。生理感受是人以眼鼻耳舌身这五种官能接触、接受外在信息，首先是通过人的感官感觉层面，比如说耳朵能听到声音，眼睛能看到色彩，色彩和声音作用于人的视觉、听觉，这首先是生理接受、生理反应，这个生理反应不是美感，美感必须通过生理进入到心理层面，而心理层面也不是一般的层面，而是审美心理层面，心理层面集中体现为情感。主体发生的痛苦和快乐的反应，既可以在生理层面做出反应，也可以在心理层面做出反应。美感必须进入到心理层面，进入到感情体验的层面。在心理层面反应则因人而不同。但是美感必须包含快乐的感受，只要强调快乐的感受是审美心理的感受，这种说法还得要加以认可。

朱光潜先生在《西方美学史》对于休谟的"快感或痛感"进行了细致的分析，他就休谟在论述中所提出的人在美丑之类的情形之下的"欣喜或不安，赞许或斥责的情感"，评论说："休谟在这里并没有把这种快感和美感等同起来，而是把它看作人心判定对象为美的原因。依这段话看，审美过程是这样：对象的特殊形式引起快感，这快感又引起对对象作美的评价；就因果关系来说，快感是物我协调的结果，而美的评价又是快感的结果。这种看法是否就站不住呢?"① 这里的感受程序是由物而生快感,对快感又作价值的评价,美是这种超越性的评价结果,对此应该说是对的。

## 四、对象与感官和美感

休谟说美是对象的秩序和结构适宜于心灵的快乐和满足,从此可以看出他的主张是,美感的产生靠对象和人的感官的结合。做出这个判断,和前面说的"美在鉴赏者的心里","美不是客观存在于任何事物中的内在属性,是存在于鉴赏者的心里"有很大的矛盾。美感在心,就是说不需要对象的条件,靠人的感官就可以产生美感,可是对象适宜论,又使心理不足以自生美感,实际又离不开这个对象条件。休谟说:"我们在动物或其他事物上所欣赏的美,大部分都起于便利和效益的观念,我们就不难承认这里所提出的看法。在这个动物身上,强有力的形状才是美的,在另一个动物身上,轻巧的标志才是美的。从一座宫殿的美来说,秩序与便利的重要并不在于单纯的形状外观。由于同样的道理,建筑的规矩要求柱子上细下粗,因为这个形状才产生安全感,而安全感是愉快的;反之上粗下细的形状就产生对危险的畏惧,这是令人不安的。"② 从这段话可以看出来,这个主体在对象前产生观念了。

休谟特别强调人在对象面前有两种很重要的观念。一种是效用或便利观念,这种观念不是在心里凭空产生,而是借助对象才产生。如果我们看建筑物,这个建筑物在使用上是不是适合建筑物的用途,如果这个建筑物适用于某种用途,就产生一种效益观念。比如教室用来上课,能容纳多少人,应放得下桌椅,还要有光线、温度等,这些就构成这个教室作为教学用的效益观念。如果不是这样,在对象面前就不会产生效益观念。在他看来,效用观念和同情观念都是使对象物让人产生感应的条件。很显然,没有这个条件,是不能实现的。

这种感应的实现,只要进入价值判断,就在心灵中上升为美感。比如建筑物的美并不在于单纯的形状外观,还有形状对于主体的心灵的适宜性,因此体现在柱子上,上细下粗,使人看了之后产生安全感,这是

---

① 朱光潜:《西方美学史》,第 288 页。

② 休谟:《人性论》,见《西方美学家论美和美感》,第 109—110 页。

古希腊建筑中普遍使用的道芮式柱式。如果反过来不仅不合力学，也不合心理。因此效应观念便离不开具体实物的制约，这实际上又回归到对象和心理这两者的统一，这种统一是通过感官接受外在对象来实现的。这种感觉是效用的感觉。

另一种观念是同情说，它是由效用说演化来的，效用里面包含着一种功利，这种功利会对人发生作用，这种功利作用可以分为对自己的功利和对别人的功利。如果是对自己的功利则体现为一种绝对的实用主义。在接触对象中，如果这个对象有功利，有效用，但是这种效用不直接体现在自己身上。如看到一所房子，房子特别适合某种效用，但是我只是参观一下，不能直接从中得到实际效用，这时对别人发生作用变成我对房主人的同情。这时我可以分享这个人的快乐，实现了他的功效，我也感到很愉快，同情说主要体现为这一点。休谟从别人的感受中感到快乐，这个看法已开启了移情说的思想。

## 五、想象与趣味

1. 想象。在这个问题上休谟论述得比较多。其中有两点可以特别提出来，一是利用想象把知觉印象加以重新创造，能够创造出超越的形象，这在以前的美学论述中不是太多，在这方面他带有首创性。人们在现实中对外在对象世界通过各种感官，特别是视觉和听觉，从外在摄取来印象，当然在印象的基础上也会形成思想观念，是那种更具有理性性质的头脑里的存留。二是印象就是片断的、分别存在的、没有经过深入判断、没有达到理性认识的程度，在这样情况下，艺术创造更需要把生动的印象经过想象重新加以创造，想象就可以把印象组合、改变，对印象进行重新的连接，比如扩大、置换、缩小。李醒尘在《西方美学史教程》中引述了休谟举过的一个事例：比如"金山"，"金山"就是把"黄金"和"山"这两个印象加以组合、连接，创造出一个"黄金山"这样想象的产物，所以想象是以印象做摹本，然后可以创造出来在现实中没有的东西，这时艺术就能够产生了。[①] 这是谈想象的创造力，以印象做基础的创造，可以创造出现实中没有的，而这正是艺术所要实现的目的。

---

① 李醒尘：《西方美学史教程》，北京大学出版社 1994 年版，第 190 页。

2. 趣味和理智。审美趣味又叫鉴赏力，这是英国经验派美学特别重视的一个新的美学范畴。在经验派美学理论中，几乎没有人不谈审美兴趣的。在休谟看来，审美趣味和理智都是先天的能力，不是在后天的实践经验中发展、积累起来的，都是先验的。虽然二者都是先天的能力，但是有区别，理智传达真和伪的知识，做真伪的判断；趣味则产生美与丑及善与恶的情感。前者按照事物在自然中实在的情况去认知事物，不增也不减；后者却具有一种制造的功能，用从内在情感借来的色彩来渲染一切自然事物，在一定意义上形成了一种新的创造。

休谟主要讲趣味的先天能力、趣味产生美感、趣味是动力等一些内容。趣味如果是一种先天能力，那就是不可改变的、与生俱来的，这种观点很显然是先验的。实际上人不可能先天就带来一种趣味，而是在人的实践经历中随着知识、阅历、感受的不断丰富，才能够培养起一种趣味。所谓趣味，实际上就是人对外在对象的主体态度，主体态度主要是好、恶、吸收、排斥等。很显然，好恶是人在后天的接触中培养而成的，说是生来就具有的先天的能力，是不科学的。包括理智也是如此。作为趣味，在人的经验存在中难以改变，这确实是事实，因为它一旦形成，就扎在人的思维习惯中，改变是非常难的。由于改变它很难，人们在对它进行判断时才认为它是先天具有的能力，是先天自然禀赋的，难以改变。虽然趣味改变不容易，但趣味却是可以改变的。

休谟认为趣味是人的行动的一种动力，因为人常常抱着趣味去寻找对象，这种趣味就成为人们搜求外在对象的一种驱动力，他这方面的确说的比较准确。

3. 关于趣味的标准，休谟谈的较多，在整个西方美学史中，休谟的趣味论是比较丰富复杂的。

（1）趣味的相对性。休谟把趣味看作的人的一种先天的能力，先天性的判断就意味着每个人生来就带来了先天禀赋的趣味，由于人各特殊，必然每个人各有自己的趣味，这是绝对的。有了自己的趣味之后，趣味就有它自己的特点，必然和别人发生趣味的矛盾，不仅靠趣味的动力所选取的对象不同，即使选取同一对象，也因为个人趣味的不同，从同一对象中得到的东西也不同，所以趣味就各自不同了。不同的趣味间要发生矛盾，而且常常用自己的趣味排斥别人的趣味，这样自己的趣味很难改变，用自己的趣味也改变不了与自己不同的别人的趣味。所以趣味不断地发生争辩，争辩的结果又是无可争辩，不能统一于一个趣味。

休谟作为一个美学家，作为对人性进行研究的理论家，在这种趣味历史面前，想找到解决这个矛盾的方法，寻找出一个趣味的标准。他说："我们想找到一种'趣味的标准'，一种足以协调人们不同感受的规律，这是很自然的；至少我们希望能有一个定论，可以使我们证实一种感受，否定另一种感受。"① 在趣味争论面前，休谟想要找到一个大家都能遵循的趣味标准，改变那种趣味无可争论的说法，或者是经验里的事实。

（2）寻找趣味标准。他想怎么来解决趣味的标准呢？他说："诗歌永远不能服从精确的真理，但它同时必须受到艺术规律的制约，这规律是要靠艺术家的天才和观察力来发现的。"② 他是想通过对艺术规律的发现和揭示，特别是那些大艺术家，有天才创造能力的艺术家，他们在实践中发现的那些带有经验性或规律性的说法、做法，这些东西都可以成为规范社会中的审美的人们的审美兴趣、审美态度的准则；而一般的人之间，互相不能形成制约，但那些大艺术家的创造、发现、揭示、实践表现都是合乎艺术规律的。一旦认定下来，然后就以此来统一趣味。这种想法在实际上是做不到的。他也分析了原因，不论是相同趣味或者不同趣味，这个同和异原因在什么地方呢？他从生理和心理两个方面来进行分析。如果趣味相同是生理器官本身相同；相异，也在于生理器官相异。在心理方面，如果趣味相同，是心理构成相同；相异也是心理构成相异。这个分析的结果便是，人们的生理的构成有不相同的地方，心理构成也有不相同的地方，但生理构成不相同的概率小。如果这个人有健全的生理器官，比如眼睛能辨颜色，耳朵能听声音，没有缺陷，自然是生理器官相同。如果有的人生理器官有缺陷，必然会造成在趣味上的不相同，这是趣味差异的一个根源，然而这个差异较小，但是也不是不存在差异。心理方面，想象力的敏感性在造成趣味差异的原因方面很突出，而且在这方面几乎人和人之间的不相同又远远大于相同之处，差别太大了，这样就造成了在趣味方面的差别。他所说的想象力的敏感性或者趣味，实际上都是后来康德所讲的审美判断力，他的这些理论对康德起到了某种程度的先导作用。休谟举了《堂·吉诃德》下集第十三章里

---

① 休谟：《论趣味的标准》，见《古典文艺理论译丛》，人民文学出版社，1963 年第 5 册，第 3 页。

② 休谟：《论趣味的标准》，见《古典文艺理论译丛》，人民文学出版社，1963 年第 5 册，第 5 页。

的一个例子：唐吉诃德的随从桑科，他有两个亲戚让人请去品尝一桶酒，一个说里面有一点皮子味，一个从里面辨识出一股铁味。品尝结果不同，后来把酒桶倒出后，发现里面有用皮条穿着一把旧的钥匙。[①] 这说明他们都不同程度地品尝出了酒里的不同味道，可是怎么能找到一个不是品尝这酒里的某一种味道，而是把所有的味道都品尝出来，而且所有的人都能有这种品尝力，在现实中几乎找不到这种人。尤其是面对艺术品，要比品尝酒的味道更难。

（3）共同经验的标准。所以趣味的差别应该说是绝对存在的，要想建立一个共同的趣味标准是不可能的。因此休谟也承认自己无法建立这种共同趣味的标准。他这时想的到一个多数承认的权威标准："最好的确定方法就是把不同时代的共同经验所承认的模范和准则当作衡量尺度。"这是要用不同时代的多数人所承认的标准去规范少数人的审美趣味，这被规范的少数人必然与其发生争辩；况且越是权威的人，越是具有自己的趣味，所以最终也无法确立共同趣味的标准。

对此，休谟最终还是看到趣味差异的不可避免性。休谟在《论趣味标准》一文中不得不承认：由于个人气质的不同，当代和本国的习俗与看法不同，这就是人的"内部结构和外部环境都截然不同"，"在这种情况下，一定程度的看法不同就无法避免，硬要找一种共同标准来协调相反的感受是不会有结果的。"[②] 休谟虽然最后也没有找到普世的共同趣味标准，但他的寻找的努力，却给世人以启发，必须承认审美趣味的多样性。

---

① 休谟：《论趣味的标准》，见《古典文艺理论译丛》，人民文学出版社，1963 年第 5 册，第 7 页。

② 休谟：《论趣味的标准》，见《古典文艺理论译丛》，人民文学出版社，1963 年第 5 册，第 14 页。

# 第十三章  博克的美学思想

博克（1729—1797）在英国哲学、美学史上都有重要影响。他是经验主义美学家中唯物主义思想比较鲜明的美学家。关于崇高，他的理论中有集中的论述，他的理论对于后来德国古典美学中关于崇高的理论做了先导。要想谈崇高范畴，博克是无法逾越的。他的理论不仅仅谈崇高，对于美、趣味都有比较多的论述。他的美学著作以《论崇高与美》为代表。

## 一、审美趣味

### 1. 趣味有没有标准？

我们在接触休谟的美学思想时比较多地接触了审美趣味的问题。休谟从人性论出发认为审美趣味是生来就有的，他想要探讨和归纳趣味的共同标准，但一直没有找到。想要依据天才或者有突出创造力的艺术家，把他们在艺术实践中、在规律的揭示中提出的有权威的看法作为标准，最后也没有实现。在博克这里，有一种和休谟不同的路线和方法。总体来说，博克主张到感觉器官的生理结构中去寻找趣味的标准。在休谟的理论中，他也曾作过这样的分析，生理器官相同就会有相同的趣味，生理器官不同就会产生不同的趣味，而人的生理器官大体相同，自然就有相同的趣味。博克说："所有人的器官构造是差不多相同或完全相同的，同样地所有人感觉外部事物的方式也是相同的或只有很小的差别。""任何一个美的事物，无论是人，是兽，是鸟，或是植物，尽管一百人去看，也无不立即众口交加同意它是美的。"① 博克从人的五官感觉的生理共同性来讲审美趣味，这里还隔着心理和审美心理的距离，不能真正说明审美心理中的趣味的同异性。这和孟子讲的"口之于味也，

---

① 博克：《论崇高与美》，见《古典文艺理论译丛》第5册，第70页。

有同嗜焉；耳之于声也，有同听焉；目之于色也，有同美焉"的理论是一致的。人的生理感受器官相同，对对象的生理感觉也是相同的，这种生理共同性，并不是心理的共同性。博克所讲的人的感觉器官对对象的生理感受的共同性是可以肯定的，凡是生理正常，在接受对象上会有共同的感觉。问题是生理感受的共同再上升到心理的感受，情况就会发生变化。因为人的生理器官在人的社会实践过程中已经变成了"社会器官"，它反应在心理上就会造成心理各异。很显然，经过人的生理和心理过滤后的对象，从审美趣味表现的差别就出来了，得出像生理反应上得出光是亮的或糖是甜的这种共同标准是非常少的。所以博克到感觉器官的生理结构中去寻找趣味的标准，最后实际是找不到的，这也是旧唯物主义美学的局限性，解决不了趣味在人的实践过程中复杂的表现的问题。

2. 审美趣味的结构

休谟说趣味是先天的，在人的心里审美趣味成为对接受对象美不美的创生点。博克对审美趣味的结构做出了分析，集中体现为三点：感觉、想象力、判断力。对趣味在理论上进行了构成的揭示，这个揭示能够使趣味不是以一种非常模糊的、几乎是不可把握的状况存在着。它究竟怎样体现、怎样发挥作用，博克对此进行了分析。在分析时，有些地方有较强的分寸感。

博克在1756年出版的《论崇高与美》中尚未强调判断力对于趣味的意义，当1757年此书再版时，他以《论审美趣味》为导论加入书中，强调审美趣味涉及三种心理功能：感官，想象力和判断力，甚至认为"判断力的毛病"会导致"错误的审美趣味"。由此可见，博克认为趣味不仅仅是一种感性的感觉，还有想象和判断力的介入。把趣味提到判断力这个层次上来，这时理性就和趣味联系在一起了，趣味已经从感性的感觉上升到思想、理智。应该说博克的趣味论已经达到了相当的程度，具有现代性的意义，甚至某种程度上比以后的康德在这个问题上显现的还要全面，因为在康德的审美判断力里面是不含理性的，博克已经把判断力作为感觉的上升层次来肯定了，这样就使趣味和理性、判断力结合在一起了。因为博克是从唯物主义来论人的趣味，他对趣味是天赋能力说也进行了批评，他把审美趣味的先验论抛在了后面。

3. 博克认为审美趣味有客观的标准。因为人有共同的生理器官，就会有对外在的共同感受，有这种共同感受，对人就不能以鉴赏力低或高来确定人的等级，这点和孟子有很大的相似性。博克在他生活的时代，有反封建的任务，把第三等级提到应有的层次上来，还是有意义的。虽然如此，他是想通过生理上的能力共同，得出人的地位应该是平等的结论，即所谓"尧舜与人同"，没有看到鉴赏力和趣味是在社会实践基础上是一种复杂的文化综合存在，因此他的审美趣味研究仍存很大局限。

博克发表美学见解时年仅 27 岁，他在当时只能做到他实有的那个样子。他没有故步自封。他说："一个人只要肯深入到事物表面以下去探索，哪怕自己也许看得不对，却为旁人扫清了道路，甚至能使他的错误也终于为真理的事业服务。"这真是一种开通的真理观。

## 二、崇高与美

18 世纪的欧洲在美学中探讨的两个主要问题，一个是崇高，一个是趣味，当时这是美学的显学。在西方的美学史上，比较早地明确地区分崇高和美，博克是第一人。朗吉弩斯虽然已经提出崇高的问题，但他侧重是从文学作品的表现风格论崇高，尚未广泛涉及审美的崇高领域。在 18 世纪的美学中，崇高和美是各自不同的两个独立范畴，是要进行严格区分的基本范畴，崇高不属于美里面的内容，崇高与美各有不同所指。崇高和美这两个不同的范畴各有自己的起源，而对人来说，又建立在不同的情欲基础之上（情欲，在欧洲，包括在古典主义理论中或者黑格尔美学中又叫做情致）。美学理论从 18 世纪的康德、黑格尔，一直到 20 世纪、到现在，这个理论不断丰富发展，已能够适应对所有美学对象存在的说明，和当时已经有很大不同。今天的美学，对于"美"已不是以其为与"崇高"相平行的概念，"美"之中包含"崇高"，研究博克的崇高论可以看到这个历史是怎样发展来的。

1. 崇高的对象特点与感受。博克说："凡是能以某种方式适宜于引起苦痛或危险观念的事物，即凡是能以某种方式令人恐怖的，涉及可恐怖的对象的，或是类似恐怖那样发挥作用的事物，就是崇高的一个来源。"① 这是崇高对象的特点。崇高的美就体现这种对象身上，崇高感也来源于此。

---

① 转引自朱光潜《西方美学史》，第 237 页。

但是仅仅是对于对象的恐怖和惊惧，那还只是一种对象的原因，而对于主体来说，感到对象的崇高，并产生崇高的美感，还必须使对象对主体的危险与痛苦得以缓冲，达到得以保存自体的安全情境。博克说："如果危险或苦痛太紧迫，它们就不能产生任何愉快，而只是可恐怖。但是如果处在某种距离以外，或是受到了某种缓和、危险和苦痛也可以变成愉快的。"①

这里说的主体与对象的"距离"、"缓和"，都是主体对对象引起的恐怖、惊惧、苦痛的拒斥与克服，产生"自豪感和胜利感"，这时才能转化成心理上的解脱和愉快，产生"欣羡和崇敬"，否则便没有崇高感，只有苦痛感。

2. 美的特点与感受。博克对美有界定："我所谓美，是指物体中能引起爱或类似爱的情欲的某一性质或某些性质。我把这个定义只限于事物的纯然感性的性质。……'爱'所指的是在观照任何一个美的事物时心里所感觉到的那种喜悦，欲念或性欲只是迫使我们占有某些对象的心理力量。"②

博克认为美作为对象存在是"我们喜爱屈服于我们的东西"，"爱的对象总是小的，可喜的"。博克还由"小"而引伸出"柔滑"、"娇弱"、"变化"、"融成一片"等。这说的实际是与崇高对待存在的优美，尚不足以揭示美之真正所在。

博克在分析崇高和美的起源和不同情欲时，他认为崇高是人为了对自己自我保全，这个时候人才在对象面前发现了崇高，因为这种对象对人的生存发生危险，迫使人出现自我保全意识，也就是这种恐怖和惊惧促生的自体保存意识，人在自己的生存世界里才发现了崇高。

3. 崇高感的复杂性。崇高，对象的存在会引起人的苦痛和危险观念，因为它能以某种方式令人恐怖，涉及可恐怖的对象，或是类似恐怖那样发挥作用的事物，崇高感与对象有直接关系。崇高对象的感性性质，即出现的状态是体积上巨大、颜色上灰暗、力量强大、无限空廓等，例如海洋、风暴、星空、黑夜、毒蛇猛兽、电闪雷鸣、火山喷发、重大的社会震荡等这些非常状态，在事物变动时，它的力量、状态、结果都是非常的，事物运动中以一种非常力量、形式、结果在发展变化

① 转引自朱光潜《西方美学史》，第237页。
② 转引自朱光潜《西方美学史》，第244页。

着，这本身都是崇高的一种客观形态的存在。这种客观形态的存在对人来说就是崇高的来源。崇高的现象以这种方式出现在人的面前，人的崇高感也是在这种感受面前在心理上的反应。就是在这种非常状态下，在遇到危险、恐怖事情时，人会产生一种惊恐心理，自我保全的心理。自我保全心理越强烈，这个对象引起的崇高感就越突出。为什么危险、恐怖最后变成了审美呢？虽然在对象面前有一种自我保全心理，但是主体和客体的矛盾最后被主体征服了，主体在对象面前没有败亡，没有屈服，战胜了对象。在崇高面前，一开始主体和客体形成了非常尖锐的矛盾，但最后主体的自由意志征服了对象。

4. 在崇高的对象事物引起人们崇高感时，博克分析了崇高感的复杂性，他认为其中有丰富的心理内容，不仅仅包含恐怖、惊悸、苦痛等感受，特别说到自然界的伟大和崇高所引起的情绪是惊惧，在惊惧心理活动中，这时心完全被对象占领住，不能同时注意到其他对象，因此不能就占领的对象进行推理。因为崇高具有那样巨大的力量，不但不能由推理产生，而且还使人来不及推理，就被它的不可抗拒的力量把人卷着走。惊惧是崇高的最高的效果，次要的效果是欣羡和崇敬。在崇高的感受中，有惊惧、欣羡和崇敬，而在所有崇高心理的构成中，没有推理判断。因为在经历崇高过程中，它是一种特殊的对象，人与这种特殊的对象间形成了一种在平常状态下没有经历的关系，此时心里的一切活动都因为恐怖而停顿了，无法以正常心理对它进行判断。即使有推理判断，也是在经历之后进行的。

5. 博克在谈到美的时候，认为它与崇高起源于不同的情致，美的情致是社会交往，社会交往在博克的美学中有一个特殊的专指，主要是指爱情经历中的感受，与我们今天说的美，如社会美、自然美、艺术美的所指是不一样的，是爱情经历中特别是从男性的身份与女性的交往的心理感受。这种特殊关系上的感受，是一种特殊的人际之间的社会交往，侧重从对女性的接触与感受这个角度来讲美，所以把美的情致的起源说成是社会交往。在这方面，博克的美学在美学理论建树方面创造性是不大的。他在美的领域里面把崇高从中划出去，不谈美的崇高的表现。与崇高相对立的美的构成，应该是优美。优美的问题虽然在博克的原著中涉及到一些，特别是在形式的构成上，但没有把崇高和优美作为两者并列的范畴来论述美，所以，他涉猎的是一个不能和崇高相并列的美的概念。但他能把崇高作为一个单独的问题列出来，这个贡献也是非常大的。

### 三、崇高和美的客观性

1. 崇高美的客观性。崇高美的客观性集中点是"庞大而可怕",这是博克的原话,"凡是可恐怖的也就是崇高的",对象的恐怖性就是崇高美的客观基础,因此可以说凡是在现实当中作为对象存在能够令人恐怖,这些东西不论是在社会中、自然界中以至于在艺术中,特别是在悲剧艺术中都作为客观条件存在着,而且引起人们恐怖的感受。博克特别强调对象和感受之间的对应性。在现实中指的就是对象物体积巨大、颜色灰暗、力量强大,如自然界中的海洋、风暴等,这些对象作为物态的构成,一个突出特点是庞大,这个庞大会对人的生存构成一种威胁,所以人们才会产生一种可怕心理,这是崇高作为原生对象存在的特点,也是它的客观性。在这方面,博克举了许多事例,如"马"的例子,如果一匹马在拉犁耕地劳作,不会引起人的崇高感。如果这匹马做出一种非常的姿态,竖起脖颈、前肢跃起,甚至做出对人有一种威胁的状态,这时的马就可引起人的崇高感,如奔驰的战马、惊马、野马。在生活中有些事物存在本身就是崇高的,或者在存在中做出某种姿态是崇高的;有些对象天然地不具备崇高的特点,如黄胄画的驴,如果从优美和崇高、或者从阳刚和阴柔美来做比较,驴的形象就具有阴柔之美,对它无法画出崇高感。

2. 由对崇高的客观性的分析,博克对于美的客观性也做出了结论,而且有对美下定义的意味。由对具体的美的形态的分析进入到对美的总体的结论,总体结论是美的对象具有客观性,美也具有客观性。他说:"我们所谓美,是指物体中能引起爱和类似情感的某一性质和某些性质,我们把这个定义只限于事物的单凭感官去接受的一些性质。"[1] 这是他关于美的客观性的认定,也是关于什么是美的一种见解。他对美首先限定为一个物体,这个物体本身包含着一种东西,它作为性质存在着,对象物中包含着一种能引起爱和类似感情的性质,这种性质不是不可以了解的,是可以通过感官去接受的。就是对象物中包含着我们能用感官接受的爱,或者类似情感的东西,这就是美。这些东西是靠

第二编 元美学时代的经验与沉思

① 《西方美学家论美和美感》,第118页。

感官感受的，不是靠抽象推理，是可感的。这个定义确定后，他反驳了几种观点。

一是以"美不在比例"批驳"美在比例"。很多美学家在谈到美时，都谈到此点，从数学的角度来谈美的存在，即合比例，博克反对这种观点，合比例有某种合理性，不是完全合理的。有大量事例说明，比例不决定美，如天鹅和家鹅，天鹅的脖子长得出奇，显然不如家鹅合乎比例，但人在欣赏时都认为天鹅美；玫瑰花，枝小花大，苹果树，树大花小，大树小花美还是小树大花美，无法确定这种比例。①

二是以美不在适宜和效用反驳"美在适应，美在效应"的观点。博克认为美不在效应和适应。他用猪的楔形的大鼻子加上鼻尖的软骨，深陷的小眼睛这个头部的形状，说明这合乎效应，但是不美。从效应来说，人进行劳动要求身强体壮，这合乎效应，当然这有强壮美，女性的体形构造很显然不适合这种活动，但女性也美。所以从效应来说，有些与效应有关，有些没关。

三是不同意"完善和圆满"说，反对从完善和圆满的角度来确定美与不美。他的总体结论是"美的性质在于通过感官接受的性质"，所依存的物质"都较不易由主观任性而改变，也不易由趣味分歧而混乱。"②

博克对崇高和美做了比较，比较中他已经不是从爱情的角度来谈美了，这个美就已经进入到一般美学中讲的崇高和美。即对崇高和优美进行比较，列出了五点不同：

"崇高的对象在它们的体积方面是巨大的，而美的对象则比较小"；

"美必须是平滑光亮的，而伟大的东西才是凹凸不平的和奔放不羁的"；

"美必须避开直线条，然而又必须又缓慢的偏离直线，而伟大的东西在许多情况下，喜欢采用直线条，而当它偏离直线时。也往往做强烈的偏离"；

"美必须不是朦胧模糊的，而伟大的东西必须是阴暗朦胧的"；

"美必须是轻巧娇柔的，而伟大的东西必须是坚实的，甚至是笨重的。"

---

① 博克：《关于崇高与美的观念的根源的哲学探讨》，见《古典文艺理论译丛》，人民文学出版社，1963年，第5册，第41页。

② 《西方美学家论美和美感》，第122页，第65页。

博克认为美与崇高"它们确实是性质不同的观念，后者以痛感为基础，而前者以快感为基础。"① 这五个比较，已经进入到以阳刚美和阴柔美来做对比所做出的判断，大体在形式的构成上是优美和壮美的比较，伟大就是指崇高，人们对这两者在总体的形式感受上大体是如此。

---

① 博克：《关于崇高与美的观念的根源的哲学探讨》，见《古典文艺理论译丛》，人民文学出版社，1963年，第5册，第41页。

# 第十四章　狄德罗的美学思想

　　法国启蒙主义美学中，主要有三个人：伏尔泰，卢梭和狄德罗（1713—1784）。启蒙运动强调理性，认为一切知识都来源于理性，一切存在都要受理性的审判，如果有理由就存在，无理由则宣布自己的失败。恩格斯认为启蒙主义实际上是资产阶级思想文化的继续。其口号是"自由、平等、博爱。"实际就是反对封建，反对教会神权。在三人中，伏尔泰的美学思想和古典主义有很大的联系。他从古典主义，尤其是"三一律"的要求出发，反对莎士比亚的戏剧，认为他"不懂戏剧艺术规律"，"毫无高尚趣味"，"不典雅"、"不艺术"。后来俄国的托尔斯泰也对莎士比亚的戏剧不以为然，他主要从笃信宗教和现实主义的角度来评莎剧，认为人物没性格，言语千篇一律，在他的戏剧面前谁也不敢说那皇帝是光着身体的。卢梭崇尚自然主义，讲究回归自然，面对内心的真实。相比而言，狄德罗的理论更为全面。

## 一、"美在关系"

　　狄德罗是哲学家、美学家、思想家，他写小说，研究戏剧、绘画，写哲学，担任百科全书的主编。他提出了"美在关系"说。是由法国古典主义悲剧作家高乃依的剧作《贺拉斯》的台词引起的。剧中写的是古罗马的故事；画家达维特《贺拉斯三兄弟之誓》画的也是这个题材。古罗马在建立共和时期，曾和邻国伊特鲁里亚的古利茨亚人发生战争。但先前两国有通婚关系，人民不愿战争。后想出一个办法，每国选三个人格斗以决胜负。罗马的贺拉斯家三兄弟迎战。大儿子阵亡，二儿子也阵亡了。三儿子要出战了，家人不愿他出征。但老贺拉斯却说："让他死！"他鼓励老三上前线。狄德罗分析了"让他死"这句话。他认为要真正分析其意义，必须将其置于一定的关系中，置于当时情境中。如果将这句话置于其它关系中，则有多种解释。"让他死"这是个能指符号，这句话指向哪里，意义则不一样。狄德罗说：如果仅以"让他死"这三个字示人，却不知是什么意思，也不存在美丑区别，"如果我再告诉他这场战斗关系到祖国的荣誉，而战士正是这位被问者的儿子，是他剩下的最后的一个儿子，而且这个年轻人的对手是杀了他的两个兄弟的三个敌人，这老人的这句话是对女儿说的，他是个罗马人。于是随着我对这句话和当时环境之间的关系作一番阐述，'让他死'这句话原先既不美也不丑的回答就逐渐变美，终于显得崇高伟大了。"① 这里的关系则指向英雄赴死。狄德罗举此例意在说明，分析对象物，必须将它置于一定关系中，方能作出正确判断。

美在关系有两层含义。一是事物内在与外在的联系。审美对象自身是个什么条件，它自身和外在有什么联系。二是判断关系时所受条件的限制。凡是对象都处于关系中，分析关系必须找到此关系是在什么条件下确立下来的。所以一定找到这种关系的条件。这样看高乃依悲剧的台词"让他死"，老贺拉斯这句话是出于爱国之心，而乐于献出自己的三儿子，这是一种崇高的奉献精神。两个儿子死之后，家人不愿小贺拉斯出征，这是老贺拉斯发出这句话的现场条件。所以美在关系，强调对对象的判断必须将其置于关系中。

狄德罗说："一个物体之所以美，是因为人们察觉它身上的各种关系。我指的不是由我们想象力移植到物体上的智力的或虚构的关系，而是存在于事物本身的真实关系，这些关系是我们悟性借我们的感官而觉察到的。"② "对关系的感觉就是美的基础"。这段话是我们理解"美在关系"的关键。这个关系是客观存在的，是事物真实的关系。而不是人通过移情将人的情感加于其上。所以这里的美是客观之美，是指对象之美。"美在关系"如何定义，狄德罗认为："我把凡是本身含有某种因素，能够在我的悟性中唤起'关系'这个概念，叫作外在于我的美；凡是唤起这个概念的一切，我称之为关系到我的美。"

狄德罗在此区分两种美，一种是客观之物的美，一种是主观认识的美。这两种构成首先是对象是美的因素作用于我，让我感悟到关系的存在。这个关系是客观事物本身固有的，是外在于我的，但唤起我的悟性，使我产生一种认识，这是一种认识的美。前者是真实的美，后者是

---

① 《狄德罗美学论文选》，人民文学出版社，1984年，第29页。
② 《狄德罗美学论文选》，人民文学出版社，1984年，第31页。

见到的美。狄德罗认为真实的美，如以对象来说，比如一朵花，这花有其自身的构成，这是对象本身固有的，他有不以人的感悟为转移的本来存在。见到的美是把多个对象物加以比较联合，而建造出的对于对象物的感受。这种被主体感知的存在是见到之美。这个区别在于唯物主义认为美的客观性是确定无疑的。"美在关系"说法有意义。它不是孤立的，简单的判断美的对象，而是综合考虑判断。但人们感觉到关系的概念外延过大。关系究竟限定在一个什么样的范围则不太易于说明。拿戏剧来说，一整部戏剧美还是不美，是不是要判断戏剧和外界的关系，这是难于判断的。所以人们看到他的实例后，感到有些道理；但深入考虑，却难以把握。狄德罗讲了一个演员演出在一个美丽的剧院中，被喝了倒彩，后来他再看这个剧院就觉得不美了。这样，这个对象就与人的主观感受相随了，也就是说把见到的美绝对化了，而忽略了真实的美。① 这就与他所讲的"关系不是把我的想象力加在事物之上"相矛盾了。

## 二、现实主义的艺术见解

狄德罗论艺术的文字特别多，他论析了许多艺术门类。他论艺术时强调现实主义，强调艺术必须反映现实才有意义。狄德罗自己进行创作，所以他谈理论比较深刻。他强调艺术家要重视真实性。但他讲真实性也不反对想象。总体上他的小说，反映现实，宣传"自由、平等、博爱"的主张，政治倾向性较强。他的小说《拉摩的侄儿》这部小说的部分文字被选入《哲学文选》，而文学选本却不入围。他自身讲文学和哲学的区别，但自己的创作实践却没做到这一点。狄德罗的戏剧理论，相对更为精彩。在古希腊，戏剧的体式有悲剧和喜剧，甚至有的作家终于只创作一种样式。比如古希腊的三大悲剧家。像法国的拉辛、高乃依写悲剧，莫里哀写喜剧。他对莎士比亚的戏剧创作的现代剧非常推崇。他在悲剧和喜剧的中间提出一个严肃剧，这是他提出了新的戏剧形式。为什么在古希腊把戏剧类型分得如此清晰？是因为悲、喜剧的题材与主题，和人们的社会阶层有关。悲剧主人公都是有身份的人，多为帝王将相。喜剧的主人公更多表现的是下层人。到了后来，像法国的博马舍喜剧中开始出现大人物，而小人物倒是比较机智的。所以狄德罗在欧洲的

---

① 《狄德罗美学论文选》，第 30 页。

戏剧史上，他看到古希腊的古典主义以及后来的伪古典主义，都是不能适应历史的发展的。

## 三、关于演员的矛盾身份

狄德罗有一篇论演员的矛盾身份的文章，译为汉语时，有人译为《演员的矛盾》，有人语为《演员奇谈》（此文收入《狄德罗美学论文选》）。此文为演员在舞台表演中如何处理演员的自我与表演角色的关系上提供了指导。

其中心理论是谈演员在舞台上，表演中用情感还是用理智来演的问题。换言之，是自己变成剧中人，还是与表演角色保持距离。我们在这里探讨的是理论问题，拿到演员那里，就成为实践性的问题。狄德罗认为演员的表演不是用感情表演，易动感情不是伟大的天才的长处。应是冷静的旁观者，不是完全沉入角色。这个理论从 18 世纪开始，一直是争论的问题。到了 20 世纪，形成两派：一是德国表现主义的布莱希特，是以自己的表演说明剧情，表演的人要与表演人物保持间离。这是间离来自于审美距离。只有保持间离，才能更好地说明人物。俄国的斯坦尼斯拉夫斯基是导演和演员，是体验派代表。认为演员演谁，就成为谁，越无间离越好。我国在 50 年代一直坚持这一观点。后到 60 年代，布莱希特的理论传入我国，开始受其影响。实际上，将两者截然分开，各执一端，效果都不好。应是二者结合。就像作家写人物时，有的是进入自己所写人物的内心，但毕竟要写人物和分析人物，因此，二者都需要。狄德罗的演员表演论，似能综合这两派表演体系。

剧作家以剧本对生活进行艺术的审美创造，演员又依据剧本进行艺术表演，实行二度的审美创造。在演员进行的这种再度审美创造中，牵涉到生活真实性问题，牵涉到思想、艺术修养问题，以及作为演员的主体与角色之间的双重身份问题。而在这些问题中，二度创造者的情与理的关系问题的处理，带有贯穿性的意义。

狄德罗的《演员的矛盾》一文，很集中地论述了这个问题，很值得我们研究。因为狄德罗集中分析了理性对审美创造的意义，这不仅对于演员的审美表演具有启发作用，就是对于整个艺术的审美创造，也有不可忽视的意义。狄德罗论演员是非矛盾的这篇文章是在什么情况下和什么思想指导下写成的呢？了解这一点十分重要。1743 年，意大利"职业喜剧"名演员黎柯伯尼发表了一篇《戏剧改革论》，认为演员演戏不关敏感的事。1747年有一位文人阿耳宾发表文章反对这种说法，认为敏感对演技有决定性意义。1770年有一本《盖利克或者英国演员》的小册子，由英文译成法文，里面也大谈敏感，狄德罗对此十分反感。这时他对住在法国的德国朋友格林谈了他的看法。《谈演员的矛盾》中对话的甲乙就是狄德罗与格林二人。

当时的敏感论者，从唯心主义出发，强调表演当中的"灵感"作用，不经过深入分析，在舞台上随便地即兴表演，以致演员可以随便地把角色的外形、内动加以曲解，没有找到角色的基本活动规律，也就是所谓"理想的典范"。这对艺术的表演更典型地表现生活、表现人物是不利的。作为唯物主义的美学家，崇尚理性的启蒙主义者的狄德罗，有的放矢地提出了自己的看法。

狄德罗是启蒙主义者，是资产阶级革命的代言人，是旧唯物主义美学家，因此，他的理论活动中也必然带有相应的特点。

启蒙主义者理论的锋芒是对准封建专制和中世纪神学与宗教教条，要破除过去传统的迷信偏见，教育人要用批判的理智，果敢地独立思考。恩格斯在《反杜林论》中谈到这种理性批判的特点时说：

"他们不承认任何种类的外界权威。宗教、自然观、社会、国家制度等一切都受到最无情的批判；一切都要站到理性的审判台前面来，或者辨明自身存在的理由，或者放弃自己的存在。思维的理性成了衡量一切现成事物的惟一的尺度。"

在分析演员与角色的关系时，狄德罗表现了这样的思想特点，这在当时是有一定革命性的，对艺术发展有过好作用。

### 1. 演员的基本品质

狄德罗认为一个演员的基本品质是：冷静的分析，适度的热情，塑造出理想的典范。

"希望他判断力高；我要他是一位冷静的旁观人；这就是说，我要他鞭辟入里，决不敏感，有模仿一切的艺术，或者换一个方式来说，有扮演任何种类性格与角色的无往而不相宜的本领。"

"靠灵感演戏，决不统一"，"热烈过分"，最后能变得"冷冰"。因此应该"根据思维、想象、记忆、对人性的研究，对某一理想典范的经常模仿，每次公演，都要统一，相同，永远始终如一地完美。"因此一切活动都"是有步骤的、组合的、学来的、有顺序的，……热情有它的进度、它的飞跃、它的间歇、它的开始、它的中间、它的极端。"应该"像一面镜子，永远把对象照出来，照出来的时候，还是同样确切、同样有力、同样真实。"

演员为什么能塑造出理想的典范呢？

狄德罗认为就是因为演员接到任务之后，演出之前对于人物进行深入分析，"在他的脑内，一切是有步骤的、组合的、学来的、有顺序的；他的道白不单调，不刺耳。"就是说演员把角色研究得非常透，明确了这个典型的本质特征，在演出之前就知道怎样去动作了，即胸有成竹，动于内形于外。每一个亮相都是事先练好的。这里有演员对人物的深入体会，也有基本的作功。这种观点特别符合中国传统戏曲的经验，盖叫天演《狮子楼》，他演武松斗杀西门庆之前，从想报仇到杀死西门庆，设计了二十几个动作，全部动作都非常恰当、传情、传神。

我认为狄德罗讲的演员的基本品质，就是塑造理想的典范，这是正确的。但是关于怎样塑造这个典范，他的理解却有是有非。

他说的判断力高，我们也推崇。没有判断力，怎样把握人物、进入角色呢？但却不能仅有判断力，而不要正确的情感发展。在演出过程中也需要冷静的旁观，因为他不仅要应付意外，还要对自己加以检验，不断调整自己的行动。但把演员变成机械人，变成冷漠的旁观者，甚至是凭理性驱遣的"活木偶"，在舞台上骗取观众的眼泪和欢笑，这就不科学了。如他说的："哭起来，就像一个不虔诚的教士宣讲耶稣受难，就像一个儇薄子弟跪在一个他不喜欢的女人前头，然而又想骗她；就像街头或者教堂门口的一个乞丐，感动不了你的时候，就破口骂你；或者就像一个什么也感觉不到的妓女，但是晕倒在你的怀里。"[①]

这些，从演员不是角色这一方面来看，有它的一定道理，但演员没有自己的情感的驱遣并弄假成真，仅是依样画葫芦，那角色是难以演得成功的，必须把这两个结合起来，才有可能把人物演好。理智过剩就可能公式化概念化；感情过剩就可能把艺术的既定程序破坏。有的演员演人物缺乏对人物的体验，缺乏"我就是角色"的情态，这就不能使自己的表演感动人。举例来说，如演《刘胡兰》，胡兰被敌人抓走了，演母亲的应该适度演出母亲的爱、恨之情，你应该以身躯阻拦敌人，维护女

---

①　参见《狄德罗美学论文选》，第287—288页。

儿；假使缺乏理智，你像生活中一样，抓住女儿不放，一直扯到后台，也就不成为戏了。关键在于恰到好处，应该是"欲把西湖比西子，浓妆淡抹总相宜"。

在演员品质里，还有一点就是基本功训练，与对生活的感受、体验，掌握这二者之间深刻完美的结合问题。这两者，第一，是从事戏剧演出活动的基本素质。表演人物必须要有适当的技艺，如歌剧演员的歌唱能力，话剧演员的嗓音，舞蹈演员的身段与步法，以及作为演员必须有的演出的许多技艺修养，和演出特定人物时，必须练好的作功。如演聂耳，一定得把小提琴的弓子拉得开，演鲁智深得能耍开禅杖，演哈姆莱特得能斗几手好剑，……在电影中演吉鸿昌驰骋塞外，大体上得练会骑马，如此等等。第二，是对于生活的实践。对于生活的掌握，最好就是亲身参加变革生活的实践的斗争。演现实生活中的人物，就要到所演的那个人群去观察、体验、研究、分析，掌握生动的生活形式和斗争形式，然后才有可能进入创造过程。比如演一个演炼钢工人，演员根本没见过炼钢场面，不知道炼钢工人的基本生活形式，思想面貌，你演出时怎么能演得深呢？即使进行"理智分析"，但没有生活感受，没有材料，分析啥呢？可惜狄德罗看不到这一点。这是因为理性而忽视了现实。

我觉得，我们今天的演员应该有高度的革命理智，充沛的感情，丰富的生活感受，和精湛成熟的技艺，把这几方面结合于一身，才能大开戏路，塑造舞台上的多种典型人物形象。

### 2. 演员的双重身份

演员只有表演过人物、进入过角色，才成为演员。演员演戏本于剧本，它规定了所要扮演的人物特征，演员在舞台上不是随心所欲地进行自我表现。当然在本于剧本的前提下，演员应该进行充分地艺术创造，而目的是为了角色，不是为了自己。这就显出了演员的双重身份。

所以狄德罗以法国悲剧女演员克莱隆的表演为例，说明演员与角色有联系但又有差别的现象。他指出，克莱隆经过六次演出，就记熟了"她的演技全部细节，如同背熟她的角色的全部语言一样，不用说，她给自己造了一个典范，首先想尽方法适应；不用说，她拟出她可能想到的最高、最大、最完美的典范；不过她从历史上借来的这个典范，或者作为一个伟大的形象，她的想象制造出来的这个典范，不就是她；假如这个典范只和她一样大小的话，她的动作要多软弱、渺小！她通过工作，以最大努力，靠近这个观念，已经等于全部完成；进一步加以掌握，就完全是练习的事了。"在她演出拉辛的悲剧《柏利塔尼库斯》里的阿格利皮娜时，她在演出时，"听见自己说话，看见自己表演，批评自己，批评她所形成的印象。她当时变成两个人：渺小的克莱隆与伟大的阿格利皮娜。"

那么演员不是角色自身，在舞台上为什么能那么真实地把喜怒哀乐表现出来，使人那样感动共鸣？狄德罗写道：

"但是有人要说了，为什么？这位母亲悲从衷来，语调这样哀怨、这样悲痛，而我五内为之摧崩，也好说不是发自实际感情，不是来自绝望？"

他回答说：

"一点也不是。"证据就是："语调有节奏，属于吟诵全部系统的一部分；低于或者尖于四度音程的二十分之一，就是一个统一的法则，像在和声里一样，经过取舍；而且经过长期研究，才能满足全部必要的条件；而且有助于一个被提出来的问题的解决"。狄德罗以演出拉辛的悲剧《伊菲庚尼亚》中的克丽达妮斯特拉的演员为例说明，剧中的母亲要把自己的女儿伊菲庚尼亚按神意送上祭坛，献给狩猎女神阿尔特弥斯，与女儿分别时难过地说着："我的女儿，你非去不可。"狄德罗说，演母亲的演员，演之前听自己说这句话，已经听了很久了，"就在他刺激你的时候，他还在听；他的全部才分不像你假设的那样，只是感受，而是仔细用心表现那些骗你的感情的外在记号。他的痛苦的呼喊是在他的耳朵里头谱出来的。他的绝望的手势是靠记忆来的，早在镜子前面准备好了。他知道准确的时间取手绢，流眼泪；你等着看吧，不迟不早，说到这句话、这个字，眼泪正好流出来。声音这种颤索，字句这种停顿，声音这种噎窒或者延长，四肢这种抖动，膝盖这种摇摆，以及晕倒与狂怒：完全是模仿，是事前温习了的功课，是激动人心的愁眉苦脸，是绝妙地依样画葫芦，演员经过钻研，久已记牢了，实行的时候，也意识到了，不过诗人走运，观众走运，本人也走运，尽管这样，还给他留下全部精神上的自由，如同别的操练一样，消耗的只是他的体力。……演员劳累，你在哀伤；原因就是他尽管骚动，并不感受，而你却一直都在感受，并不骚动。不这样的话，演员的境况怕是最不幸的了；不过他不是人物，他是扮演人物，扮演的维妙维肖，你认为真是那样了，其实只有你觉得形象真实；他那方面，他明白他就不是。"①

狄德罗在这里说明了演员演出时，捉摸掌握角色的特点的再现本领，说明了理智判断的作用，但相对之中，他把演员的演出绝对客观化了，这就有点矫枉过正了。对于演员演出时矛盾又统一，理智与情感的统一，真与假、虚与实的统一，忽视了，走向了机械唯物论。这种现象——顾此失彼的现象，在马克思主义以前的理论家的著作中，一般都是难以避免的。

演员与角色不是一个人，这是尽人皆知的，否则，常演反派的演员，如陈强、陈述等，也早就"死有余辜"了。演员是演角色，他有自己的特定存在，这两者之间是双重的，是矛盾的，但在演出过程中统一了。但统一了的矛盾对立面，哪一个是主导的呢？狄德罗强调演员在演出过程中保持理智的清醒，把捉摸定了的理想典范客观地表演出来，演员为戏而设。这说明他是主张以角色为主的。我认为这种认识是正确的。

为什么必须以角色为主呢？

这是因为演员的演出，要依靠剧本，把剧作家所塑造的典型创造性地再现出来，一般地说应该忠实于原作，对原作进行分析、研究、掌握主题思想、人物性格，不是为所欲为，自我表现。剧本角色给演员以规范，演员给角色以活生生的直接形象。

应该说角色是在剧本中已经定型化了的形象，演员演出是再创造的过程，窦娥、杜十娘、陈白露、祥林嫂，不论谁演，只能把他们各自的形象演活，你不能创造出完全异于剧本的不同角色。世界上只有把伟大剧作家创造的角色演活了的杰出演员，没有一个是因为把角色变得完全服从于自己的杰出演员。

这就规定了演员必须首先忠实于角色的问题。这也是演员在演出前要进行准备、训练、默诵、连排的原因，否则怎么能演好呢？效果怎能想象呢？在资本主义的一些低级剧场里，有的演出是无剧本的，演员上台完全是即兴胡闹一气，混过了时间，就算散场，这不是真正的艺术。

演员服从角色，这是唯物主义反映论决定的，"再创造"的"再"字的意义正在这里。有人认为矛盾中以演员为主，这是不对的。这是把演员的再创造人物形象过程中的能动作用，当成了决定方面，把角色的

_____

① 《戏剧论丛》1958年第三辑，第200、201页。

规定性这一重要前提抛开了。说"作为艺术家的演员是角色的灵魂"，很不恰当，很不科学。角色自己有自己的灵魂，决不因演员的不同而从根本上改变它的本质，一个演员演阿巴公（莫里哀剧本中的一个吝啬鬼），又演泰门（莎士比亚剧本中的一个慷慨大度的人），决不致因为演员是一个人而使这对立两极的人物变成一个人，即统一于演员。相反，演员即使是一个乐善好施的人，你要演阿巴公，在演出过程中也必须节制一下，而要使自己"吝啬"起来。

可惜狄德罗的演剧论只走到这里，他对于演员在再创造过程中的能动作用，也就是反作用缺乏足够认识。因而把演员的最高的成就完全限制在模仿的成功上，对于可以创造性地表现角色的作用估计不足。演员对于角色的表演，其创造性表现在于：一，可以把角色分析得极为透辟入里。二，可以用自己的感情使角色的生命活在舞台上。三，可以用精湛的技艺使剧作家语言描写的动作，或应有的行动，清楚明确地表演出来。只有承认这些，才能解释，为什么同一剧本，同一角色，不同水平的演员上演，效果并不一样。

演员与角色的关系既然是双重的身份，在演出过程中，演员本人的思想、理智、情感，与角色的思想、理智、情感是怎样的关系呢？是完全是"自我"呢？还是完全是角色呢？

我认为，如果简单的回答是或不是，都是不确切的。先谈不能"忘我"。演员不能完全"忘我"，如果完全是"忘我"的，那演奥赛罗的演员，演一次就得扼死一个"苔丝德蒙娜"，而杨白劳在舞台上真得把卤水喝下去，演刘胡兰的演员真得叫那个演匪连长的演员给打得皮开肉绽，最后被送到真的屠刀之下……

莎士比亚在《哈姆莱特》中，通过哈姆莱特发表了戏剧表演的体验与分析必须适度结合的观点。他指出，演员表演必须遵守"常道"，所谓"常道"就是"自然"，也就是真实而又典型。他说，演员演出的角色动作，即使"在洪水暴风一样的情感激发之中，你也必须取得一种节制，免得流于过火。"他同时也反对平淡，因为"太平淡了也不对，你应该接受你自己的常识的指导，把动作和言语互相配合起来；特别要注意到这一点，你不能越过自然的常道；因为任何过分的表现都是和演剧的原意相反的，自有戏剧以来，它的目的始终是反映自然，显示善恶的本来面目，给它的时代看一看他自己演变发展的模型。要是表演得过分了或者太懈怠了，虽然可以博外行的观众一笑，明眼之士却要因此而皱眉；你必须看重这样一个卓识者的批评甚于满场观众盲目的毁誉。"①
这是说戏剧以生活为规范，而这个戏剧又给角色的表演以规范，演员的
表演不应该忘了这个基本点——"演剧的原意"。"过分的"与"平淡
的"表演，检验的尺度都是来自生活真实的角色的规定性，不符合角色
的规定性的东西，就是越过"自然的常道"或不及于"自然的常道"。
演员应该把握这个"自然的常道"。这就是通过服从角色而服从生活。
知道遵守"自然的常道"就不是表现自我，但也是没有忘我——我所为
的目的。

斯坦尼斯拉夫斯基很强调演员必须直接进入角色，体验角色的感
情，使自己变成"角色"。他在《我的艺术生活》中讲他演《国民公敌》
里的斯托克芒的体验时说，他由衷地同情他的角色。当他作为角色，
"眼望着那些曾经是他朋友的人们卑鄙心灵时，我了解他的感情。在那
些时候，我害怕过——是为斯托克芒害怕，还是为我自己害怕——我记
不清了。我感觉到而且理解到：随着戏的逐步发展，我渐渐孤独起来，
在戏的结尾我终于只剩一个心时，那最后一句台词：'特立独行的人是最
坚强的'，仿佛自动要全力冲出口来一样。"这里有直接体验，但也还是
有分析，作为演员的仍是双重身份。斯坦尼斯拉夫斯基只是用此说明演
员对角色体验的重要性，与角色的心灵和身体有机地合而为一的重要
性。实际还是没有完全"忘我"。他从一次彩排中因过分用情，他作为
"奥赛罗"刺伤了"埃古"，使他血流如注，因而得出结论说，"演员不
能控制自己的心情是不好的"。只有不忘我才能控制自己的心情。可见
斯坦尼斯拉夫斯基的体验论并不是不要分析，他还是主张不完全忘
我的。

再谈不能完全是自我。

完全是演员自我，就要缺乏客观真实性。演员可以按自己的是非倾
向决定对于角色的远近态度。比如演周恩来，演陈毅，演贺龙，演刘胡
兰，演员自己能不动感情吗？不能的。有不少演员演出革命英雄人物时
自己也受到了感动，受到了激励，甚至在悲时自己歔歔泣下，在乐时喜
笑颜开。演出生活，从某些方面来说，也能影响到一个人的气质。有的
一生演悲剧的性格演员，人物的命运给演员打上了某些性格的烙印；常
演喜剧的演员，角色的滑稽逗人，也助长了演员幽默意味。梅兰芳一辈

---

① 《莎士比亚全集》第九卷，第 67、68 页。

子演旦角，平日说话、待人接物都有他角色的某些情态气质了。

所以演员的确是有矛盾的，但矛盾能统一，演出时要进入角色，能够化入，或许有忘我的瞬间；但同时又不能完全忘我，能够化出，真正把假的演得像真的，把真的变成假的，真真假假，弄假成真，真假难分，真假有分。

### 3. 生活真实与戏剧真实

狄德罗看到了艺术在反映生活时的典型化的原则，因此，他就演员的表演，提出了戏剧舞台真实与生活自然面貌的关系问题，也就是艺术真实与生活真实的关系问题。

他认为：舞台上的真实，并不是显示事物的自然面貌。"舞台上的真实，在这种意义上，只能是共同"，"是动作、谈话、容貌、声音、行动、手势与诗人想象出来的一个理想典范的符合，而这种理想典范又往往被演员加以夸张。妙处就在这里。这种典范不仅影响声调，就连走势，神情，也被改变了。结局就是演员在街上或者在台上成了两个完全不同的人，让人很难认得出来。"① 他主张演员应该深入体会戏剧中的角色，最适宜地把形象表现出来，不是叫角色来适应演员，而是演员去适应角色，"演员就该为戏而设"。②

戏剧反映生活，应该比生活更有典型性，因此应该在反映时把这有密切联系的被反映与反映者区分开来，不能混淆，不能颠倒、移位。把生活自然主义地搬上舞台，会使人啼笑皆非、破坏艺术效果；反之，把舞台艺术表演拿到生活中来，也会笑话百出。有鉴于此，他指出："把你的家常声调，你的简单表现，你的家庭面貌，你的自然手势搬上舞台去，你就看出你有多可怜、多软弱了。……你以为你的谈话声音和你的炉边声调，就能演好高乃依、拉辛、伏尔泰，甚至于莎士比亚的戏吗？正如用舞台上的夸张和叫喊来说你的炉边故事，一样不会成功。"③

狄德罗认为："一个真正不幸的女人在哭，往往并不感动人，因为你看见一条细线破坏她的脸相，反而笑了。"原因就是，"一种对她相宜的音调，你嫌难听；一种对她是习惯的动作，让你觉得她的痛苦下流、

① 《戏剧论丛》1958年第三辑，第204页。
② 《戏剧论丛》1958年第三辑，第205页。
③ 《戏剧论丛》第三辑，第202页。

无聊。原因就是，情欲发展到难以自制的地步，十九都显出一付怪相，缺乏欣赏力的艺术家照描下来，但是大艺术家都避而不用。我们希望人在痛苦的时候，保持住人的性格，人类的尊严。……我们希望这个女人倒下去的时候，要端庄、柔和；而这位英雄死的时候，仿佛古代的角斗者，在竞技场上，听着四周的喝彩声，经发展，就和自己的原始状态不同了。"狄德罗美学观点是要强调现实主义的典型化，是符合艺术反映现实的规律的，这个观点在他的时代是一个高峰。马克思主义关于生活与艺术的理论，就改造地继承了这种学说。在这个问题上，他比车尔尼雪夫斯基表现得高。主要表现在，狄德罗不仅看到了艺术是从生活中来的，看到二者不仅具有不可分离的关系，更可贵的是他还看到了艺术反映生活时可以比生活自然更典型理想化，比生活自然形态更高出一筹。

我们明确地认识到这一点，对于以艺术手段更好地反映生活很有作用。毛泽东指出文艺的源泉是生活，生活的生动性与丰富性使一切文艺相形见绌，但文艺反映出来的生活却可以而且应该比普通的实际生活更高，更强烈，更有集中性，更典型，更理想，因此就更带普遍性。这揭示的是艺术与生活之间一种规律，是合乎艺术实践过程的，舞台艺术与生活之间的关系也是如此。艺术应该接近生活，深刻地反映生活，不是自然主义的模拟，而是典型地再现。因此也应该容许把戏剧表演艺术化。否则舞台上也就无法表演生活了。

雨果在他的有名的论文《〈克伦威尔〉序言》当中，对戏剧的真实性讲了很有见地的观点。他指出："按照绝对真实的既文雅，又高贵，姿态优美如画。谁满足我们的期待？是被痛苦所征服，敏感所瓦解的大力士？还是临死刚强自持、实施操练课程的有模特儿架式的大力士？"他的回答自然是后一种。

这个观点具有艺术美学的合理性。人缺乏理智就会失去常态，这时可能变为丑态，比较一下《卧龙吊孝》中的小乔的哀痛、悲伤之态，俄国名画《小寡妇》中的小寡妇与生活中的真正的哭亡夫的寡妇，便可发现，文艺中的形象绝不像是我们常说的"寡妇脸"。

狄德罗以十字街头的奇观与舞台比较，他认为这两者精粗高下，是无法等量齐观的。他提出，"可是这种奇观也好和来自一种合理安排的协调的奇观相比吗？艺术家从十字街头把奇观搬上舞台或者画布的时候，就把这种和谐性介绍了进来。如果你认为可以相提并论的话，那么，本生自然和一种偶然安排，比艺术魅力更有成就，……你否认人美化大自然吗？难道你没有恭维过一个女人，说她就像拉斐尔的一幅《圣母象》那样美丽？你看见一片美景，难道没有喊过明媚如画？所以戏剧舞台的奇观，不是一刹那之间的自然景象，而是一件有计划，有步骤，有进展，能耐久的艺术品。"我们今天从这些主张中看到，不论戏剧、文学、绘画以及演员的表演创造，都应该保持"和谐性"，也就是艺术表现生活的审美性。作为演员在舞台上的动作，就不应该自由行动，完全像十字街头的行人，而应"在一起排练"。他最后比喻地下了结论："街头场面之于戏剧场面，就像一个野蛮部落之于一个有文化的人们的集会一样。"① 这是说戏剧是文明人的集会，必须超越野蛮时代，有自己的存在和表现的特点。事实正是如此。如歌剧，人物每说必唱，出口成诗，还有音乐在伴奏。你看生活中哪一个人说话就唱，还带一个提琴师在旁边跟着，给他伴奏？可能刘胡兰根本就没写过诗，可是部队走了之后，她唱的"一条条水来一道道山"，该多么有诗意？舞蹈中的《采茶扑蝶》，如果采茶姑娘真那样采法，可能半天也采不了一筐。反映渔民生活的《织网舞》，如果要是脱离艺术形式特点去要求，会说渔家的姑娘是那样补网吗？等网补好，鱼汛期早过了。至于芭蕾舞演员足尖着地，一转七八圈，生活中根本没有这种事，可谁能说它不真实？不能！话剧演出时，演员是像在生活中，可是生活中的人能像舞台上那样说话和行动吗？舞台上是更典型化了，集中化了，更突出了。如《吝啬鬼》里阿巴公丢了钱之后，那个难堪的样子，在实际生活中的人宁可去自杀也不会像他那样，是那种痛不欲生，甚至怀疑是自己偷了自己的钱。各种艺术形式反映生活都有一定限制，对于不能突破的限制，人们只能在其限制内求真实。如我国的传统戏曲表演，在舞台上，三五人可作千军万马，四五步可行四海九洲，一根马鞭，可以当马，看不见的门可以把人的头撞破，坏蛋出台就自己报告恶行，等等，人们都因其条件限制与表现需要，而认为是真实的，这正是艺术真实的一个表现方面。

### 4. 理智与感情的比较

在《谈演员的矛盾》全篇文章中，狄德罗是抑感情、敏感，扬理智、清醒的，他从各个方面进行了论证。

他说："根据天赋来演戏的演员，往往可憎。偶尔优秀。他演哪一

---

① 《戏剧论丛》第三辑，第206页。

样角色也好，但是你要提防他一贯庸俗。"①

"演员靠灵感演戏决不统一。"②

"大诗人、大演员，也许还有一般模拟自然的大人物，不管是哪一类人吧，只要赋有美好的想象力，正确的判断力，明敏的机智，十分可靠的欣赏力，便是最不敏感的人。他们适宜太多的事，而且一视同仁；何况他们太多地拿心田在观看、领会和模仿上，就分不出心来承当激动。""敏感根本不是一位大天才的品质"。③

他形象地比喻说：敏感好像"上品葡萄发酵的时候，既酸且涩"，而理智如酒过了发酵期，"在大桶里久贮之后，才甘冽适口"。如此等等，不胜枚举。

在这个问题上，狄德罗为了反对演员完全以灵感代替理智分析的方法塑造理想典范，他强调理智是对的，但他却走上了极端，陷入了形而上学，只要理智，贬低感情的作用，否认演员对于角色加以设身处地进行体验的意义。只承认演员与角色，感情与理智两者根本差别的矛盾，忽视和抹煞了二者之间的辩证统一关系，这是我们所不能同意的。

狄德罗强调理智是必要的。一个演员在舞台演出人物时，如果不随时清楚地意识到自己是在扮演某个人物，而是完全地进入人物，把自己与周围的存在条件全都当成了真的，不保持演员应有的清醒与行动的分寸，结果势必虽欲求真，而反致其假。1979 年希腊国家剧院访华演出，11 月在上海演《腓尼基少女》，在剧的结尾时，剧中的两兄弟为争夺王位，在决斗中同归于尽，母亲在悲痛中夺剑自杀，舞台上抬进三具尸体，妹妹搀扶失明的老父俄狄浦斯王前来向妻、儿的遗体告别；他这时作为一个什么也看不见的人，俯身并极度难过地去抚摸自己的亲人。在舞台上突然发生了一种意外的效果：由于演俄狄浦斯的演员米诺吉斯未加注意动作分寸，演的角色过于内向了，加上道具本身的问题，不慎将一具尸体道具的脑袋碰得滚了出来，发生了"身首异处"的情景，剧场的观众发出了与剧情效果相反的哗然大笑。在戏剧结束后，上海的戏剧工作者向剧团祝贺演出成功，主演兼院长米诺吉斯表示非常抱歉，他向中国朋友说："这是一次失败。试想在母子三人身亡，老父和女儿抚尸痛哭这样一个最悲惨的时刻，戏却演得使观众笑了起来，还有什么成功

---

① 《戏剧论丛》第三辑，第 195 页。
② 《戏剧论丛》第三辑，第 197 页。
③ 《戏剧论丛》第三辑，第 199 页。

可言!"《文汇报》1979 年 11 月 22 日。事后主演兼院长把主管舞台工作的人员训斥了一通，可是主演自己也作了检讨。

舞台道具人员没把那具尸体道具弄得身首牢固不解，而主演自己也没有特别注意，那横尸台上的母子"三人"，并不是真是可经抚抱的实际遗体，而是缺乏筋骨的道具，作为双目失明的"俄狄浦斯"，这时既要表现对亲人惨死的真实悲痛，做出感人的抚挽动作，同时也要看清对象，对道具加以必要的保护，不可毫无顾忌，尽情放手。这个事例足以说明演员在舞台上理性分析的必要性。可是问题的另一方面也不能忽视，即作为艺术形象的创造者，又不能只是按程序在冰冷地作戏，只要理智，不要感情。在这一点上狄德罗有点过于偏颇，他把理智绝对化了，惟一化了，甚至把感情从艺术活动领域里排除出去，并进而论断大诗人大演员、一般模拟自然的大人物，是最不敏感的人，他们只用心观看，分不出心力来承当激动，这是不大符合文艺创作实践的规律的。

以演员来说，19 世纪后期法国演员莎拉帮娜在她的《回忆录》里说她演拉辛的《斐德若》的经验时，曾说："我痛苦，我流泪，我哀求，我痛哭，这一切都是真实的；我痛苦得难堪，我淌的眼泪是烫人的，辛酸的。"这说明演员不能不动情感。其他艺术领域的实践也是如此，有理智也有感情。俄国音乐家格林卡说，当他写到苏沙宁和波兰人在树林中的一幕时，他"如此深刻地把自己移到主人公的感情中，以致头发悚立，全身发抖起来。"法国小说家福楼拜写包法利夫人自杀身死，自己不仅闻到了砒霜味，也难过了好长时间。我国明代剧作家汤显祖在写《还魂记》时运思独苦，"一日，家人求之不可得，遍索，乃卧庭中薪上，掩袂哭，惊问之，曰：填词至'赏春香还是旧罗裙'句也。"[1] 作家为自己写的东西感动流泪的现象举不胜举，所以才有"墨点无多泪点多"的诗句，曹雪芹才说《红楼梦》是"满纸荒唐言，一把辛酸泪。"

感情和理智二者都产生于实践，也统一于实践，因此作为艺术的实践，不可能只有一方面的片面发展，而总是在不同程度上结合的，只是有所侧重，有人侧重于感情，有人侧重于理智，或此时偏重于感情，彼时偏重于理智。而不同的艺术方法与流派又各有不同的表现。今天，我们根据"双百"的精神，不能断然说哪个不好，哪个一定得改变，向某一划一的目标看齐。按照艺术创造的规律，理智与感情二者都不可缺

---

① 焦循：《剧说》卷五。

乏，至于怎样结合，可以百花齐放，各施所能，以征服和感动更多的审美公众为目的，又保有自己的风格、流派有特点。

狄德罗的观点，有许多独到之见，今天，有的还没有过时，如果我们有分析地加以吸收，有改造地加以运用，对我们的艺术实践活动还是有所裨益的。我们应该在历史中扬弃死灰，接受红火，使人们前进的路旁增加更多的光亮。

## 四、绘画理论

狄德罗对绘也有许多研究，他有《画论》、《沙龙随笔》，发表了与他启蒙主义相适应审美见解。

（1）狄德罗认为画家应该面对真实的现实取材，不应该去画那些"不自然的，做作的，故意安排的姿态，这些由一个可怜虫表演的冷漠的笨拙的动作"，因为这种"在教师指导下所作的动作，和自然的姿态和动作究竟有什么共同之处？"[①] 他告诉画家要画出真实的动作，就要找到做出这种真实动作的人，"姿态是一回事，动作又是一回事。任何姿态都是虚伪而渺小的，任何动作都是美丽而真实的。"[②]

（2）狄德罗主张画家对绘画的场景和氛围应有切身的体验。他说："一个人如果没有在乡间、在树林深处、或者在农村房屋与城市屋顶上研究过和感受过光与影在白天或黑夜里的各种效果的话，那末，请他搁笔吧！他尤其休想做一个风景画家。"[③]

（3）狄德罗对绘画的思想意义也特别看重，这与他对整个艺术的作用的看法一样。他说："主题思想如果定得好，其他一切思想就会俯首听命。这是一部机器的动力，它就好像推动各种天体，使之循着轨道转的力一样，是和距离成反比的。"[④]

（4）狄德罗是主张真善美统一的美学家。他说："真、善、美是紧密结合在一起的。在真或善之上加上某种罕见的、令人注目的情景，真

① 狄德罗《论绘画》，《狄德罗美学论文选》，人民文学出版社，1984年，第366—367页。

② 狄德罗《论绘画》，《狄德罗美学论文选》，人民文学出版社，1984年，第369页。

③ 狄德罗《论绘画》，《狄德罗美学论文选》，人民文学出版社，1984年，第380页。

④ 狄德罗《论绘画》，《狄德罗美学论文选》，人民文学出版社，1984年，第414页。

就变成美了，善也就变成美了。"① 他从艺术传播史上发生的作品在时间过程里或今日被赞扬，明天被遗忘，或者是相反，他认为这与审美评价中理性的缺失直接相关："理智有时纠正感情匆促作出的评断。因此，有许多作品今天受人赞扬，明天便被人遗忘；还有许多作品当初无人注意，甚至受人藐视，却随着时间的推移，随着思想和艺术的进步，由群众给予了更冷静的注意，而赢得了应有的重视。"② 上述的作品之冷热、抑扬，有的确如狄德罗之所谓理智施用有关，但又不尽然。论原因是多种的，历史时代的需要，人们趣味的变化，不同受众的差别，等等，不可同一而论。

（4）在狄德罗的画论中想象与情感的地位也有相当的地位。他提出："表达要求画家有丰富的想象，炽烈的激情，以及召唤幽灵，使它活跃起来、长大起来的本钦；布局则无论在诗歌中或在绘画里，都有赖于判断和激情、热情和智慧、如醉如狂和沉着冷静等等的恰到好处的工热情和理智谁占优势，来决定艺术家是怪诞的还是平淡乏味的。"③

---

① 狄德罗《论绘画》，《狄德罗美学论文选》，人民文学出版社，1984年，第429页。
② 狄德罗《论绘画》，《狄德罗美学论文选》，人民文学出版社，1984年，第432页。
③ 狄德罗《论绘画》，《狄德罗美学论文选》，人民文学出版社，1984年，第413页。

# 第十五章 泰纳的社会历史研究方法

泰纳（1828—1893）法国哲学家，历史学家，文艺评论家，美学家，法兰西哲学学院院士，巴黎美术学院美学和艺术史教授，受黑格尔、斯宾诺莎及孔德实证主义和达尔文进化论影响较大。

## 一、种族、环境、时代三原则

艺术家的作品的创造，并不是沿着直线运动形式造成的，而是在复杂的人与现实历史的各种关系作用下，受到诸多的物质的精神的影响条件下进行的，其中尤以社会历史时代的多种存在条件的影响为最大。在对文艺现象进行研究时，可以有多种着眼点。始果以社会历史存在为研究文艺的依据，则大体上属于社会历史研究方法。这种研究方法以影响文艺的外在条件为把握文艺的切入点，从而求得对于作家、艺术家所创造的文艺作品的某种了解。泰纳的社会历史方法着重从社会环境条件对创作主体审美表现的影响，显示的研究特点突出，显然他自己并未以此为立派之名，但后世多以其为社会历史方法的主要代表人物之一。

德国 19 世纪编年史家为历史编年被称为历史主义。法国的艺术理论家泰纳在《艺术哲学》中以种族、环境、时代三原则为依据研究艺术史，侧重于上层建筑（思想情感、道德宗教、政治法律、风俗人情）的根源分析，而没有深入社会基础，没有接触生产力和生产关系，他的研究方法被称为"历史主义"。当 20 世纪 80 年代，新历史主义出现以后，对之前的"历史主义"又称之为"旧历史主义"。

泰纳的研究方法，主要是从文艺所在的种族、环境、时代三个原则出发，对此，韦勒克和沃伦在《文学理论》中把黑格尔派和泰纳派都列为"文学的社会学研究方法"。

泰纳在对艺术品进行研究时，把艺术家及其创作的作品，与社会的上层建筑紧密联系起来，生动说明了从创作主体到作品创作，都与这个时代的人的思想感情、道德宗教、政治法律、风俗习惯有直接关系。这就是说，他的审美的切入口是社会上层建筑，尤其是人的意识形态，他把审美的基点放在人的精神发扬上。我们在他具体评论艺术的文字中看到，他探究各个民族时代的艺术美时，都侧重向人类精神生活寻找原因，加以说明，他把这个叫作"精神的气候"，也"就是风俗习惯与时代精神"，他认为这是才干得以生存发展的土壤。他说：

"造化是人的播种者，他始终用同一只手，在同一口袋里掏出差不多同等数量、同样质地、同样比例的种子，散在地上。但他在时间空间迈着大步散在周围的一把一把的种子，并不颗颗发芽。必须有某种精神气候，某种才干才能发展；否则就流产。因此，气候改变，才干的种类也随之而变；倘若气候变成相反，才干的种类也变成相反，精神气候仿佛在各种才干中作着'选择'，只允许某几类才干发展而多多少少排斥别的。由于这个作用，你们才看到某些时代某些国家的艺术宗派，忽而发展理想的精神，忽而发展写实的精神，有时以素描为主，有时以色彩为主。时代的趋向始终占着统治地位。企图向别的方面发展的才干会发觉此路不通；群众思想和社会风气的压力，给艺术家定下一条发展的路，不是压制艺术家，就是逼他改弦易辙。"[1]

## 二、艺术审美价值观

泰纳为了说明自己的见解，他分析了很多艺术名著，其中贯穿性的思想都是创作主体的精神外射，或欣赏主体对于创作主体的精神影响。先看他怎样分析创作主体的精神外射。

他以米开朗基罗在美狄奇墓上作的《日》、《夜》、《晨》、《昏》四个云石雕像为例，认定说明，这其中的两个男人，尤其是两个女人，他们的身躯各部分的比例和真人很不相同，作者改变正常比例，把躯干与四肢加长，把上身弯向前面，眼眶特别凹陷，额上的皱痕像攒眉怒目的狮子，肩膀上堆着重重叠叠的肌肉，背上的筋和脊骨扭作一团，像一条拉得太紧，快要折断的铁索一般紧张。泰纳在解释这种迥异于生活自然形态的艺术美时，在说明在意大利哪个场合也找不到与这种"愤激的英雄，心情悲痛的巨人式的处女相像"的人之后，特别从创作主体的精神

---

① 泰纳：《艺术哲学》，人民文学出版社，1963年，第34—35页。

世界分析了原因：

"米开朗基罗的典型是在他自己心中，在他自己的性格中找到的。要在心中找到这样的典型，艺术家必须是个生性孤独、好深思、爱正义的人，是个慷慨豪放、容易激动的人，流落在萎靡与腐化的群众之间，周围尽是欺诈与压迫、专制与不义，自由与乡土都受到摧残，连自己的生命也受着威胁，觉得活着不过是苟延残喘，既不甘屈服，只有整个儿逃避在艺术中间；但在备受奴役的缄默之下，他的伟大的心灵和悲痛的情绪还是在艺术上尽情倾诉。"泰纳在引述了作者在那个睡着的雕像的座子上写的诗——"只要世上还有苦难和羞辱，睡眠是甜蜜的，要能成为顽石，那就更好。一无所见，一无所感，便是我的福气；因此别惊醒我。啊！说话轻声些吧！"——之后说："他受着这样情绪的鼓动，才会创造那些形体；为了这些情绪，他才改变正常的比例，把躯干与四肢加长……"①

以同一思想为基础，他在解释法兰德斯画派的卢本斯的《甘尔迈斯》时，也以画家的时代性的精神感觉为分析点，论述了画面形象与实际生活情景的不同，但却有审美意义的原因。他说：

"你们不妨到法兰德斯看看真实的人物。即使在他们高高兴兴、大吃大喝的时候，在盎凡尔斯和别处的巨人节上，也只有一些酒醉饭饱的老百姓，心平气和的抽着烟，冷静、懂事、神色黯淡，脸上的粗线条很不规则，颇像丹尼埃笔下的人物；至于《甘尔迈斯》画上那批精壮的粗汉，你可绝对找不到，卢本斯是在别处搜罗来的。在残酷的宗教战争以后，肥沃的法兰德斯受了长时期的蹂躏，终于重享太平；土地那么富饶，人民那么安分，社会的繁荣安乐一下子就恢复过来。每个人体会到丰衣足食的新兴气象；现在和过去对比之下，粗野的本能不再抑制而尽量要求享受，正如长期挨饿的牛马遇到青葱的草原，满坑满谷的荛秣。卢本斯自己就体会到这个境界，所以在他大批描绘的鲜艳洁白的裸体上面，在肉欲旺盛的血色上面，在毫无顾忌的放荡中间，尽量炫耀生活的富裕、肉的满足，尽情发泄的粗野的快乐，为了表现这种感觉，卢本斯画的《甘尔迈斯》才把躯干加阔，大腿加粗，腰部扭曲；人物才画得满面红光，披头散发，眼中有一团粗犷的火气流露出漫无节制的欲望；还有狼吞虎咽的喧哗，打烂的酒壶，翻倒的桌子，叫嚷，接吻，闹酒，总

---

① 泰纳：《艺术哲学》第21页。

之是从来没有一个画家描写过的兽性大发的场面。"①

原来，泰纳是从画家感受到的人民放任对于快乐的追求，创造了对象主体与创作主体相汇合的精神气势的意象，这里既有自然的粗犷，又有浪漫的放纵，充满了人性的爆发力。而艺术风格上的巴罗克情趣，正顺应了这种意向的表现。由于泰纳完全是说历史存在对艺术的制约，则忽略了艺术家本人的意向作用。他在《艺术哲学》这本书中，有方法的专注与连贯性。

再看泰纳怎样分析欣赏主体精神外射对创作所产生的激发性的影响。

泰纳从以人为中心的社会历史角度分析文学艺术，这使他建立了与这个角度相应的文学艺术价值观——"精神生活的价值与文学的价值完全一致，艺术品等级的高低取决于它表现的历史特征或心理特征的重要，稳定与深刻的程度。"② 他认为文艺的精神生活来源在于社会的人群之中。

他在分析古希腊的雕塑艺术时，就以当时人们的好勇精神为突破点进行了具体的辨析。他说到当时希腊人为了防止蛮族入侵，特别推崇健壮矫捷的身体，为此实行了造就强健种族的许多措施，然后又培养个人，训练个人，体育是其中之一。于是"血统好，发育好，比例匀称，身手矫捷，擅长各种运动的裸体"③，成了最理想的追求，于是在古希腊角斗、竞走运动中差不多全是裸体的，人们狂热地赞赏完美的肉体，于是推动了艺术家塑造了许多塑像，连神明也是裸体的，因为有健美的血肉之躯才是完美神圣的。这就是欣赏者对于作者的精神外射的结果，作者之作是欣赏者的精神的反射。在这种评论里，艺术家的主动性被掩盖了起来。历史主义后来被诟病，这是原因之一。

泰纳还具体分析了时代的情绪对于作者的影响。他分析说，一个时代里人民群众处于苦难伤心状态里，艺术家必然受到这种情绪感染，并且还因为艺术家有夸张的本能与过度的幻想，把这种特征加以扩大，推至极端，以致反映出来之后比一般人的情绪更为阴暗悲凉。这是欣赏作品之前的公众以情绪感染了作者，泰纳称此为"艺术家的工作还有同时代的协助"。他说："你们知道，一个人画画也好，写文章也好，绝非与

---

① 泰纳：《艺术哲学》第 21—22 页。

② 泰纳：《艺术哲学》，第 364 页。

③ 泰纳：《艺术哲学》第 43 页。

画幅纸笔单独相对。相反，他不能不上街和人谈话，有所见闻，从朋友与同行那儿得到指点，在书本和周围的艺术品中得到暗示。一个观念好比一颗种子：种子的发芽、生长、开花，要从水分、空气、阳光、泥土中吸取养料；观念的成熟与成形也需要周围的人在精神上给予补充，帮助发展。在悲伤的时代，周围的人在精神上能给他哪一类的暗示呢？只有悲伤的暗示；因为所有的人心思都用在这方面。……因此，艺术家想要表现幸福，轻快，欢乐的时候，便孤独无助，只能依靠自己的力量……，相反，艺术家要表现悲伤的时候，整个时代都对他有帮助，以前的学派已经替他准备好材料，技术是现成的，方法是大家知道的，路已经开辟。教堂中的一个仪式，屋子里的家具，听到的谈话，都可以对他尚未找到的形体、色彩、字句、人物，有所暗示。经过千万个无名的人暗中合作，艺术家的作品必然更美，因为除了他个人的苦功与天才之外，还包括周围的和前几代群众的苦功与天才。"[①]

## 三、创作主体与欣赏主体

泰纳还在上述前欣赏群众的情绪对创作家影响的基础上转入欣赏阶段，对于这种情绪与作品的关系，他认为这时必然合乎自己情绪则采取，不合的则置之不顾，与刘勰讲的"合己则嗟讽，异我则沮弃"（合乎自己爱好的便赞叹诵读，不合口味的便看不下去，加以抛弃），完全一样。他说："一个人所能了解的感情，只限于和他自己感到的相仿的感情。别的感情，表现得无论如何精彩，对他都不发生作用；眼睛望着，心中一无所感，眼睛马上会转向别处。我们不妨设想一个人失去财产、国家、儿女、健康、自由，一二十年地戴着镣铐，关在地牢里，像班里谷与安特里阿纳（按：前者为意大利烧炭党人，被奥国统治者判死刑，后改刑幽禁九年；后者是法国烧炭党人，在意大利策动反奥运动，被奥国判死刑，后改刑幽禁八年）那样，性格逐渐变质、分裂，越来越抑郁，暗晦，绝望到无可救药的地步，这样的人必然讨厌舞曲，不喜欢拉伯雷，你带他到卢本斯的粗野欢乐的人体前面，他会掉过头去；他只愿看伦勃朗的画，只爱听肖邦的音乐，只会念拉马丁或海涅的诗。群众的情形也一样，群众的趣味完全由境遇决定；抑郁的心情使他们只喜欢

---

① 泰纳：《艺术哲学》第 37 页。

抑郁的作品。他们排斥快活的作品，对制作这种作品的艺术家不是责备，便是冷淡。可是你们知道，艺术家从事创作必然希望受到赏识和赞美；这是他最大的雄心。可见除了许多别的原因之外，艺术家的雄心，连同舆论的压力，都在不断的鼓励他，推动他走表现哀伤的路，把他拉回到这条路上，同时阻断他描写无忧无虑与幸福生活的路。"① 这就把社会主体——欣赏主体的思想情绪对于创作主体的审美情趣的制约与引发，分析得十分深入，充分说明了创作者并不是一个自行其是的封闭体，他自己与时代周围的人及社会心理思潮是息息相通的，他的艺术美的创造与社会美的根源是紧密联系在一起的，特别是其中的人的审美心绪的存在更是直接相关的。

　　传统的历史主义，在经验或常识的意义上，可以看作是我们同过去的关系，它提供了我们理解关于过去的记录、文物以及痕迹的可能性，注重于从具体历史条件解释文艺现象发生的原因，因果关系上的实证论是其方法论的核心。美国的弗兰克·伦特里契亚以法国的泰纳为文学艺术上的旧历史主义的代表，指出有五点：一是以因果关系为基本原则；二是缺乏主观意识；三是没把历史看成是一条河流，而是间断的空间；四是承认历史空间的现象与现象之间存在相似的关系，是原因的本质的具体表现；五是重视文学艺术的审美教益作用。② 这几条是传统的历史主义的特点，它的优长和局限共同存在于一起。

　　由于传统的历史主义的局限性，在20世纪末期出现了新历史主义。20世纪80年代在美国出现的新历史主义，是一种新的理论思想，30多年来影响渐大。由于它坚持认为历史是一体化的"文化系统"所排列成的一个序列，反对把文学作品视为孤立现象的形式主义，这对于新批评、形式主义、解构主义的偏向都有所校正，所以尽管它也有局限，但可取之处较多。它的主要观点是历史不是过去实际发生和存在的事实，而是"言语的人工制品"。怀特认为这样解释历史并不是否认"过去的事件、人物、制度和过程的存在"，而是把这些视为实体资料或叫"档案性资料"，是"历史话语的题材"。在基本主张上，新历史主义大体有如下几点：一是怎样看待历史："历史"是历史学家把史料聚合起来的构造物，它是一个可以重新获得的事实领域。二是历史批评的出发点：

---

　　① 　泰纳：《艺术哲学》第38页。
　　② 　参见《最新西方文论选》，漓江出版社，1991年版，第462—463页。

人是一种构成，不是一种本质；对历史的考察相应地是人的历史产物，所以永远不能穷尽对于历史的认识，处于历史过程中的人只能通过现时的框架部分地识别它。三是对历史研究成果的态度：摒弃史著客观性的神话，承认一切历史知识都是从一个偏斜的、既定的视点产生的；没有独一权威的历史，必须承认存在由各种主体产生的"多种历史"。四是对文学作品的批评方法：按怀特的解释，不仅要把历史看成是文本，还要加强对文学文本源起的历史语境的注意，对文学文本的考察与研究，应与它最初形成的社会——文化环境联系起来，使它"不仅与别的话语模式和类型相联系，而且也与同时代的社会制度和其他非话语性实践相关联"①。这些，对于以往的历史主义，盛行的形式主义和解构主义都有反拨作用。

从上述的两种历史方法比较可见，它们各有意义。但马克思主义的唯物主义历史观，则是我们考察和叙述历史的最根本的原则；而传统历史主义方法的因果分析以及对文艺审美教益作用的重视，也有可取的价值；新历史主义的理论，有些地方是吸收了马克思主义的历史方法，如对历史叙述和评价角度的主体之异、期待视野对历史的新注入，以及怀特所阐发的"文本间性"等，都比之过去多有思路上的启示。因此，对于历史的文学表现与评析，也应具有时代新的水平的呈现。

---

① 怀特：《评新历史主义》，见《文学批评术语词典》，上海文艺出版社，1999 年版，第631 页。

# 第三编　足可撑起盔甲的德国美学

被后世称为"美学之父"的鲍姆加通，第一个收拢起作为感性认识的那些对象，与沃尔夫的逻辑学并立，提出一个"美学"的命名。

当时的德国人，以及其他一些权威人物对之并不以为然。如温克尔曼说那是"一些空洞的默想"，莱辛说是"串通一起的关于美学的奇谈怪论"，赫尔德认为鲍姆加通把美学说成"美的思维艺术"这是定错了方向。而意大利的美学家克罗齐说鲍姆加通的美学"除了标题和最初的定名之外，其余都是陈旧和一般的东西。"说他是给一个"尚未出世的婴儿"做了"时机尚未成熟的洗礼"，"这个新名称并没有真正的新内容；这个哲学的盔甲还缺少一个强壮的身体来支撑它。"这些评价都是从初建的不足说的，但也正给后来的德国人开创了机会；从鲍姆加通到黑格尔，他们世代相继地构建起美学大厦，共同制作又共同撑起了一付辉煌的美学盔甲。

西方美史数精英，何处名家举世倾？

公认超强唯德国，光辉闪烁满天星！

# 第十五章 鲍姆加通的美学思想

德国的启蒙主义美学主要有四个人：赫尔德、温克尔曼、莱辛、鲍姆加通。我们这里主要讲鲍姆加通和莱辛。

鲍姆加通（1714—1762）出生于德国的柏林，长期担任哈列大学和法兰克福大学的哲学教授，他不仅是美学史上第一个采用"Aesthetica"命名美学学科的人，也是第一个（1742 年）讲授美学课的人。

## 一、"美学"学科的命名

关于姆加通的美学思想体系，后世人们评价并不高。甚至说他的贡献仅在于他确立了"美学"这一学科名称。这一说法并不完全合适，但从一个学科来看，尤其是与后世的美学发展相比，的确很不完备，仍主要是诗学范围里的论述。

但他是美学学科的先行创造者，我们从他建立这一学科，并第一个讲此课的意义上来介绍他的美学思想。

说到美学学科的建立，必然要提到德国的理性主义者莱布尼茨。他的理性主义影响较大，他受笛卡尔影响较深。莱布尼茨把人类认识的知识分四类，分别为：混乱的模糊的、若明若暗的、明确的、充分的和直觉的。这些知识应该说都是研究之对象。后三者可用理论来研究，而混乱的和模糊的，没有相适应的学科来研究。鲍姆加通就是在莱布尼茨提出的研究空白项的基础上，力图建立以混乱的和模糊的知识为研究对象的学科，这就是美学。

鲍姆加通基本上还是莱布尼茨和沃尔夫的信徒。但莱、沃这二人，轻视感性的知识对象，认为那是四类知识中的低级构成，其不能作为哲学和逻辑学的研究对象。鲍姆加通就对这种低级知识进行长期研究，写了《关于诗的哲学沉思录》（1735 年）、《理论美学》（1750 年）。在这两部著作中，他关于美学的定名，以及研究对象等都作出了基本的构想。

虽不完备，但初成规模。在莱布尼茨前，荷兰哲学家斯宾诺莎，最早提出感观直觉都是混乱的模糊的思想。鲍姆加通把上述两人划定为哲学研究对象外的知识，作为感性学的研究对象，并对之命名为"美学"。鲍姆加通说："美学的对象就是感性认识的完善（单就它本身来看），这就是美；与此相反的就是感性认识的不完善，这就是丑，这是应当避免的。"①

他认为，教导怎样以正确的方式去思维，是作为研究高级认识方式的科学，即作为高级认识论的逻辑学的任务；美，指教导怎样以美的方式去思维，是作为研究低级认识方式的科学，即作为低级认识论的美学的任务。美学是以美的方式去思维的艺术，是美的艺术的理论。又说："理性事物应当凭高级认识能力去作为逻辑学的对象去认识，而感性事物（应该凭低级认识能力去认识）则属于知觉的科学，或感性学。"

鲍姆加通就这样确立了美学的研究对象及命名。他确立此学科试图进行宏大的理论建构。他已经将学科研究分两大部分：理论美学和实践美学。又把理论美学分为三方面：发现学、方法学、符号学。结果他并没完成这一理论体系。所以写出的《美学》仅是其设想的发现学。他的《美学》是用拉丁文写的，许多年后才从中选出一部分译成德文，所以他的美学在其当世的德国影响并不大。

西方有四本有影响的美学史：意大利克罗齐的、英国人鲍桑葵的、苏联人奥夫相尼科夫的、美国人吉尔伯特和德国人吉甘的《美学史》。习惯称国外的四大美学史。材料最丰富的是吉尔伯特领著的《美学史》，这里对鲍姆加通评价也很公允。克罗齐是美学家写美学史，他评鲍姆加通时说除了为美学命名外，其它都是前人论过的。他说美学的命名是给一个没有出世的婴儿过早地进行洗礼；给他做了一副哲学盔甲，但没有强壮的身体来支撑。这个评价没有显示出鲍姆加通的首创之功。

鲍姆加通提出美学学科后，是如何阐述的呢？

鲍姆加通把美定义为感觉和感受的完备性。他认为对象是通过感观来接受的，尤其审美是以视听感官感受对象。但并非所有用感官感受的对象都是美的。只有感受的完备的对象才是美的。这里的完备有二层意思：一是对象本身在客观上是完备的，二是和人成为对象化关系时，人感觉到其完备性。鲍姆加通把美学定义为：美学作为自由艺术的理论，低级认识论、美的思维的艺术和理性类似的思维艺术。他认为美学是感

---

① 鲍姆加通：《美学》，文化艺术出版社，1983年版，第18页。

性认识科学，就这一判断解释，首先美学面对的对象是感性的存在。这个感性在以往哲学中，将其划在混乱和模糊的范围内，因此是不能用哲学理性来研究；再者感性的对象对其由主体对对象进行清理，虽然模糊，但必须给以理论的说明，达到一种认识。他认为对模糊和混乱的感性对象加以研究是很有意义的："然而混乱也是发现真理的必要前提，因为本质的东西不会一下子从暗中跃入思维的明处。从黑夜只有经过黎明才能到达正午。"①

## 二、美是感性认识的科学

鲍姆加通在确立了美学的名称之后，又从四个方面对"感性认识的科学"进行了解释。

### 1. 美学是自由艺术的理论

鲍姆加通是较早地提出"自由艺术"的人。"艺术"（Art）一词在古希腊意义广泛，凡是自然之外由人的技术造成的东西都是艺术，也就是广义的艺术。这种广义的艺术有两种：一种是一般的工艺的建造，如做器皿，有定量标准，而非任意建造。如做杯子，有制约。现在有标准件，技术要求严格。而后来，把文学艺术从中分化出来，出现了自由的艺术。其重点在于显现人，而不是服从功能。而前者虽由人创造，但重点不是显现人。这一区分，把古老艺术的广泛包含中的文学艺术划分出来。实则把艺术和非艺术做了划分。这一强调在当时有意义。黑格尔美学主要研究对象是艺术美，而对自然美却只以之为艺术的比较对象加以研究，社会美也没有专门对待。但在今天有点狭窄了，美学不仅研究艺术，而且要研究人的一切所遇对象和审美创造。

### 2. 美学是低级认识论

把美学作为认识的低级认识，始自鲍姆加通，但受的是莱布尼茨和沃尔夫的影响。

因为在他们二人的哲学体系中有一种研究理性认识的逻辑学，而研究感性认识的内容却进不了他们哲学视野。鲍姆加通则出于他们认定逻

① 鲍姆加通：《美学》，文化艺术出版社，1983年版，第15页。

辑学为高级认识，自己则把美学称为"低级认识"，用意在于区分与逻辑学的不同，而不是自贬为低级，实际它与逻辑学是姊妹学科。

这里的低级认识首先指的是对象，都是感性材料，是用人的感观能直接感受到的。对这种与哲学和逻辑学所研究的不同的知识，鲍姆加通定为感性学，它研究的是模糊和混乱对象。别人有异议，他做辩护：模糊与混乱只是对象的起点，但是将感性材料研究之后，就走向了明晰，达到类似理性的结果。

### 3. 美学是美的思维的艺术

这一点强调艺术创造者面对感性的现象，也就是说面对创造艺术所用材料，对这些材料进行想象的思维时，怎样能使之体现"更加完善的各种规则的总和"，这个规则性是"以美的方式和以严密的逻辑方式进行的思维完全可以和谐一致"的双向合一的规则，所以鲍姆加通的这个"思维的艺术"，指的是艺术思维的规则或规律，或方式方法，是指导艺术创造，不是美学家自己进行艺术形态的创造。面对艺术材料，对其进行美学研究，也需要审美思维。进行文学研究、文学批评，对作品的欣赏，都有进行审美思维的过程，然后上升到理性判断。鲍姆加通所讲的这个内容，是很多美学家所忽略的一个环节。"美学的目的是感性认识自身的完善。"这是美学研究和施用的目的，放在了审美对象之上，作为感性认识自身的完善，就是实现了科学价值。所以在审美中，能创造出美；与此相反的是感性认识的不完善，是为丑。就完善来说，是目的的实现。达到目的，实现善，就达到了美。

### 4. 美是与理性类似的思维的艺术

就美学来说，它本来不同于哲学的、逻辑学的理性思维。研究美学是美的思维，而且应该是美的思维。由于现在的理论美学研究，不少人几乎不涉及艺术现象，而是从理论到理论，美的思维被消解了。在鲍姆加通看来美学研究有理性判断，但它又不完全同于理性，而是一种"类似理性"，他说："通过心理学，我们知道我们对事物的认识有时是清楚的，有时是模糊的，前者是理性，后者是类似理性。"[①]

这个观点是从沃尔夫那里借鉴而来。有人据此认为鲍姆加通已开始

① 鲍姆加通：《美学讲课稿》，见鲍姆加通《美学》，第 9 页。

把欧洲的经验主义和理性主义美学加以调和，他早于康德40年。

## 三、关于美学的作用

他创立美学学科，赋予其一种实践的任务。他说美学"对于各种艺术有如北斗星。"美学是对哲学逻辑学不能解释的地方用美学来解释，因此美学对艺术有指导作用。当时其研究立论对象都是文学艺术。这和贺拉斯的《诗艺》，黑格尔的《美学》一样，都是把文艺作为研究对象。后人认为其主要对象还是在讲诗学、修辞学，所以不能充分承担"美学"的名称。

鉴于上述，因而，对他的评价，除了给他以美学学科首创人的肯定之外，别的方面太高的评价并不多。英国的鲍桑葵在《美学史》中说："鲍姆加通在'埃斯特惕克'的名目下这样创始的一门新学问，非常富于特色地关心美的理论，以致传到后人手中，'埃斯特惕克'一词就成为美的哲学的公认的名称。"①

又说："鲍姆加通在美学同逻辑学和伦理学之间划分了明确的界限，这本身就是对哲学的重大贡献。"意大利的美学家克罗齐在《美学的历史》中对鲍姆加通的评价是："在鲍姆加通的美学里，除了标题和最初的定义之外，其余都是陈旧的和一般的东西。"对于鲍姆加通所进行的美学学科建树，克罗齐认为鲍姆加通是过早地应和了"要求解答的美学问题的呼唤"，因此他的美学的应对是："这个尚未出世的婴儿在他手里受到的是一个时机尚未成熟的洗礼，便得到了'美学'这个名称，而这个名称便流传下来。但是这个名称并没有真正的新内容；这个哲学的盔甲还缺少一个强壮的身体来支撑它。"②

鲍姆加通在他这里得到的是"充满热和信念的人"，"一个可爱和值得回顾的形象"的评价，应该说这种评价是不够的。作为美学学科创始人的鲍姆加通，他的主要贡献并不在于能奉献出多年以后的人们才能写出的美学著作，而是开出新的研究方向，这才是最为重要的。在一切领域的先行者，我们都必须与其前人比较其奉献，而不是以其后者判定其价值与意义。

---

① 鲍桑葵：《美学史》，商务印书馆，1985年版，第239页。
② 克罗齐：《美学的历史》，中国社会科学出版社，1984年版，第63页。

# 第十六章　莱辛的美学思想

　　莱辛（1729—1781）是德国启蒙主义运动的杰出代表，是著名的戏剧家、批评家、美学家，在世界范围内有广泛影响。他用剧作、剧评和美学理论批判德国的封建专制，反对古典主义，对德国民族文化的发展具有杰出贡献。莱辛美学思想很丰富，知识很渊博，他最有影响的理论著作是论诗和画区别的《拉奥孔》和理论与文艺实际结合十分紧密的《汉堡剧评》。

## 一、《拉奥孔》的诗画比较

　　《拉奥孔》（1766）是莱辛论诗与画的区别的一部专著。"拉奥孔"本是神话里的一个人物，公元前 50 年左右被刻成为雕塑，公元 150 年在罗马被发掘出土。公元前 17 年出版的罗马诗人维吉尔的史诗中也描述过拉奥孔的故事。莱辛的专著是以雕塑与诗加以比较，展开了诗与雕塑的审美体式的论析，成为千古名著。神话里的"拉奥孔"讲的是特洛伊战争的事，他是特洛伊城的司祭。希腊人将伏兵藏入木马，特洛伊人将其当作战利品搬入城中。拉奥孔曾劝阻、不让搬木马进城，这样就得罪了站在希腊方面的海神。海神派两蛇将其与两个儿子缠咬致死。雕塑表现的是拉奥孔和两个儿子被缠住的痛苦的瞬间情态。莱辛他研究这个群雕，而且将雕塑作品与诗做对比性研究。雕塑是裸体的，而神职人员是不能裸体的；在文学作品中却是着装的，表情是痛苦的；但在雕塑中拉奥孔和其两子在表情上都发生了变化，能忍剧痛，几乎不动声色。美学与文化学家温克尔曼认为这是显示一种战胜痛苦的超然的态度，是古希腊追求的那种静穆的理想。莱辛将其纳入历史中考查，他发现在古希腊戏剧中有很多激烈哀号的大肆表现。他认为雕塑这种媒介决定了和语言文字媒介表现的不同。

　　第一，媒介不同。媒介不同，所创造的审美效果不同。画是以色彩和线条为媒介，在画面空间里并列展开；而文学是以语言文字为媒介，在时间上先后承接展开，是直线流动的。用色彩和线条并列地展现在空间，其造型必然停留在瞬间。而文学是时间中的表现。拉奥孔展现的是在被蛇缠绕的一瞬间的表情。他的痛苦主要是内心的疼痛，内心的东西无法用语言来表现，只能在身体上表现出来。如果他是着装的，人们则无法看到其肌肉的状况，其周身的痛苦表现被遮蔽。内心的痛苦着装无法表现，因此必须裸体才能见出由里及外的灵魂痛楚。

第二，题材侧重面不同。作品所表现的对象，对象无论如何复杂，在生活中有多少差别，出现在人们面前，有的侧重于静态存在，有的侧重于动态存在；静态并列于空间，动态流延于时间。绘画适于表现物体，诗歌适于表现动作。问题在于表现相对静态的对象，能达到静中寓动的运势，让人看了能有连续动作感，在静止中展现动态，这是绘画的超越之处。所以，当人们面对拉奥孔时，能感受到其时间的先后，可以用时间进程来描写雕塑。比如他看到自己被缠绕，又看到儿子被缠咬，内心很痛苦。这些在此雕塑中的就可看出其先后性。此雕像出土后，手缺失一只，人们试想将其安上全肢，如何做都不能尽如人意。

第三，感受的感官不同。作为一个对象，展现在人们的面前，人侧重用不同感官去感受，绘画是让人以眼睛去看直观形态，看到的是"最富于孕育性的那一顷刻"；诗是描绘运动中的形象，侧重于视听言语和文字后的意象转换。在写拉奥孔的诗篇中，其内心的痛苦可用语言来直接而详细的描绘，主要诉诸于人的想象和联想。但雕塑不是说明，而是展现。

莱辛在《拉奥孔》中有几句话最能说明绘画与文学在表现上最具不同特点。如空间艺术是能通过造形显现，是在运动中体现最有包孕的顷刻。

他说："绘画在它的同时并列的构图里，只能运用动作中某一顷刻，所以要选择最富于孕育性的那一顷刻，使得前前后后都可以从这一顷刻中得到最清楚的理解。"①

顷刻的一瞬联系着过去和将来的动作，他称此为"暗示的方式"。这是造型艺术的真谛。成功的造型艺术应有此特点。这是一幅绘画精粗高低的一个标准。比如看米勒的绘画《哺食》：一位农妇喂坐在自家的

---

① 莱辛：《拉奥孔》，人民文学出版社，1981年版，第83页。

门坎上的几个孩子。用一把勺子，是一瞬间只能喂一个孩子，但你看了能有连续动作感，前后动作可以想象得到。在莱辛的《拉奥孔》中论诗也论画，达·芬奇也谈过诗画区别。他提出哑吧诗比瞎子画要好。而莱认为诗比画更有优长之点。而实际，每种艺术都有其优长点与局限处。

## 二、《汉堡剧评》的艺术宗旨

《汉堡剧评》是莱辛在《拉奥孔》之后的又一部惊世之著。莱辛在汉堡剧院任艺术顾问，兼编一份小报，对上演剧目和表演艺术发表评论，每周出两期。剧院从 1767 年 4 月 22 日开张，当年 12 月就关门了。莱辛根据剧场演出的 52 场戏，撰写了 104 篇评论，1769 年集成两卷出版，每卷 52 篇，取书名为《汉堡剧评》。

莱辛是一位满怀民族文化理想的启蒙主义作家和美学家，他对于在德国建立民族戏剧充满了希望，对于当时德国或是流动的草台班子，或是照演法国的古典主义戏剧的剧院，无论是对其思想倾向与艺术表演，都非常不满。他利用在汉堡剧院办报的机会，以当下的演出为话题，发表了系统深刻的理论见解，对德国的文化与戏剧影响十分深远。海涅说莱辛的论战性的戏剧批评在德国引起了一次健康的精神运动。

《汉堡剧评》的基本宗旨在于建立德国民族戏剧的选择方向。莱辛的目标是建立德国的市民戏剧，然而当时的普通艺术倾向都是大演法国古典主义戏剧，剧中全是贵族英雄，而戏剧形式也是"三一律"的老套。对比之下的莎士比亚戏剧，更能激发现代的德国人。莱辛向往的是英国典范。莱辛在戏剧评论中论证的是莎士比亚的戏剧合于亚里斯多德的《诗学》，而不是法国的高乃伊和拉辛的"新古典主义"。莱辛针对古典主义戏剧在德国的统治，主张改换戏剧中的角色及其地位。他说："就悲剧来说，过去认为只有君主和上层人物才能引起我们的哀怜和恐惧，人们也觉得这不合理，所以要找出一些中产阶级的主角，让他们穿上悲剧角色的高底鞋，而在过去，唯一的目的是把这批人描绘得很可笑。"他由此追溯法国和英国戏剧不同的社会原因："法国人不喜欢看到自己老是滑稽可笑的一方而被人描绘出来，他骨子里有一种野心驱遣他把类似他自己的人物描绘得比较高贵些。英国人则不高兴让戴王冠的头脑享受那么多的优先权，他认为强烈的情感和崇高的思想不见得就是属于戴王冠的头脑们而不属于他们自己行列中的人。"①

莱辛认为与普通人最接近的人的不幸，"自然会最深地打动我们的灵魂"；而国王的不幸，人们也是对他作为人的不幸而同情的。很显然，这在倡导平民主义和人道主义。

## 三、关于悲剧的争论

莱辛对于高乃伊的批评：主要在悲剧引发什么、净化什么、主人公什么品质这三个问题上。对于亚里斯多德《诗学》中的悲剧"引起哀怜和恐惧，从而导致这些情感的净化"的理解，莱辛在剧评第81篇中不同意高乃伊的解释。高乃伊认为悲剧只能引起一种情感，"净化"是指净化剧中"表演出来的激情"，如愤怒、爱情等，获得善恶报应的教训，从而趋善避恶。莱辛认为恐惧是怜悯的组成部分，因此他给悲剧下定义为"悲剧是一首引起怜悯的诗。"② 而悲剧净化的就不仅是一种情感，而且是观众的怜悯和恐惧以及类似的情感。在剧评第78篇中，他说净化"只是把情感转化为符合道德的心习"。莱辛对于高乃伊说的"根本不应考虑在舞台上表现最有德行的人遭逢厄运"，莱辛认为这完全歪曲了亚里斯德的原意，因此悲剧主人完全善良在悲剧里却遭逢厄运，会引起观众对悲剧处理方式的"厌恶"，高乃伊却解释为是观众发生了对于给"十分善良的人""造成痛苦的人的愤慨"，这是改变和转移亚里斯多德所说的"厌恶"的对象为作者变成了剧中作恶者。而高乃伊举的三种"使人厌恶"的方式，都是"厌恶"剧中的作恶者，并且还认为"亚里斯多德手头缺乏类似的作品"才会那样说。莱辛认为高乃伊是"用这种变换概念的手法，替自己的某些作品辩护。"③

今天看这场争论，我们可以把怎样理解亚里斯多德的"厌恶"为正确，与可以不可以写好人遇悲剧，看成是两个问题。前者，高乃伊确实是误读了亚里斯多德，莱辛的批评完全正确。但作为剧作家的高乃伊，写好人遇恶人而遭遇悲剧，在生活中是不乏其事的。《周易·无妄》中的"无妄之灾：或系之牛，行人得之，邑人之灾"。这"邑人"就是一

---

① 转引自鲍桑葵：《美学史》，商务印书馆，1985年版，第232—233页。
② 莱辛：《汉堡剧评》，上海译文出版社，1981年版，第393、418页。
③ 莱辛：《汉堡剧评》，上海译文出版社，1981年版，第393、418页。

个无过错而进入悲剧情节的角色。中国的"文化革命",不知使多少好人遭遇了悲剧,只是缺少像高乃伊那样杰出的剧作家来反映。

莱辛的《汉堡剧评》对于创作中的理性判断和真实性,以及人物性格塑造,也都发表了很有见地的观点。他说剧作家在作品中"要使凡是发生的事都不得不像它那样发生",要使推动"人物去行动的一系列事件都顺着必然的次序互相衔接着,并且设法按照每个人物的性格去测定他们的感情,使这些感情逐步表现出来"。此外,对于艺术的虚构,综合以及艺术必须遵守的原则,以及"喜剧要通过笑来改善"社会人心的作用,也都提出了非常好的见解。

莱辛是德国启蒙主义杰出代表,歌德说他的著作把我们从一种幽黯的直观境界引导到思想的宽敞爽朗的境界",就是今天我们读了他的书,也会产生这种感觉。

# 第十七章　康德的美学思想

德国的康德（1724—1804）在西方美学史上是最有影响的大家，原因是他提出的许多美学观点不断被论述着，在19、20世纪很多美学家提出的观点，特别是非功利美学与康德美学关系密切。不了解康德就不能了解现代美学的来龙去脉。他的许多理论观点在今天仍有意义，其真理性仍然存在，今天美学概论中讲的一些范畴大体上还是他的思想，如崇高等。他在美学领域中做出了不可磨灭的贡献。康德的美学思想集中体现在《判断力批判》一书中。康德有三大批判：《纯粹理性批判》又称第一批判，讲的是哲学或形而上学，专研究知的功能，探求人类的知识，在什么条件下才是可能的。《实践理性批判》研究的是意志功能，属伦理学。《判断力批判》前半部是研究美学，后半部是目的论。所以，三大批判集中回答了哲学、伦理学、美学三方面的知识。康德的哲学思想是以先验论唯心主义为基础的二元论和不可知论。"不可知论"把世界分为现象界和物自体，认为人的知性、知解力只能用在现象界中。物自体处在人的感觉范围之外，是不可知的，认为物自体不在人的感觉范围之内，是人感觉不到的存在领域。

对待世界的可知不可知，马克思基本观点认为，人和世界的联系，因为人受很多条件限制，如实践条件、科学条件、人自身知识条件等，不具备这些条件时对世界存在的许多现象是不知道的、不能认识的。随着实践能力的发展、历史的进步，现在不能认识的，将来一定能够认识。只有没有被人认识的世界，不存在人们永远也不能认识的世界。历史的发展已经证明了这一点。所以，康德的不可知论是不符合历史实践证明的。在科学实践发展观的指导下，世界是可以不断被认识的。实践、认识循环发展，是人类由必然王国向自由王国飞跃的历史途径。

康德美学有几大方面：一、美。二、崇高。三、艺术和天才。

关于康德美学思想，在朱光潜的《西方美学史》中，有些引文是从《判断力批判》原文译出的，容易读懂，可以参看。

## 一、关于美的分析

对于美的分析，康德提出四个要点，这四个要点问题可以简称为1. 从质的方面分析，2. 从量的方面分析，3. 从关系上分析，4. 从方式上分析。

### 1. 从质的方面分析

主要分析美是无利害的主观的快感。这是审美判断不同于逻辑判断的根本所在。康德所用的例子是"一朵花是红的"的判断。"花"与"红"是概念，给我们对象的客体知识，即这是什么对象。所以，逻辑理性判断的结果是我们可得到有关客体知识的回答。审美与逻辑判断不同。"这朵花是美的"这个判断是"花"，只涉及形式，而不涉及内容。所以，这个判断不是概念的判断，不是对花的属性的判断，而是人的主观感受的判断，这个感受是快感。如此，审美判断与理性、逻辑判断发生了区别；区别成为人们对事物感受的两种不同的结果，就是知识的结果和审美快感的结果。两种判断的不同构成了两种判断类型，前者逻辑理性判断属于哲学，审美判断是引起人的主观快感的判断，是美学研究的对象。在这个问题上，康德引用了"主观的快感"这一说法，在以前的美学史上曾有"快感说"。如经验主义美学强调快感，把它与美感混淆不清。康德说的快感是主观快感，与经验主义的笼统的快感划开了界限，康德在快感方面分析了三种不同的快感。

（1）纯生理感官的满足、快适，此快感本身不属于从审美当中得到的审美快感。

（2）道德上赞许、尊重引起的快感。道德的快感虽不同于生理满足的快感，但在康德看来，他们有共同点，即功利的实现。生理的满足有实际的功利，生理上的满足就实现了功利。道德上赞许、尊重，实现了一种荣誉上的要求，也是一种功利上的满足。

（3）审美对象引起的快感是无利害的美感。康德认为审美快感是心灵自由的、无功利的、纯精神的，所以，审美判断是主观无功利的快感。

康德做几种快感的不同性质的分析是有意义的。问题是，在审美情感中无任何功利的说法不是非常科学的。人们在进行审美时，从审美目的来说不是为实现某种功利才去审美的，就个人而言是不带功利心理目的的，但当主体与客体达成某种审美关系时，艺术对象包含许多社会内容，有政治的、民族的、宗教的、道德的多方面内容，他们都存在于艺术品中，这与看一朵花不同。能在无功利的开始中实现为某种功利的结果。

因为人有自身的社会积淀存在于心理当中。欣赏一个内容丰富的艺术品，你在欣赏它时，虽然你没有带着功利心理，但你接触它后，它会让审美者动用个人的社会存在条件。一但动用，功利内容就发生作用了。如，一个人是一定国家、一定民族、一定集团的成员，是有社会关系制约的成员，他去接触艺术品，必然会使社会关系条件发生作用。道德、政治等主体存在条件必然被调动起来，所以，能否从作品中得到审美愉快是主体、客体在复杂条件下的综合作用。在美学上如何解释这种功利目的呢？审美既不是完全功利也不是完全非功利的，而是个人无功利目的和集体功利目的的统一。集体功利目的在发生作用。从此意义上看，"无功利的审美快感"说明不了审美当中面对复杂对象所产生的复杂情感。康德对美的分析的第一点总结道："审美趣味是一种不凭任何利害计较而单凭快感来对一个对象或一种形象显现方式进行判断的能力。这样一种快感的对象就是美的。"①

这里的问题是：人们判断中的快感与否，对自身的有无利害有相当关系，如果对象对自身有害，它即使是美的存在也引不起快感。在快与不快当中，把对象和人的利害关系完全抛开，不能解释清楚这个问题。康德把美看成纯主观的东西，不涉及利害，与客体的存在无关，最多只涉及客体的形式，则是主观主义、形式主义和超功利主义的。康德美学超功利思想是非常著名的，以后美学的审美超功利思想皆源自康德。

### 2. 从量的方面分析

康德说，审美判断是一种单称判断，都是个人对个别对象的具体形象的判断。这是量的方面的表现。量之所指乃指此而言。量的判断其表现过程和表现特点是审美判断的无概念又有普遍性的判断，这是一对矛盾。就概念而言，概念包含的涵义，凡是进入内涵的都能包括，如，数的概念，凡是数都包含在这个概念里，因此概念最具普遍性。从哲学判

---

① 转引自朱光潜《西方美学史》，第261页。

断考察世界必须运用概念，因为它具有普遍性。一个事物划入一个概念，它就具有这个概念的内涵。康德所说的无概念又有普遍性是有矛盾的。康德讲了审美无概念又有普遍性的特点。如对酒的口味因人而异、感受不同，这是个人口味可以和别人不同，这种判断是没有普遍性的。面对审美对象，有一个人对其有审美愉悦，引起主观快感，康德说这种无概念的判断具有普遍性。普遍性产生的原因是因为人有一种共同感觉力，人欣赏艺术做出审美判断时共同感觉力在发生作用，是人在审美对象前显示出的"心意状态"。此种状态是"人同此心"、"心同此理"，所有人都是这样，尽管此种审美判断没有概念的、逻辑判断的普遍性，因此也没有客观普遍性，但是审美判断可以达到实现人的共同感觉力的主观普遍性。

康德的立论前提是，审美感受与心理感受是不同的，对生理感受与审美心理感受做出的判断是不同的，这是成立的。但在艺术品面前一个人显出心意状态时，在康德看来是共同感觉力的体现，意味着只要作品出现在任何人面前，人们必然发生一种共同感觉力，因而具有无概念的普遍性。在这个问题上我们认为也是有条件的，审美者面对相同的审美对象所唤起的心意状态，有共性但也有特殊性。就复杂的社会条件和人的复杂性而言，感觉力的差别是经常发生的。如，伏尔泰对多数人喜欢的莎士比亚的戏剧是排斥的，如果莎士比亚戏剧成为审美对象，伏尔泰就应与其他人有共同感觉力，在审美对象面前所做出的无概念的审美判断是共同的。但事实并非如此。所以，要看其美学观点与审美对象是否有一致性，一致，则共同感觉力强；不一致或是相反的美学观点，则表现不出共同感觉力。因而，康德的判断脱离了艺术接受历史中复杂的甚至尖锐的矛盾问题。他把共同性的东西看的过多，对矛盾性判断不足。

就审美判断的第二个问题，康德下结论说："美是不涉及概念而普遍地使人愉快的。"①

我们认为，美确实可使人产生愉快情绪，但是不涉及概念的，又能使许多人共同感到愉快这个判断是不能实现的。

### 3. 从关系上分析

关系是指对象和它的"目的"之间的关系。

---

① 康德：《判断力的批判》，商务印书馆，1965年版，第57页。

这个问题比较复杂。康德的基本观点是，审美判断没有目的又合目的性。

康德说："鉴赏判断除掉以一对象的合目的形式作为根据以外没有别的。"

朱光潜在其《西方美学史》中，特别讲了两个无目的性，他指出："美的事物虽没有明确目的"，这句话的实质是："美的事物虽没有明确的目的而却有符合目的性。没有明确的目的，因为审美判断不涉及概念；有符合目的性，因为对象形式适合于主体的想象力与知解力的自由活动与和谐合作。"①

在前面谈到鲍姆加通的美学观点，已知他认为"美是感受或感觉的完善性"。康德反对这种观点，因为把"美"和"完善"等同起来，只有依据目的概念才能衡量完善与否。所以，"美在完善"是指事物本身符合人的目的。例如，马作为审美对象在于马的身高体大，身体构成的各部分适合做各种事情，马有完善性，因此完善与否乃出于目的判断的结果，出于目的完善不能确立美的根据。因为丑的动物也有完善的功能，因而完善不能作为美的定义。康德认为，美的事物没有明确的目的，第一个没有明确目的是指美的事物；但这个无目的对象，对于主体审美时却具有合目的的形式。这就是说无客观目的是事物没有明确目的。这样，审美判断"既无客观的也无主观的目的"。审美判断无目的是指审美者面对对象，对象自身无目的，对目的来判断，因为它不是抽象的理性的判断，而是一种感受，是实现主观愉快。这种主观愉快不包含功利目的，也无法实现功利目的，但又合目的性，是形式合目的性。例如，我们欣赏一朵花，并不需要像植物学家那样知道它是植物的生殖器官，我们欣赏的只是花的形式，花的形式完全符合我们各种心理认识功能的自由游戏，唤起我们主观情感上的愉快，这就是审美形式的合目的性，"主观的合目的性"。

康德举的例子多是自然美的对象，自然美是以形式美为特长的，它几乎没有更多更复杂的内容。面对艺术品判断是否主客观皆无目的就复杂了，因为艺术品既有内容又有形式，形式与内容结合紧密，将其截然分开是不可能的。所以，在欣赏艺术品时，只实现形式合目的性是不可能做到的。"合目的性"仅仅在于形式的审美合目的性。此观点的意义

———————————

① 朱光潜：《西方美学史》，第 365 页。

在于：在审美当中，人们接触审美对象不能从审美对象中得到直接实际功利目的。接触自然美达到审美结果，也不能实现实际功利。对于建筑审美，建筑实际具有的意义和审美意义是不一样的。在审美中不能实现实际功利目的，但功利有转化的可能，它作用于人的思想、情感，使它所作用的人去实践、创造，在实际生活中由作品产生的精神推动和鼓舞，通过人实现功利目的转化，此时艺术起到了作用。形式合目的性在此范畴上留下了人们可以按实际条件去改造的"合目的性"。美学概论中就形成了个人无功利性和集体功利的统一这一观念，这是在康德的概念基础上改造、丰富、创生出来的。

从形式合目的性可以看出，康德用形式观念来解释审美对象，关于质、量关系的分析是他的前期思想。康德自己也感到完全用形式来分析审美有不足之处，又提出了纯粹美和依存美。纯粹美本身无内容意义也不属于概念之下，如花的事例是自然现象，这些自然现象可以看作是纯粹美。属于自由美、纯粹美，它们存在于自然界，以形式美取胜，可以单独划为一类，但用它来说明美的普遍现象是不全面的。一些现象，如一个人、一匹马、一座建筑之美，这些前提条件是存在美的目的和完善概念，有功利条件存在。要谈这类事物美，应首先知道它是什么，若依赖对象存在，它们都不是"纯粹美"，而是"依存美"。这样就把审美现象作了区分。所以不能把一个人、一个贝壳放在一起得出同等的结论。

康德又提出美的理想（理想美）。在人身上有美的理想是因为在头脑中有理性的想象力，它又是道德的象征，此时对对象作出的美的判断不能把不同类型的美等量齐观，这里突出了人的价值。

从关系上分析美，康德做了总结："美是一个对象的符合目的性的形式，但感觉到这形式美时并不凭对于某一目的的表现。"① 这是说，尽管人对其审美不抱功利目的，自身也无功利目的，但它具有符合目的的形式，而形式美的判断也不凭对于对象本身要在其身上实现目的为转移。

### 4. 从方式上分析

康德所得出的美学认识是：作为审美对象对任何人都有必然性，必

---

① 参看《判断力的批判》，第74页。

然性会引起审美快感。人的审美情感和审美对象有必然联系。审美判断不来自经验、知识、概念，是来自人的心意上的"共同感觉力"。康德在分析这种审美对象必然引起的快感时，认为有个先验的审美判定，它不是通过实践证明了的，是先于经验的。人对审美对象有心意状态或情感，这不是个人的褊狭的趣味，是人类共同的情感。如孟子所说的人之"四端"，即"恻忍之心"、"恭敬之心"、"羞恶之心"、"是非之心"等，每人皆有，是生而带来的，遇到时机、对象，"先天"具有的"良智"、"良能"就表现出来。康德认为这是共同感，是人类共有的。康德把先验的东西强调的特别过分了。其实，这"四端"是人在实践中形成的，是实践共通性形成的，实践共通，审美感受才共通。共通感离不开实践的共通性，它不是先天具有的先验性的东西。我们应有条件地承认康德共通感的真理性。

朱光潜在他的《西方美学史》中，对此有准确的概括分析，这就是：

康德关于审美判断的学说，其中出现了一系列矛盾或二律背反现象。如审美判断它不涉欲念和及利害计较，不是实践活动，却产生与实践活动类似的快感；它不涉及概念，不是认识活动，却又需要想象力和知解力两种认识功能的自由活动，要涉及一种"不确定的概念"或"不能明确说出的普遍规律"；它没有明确的目的，却又有符合目的性；它虽是主观的，个别的，却又有普遍性和必然性；"最重要的还是它不单纯是实践活动而却近于实践活动，它不单纯是认识活动而却近于认识活动，所以它是认识与实践之间的桥梁。"①

此外，还应该说康德对于美的分析贡献很大，他揭示了审美现象的矛盾复杂性；分析了美的本质和特性；纠正了美感等于"快感"和美等于"完善"说；他看到了美感的理性基础，美感的社会性和可传达性。

## 二、关于崇高的分析

柏克的美学已论述了崇高和美，对二者的联系和区别进行了分析。博克对康德的崇高思想有很大影响。康德论崇高时继博克之后，把"崇高"从通过语言文字在诗中体现的崇高精神，拿到自然界中来进行分

---

① 朱光潜：《西方美学史》，第370页。

析，从领域上有更大开拓。不仅在诗中分析"崇高"，更把对崇高的分析引入现实、自然界，找到崇高和美的共同性和区别性。

### 1. 美与崇高的共同性

二者都是审美判断，对美的对象的判断是达到主观愉悦的审美判断。对崇高作为对象而言也是如此，判断的最终结果应是转化为愉快的判断。审美判断在康德这里是不涉及概念、目的、利害的判断，却又有主观合目的性、必然性和普遍可传达性。主观合目的性是上文所论形式上合乎审美目的，必然性是能引起人们的共通感。普遍可传达性，是审美愉快可以表现出来，与其他人达到交流，也可以用载体把这种审美愉快显现出来。用感性形象形式的是创作，感受分析性的可以是审美鉴赏文章。

### 2. 美与崇高的差异性

康德着重讲了差异性的几个方面。

（1）在对象存在上。美涉及对象形式，崇高和人的判断力背道而驰，涉及对象的无形式。涉及对象形式、无形式的区别在于，一般美的对象在形式上有限度。如看小桥流水，这种样式易于把握、易于掌握在自己的意识中，这是涉及对象形式。如果人欣赏大海、群山，在它们面前人的知解力会感觉无能为力。此时，对象在人面前有不确定性，人不能尽收眼底，所以无限性导致了无形式。苏轼的"不识庐山真面目，只缘身在此山中"说的是审美距离，当你在山里，离对象近，你会感觉无法把握它。这是审美对象的无形式的表现。如果是数量的崇高，就是无限广阔，你无法把握它。所以康德认为崇高的对象必须广大、无限广阔。这涉及对象的无形式，不能把握。美与崇高的差异在于对象形式上。这时还没有区分一般的美（优美）与崇高，还未作为对立概念提出来。

（2）在审美快感上。应指出的是所谓"无形式"，不过是主观上的"无形式"，并不是对象本身无形式，如果对象真的无形式，它就不存在了。

面对审美对象可直接获得积极的快感，这是优美的对象。欣赏崇高则不同，对象有巨大的数量与力量存在，如你面对无边广阔的沙漠、海洋，险象迭出，让你感觉不是快感，而是痛感、恐惧感。由生命力受阻产生痛感。

但是，随着时间、空间变化，人的受阻滞的"生命力"、产生"更加强烈的喷射，崇高的感觉产生了"。

痛感消除之后可以转化为快感。崇高的对象在人的审美心理上都会有这种转化过程。

（3）美的对象形式。这个形式是康德说的"形式合目的性"的形式。形式本身是给感官欣赏显示出的样态。审美对象和人的心理结构完全相适应。崇高的对象是无形式。"无形式"其实还是有形式，它只是和一般美的形式不同，而人凭感觉难以把握它。看崇高的对象按照实际情况而言，崇高也有崇高的形式，崇高感也是由实际对象存在引发的，而康德认为崇高不是由形式引起的，而是人的主观生成的，崇高感不是来自对象的形式。康德认为："真正的崇高不能含在任何感性的形式里，而只涉及理性的观念。"崇高既无形式，人们不能从形式中得到崇高的感受，崇高的感受是内心自生出的。这是康德先验论，是先于实践经验而存在先天性的概念，是固有观念；由于是心中先天预先存在的观念，此时观看崇高的对象即使无形式也能激发崇高感，崇高感成为了先验的显露。我们认为在意识活动中，任何感受都是外来影响的，是主观对外界的一种反映，崇高是客观存在的对象，具有崇高的存在形式，它存在于自然、社会和艺术之中，反映在人的精神之中。它源本是外在于人的一种客观存在。崇高感是对崇高对象形式的审美心理反映，康德的思想受局限没有看到这一点。

**3. 康德把崇高分为数量的崇高和力量的崇高**

（1）康德首先界定数量的崇高。从数量上讲崇高，平常数量的判断为有限的大不是崇高，必须是某种对象物不仅成为大，而是全部的、绝对的、在任何角度都成为大，甚至没有办法对这个数量无限大的对象进行测量，这才是崇高。这种崇高，人用生理感官无法把握。此时人们在内心唤起超越性的感觉能力，即理性观念对对象做整体的思考。崇高感是理性功能弥补感性功能的胜利感。因此被康德称作崇高的并不是感官对象本身，而只是欣赏者主观的一种精神情调。康德说："崇高不存于自然界的任何物内，而是内在于我们的心里，当我们能够自觉到我们是超越普内心的自然和外面的自然……当它影响着我们时。"① 真正的崇高只能在评判者的心情里寻找，不能在对其评判而引起崇高情调的自然对象里寻找。康德认为人对自然对象的不相适应性，使人的"想象力的紧张努力，想把自然作为一个图式来容纳观念。"②

这个说法完全离开了崇高存在的事实决定性，这等于是崇高只能是先验的预设。康德举了些事例，如冰峰、山岳群等，其实这些事例本是崇高的存在。他不认为崇高感来自崇高对象的激发，产生崇高感是审美心理的一种反应。他认为人们感到崇高感来自自然界的崇高，是一种"偷换"。是把对于我们人类主体的理性使命或理性观念的崇敬，变换成了对于自然客体的崇敬。崇高是在内心存在的，因此你无须对自然界崇高对象产生崇敬感，崇高感是你内心本有的，外在的崇高对象不会作用于你的感受。它是先天具有的，如果客观对象让你产生了崇高感就是"偷换"。

主体的被"偷换"成客体的了，把应是对于自身理性使命或理性观念的崇敬，由自我的存在偷换为对身外的客体对象的崇高崇敬了。

这就是他说真正的崇高只能在评判者的心情里寻找，不能在对评判而引起崇高情调的自然对象里寻找的原因。③

（2）力量的崇高是指对象的巨大的威力。康德说："威力是一种超过巨大阻碍的能力。如果它也超过了本身就具有威力的东西的抵抗，它就叫做支配力。在审美判断中，如果把自然看作对于我们没有支配力的那种威力，自然就显出力量的崇高。"④

这段话是说，力量的崇高虽然有巨大威力，可以引起人的恐惧心理，但实际上它又没有对人发生实际的支配力，终归不会对人有真正的威胁，反而会从心理激起足够的抵抗力去抵抗它，激发起战胜它、把握它的心理力量。康德说："它们的形状愈可怕，也就愈有吸引力；我们就欣然把这些对象看作崇高的，因为它们把我们心灵的力量提高到超出惯常的凡庸，使我们显示出另一种抵抗力，有勇气去和自然的这种表面的万能进行较量。"⑤

---

① 康德：《判断力批判》，第104页。
② 康德：《判断力批判》，第105页。
③ 参见《判断力批判》，第95页。
④ 朱光潜译文，见《西方美学史》，第378、379页。
⑤ 朱光潜译文，见《西方美学史》，第378、379页。

康德这个观点说的是人在崇高对象面前，无论是力量崇高还是数量崇高面前，真正实现的是对象的崇高对人的心理崇高感起到激发作用。在这个问题上直至今天我们还在讲博克和康德的观点。

说到这里，可以看出康德前后观点的矛盾：前面讲崇高对象对人不产生崇高感的作用，崇高感本是人自身的"心灵的力量"，乃是显示出来的内心具有的理性使命的观念。在这里康德又说到对象有巨大威力，它会激发起人内心的抵抗、勇气，然后和威力较量；这时人内心的力量和外在激发又有直接关系，这是康德的矛盾之处。外在世界的崇高是否是崇高的对象，能否从对象本身进行客观认定？人的崇高感从何而来，是否受外在对象激发？

他的论点有矛盾。

康德美学有唯心论观念、先验论观念。但从康德观念可以看出，人和自然在一起，人自身也本有一种主体力量。这就是康德所说的"评判者的心情"，即使我们今天说是客观决定人的主观感受，他也会说：人的崇高感来自外在激发，也与人的超出凡庸的"心灵的力量"不无关系，否则也难以实现那种"偷换"（Subreption），这里正透出了人自身具有的主体优越性，与孟子讲的"浩然之气"有些类似。

## 三、艺术与天才

这是康德突出的美学思想，就其对当代艺术影响而言，他论及的艺术创造思想对艺术家理论家的影响要比对崇高和美的分析影响大。这些思想更多地渗透到艺术家、理论家的思想当中。

### 1. 艺术

康德对艺术下定义："正当说来，人们只能把通过自由，及通过以理性为基础的为所欲为而制造出来的东西叫做艺术。"这是康德对艺术本质的理解，其中确立了几个因素：第一，艺术创造是人的自由创造，在其他领域中人的创造有不自由性。第二，艺术创造有理性基础，理性渗入创造之中。这一点与其上文所作美的分析有矛盾，前云审美判断是非理性逻辑的判断，而此处又说以理性为基础。第三，"为所欲为"是说，天才无标准，天才给艺术提出标准，艺术是天才的创造。艺术是一种制造，有规律和方法，其中可以派生出各门类艺术创造的理论。

　　康德关于艺术的定义是 18 世纪的定义，但比之以前的艺术定义仍是进步的。

　　（1）他认为艺术不同于自然。"正如制作有别于一般动作"，产品与结果都不同，艺术有目的、创造形式，涉及目的、意志、概念；自然是本然、本能的存在与活动。（2）艺术不同于科学。"正如能有别于知，实践功能有别于认识功能，技术有别于理论。"康德侧重认为艺术是技能方面的"能"，但也"需要大量的科学知识"。在现代，他的艺术定义把艺术与自然、科学、手工艺明确地区别开来。

　　今天我们认为科学也是一种技能，科学当中也包含了美的创造。20 世纪中后期科技美学的发展既求功利，又求审美两者已达到统一。实用功能转化为审美功能。从《1844 年经济学哲学手稿》开始，美学由古典美学进入现代美学，马克思讲到了工业的审美创造。（3）从一个侧面看到异化劳动的历史存在，康德说到当时手工劳动，他认为是一种以报酬为效果的劳动，"也可以叫做挣报酬的艺术"，本身是"不愉快的"，是被强迫的，这与艺术的想象力和知解力的自由活动，并能达到生命进展的"满足感"是完全不同的。

　　"自然只有在貌似艺术时才显得美"。

　　艺术是一种呈现自由创造的活动，不以实现实际功利为目的。他以此为艺术分类，把艺术分为两类：机械艺术和审美艺术。

　　机械艺术：康德在《判断力批判》中认为机械艺术是实用性、以实现可能性的对象为目的，以图样方式呈现的，成为实用指示性图象。图样实用性强，但是图样难以把艺术家自由创造的意愿显示出来，不能创造出意象性艺术，只能创造出指示性艺术。这类艺术的指示性和说明性，消解了它的审美性质。

　　审美艺术："它的目的是快乐，伴随着诸表象作为单纯的感觉。"能自由显现艺术家审美创造，显现主体的自觉创造性的艺术。康德又把审美艺术分为快适的艺术和美的艺术。

　　快适的艺术，以快感和享乐、消遣为目的，相当于今天的娱乐艺术，带有"游戏"意味。就是玩儿、娱乐的艺术，"叫人忘怀于时间的流逝"。美的艺术是最符合康德艺术定义的艺术："人们只能把通过自由，即通过以理性为基础的为所欲为而制造出来的东西叫做艺术"。这种艺术创造是心中"悬着一个目的，然后按照这个目的去想作品的形式"，这就能把天才创造的本领体现在艺术的创作中，是审美艺术中的美的艺术。

**2. 天才**

康德对此反复论述，这方面理论创造值得肯定，但其中也有不科学的东西，有些属于现象的提示，这需要用科学的观点加以解释。什么是天才？康德在其著作中不只一处论及天才，说法大体相同。

我们从五个方面做以解释。

（1）创造性。康德所说的"天才"是给艺术定规则的一种才能。艺术家天生的创造才能，本身就是属于自然的，不是后天可以学到的，"是一种天生的心灵禀赋，通过它，自然给艺术定规则。"如果天才能为艺术定规则，则艺术的实践创造就不是任意为之的。如艺术按规则活动，主体按艺术的规则安排自己的活动。康德讲这个问题是有针对性的，在德国的浪漫主义运动兴起中，社会上有两种观念，就是把破坏自然规律的做法看作是达到狂飙运动个性的体现。显然这是破坏了规律。康德讲天才给艺术定规则，是讲有些规则是不能违背和破坏的。

（2）天才的第二个特征是必得有典范性。天才的典范性来源于独特性，"天才的作品却必同时成为范本"，是"评判的标准"。康德讲了一例，天才艺术家他的创造出自一个模型，这个模型创造的作品只有一个，当这个艺术品在模型中制造出来以后，模具当即被毁坏。艺术的这个独特性对艺术而言是生命，没有自己独特的个性就等于自身不存在。中国古代艺术家讲慧眼能够有一种透识力，它不受任何表面现象所蒙蔽，这个眼光用在艺术上就可以见到自己所要表现的独特的东西。慧眼又称"只眼"，是独特观照之意。

（3）天才的自然性。天才自己创造出作品，但是不能科学说明自己的作品，因为是自然流露，不是刻意而为。正如《庄子·齐物论》所言："已而不知其言，谓之道。"道的运动、显形是一种结果和状态。康德的思想与此是一样的。

（4）天才限于美的艺术领域，只能规定艺术，不能规定科学。

康德把艺术与科学分开，认为艺术领域有天才，科学领域没有天才。因为，在科学领域中人们按理论、技术指导可以做出许多东西，做出的东西用科学理论都可以解释说明。在艺术领域中拿前人的东西照着样式做，做出来的东西没有自己的价值。这与在技术、科学领域中不同，表明艺术独特性，甚至天才的艺术也不是教出来的。在艺术领域中别人的指导只能是辅助，康德是强调天才的天生性、独创性。

（5）不可模仿性。与前四点是一致的，天才使作品变成无法模仿的作品。艺术是出于自然而然，别人模仿无法自然而然，没有独具的灵性。所以，一般人不可能创造出那种出于自然的创造。"天才能替审美意象找到表达方式或语言"，有"想象力"与"知解力"的"自由协调"。这种"主体的天资方面的典范性与独创性，是不可模仿的。"

天才具有独特性、典范性的原因：它是以理解力、想象力作为自己进行艺术创造活动的基础。没有理解力、想象力就无法创造出独特性、典范性的作品。天才是以理解力、想象力为基础的，天才在这两方面是突出的。即使我们今天不采取"天才"的概念，那么理解力、想象力也是艺术创造要培养的能力。天才的艺术表现不是表现一定的概念，而是描绘、表现审美意象。审美意象在康德美学中占有突出的地位。想象力、理解力二者在自然而然中达到主观合目的性。康德强调主观合目的性，也是主体的自然本性产生出来的，不是有意去进行的目的强化，是自然而然达到的主观合目的性。

在康德的艺术理论中，对于审美的艺术鉴赏力、创造才能也进行了分析。

首先，康德对这两种审美能力进行了界定。他说："为着评判美的对象，需要的是鉴赏力，但是为了美的艺术本身，即创造美的艺术作品，却要求天才。"鉴赏力在艺术活动中起到什么作用呢？审美世界的复杂现象呈现在人们面前，应对此有鉴别能力，应能发现美。在自然界、社会生活领域想要评判美的对象，需要鉴赏力。但这个时候还没有进入到艺术创作环节中。鉴赏力对每个人都有意义，具有普遍性意义，但并非每一个人都是艺术创造者。进行艺术创造，需要艺术天才，得有艺术创造力。在康德看来，鉴赏力、艺术审美的创造能力是天才评定美的能力。评定美的能力和创造美的才能是有区别的。区分这一点可以明确审美理论实践运用当中的两个领域。① 第一，对艺术品有广泛的鉴评能力、审美欣赏能力是艺术创造的基础，是自己未创造的情况下应有的鉴评能力。第二，在艺术创造当中要求有创造能力，各类艺术对创造者而言都是重要的。把两种能力分开以后，遇到新的问题——审美鉴评能力其中有相当部分是面对自然，这就需要有对自然美的判断能力。判断

---

① 参见《判断力的批判》第 157 页。

自然美就会产生艺术美与自然美的关系的问题。在康德美学中有自然美与艺术美的关系问题的分析。

"自然美是美的对象，艺术美是对象的美的表现。"①

康德对这个问题的基本观点是：艺术美优于自然美。因为艺术美可以表现自然事物，反之自然美无法反映艺术美。自然界中丑的东西，艺术可以对其表现，可以将在自然界中是丑的东西表现为美。在这个问题上康德认为，自然界存在的东西有美、丑，自然美在艺术美中可表现为艺术美，自然界的丑也可表现为艺术美。但在艺术美表现自然时，自然有些丑的东西又不能被表现。在这个问题上康德的观点是不统一的。康德曾明确提出艺术可以化丑为艺术美现实的见解：

康德认为"自然中本是丑的或不愉快的事物"，如"狂暴、疾病、战祸等等作为灾害能很美地被描绘出来"，他认为只有"令人作呕的现象"不能照实在的那样表现出来。他还认为雕塑作品几乎与自然一样，因而表现死亡时，应以寓意或间接地属性来表达。②

我们对于艺术化丑为美的问题要特别指出，这不是无条件的，而是有条件的。艺术使丑变为艺术之美。（1）审美者表现丑的对象，首先是判断性要准确。是以其为丑来进行揭示。这也就是康德说的令人作呕的、其对象在性质上是人强力地抗拒着的现象。（2）作者必须站在美的方面，对丑的对象，他得有审美的批判态度。（3）用自己美的思想光照它，此时赋予它审美表现形式，是显现它的丑的本质。

在自然和社会当中存在的丑的对象，艺术对其要进行形式的转换，由客观的实际存在变成了被赋予载体的、有艺术形式的存在。如此，可以把作为对象的丑变为可以审美欣赏的对象。丑的对象变为艺术美有多种条件，这个条件加到丑的对象身上，究竟哪些丑的对象不能通过艺术变成审美欣赏的对象，在生活中是难以截然划分开的。

康德又认为，天才和鉴赏力发生矛盾时，鉴赏力比天才更重要。宁可牺牲天才而要保住艺术鉴赏力。康德对天才有一定的保留。

---

① 参见《判断力的批判》第157页。
② 康德：《判断力批判》，第158页。

## 四、审美意象

审美意象的理论意义重大，它直接进入了艺术创造的领域，今天可以从中借鉴许多东西。康德给审美意象下定义说："我所说的审美意象是指想象力所形成的一种形象显现，它能引人想到很多的东西，却又不可能由任何明确的思想或概念把它充分表达出来，因此也没有语言能完全适合它，把它变成可理解的。很明显，它是理性观念的对立物，而理性观念是一种概念，没有任何直观（想象力所形成的表象）能与之完全适应。"①

这里有三个关键词：表象、想象力与意象。表象：是审美心理学概念，也是一般心理学概念。表象是指人们接触到外界现实后，这个对象进入人的头脑，人们感觉到对象存在，在头脑中成为心理的具象存在，是具象性而非概念性的存在，是属于客观存在留在人的头脑中的映象。这种东西在人的认识中，是人把握外在世界的第一步，没有这一步则无法把外在感性世界收入头脑之中。这是感性认识的开始，如果这种认识和想象力联系在一起，这种表象又和一般表象不同。

想象是人在思维中对记忆中的表象加以随意的创造，使表象成为意象，可超越现实实际的对象，把自己的经验、幻想按照意象表现出来。借想象力形成的表象和以一般心理面对一种实际存在所做的表象有很大不同。意向在驱动想象力的发展。想象力是人的意识中最活跃、最有创造力的能力；创造中常常是意胜于象，在象上显现的不只是一个物的象，更是负载人的意义的那种象，是想象力形成的意象。此时它已是外显的状态，不仅在艺术家的头脑中存在，赋予媒介后就成为外在的存在了。此时人们面对的这种存在，它能让人想到许多东西。面对一只实际的羊，我们一般不能做太多的想象，而用想象力形成的表象却可让我们想到许多东西。因为作者的想象力灌注到形象身上，这种属于主体的东西有张力、吸引力、启发力。如《伊索寓言》中的狼和羊的故事，人们即使见到狼吃羊，也不会想到社会中的事，不会想到寓言所要表现的东西，但是寓言中想象力所创造的表象可以让人想象不尽。又如卡夫卡《变形记》中，甲虫就是创作的表象，在小职员变成甲虫以后他的伦理

---

① 朱光潜译文，见《西方美学史》，第399页。参见《判断力批判》，第160页。

关系、社会关系发生了巨大的变化。这是由人变成非人的异化。你会想起许多但却无明确的思想概念，它不是直接的某个概念的表示，是形象大于思想，它包含有丰富的意义，可以从不同角度去解释它。再如《等待戈多》，两个人在等待戈多，他们不知道为什么要等，戈多是什么。最后一个孩子告诉他们说："戈多不来了。"他们非常失望，想要自杀却自杀不成。这是想象力创造表象，可以引人思考，但却得不出众口一致的结论，不可能有任何明确思想概念对之有适合的解释。因此没有语言可以充分表达它，它是超越语言认识的、使之变成可以理解并用理论判断的对象。它是一个感悟的对象，是作者可以进行继续创造的对象，很明显它是理性观念的对立物，而理性观念是一种概念，它却不是。没有任何直观可与之完全适应。在表象中如不用想象力去施之于它，就难以创造出审美意象，康德说："想象力所造成的这种形象显现可以叫做意象。"①

审美意象又包含丰富的思想，只是不能用明确的语言和概念表达出来。因此，审美意象实质上是由人的想象创造出来的一种能够充分显现理性观念的感性形象。康德在《判断力批判》中举到了一些现象，如天堂、地狱、永恒、创世等，对这些领域去直接解释它们是非常困难的。用想象力创造的那种表象，使不好说明的对象能够得到感性显现，使人从中想到更多的东西。

为了更具体地把握审美意象，我想从古今中外的艺术经验中简要归纳分析一下审美意象的几种类型。

1. 仿象意象：是意象创造中最简洁、最方便的意象形式，是在生活中已形成的对一些事物的集体无意识，即人们在生活中对一些对象的超实际的普遍观念，如自然界的松、竹、梅，是作为植物而存在，和其它的植物相比较它们有经风寒不衰的特点。人们在观念当中把它转到社会中来成为品格的象征，表现人的坚贞的气节。仿象意象是象征意象，较简洁、普遍，各民族、国家都有这种类型。

2. 兴象意象：中国的《诗经》中有赋、比、兴，"兴"是"托事于物"，写对一个事情的感受，不直接言其事，找一个物象，写这个物象，把的情思用寄意的方式表现出来，此为兴象意象。这种意象在哪个国家的文艺中都具有。

---

① 见朱光潜：《西方美学史》，第399页。

3. 超象意象：面对具体对象，"取之象外"，如画一棵树，表现的是树以外的东西。这是"事绝言象"，我写的事不是直接用语言写出来，而是用形象表现这个对象。你在我的言象中看不到直接对象。如《变形记》不是写现实人事的复杂，而是写人变形为甲虫以后所发生的变故。这是"取之象外"，把它转换以后你才可以看到这个社会。《等待戈多》也是"事绝言象"，不是写现实的人事，是写代号性质的东西。"戈多"就是人们所需要的东西，人们越需要就越得不到，得到的却都不是你需要的。这种情况通过具体描写有时也有超象意味。如欧·亨利的小说《警察和赞美诗》，写一个流浪汉为躲避冬天想进监狱，他有意犯法想进监狱却没进去，良心发现了却又被关进监狱。这个作品意象性很强，而且是超象的。

4. 抽象意象：先把生活现实变为一种意识，如"弱肉强食"概括了生活中的事实，把此意又变为形象表现，成为抽象的意象。寓言这个文体成为哲学的最简明的表现，就有抽象意味。寓言中选择动物作为形象是为了不让形象变为阻力。人对动物常有同构于社会性的认定，不需要穿透形象就可以认识。如狼与小羊的故事就表现了"弱肉强食"。这样容易被人接受，这类形象是意象形象而且是抽象意象形象。

## 五、艺术分类

从康德的艺术分类中可以看出当时艺术发展的程度，他分为三类。

第一类，语言艺术。指诗和语言艺术，包括雄辩术和诗的语言。语言艺术中包括诗歌、散文、小说等。在康德的时代语言艺术已涵盖了这些。就雄辩术而言，从古希腊开始就非常受重视，分析美、艺术，把它作为主要部分。今天已不放在文艺当中了，只是一种言语方式，不是艺术，是修辞，有文采的可视为散文。当时看重它是因为当时社会中人们讲究这个东西，这是历史处在古老社会阶段的一种现象。和中国古代儒家思想强调语言的表现一致。如"言说"、"言之无文，行而不远"。讲到对人的了解是通过对他的语言的了解开始的。孔子说："不学诗，无以言"。把语言看作人进入社会取得价值的一个条件。鲍姆加通的美学思想在讲到美时也谈到了雄辩术，即语言如何深刻、吸引人。今天的雄辩术已不是直接意义上的艺术了，在引申意义上是扩展了的艺术。从美学意义和美的表现领域上讲可以考察它，但它基本上不属于文学艺术或自由的艺术。

第二类，造型艺术。是通过感性直观表现意象的艺术，其中建筑、雕塑更具有直接具象存在的特点。此类艺术是感性外观的直感艺术，园林艺术也算在内。

第三类，感觉游戏的艺术。分为音乐艺术、色彩艺术两种。色彩艺术与前文所述的机械艺术有联系。游戏艺术中的音乐、色彩艺术能够突出造成感官印象。在这里关于游戏内容已涉及到，但没有多加展开，此点在席勒的美学思想中得到了充分的阐述。这里关于艺术分类的几方面内容也多是比较传统的分类方式。

康德美学与历史上的经验主义美学、理性主义美学有直接关系。经验主义认为，通过人的感官经验把握到的现象存在是最可靠的。理性主义认为，理性把握事物是最可靠的方式。两者有严重的分歧，评价关于美的认识，结论是不同的。康德在两派已成为历史事实的基础上，想把经验主义与理性主义美学统一起来，达到感性、理性的统一，内容与形式的统一。在这个方面他做了努力。但是，事实上康德没有真正把它们统一起来，因为康德对这两派评论时对这两者有一个侧重，不是全面分析这两派。康德侧重唯理主义，唯理主义在他的美学、哲学中表现为先验唯心主义，它与经验主义美学、哲学不同。经验主义认为，经验之外没有什么能够决定人的心理认识。先验主义认为人们在认识事物之前，心中已存在决定这种认识的东西。如康德认为崇高观念就不是人在接触崇高事物后才有的崇高观念，而是在接触对象之前人们心中就有关于崇高美的先验观念存在着，只是说崇高的对象把它唤醒，让它复活。所以，他提出人们对某些自然对象的崇高感实际上是"偷换"，是把人们对于主体的理性使命或理性观念的崇敬，变换成了对于自然客体的崇敬，因此，崇高不是来自对象本身，而是来自主体对自身的理性精神的崇敬。这是先验主义表现。因而康德无法把经验主义与先验主义达到统一。所以，他的美学观点出现许多矛盾。康德美学对后来美学的影响无论是正确的还是错误的都产生了巨大的影响。

所以要了解康德以后的美学史，尤其是 20 世纪美学不能不追本溯源来了解康德。

# 第十八章　歌德的美学思想

歌德（1749—1832）是德国伟大的艺术家，他讲美学不是从回答"什么是美"、"美的本质"开始。他和席勒不一样，席勒做了很多抽象思考，歌德主要是谈艺术，从谈艺术当中显露了他的美学思想。因为谈艺术都是在接触具体的艺术品时来谈他的美学思想，所以歌德的美学思想比较零散，但是有些体会是非常深刻的。我们可以按照经验概括来把握。

## 一、美与艺术美

对于关于"什么是美"，歌德没有像其他美学家那样作集中的回答。歌德对于美的基本看法就是认为"美是自然的本原现象"，或者说美是自然规律的表现。这个意思是要表明美是自然本身所固有的，美和对象是紧紧联系在一起的。

歌德说："美是自然的秘密规律的表现，没有美的存在，这些规律也就绝不会显露出来。"美是"一种本质现象"，"它和自然一样丰富多彩。"①

这个说法应该说是唯物主义的观点。他认为美的对象是可以直观的，并且是表现为丰富多彩的。这个概括里边强调的是现实自然的美。这个思想的出发点是以艺术创作这个出发点为起点的，也就是艺术家的创作观点：要创造艺术美，你必须到自然当中去寻找，要把现实对象中的美本身（这个现实对象的美也是很丰富多彩的），拿到艺术当中来，他强调的是这个方面的内容。

自然中的美和现实当中的美都是一种特殊的存在，而且在这个特殊的对象存在中都能显现事物的一般。比如他强调"本原现象"，它是以

①　《歌德谈话录》，人民文学出版社，1978年版，第132页。

现象来显现，这个现象的后边包含着本质的存在，如果要显现这个对象的美，离不开显现这个对象自身的特征。这些美学理论都是艺术美学，特别是艺术创作的理论。也就是说，你离开了特殊，没有地方去找本原现象，必须在特殊当中去找。而且在找到特殊以后，你要认定这个特殊中肯定有一般。

在歌德的艺术观点谈出来以后，黑格尔又在其基础上加以升华。如黑格尔讲到的形象的特征："感性形象是一般的和个别的统一"，就是在歌德的"特殊中显现一般"之后，形成了黑格尔的形象特征之一。歌德说到的"有生命的显出特征的整体"，黑格尔则是把个别和一般、特征和整体联系在一起来论述的。对于艺术表现中的"意蕴"问题，歌德说"古人的最高原则是意蕴，而成功的艺术处理的最高原则是美。"黑格尔对此非常赞赏，不仅引用，还加以阐述，其"美是理念的感性显现"就是对歌德思想发挥而成。

## 二、艺术与自然

在歌德的美学理论中最显眼的就是艺术与自然的关系。这个方面在美学史上，歌德的论述达到了非常完备周到的地步，在比较深刻意义上解决了艺术与自然的关系。歌德的主要观点是：要重视自然的存在。他说的自然包含内容广泛。首先，泛指的意义上是说，可以成为艺术表现对象的东西都是自然，也就是前艺术的一切存在都是自然。所以不要把这个自然看作是大自然的自然，与艺术成为对待关系的，作为艺术对象的存在的一切都是自然。另外还有一个狭义的自然，就是自然界里的自然。比如太阳的光等等这些自然事物，都是狭义的事物。

歌德认为作为艺术家必须了解自然、把握自然，用他的原话说："艺术家首须遵守、研究、模仿自然，其次应创造出毕肖自然的作品"。自然在这里得到了充分的肯定，对艺术家来说，对艺术品来说，自然是创造的前提，没有这一点是无法创造的。唐代的画家张璪讲"外师造化，中得心源"。歌德的一段话说的就是"外师造化"。必须得"师造化"，没有对"造化"之"师"，就没有创作可言。"师造化"是为了创造艺术，创造艺术必须得有作者对自然的融化，这是"中得心源"。歌德讲的这个观点其实就是张璪的"外师造化，中得心源"。

歌德还说："用热爱的心情模仿自然，同时在这模仿中跟随自然"。

这是说主体要进入自然当中，把主体的情思赋予自然，然后把这个自然表现出来。所以歌德无论是对他自己作品的要求，还是他评论别人的作品，其中很重要的标准就是：你的作品是不是遵循自然，写出了自然的存在，有没有生活的现实或真实。所以他说"我一向瞧不起空中楼阁的诗"，就是这个意思。他在强调在自然基础之上研究和遵守自然时，认为真实离不开自然，离开自然就不会有真实。

歌德所强调的现实主义真实，和席勒不一样，席勒强调的是浪漫主义真实。歌德认为现实主义真实是离不开自然的。正因为歌德的现实主义自然观，把自然作为文学艺术的材料，作为文学艺术的基础，他也特别强调主体在自然面前的创造。主体怎么摆正和自然的关系，这就形成了歌德关于艺术家在自然面前的双重身份的观点。这个观点是非常辩证的："艺术家对于自然有着双重关系：他既是自然的主宰，又是自然的奴隶。他是自然的奴隶，因为他必须用人世间的材料来进行工作，才能使人理解；同时他又是自然的主宰，因为他使人世间的材料服从他的较高的意旨，并且为这较高的意旨服务。"①

这一重身份是，从忠实自然、遵守自然、模仿自然来说是自然的奴隶，你得听他使唤，听它支配。也就是说，自然的规律和事实性的存在制约着艺术家，你不能随便处置自然。

另一重身份是，从创作主体来说，我对自然进行表现，这时自然受我支配，我是它的主宰。所以主宰和奴隶两个对立的身份是要统一在作家一个人的身上，必须要同时具备。这个概括在艺术实践的历史上是不可突破的，单有哪个方面都是不符合规律的。只有两者结合才能够创造出来真正属于艺术家所创造出来的自然，就是源于自然，超越自然。这时艺术家创造出来的自然就是"第二自然"，"第二自然"之说就是来自于歌德。

第二自然与第一自然有什么本质区别呢？这个"第二自然"是根据第一自然创造的，第二自然是经过艺术家的感觉、思考，也就是对自然的切身的感觉，又经过理性的思考，按人的方式创造自然，也就是"人化的自然"。"人化的自然"也就是第二自然。没有人介入的自然，自然无法达到人所期望的理想完美，艺术家进行这种创造是非常必要的。

歌德说："艺术要通过一种完整体向世界说话。但这种完整体不是

①《歌德谈话录》，人民文学出版社，2000年版，第134页。

他在自然中所能找到的，而是他自己心智的果实，或者说，是一种丰产的神圣的精神灌注生气的结果。"[1]

这是说对自然的不完整要加以集中创造，超越自然状态。使由人创造的自然能达到完美。就原因说，有两种互相联系的关系。从自然本身来说，它是一种美的存在，这个美是非常丰富的，非常生动的，是原生性的，具有实际存在的不可代替性，这是作为广义的自然美的意义所在，是艺术美不能具有的特点。但是自在的自然，虽然有它的优越性，但是也有它的局限性，局限性是人用来进行艺术创造的对象是分散的，又有不符合人的需要的，从内容到形式都是自然性的。

要进行艺术创造，这时人们须按理想和愿望来改造这个对象，因此分散的东西让它集中，不理想的东西让它理想。另外还得用媒介形式给它一个物质性的表现。重新创造不是搬取自然，而是重新赋予审美形式。这样，原生性的自然，丰富的自然，到艺术中就变成了集中的、典型的、理想的，具有康德所说的"合乎主观目的性"的形式。

比如我们看戏，一部戏剧，演出也就是两三个钟头。不管多少事，多少时间，都要压缩在几幕剧中。该省略的省略，该要观赏者自己去想象的就自己去想象，都得压缩到有限的时间里，并都得拿到舞台这个空间来。而拿来后还得让人愿意看，就要采取很多手段，这些手段可能在实际的自然中是感受不到的。如在实际的时间是黑夜，但舞台上的黑夜灯光得特别亮，这样就赋予形式了。在艺术中的表现得合乎人们欣赏的目的需要。

## 三、一般与特殊

歌德对"一般和特殊"发表了深刻见解。歌德和席勒两个人在美学观点上是不一样的。席勒强调"感伤的诗"，也就是浪漫主义的诗。歌德强调"素朴的诗"，强调现实主义原则。这两个人的出发点不一样：席勒是好从一般出发，忽视特殊；歌德强调从特殊出发。因为从一般出发，就会忽视个性的表现，忽视时代的、历史的、民族的、阶级的具体特殊性，往往就变成时代的抽象，或者是阶级的抽象，以至于是一个心理类型的抽象，比如说"善良"、"嫉妒"，都是心理类型的抽象。过分

---

① 《歌德谈话录》，人民文学出版社，2000 年版，第 134 页。

注重一般性，就失去了个性，因此就缺少形象的精确性。那么席勒为什么强调一般，而不强调特殊呢？他自身的那个抽象的政治观念，哲学观念，有强烈的表现愿望，因此在写人物的时候，有时常好不让那个人物出自自己性格说话，而是在替作者说话。就是作者想说什么，就让人物说什么，用他的嘴来说作者的话。所以这时看到的是作者观念的表现，而人物却缺少性格。马克思和恩格斯把它概括为"席勒式"。

席勒的戏剧当中的人物（不是全部人物）有这样的特点，尤其是写西班牙王子唐·卡罗斯，这种特点特别突出。

歌德是非常反对这种从一般出发的。莎士比亚的戏剧创作都是特别注重人物性格的，人物说什么话，都是这个情节中人物必须说的话。莎士比亚虽然在他的剧作中也表现他的时代思想，但不是让人物变成他的"传声筒"。莎士比亚作品中有有局限的性人物，但不是莎士比亚的局限，是从人物性格本身出发的。要按照理想主义来说，哈姆雷特非把他叔叔一剑杀掉不可，那能杀不掉吗？但是哈姆雷特没有伺机把他叔叔杀掉，而最后同归于尽，就是因为哈姆雷特自身有很多局限：性格的、伦理的、宗教的、环境的等等。他实现不了历史要求，所以最后造成悲剧的结局。

## 四、古典与浪漫

"古典"强调的是现实主义，"浪漫"强调浪漫主义。这是从歌德和席勒的争论谈起的。席勒是完全用自己主观的方法来写作，也就是从理想出发。歌德对席勒的这种做法提出批评，有不同意见，因此席勒写了《论素朴的诗和感伤的诗》。在这个长篇论著中，席勒想向歌德证明：歌德违反了自己的意志，写的东西是浪漫的，在作品里情感占优势，并不是古典的和符合古代精神的。"古典"就是强调生活真实，面向自然的，对自然的忠实。歌德作品虽然是浪漫的东西，但是歌德主要不是从主观出发的浪漫主义，他作品里面有深厚的历史和真实的现实生活。特别是在理论主张上，歌德一直是以忠实于自然，或者说对自然的两重态度来对待自然，不像席勒那样完全由理想出发，甚至是空想。席勒处在的当时的社会，已经从古代社会衰变成异化的社会，他认为美学方法完全可以实现对社会的改造，这实际上是不可能的。社会关系没有任何变化，你强调美育来改变社会是没法改变的。所以席勒是停留在从理想出发、从观念出发，所以最后也是悲剧。

## 五、民族文学与世界文学

歌德强调世界文学和民族文学的建立。"世界文学"这个概念是歌德首先提出来的①。在 1848 年，马克思、恩格斯在《共产党宣言》中讲的就是歌德提出的世界文学，这说明歌德这个人确实是很伟大的。马克思和恩格斯在论述歌德的艺术时，也指出他的缺陷，但一直肯定他是位伟大的艺术家。

歌德强调民族文学有几个保证条件。作为民族作家也好，民族文学也好，得有四个条件：一个是民族历史中那些伟大的事件和后果，这些东西他能掌握，也就是说他生活在民族历史的土壤中。二是在民族的同胞中能掌握他们的情感。三是对自己民族精神的渗透。能有民族精神，能和他们同呼吸、共命运，有共同的语言。四是收集掌握这个民族的丰富的历史材料，也就是对文化典籍的掌握。有这四条可以成为民族文学的作家，缺少这四条，就谈不上是民族文学的作家。

歌德讲到作为民族作家的条件，即使今天作为民族艺术家，哪条也离不开，离开哪条也不能成为民族艺术家。第一个讲在他民族历史中遇上了伟大事件及其后果的幸运的有意义的统一，就是说要做民族的艺术家，必须掌握民族的历史，把握这个民族有些什么样的发展过程，有些什么重要事件，有些什么样的重要人物，这些东西你非了解不可。不仅是专业领域的，而且整个社会生活领域你也要了解。看一些重要的艺术家，无论是哪个民族的，如徐悲鸿的绘画作品中，有非常深厚的内容。这个不是偶然的，作为一位艺术家，他的修养、功夫，文化积淀达到这个程度，他必然要把他的绘画指向民族、民族事件。

文学家也是如此，像闻一多的诗里边，他写屈原、李白等等这方面的内容也非常丰富。国外的艺术家也是如此，他整个的创作和他的民族的历史有紧密的联系。诺贝尔文学奖在评奖时，其中很重要的一条是这个作家和他的民族生活有什么联系，他写的是怎么样的民族生活。几乎在给每个作家颁奖的时候，差不多都强调这一条。第二点是作为民族的成员，在他的民族的同胞的思想中抓住了伟大处，在他们的情感中抓住

① 《歌德谈话录》，第 111 页。

了深刻处。就是说他深刻把握了民族的思想和精神。这无论是哪个艺术家都缺少不了的，他决不是游离在民族之外的。第三个就是他自己被民族精神完全渗透了，并对民族精神显示出来同情、共鸣，他能深深地沉浸在他的民族的高度文化当中，他对民族的文化材料有深刻的把握。在艺术领域里面，无论是文学、音乐、美术哪个门类，那些有成就的艺术家都非常自觉地深入到自己的民族传统文化中，把握民族文化的最原初的艺术。如托尔斯泰对自己民族民间故事作了系统的整理；歌德对德国的民间文学；海涅对德国的民歌；这些艺术家在这方面都非常下功夫。现代的一些美术家，像梁思成等等对敦煌的艺术和西北的一些古典建筑，都是花费了长期的精力去研究和收集整理，这都不是没有原因的。所以他们的艺术成为这个民族艺术的代表应该是有根据的。

歌德说的是当时的民族文学的建设，在我们今天，这几大方面也都是不可缺少的。所以歌德说的这番话，我们可以深入来思考，这是非常重要的，而且非常有现实意义。把它转移过来，作为现在的现实主义创作的条件，这几条哪条也离不开。

歌德重视民族文学，也特别关注和呼吁"世界文学"的发展。他从当时世界各国文化的交流中看到了欧洲和东方的许多文学作品，他予以高度评价，并由此得出了一个新的认识："我愈来愈深信，诗是人类的共同财产。诗随时随地由成百上千的人创作出来。……所以我喜欢环视四周的外国民族情况，我也劝每个人都这么办。民族文学在现代算不了很大的一回事，世界文学的时代已快来临了。现在每个人都应该出力促使它早日来临。"歌德所呼唤的世界文学，是在世界各民族的文化交流中，所呈现的民族文学精品，构成为全世界所共同享用的精神财富，决不是绕开民族文学而存在的无民族根基的文学，也不是以一个民族或一个地区的文学去取代由全世界优秀的民族文学的总汇。对此，我们在歌德对于外国文学艺术的精准分析肯定中看得十分清楚。

这几条是非常关键的，在今天也是离不开的。如诺贝尔文学奖，每年得奖的作品和作者，其中的一条就是作者得是民族的作家，写出的得是民族文学。所以中国的很多作家得不了诺贝尔文学奖，有政治原因，也有东西方差别这个原因。在当代，有些文学作品里根本就没有民族的东西，我们说的这四条，差不多一条也没有。你这个作品拿过去，即使翻译得非常好，人家也不买你帐。特别是模仿西方的写法来写中国当代的小说，你怎么能得奖？人家怎么给你写评语？说这个小说模仿西方某某某小说，模仿得非常到位，然后授予你个"诺贝尔文学奖"，那不是笑话吗？所以说得诺贝尔文学奖，原因不只一种。其中就文学本身来说，离开了中国土生土长这个民族、这个文化去写小说，就得不了诺贝尔文学奖。

歌德虽然提出了民族文学，同时也看到了在他这个时代，各个民族的文学交流已经普遍展开了。因为民族文学的交流是在经济普遍交流的基础之上发展起来的，因为经济交流必然会有文化交流。歌德当时也看到了许多中国小说，比如他看到的小说《好逑传》（都是中国小说中的四流小说），他看到后特别惊讶，说写得非常妙，而且人的精神，道德，那种"慎独"的精神真是令人少见的。"慎独"是儒家的一个关键词，就是当你一个人在场时，没有别人监督，别人谁也不知道，你对自己的要求和在大庭广众之下是一样的。就是有一种内在的定力，这个定力就是儒家的仁义道德。

正是随着各个民族的经济贸易的交流发展起来之后（那时欧洲已经是普遍、广泛地交流起来了），东西方也有比较大的交流。所以他看出了这种趋势，觉得"世界文学"诞生了。《共产党宣言》则更明确地指出资产阶级开拓了世界市场，然后也造成了世界文学的出现。

# 第十九章　席勒的美学思想

席勒（1759—1805）和歌德是同时代人，两人交往密切，关系十分友好。被比喻为德国文学中的"双子星座"。两人虽然有不同见解，如歌德十分强调现实主义，强调特殊，强调从个性出发；席勒强调共性，强调浪漫主义。他们在德国文学建设中的作用是空前的。他们共同构筑的文学时代是德国古典文学最辉煌的时代，虽然先前德国也有些作家，但影响都无法与他们相媲美。

席勒在对法国大革命所抱的美丽幻想失望之后，他以诗人的天真浪漫，设想绕开社会经济和政治制度的改造，致力于美育方式的社会人心的改造，想使人超越自然界所造成的那个人的样子，把人的自然必然性提高到道德必然性的完美人性。席勒认为这是人类社会通向真正自由之路，也是人自身实现为人的自由王国之路。席勒的艺术美与美育理论都是围绕这一乌托邦的构建而展开。

席勒在艺术方面的才华是比较全面的，他是诗人、剧作家、历史学家和美学家。尤其是他的剧作影响特别大，几乎在现代文明国家很少有哪个国家没演过席勒的戏剧。席勒的戏剧得到恩格斯的高度赞扬。他的第一个剧本《强盗》，讲述了贵族青年的反叛故事。卡尔在外读书，弟弟弗朗茨却一心想要篡夺家庭的全部财产和哥哥的未婚妻，于是在父亲老伯爵穆尔面前大造谣言，挑拨离间，造成了父亲与卡尔的巨大分裂。卡尔被逼无奈，走投无路的情形下，愤然背叛家庭，落草绿林为盗，毅然向社会宣战。该剧发出了"德国应该成为共和国"的革命呼声。《强盗》一上演就引起了巨大的轰动，有人形容说当时的剧场就像疯人院一样，很多素不相识的人们相互抱头痛哭。甚至有人在看过剧之后，也到森林里去当了强盗。恩格斯赞扬这个剧本歌颂了豪侠青年，并且把席勒的另一个剧本《阴谋与爱情》称为是"德国第一部有政治倾向的戏剧"。这个剧是以市民阶级倾向反对贵族官僚的，它的影响也特别大，煽动力也特别强。为什么《阴谋与爱情》得到比《强盗》更高度的评价呢？因为《强盗》写的是贵族，而《阴谋与爱情》写的是市民阶级的觉醒，显示了当时新兴的资产阶级的思想意识。恩格斯说它是第一部具有政治倾向的戏剧，是指市民阶级的政治倾向，也就是资产阶级的民主批判倾向。剧本最为可贵的是描写了现实生活中新生的叛逆者的悲剧。总之，席勒的剧作很成功，在世界上的影响非常大。

席勒的美学思想集中体现在两本著作中：《美育书简》和《论素朴的诗和感伤的诗》，其中《美育书简》是完全以书信体写成的，两者都是带有专著性质的作品。此外还有单篇论文，同样表现了席勒的美学思想。席勒的诗歌在中国的影响并不大，这可能是因为人们一般把注意力专注在他的戏剧和美学思想上的缘故。他的美学思想有些是相当独特的，历史唯心主义特别突出，空想的成分也特别突出。

席勒把它的美学和社会紧密联系在一起，并不是单纯地讲美学。他把美学和社会的改造和人的改造紧密地联系到了一起，他寄希望于用美学来改造德国人和德国社会，而且寄托的希望非常大。但实际上社会实践已经证明了：真正的社会改造必须建立在物质改造的基础上，也就是说经济制度的改革才能带动政治制度的改革，并且在经济制度和社会制度的改革过程中，人才能得到改造。想单单通过精神来改造人，进而改造社会，这是哪个时代也做不到的。但他提出的一些想法还是富有启发性的，特别是关于艺术与游戏等具有什么作用，他的一些观点，在某些条件下是可以吸收的。

## 一、美育的乌托邦

《美育书简》是由写给丹麦王子奥格斯堡公爵的 27 封信组成的，中心是对法国大革命进行沉思。席勒生活的时代恰逢法国大革命，最初席勒对法国大革命欢欣鼓舞，但后来随着革命发生变化，席勒倍感失望。席勒从法国大革命的经验中看到，像法国那么解决社会政治问题是难以实现预期结果的。那么，德国该怎么办？他的《美育书简》想在这方面做出回答。席勒说："我们为了在经验中解决政治问题，就必须通过审美教育的途径。因为正是通过美，人们才可以达到自由。"①

这是席勒整个美学思想的核心，也是他关于美的纲领性思想。他不

---

① 席勒：《美育书简》，中国文联出版公司 1984 年版，第 39 页。

像一般人那样认为美仅仅是可以陶冶性情、丰富情趣的东西，而是把美作为改造社会、改造人的根本手段。其核心就是要通过审美使人达到自由，这是他美学思想的全部精髓，此外别无他物。并且席勒把此看作是实现社会改造和人的改造的唯一途径。

席勒的美学思想的基本出发点是人，他希望通过审美教育培养完整性格的人。他认为通过对人的审美的教育，完全可以造就具有完整性格的人。只有造就了完整性格的人才能实现社会改造，才能实现政治自由。在他看来除了这种手段之外，没有别的更有效的手段。席勒讲这个问题的时候，德国依然有牢固的贵族统治，资产阶级革命还没有完成，封建贵族的力量还非常强大。在这种条件下进行美育活动，那美育又能实现到什么程度，开展到什么领域？在政治没有得到解放的情况下，这时谈对人的全面改造，要创造出来具有完满性格的人完全是一种空想。

但是在今天，把他的美育思想应用在进行了经济改革和政治革命之后，实现了社会解放的现代社会，却有着一定的现实意义。进行了经济社会革命后，对人的培养和塑造，到底应该通过什么方式呢？在这个前提下，对人的塑造，塑造全面发展的人，用鲁迅的话来说就是"立人"。整个教育活动、文学艺术活动的重点全在于"立人"。我们今天所强调的美育，是要达到培养全面发展的人，就要如马克思在《1844年经济学哲学手稿》当中所阐述的那样，通过对劳动异化的消除才能使人得到全面发展。只有在社会实现解放的条件下，社会的最高要求才能实现一切为了人，一切以人为中心，就是现在我们提倡的"以人为本"。以人为本，构建和谐社会，建设和谐文化，是在实现了经济、政治解放之后社会工作的核心，目的就是使人得到全面发展。但是席勒的时代并不具备这样的历史条件，实际上席勒是提出了属于未来社会的任务。正如意大利的美学家克罗奇在评价鲍姆嘉通美学时所说得那样：过早地给一个没出世的婴儿进行了洗礼，而且还打制了一副沉重的哲学盔甲。

席勒提出这个问题超越了时代，他并没有从当时的社会条件出发来谈美育，而是从自然的人出发的；人在生出后带来的是自然的禀赋，是天然生成的状态，是一个非常纯朴的自我。自然禀性很显然与社会人有着很大的距离，他必须得进入社会，掌握社会思想，明礼仪知礼法，就像中国儒家所强调的那样要进行人格培养。人格培养的具体对象是原初的非常朴素的那种人，还没有进入到社会的文明层次的人，要叫他懂得道德礼法。面对这样的人要通过道德理性的教育，使他超越自然禀性，也就是席勒所说的："使人成其为人的正是人不停留在单纯自然界所造成的样子，而有能力通过理性完成他预期的步骤，把强制的作品变为他自由选择的作品，把自然的必然性提高到道德的必然性。"① 这就是说对带有自然界原初东西的人，得按照社会理想目标来进行塑造。席勒对当时人的估计是：古希腊社会中的人，性格较为完满，具有很多人性的心理存在，因此那时的人比较理想，是完满的人，是具有充分人性的人。发展到近代，进入席勒时代的 18 世纪，随着社会的发展，人性开始堕落，就是我们所说的人性发生异化了。怎么解决异化的问题呢？席勒认为只有通过美育，解决人性的异化问题，然后才能重新恢复完满的人性。所以他说非人性的社会里面，充满了野蛮、颓废、狂怒……这些兽性的东西，在席勒的时代里表现得已经非常突出。然而在席勒看来古代社会却不是这样，只是在现代社会里才发展起来这些非人性的东西，所以必须进行审美教育。席勒为了批判当时社会的各种弊端，把其归结为非人性的存在，这已起到了强烈的批判作用。在他写的剧本里，如《强盗》、《阴谋与爱情》和《奥尔良的姑娘》等都充满了对非人性东西的尖锐批判，极具价值。很多思想家、艺术家在批判现实社会的同时，都会把过去社会理想化，如中国的老庄、陶渊明等都是如此。但是从社会的发展规律来讲，不管后来的社会存在着什么样的弊端，它总是在整体上超越了过去的历史的存在。

## 二、"人性复归"的模式

这里说的实际上就是席勒的异化论。席勒强调美育思想，针对的是当时人性的堕落。当时的人为什么堕落？堕落到什么程度？怎么挽救这种堕落？席勒对这些问题进行了深刻的思考。在席勒的时代，德国封建势力还十分强大，但在欧洲的发达国家中，已经开始了近代社会，经济发展了，科技发展了，社会统治方式也有重大改变，劳动分工也不同于手工工场的时代，这时人在现实中的对立矛盾已经看得非常清楚，席勒对此有非常具体深刻的分析，不仅描绘了现象，也揭示了本质。他说："现在国家与教会，法律与习俗都分裂开来，享受与劳动脱节，手段与

---

① 席勒：《美育书简》，中国文联出版公司 1984 年版，第 39 页。

目的脱节，努力与报酬脱节。永远束缚在整体中一个孤零零的断片上，人也就把自己变成一个断片了。耳朵里所听到的永远是由他推动的机器轮盘的那种单调乏味的嘈杂声，人就无法发展他生存的和谐，他不是把人性印刻到他的自然（本性）中去，而是把自己仅仅变成他的职业和科学知识的一种标志。"① 他接着讲到了社会分工对人的局限，他说："人们的活动局限在某一领域里，这样人们就等于把自己交给了一个支配者，他往往把人们其余的素质都压制了下去。"② 这样，在实际的社会生活里面，政治的、经济的、法律的社会关系把人完全割裂了，特别是在生产劳动领域里边，不断扩大的社会分工把人紧紧地束缚在一个领域里边。席勒在这里实际上讲了劳动的异化问题，他比较早地看到了资本主义生产关系的发展给人性带来的破坏，所以这种局面集中摆在这里，看起来是十分严重的社会现状。

面对这样的现状该怎么办呢？席勒不赞同法国大革命的道路，认为那样解决不了人的异化，反而更集中地走向了异化。在当时因为受历史发展的时代局限，席勒所能看到的，所能承认的改造社会，改造人的道路就是美育，除了这个没有别的选择。这样他把过去的历史看成是合乎人性的历史，而现阶段却是人性丧失的历史，所以未来的目标是要达到人性的复归。这样席勒就设想出了社会发展的一个图式：人性——→非人性——→人性的复归。这个图式和马克思在《1844 年经济学哲学手稿》中讲的人性复归，在文字上有相同之处，但意义完全不同。马克思讲的人性复归，有一个消除劳动异化的前提条件，并且也不是讲要把原来的人性原封不动地拿回来，而是讲在现实实践中人适应社会发展的全面个性能得以实现，即完满的人性实现在历史的新阶段上。马克思所讲的人性的复归，是在共产主义新阶段上的一种创造。尽管如此，席勒的分析显然对后人产生了影响。《1844 年经济学哲学手稿》中讲的人性复归，由此不难看出它的理论渊源，不可否认它与席勒的思想是有着一定联系的。

从席勒所讲的图式，能看出他的历史唯心主义特点是非常突出的，因为他不是从社会历史条件的变化来谈人性以及人性的形成的。马克思、恩格斯在《德意志意识形态》里，说到未来社会的建立，未来的人

----

① 席勒：《美育书简》，中国文联出版公司 1984 年版，第 51 页。
② 席勒：《美育书简》，中国文联出版公司 1984 年版，第 50 页。

怎么形成时，讲了一个十分科学的理论："无论为了使这种共产主义意识普遍地产生还是为了达到目的本身，都必须使人们普遍地发生变化，这种变化只有在实际运动中，在革命中才有可能实现；因此革命之所以必需，不仅因为没有任何其他的办法能推翻统治阶级，而且还因为推翻统治阶级的那个阶级，只有在革命中才能抛掉自己身上的一切陈旧的肮脏东西，才能建立社会的新基础。"[①] 这是说人不可能脱离社会实践来改造自己，无产阶级必须通过社会实践来改造自身。要想把自身改造好了再去改造社会，这是做不到的。所以，《德意志意识形态》里的观点是历史唯物主义的。席勒要在社会中对人进行单独的人性培养，这在现实社会里是实现不了的。《德意志意识形态》里说得很清楚：只有在社会革命中才能改造人，新人的造就和新社会的建立是同时的。

## 三、三种"冲动"的终极指向

席勒认为"美只能表现为人性的一种必然条件"。但人有感性本性，又有理性本性，二者必然构成冲突。因为感性要求绝对的实在性，理性要求绝对的形式性，于是出现了三种冲动，即感性冲动、理性冲动和游戏冲动，这是席勒美学思想里比较独特的内容。

前面说到的美育思想是对社会人性的培养和人性的恢复的一些观点，就是主张用美育来改造人，达到对新人的培养，造就完整人格，这样就可以实现对社会的政治改造。三种冲动说则进入到了对具体的"人"的分析：怎么能使原来美好的人性恢复到具体的人身上来，又怎样培养起来，这三种冲动之间彼此有着逻辑联系。席勒所说的人性的培养和人性的恢复，是指去除残暴、颓废和狂怒等非人性的、兽性的东西。他讲的人性主要有两部分：即感性和理性。人的性格大体上离不开感性和理性，在人的性格中体现为感性要求和理性要求。人的感性要求，要求的是绝对实在性。所谓绝对实在性就是人们的生活、生理需要。人性当中的理性要求，要求的是绝对的形式性，用席勒的话说就是给一切外在的东西加上形式。这两种要求构成了矛盾，必然要产生感性冲动和理性冲动的冲突。这两种冲动都是人固有的冲动，不论是哪种冲动，都会把人紧紧地束缚在自相矛盾的情境当中。

---

① 马克思恩格斯：《德意志意识形态》，人民出版社，1861 年，第 68 页。

理想的完美的人性就是两者的和谐统一，但这是很难实现的。并且近代社会人性的分裂严重地破坏了这种统一。解决人性分裂的出路就是要有第三种冲动，即游戏冲动，人才能恢复完整。游戏在席勒理论中是非常核心的概念，他主张通过游戏使人恢复为人，达到人性的完全统一，这是十分具体的实现方式。在实现游戏冲动之前，人所具有的感性冲动和形式冲动对人自身的人性都是一种强制，不是人所自由的、随心所欲的、期望的境界，它不能使主体具有自我活动的自由。只有游戏冲动才能将感性冲动和形式冲动两者结合起来，这就使人性归于完整。游戏冲动和美是什么关系？席勒认为当人受到人自身之外的不论是感性冲动，还是形式冲动制约的时候，人就没有自由。人在什么情况下才能有自由活动的愿望呢？人得摆脱了外在的不论是内容的还是形式的实际制约，人的主体可以按照自己的意愿进行活动，这时才能有游戏：有游戏的时间，有游戏的要求，有游戏的条件来进行游戏。席勒举过一头狮子的例子，他说一头狮子只有捕获到了能供它食用的野兽之后，吃饱了，休息好了，这时它才有空闲的时间和剩余的精力来进行游戏。他说动物都是这样，在它受到威胁时、饥饿时游戏不了，只有当实际需要得到满足时，它才有了游戏的条件，人也是这样。人的条件就是摆脱掉感性冲动和形式冲动，才能进入到游戏的状态中。所以席勒非常看重游戏对人实现自由的意义，游戏冲动是实现人的自由的有效途径。席勒强调的美就是人性的自由。席勒的这个思想与先前所有美学家的思想相比，是最接近美，最能揭示美的本质的思想。因为他以前的美学家没有一个是从"美是人性的自由"这点来揭示美的本质的。席勒的这一思想可以相映于马克思在《1844 年经济学哲学手稿》中所讲的人的本质力量的对象化。人的本质力量就是人的自由自觉性。席勒的思想虽然带有空想性，但他把自由作为美的内在标志，对后来马克思形成《1844 年经济学哲学手稿》里的这一思想有相当的影响。当然，马克思所说的自由自觉必须是在消除异化的基础上，只有经济得到解放，建立了共产主义社会制度，才能保证这种自由，人的族类应有的自由本性才能得以全面实现。

席勒把人性看得非常重，他说："人应该同美一起游戏"，"只有人在充分意义上是人的时候，他才游戏；只有当人游戏的时候，他才是完整的人。"①

---

① 席勒：《美育书简》，中国文联出版公司 1984 年版，第 90 页。

这里的"游戏"是广泛意义上的概念，即当人出于自由本性才去做活动的时候，这活动就带有游戏的意义，因为它不是受实际需要的强制，也没有对象形式化的限制。

　　席勒的审美外观和游戏说指向的是审美自由。

　　席勒提出对对象世界外观，也就是人对于美的表现形式的喜悦，席勒认为这种喜悦和爱好是人性的标志。这个观点带有很突出的经验主义的性质。因为人们在现实中，对对象的外观是比较注重的，这注重来自于感官对外在世界的接受，这也回答了人们为什么要装饰环境、装饰自身。在今天人们的生活中，很多钱财被花费于此，正是源于人们对审美外观的注重。席勒认为这是人性的一个对象化的标志。即人的人性是什么，它在对象化关系中就会有所体现，体现在对外观的喜悦，对装饰的爱好，同时也喜欢游戏。对游戏的爱好也是人性的标志。所以席勒说游戏冲动和对外观的喜悦，在本质上是一致的，只不过外观与装饰是以对象的形式来满足人们审美感官的需要，而游戏是人直接参加到对象活动当中去。此外，两者还带有一致性，因为游戏也带有很多外观性和装饰性。如迪斯尼游戏乐园的外观、造型和色彩体现了游戏的这一特点。游戏和外观装饰化是用对象形式来召唤人性，因为人生来就有对外观、对装饰喜好的天然本性。外观装饰和游戏，总体来说对人不是实际需要的满足，而是使人能够达到怡情悦性的目的。喜好外观，追求的是外在的存在，不是具有实际实利的对象本身的存在。游戏更是如此，不能通过游戏实现实际的功利。但是，在游戏当中，或在对外观的观赏中，除了满足人自身的审美要求之外，还有对人的审美潜力的激发作用，在对象面前可以激发想象力，提高幻想能力，甚至参与创造的激情和愿望也能够得到激发。在这一基础上，观赏外观的喜好和对游戏的爱好，自然能启发人的艺术创造。而在艺术创造当中，在席勒看来，对外观和装饰的喜悦、对游戏的爱好，这些审美情趣都能在艺术创造中得到满足，甚至于那种从总体来说属于游戏冲动的内容，也能够多重地在艺术创作中得到实现。

　　席勒的"三个王国"说也是指向人的审美自由。

　　除了前面说的三种冲动外，席勒又提出三个王国，分别是：自然王国，法则王国和审美王国。

　　"自然王国"，就是力量王国，是人在现实中的一种斗争，人和人以力量相遇，一旦斗起来，力量上的强者肯定会打败力量上的弱者，结果弱者就会受到束缚，实际上胜者也要受到损失，因此也不是真正自由的实现。"法则王国"，侧重于说人在现实中受到法律和道德的制约，人在现实中发生对峙，这时人的意志受到疏忽，所以法则王国也不是自由的。"审美王国"，这才是一个自由的王国。人与人以自由和游戏相遇，在这一王国里，人与人没有实际利益的冲突，人在这里边实现的不是现实的实际的目的，没有任何功利争夺，所以是一个自由的王国。

显然，席勒既不喜欢自然王国，也不喜欢法则（伦理）王国，因为在这两个王国里人都不能实现人性的自由。而且这两个王国是重叠在一起的，人的自由加倍受到高度限制，席勒所说的人的高度异化现象都是出现在这两个重叠的王国里。审美王国却不存在异化，没有矛盾，可惜实际上它是不存在的，只是理想和愿望的乌托邦而已。因为历史的发展已经证明了：现实世界上是不可能有超脱了现实的政治经济、法律道德的束缚，不受任何限制的自由王国存在的。这个王国只能在文学作品里，在人们的理想中存在，如在中国陶渊明笔下的"桃花源"中存在，在英国托马斯·莫尔的《乌托邦》里存在。即使是在莫尔的《乌托邦》中，犯法的人也要受到黄金镣铐的制约，不得完全自由呢。可见，空想在现实世界中也是难以为继的。在《美育书简》里，席勒通过对自由的向往，构造了审美乌托邦的世界。真要把人在现实中的异化消除，让人的人性充分发挥起来，让人减少外在的很多束缚，是需要相当的现实条件的，然而这些在当时并不具备。在《美育书简》中，席勒在此淋漓尽致地发挥了充分的浪漫主义，对人性给以很大的激发，但是要以它作为思想或美育的目标，去改造社会、改造人性，在现实中是实现不了的，是有着巨大局限性的。

## 四、感伤的诗与"美的假象国家"

素朴的诗和感伤的诗，是席勒关于理想与现实的论述，和前面谈过的怎么样通过美育来实现人性的完满，创造合乎人性的人格是直接相关的。

席勒在《论素朴的诗与感伤的诗》中认为：素朴的诗留恋的是现实，而感伤的诗是憎恶现实的，而追求的是与所憎恶的现实相反的理想，"于是发生这个问题：诗人留恋的是现实还是理想？他是想把前者当作一个厌恶的对象来处理，还是把后者当作喜爱的对象来处理？因此，他的描述不是讽刺的，就是哀歌的（就这个词的广义而言，往后将加以说明；每个感伤诗人都将倾向于这两种感受（按：指讽刺和哀歌）中的一种。"①

席勒认为，当时异化的现实是令人厌恶的，是不值得留恋的，要想改变这个现实，造成自由人性的实现，在文艺上必须把现实提高到理想，这样写出的诗就必然是感伤的诗，而不能是"追随素朴的自然和感觉，也只限于摹仿现实"的"素朴的诗"。②

与这种素朴的诗不同是伤感的诗："感伤诗人，除少数时刻外，总是对现实生活感到厌恶。这是因为我们的心灵在这里似乎被观念的无限的东西扩大到超出自己的自然范围，所以现实中没有任何东西可以把它填满。"③

由此可见，作为文艺审美创作原则的素朴和感伤的表现方法，在席勒看来，还是感伤的原则利于使人由艺术而透识当时，批判异化社会，召唤起自由的人性，因为席勒认为素朴的诗是把现实"当作喜爱的对象来处理"，不能实现以艺术促进人性向完满的境地复归。

席勒认为素朴的诗是以知性为基础的"向下看"，而感伤的诗是按照人的理想"向上看"。其实，席勒本人是"向下看"之后所见情景令他感伤他才执意主张"向上看"的。他向下看到的不论是下层阶级和上层阶级，"不是粗野就是懒散，这是人类堕落的两个极端，而这两者却汇集在同一个时代里！"他说："在为数众多的下层阶级，我们看到的是粗野的，无法无天的冲动，在市民秩序的约束解除之后这些冲动摆脱了羁绊，以无法控制的狂暴急于得到兽性的满足。"而"文明的阶级则显出一幅懒散和性格败坏的令人作呕的景象，这些毛病出于文明本身，这就更加令人厌恨。我记不清了，不知是古代还是近代的一位哲学家说过这样的话，高贵一旦败坏就更为可恶。"④ 席勒认为作为造就人性的唯一可行的艺术，"在包围他的时代的堕落而前"，它的艺术家"只有按照他的尊严和法则向上看，而不是按照运气和日常需求向下看。摆脱开愿意在短暂瞬间留下自己痕迹的无效的忙碌以及把绝对尺度用于时代贫乏的产物上的急不可待的狂热精神，他把现实的领域留给在这里本地成长

第三编　足可撑起盔甲的德国美学

---

① 席勒：《秀美与尊严》，文化艺术出版社，1996年版，第289页。

② 席勒：《秀美与尊严》，文化艺术出版社，1996年版，第288页。

③ 席勒：《秀美与尊严》，文化艺术出版社，1996年版，第322页。

④ 席勒：《审美教育书简》，引柏拉图语，北京大学出版社，1985年版，第25页。

的知性，而致力于由可能性与必然性的结合中产生出理想。他把理想铭刻在虚构与真实中，铭刻到他的想象力的游戏里以及他的行动的真情实意中，铭刻在一切感性和精神的形式里并默默地把理想投入无限的时代中。"①

席勒在《美育书简》第二十七封信的结尾说到了他所理想"美的王国"之何在，他承认现在这还是一个"美的假象国家"，"在哪里可以找到它？按照需要，它存在任何一个心绪高尚的灵魂之中；而按照实际，就像纯粹的教会或共和国一样，人们只能在个别少数卓越出众的人当中找到；在那里，指导行为的，不是对外来习俗的愚蠢的摹仿，而是自己的美的天性；在那里，人以勇敢的天真质朴和宁静的纯洁无邪来对付极其错综复杂的关系，他既不必为了维护自己的自由就得妨害别人的自由，也不必为了显示优秀就得抛弃自己的尊严。"②

由此可见，席勒的审美自由王国是一个以假象形式存在的王国，它具有"有"与"无"两种相反性质，它"有"，是存在于高尚的心灵当中；它"无"，是在于它不是地面上存在的实体，这两个合在一起的"美的假象国家"，就是席勒的"美育乌托邦"。

---

① 席勒：《美育书简》，中国文联出版公司 1984 年版，第 63 页。
② 席勒：《审美教育书简》，北京大学出版社，1985 年版，第 154 页。

# 第二十一章　黑格尔的美学思想

　　黑格尔（1770—1831）是德国古典哲学和美学的集其大成者。因为他以理念即绝对精神作为学理的逻辑起点，显现于艺术、宗教和哲学三个阶段，所以他的哲学体系属于客观唯心主义。研究他的美学，对我们分析现实艺术问题能得到很多重新审视的理论。黑格尔著作甚多，其中充满了辩证法，他直接讲过美学课，三大卷四本《美学》就是依据他讲的课整理的。他的美学特点是以艺术作为美学研究的对象，虽然也谈自然美，却是为了讲艺术美，认为美是理念的感性显现。第一卷是关于美和美的艺术理论，是一般的美学原理，第二卷是艺术美的各种类型，第三卷是各门艺术的体系。他的美学观点不仅体现在三卷《美学》中，哲学著作中也有许多，如关于人物性格塑造的精要主张就不在《美学》当中，而在《精神现象学》当中。

　　黑格尔认为美是理念的感性显现。柏拉图讲美在于理式，理式不是出自现实也不是内心，是超脱于物和心之外，存在于空中的概念性的东西；能够显现这个理式，这个对象就是美的，这是"理在事外"。黑格尔的理念与理式不太一样，黑格尔说的理念不是来于物和心，是来自于客观精神，这是"理在事内"，并且在推动着事物的运动，通过否定的方式达到肯定，又通过肯定达到否定。黑格尔把理念看成最高的真实和普遍的真理，理念又决定美的本质性存在，又把美和真统一在一起。它的意义在于强调美必须以感性形式来显现，感性形式显现抓住了美的非常突出的特征。我们所看的美的现象都是感性形态。感性形态的显现怎么验证？通过审美感官来感受，五种官能中尤其是以视听感觉接受美的存在，就对象条件来说，必须付诸感性的形式来创造，实现感性效果。如戏剧、绘画、雕塑等等以感性形式表现，如果脱离感性形式表现就会丧失艺术的本质，丧失到什么程度，美的程度就减少多少。由于作为绝对精神的"理念"本身是不存在的，这时感性显现显现的是什么？不外是实际存在于艺术生成过程中的现实和作者的思想情感，这是主客观统一性的东西。所以艺术中被显现的无非是现实和情思，不是理念，但被显现的东西必须诉诸感性形式，要具有形象性特点。黑格尔美的定义有一半是对的。因此对我们的意义，不是理念通过感性显现来实现，而是用感性显现所显现的是主观和客观统一的存在，不这样就不是艺术。

感性显现是艺术这种特殊形式的存在，脱离这个形象形态就不是艺术。理念，由于是客观精神，是黑格尔体系中的产物，它被置于艺术和美的内容对象的位置上，不能代表主观和客观，所以不能说明什么，如果换了艺术中普遍不可脱离的东西，即是生活现实与主体情思，而这个却不是黑格尔美的公式中的，是我们在理念的符号上面放上的实际应有的东西，这个实际应有的东西得到"感性"显现了，这时美就实现了，这时的美等于艺术。因此，黑格尔关于美的定义，主要说明艺术美，难以说明自然美，也不能说明社会美。他谈自然美也是为了说明艺术美。

## 一、美是理念的感性显现

黑格尔"美是理念的感性显现"这个命题，其原文如下："真，就它是真来说，也存在着。当真在它的这种外在存在中是直接呈现于意识，而且它的概念是直接和它的外在现象处于一体时，理念就不仅是真的，而且是美的了。"①

因此可以下这样的定义："美是理念的感性显现。"对此，朱光潜先生在《西方美学史》中分解为三点，即理性与感性，内容与形式、主观与客观的三个统一。

我想把这三点解释一下。

第一说的是理性与感性的统一。黑格尔的理念就是绝对精神，也是意蕴，它被视为最高的真实，是一切具有内容的存在的内容，不论艺术、宗教和哲学。因此，真与美的统一是感性与理性的统一。这个概括的核心观点，首先是真与美的统一。平常理解真与美的统一并不困难。比如说一个对象显现为真，这个真可以作出多种解释，但是主要在于合乎规律性。美是真的对象又显现为从内在到外在美的特点。我们理解这个并不特别困难。真与美为什么又是感性与理性的统一，这个离开了黑格尔的美学特点就难以解释。我们就按照黑格尔用的理念的感性显现和

---

① 《美学》第1卷，商务印书馆，1996年版，第138页。

他的理性来解释它的真的意义。

在黑格尔的美学当中所说的感性显现和我们平常说的，以至于从别的美学家那看到的关于感性的解释是一致的。就是你可以对这个对象以感官进行接受，可以听见，可以看见，甚至可以触摸到对象的实体，这都说明这个对象具有感性特点。如果用形象显现，可以观赏这个形象，这也是感性特点。对此黑格尔的用法和别人并没有区别。如果说感性显现是美的普遍的存在状态，这无论从艺术、从自然、从社会现实当中，我们了解美，把握美，一般都是这样的。这里说的理性是什么呢？这个理性就是黑格尔所强调的绝对精神，或者说客观精神。黑格尔所说的绝对精神和客观精神，他不把它看成是人的主观精神，或心灵性的东西，虽然是以精神字样出现，"客观精神"、"绝对精神"都是精神。对于精神我们一般理解是来自于人的主观。黑格尔的精神不是这样，他的绝对精神是超出人之外，在人之外存在着。不因人对它反映不反映它才存在不存在，和人的反映没有关系，它是在虚空当中存在的一个精神，不受人的主观的制约，这个精神既带有客观性，也是一种绝对的理性。而且从真来说也是最真的，黑格尔的美学体系在命题上就赋予真以这样的意义。他认为理性是最真的。所以这样才能把真和美这两者统一看成是感性与理性的统一。真代表着理性，理性也显现着真。因为它是绝对精神，一切都是由它演变而成的。绝对精神进入到艺术领域，进入到精神领域，就显现为艺术。所以它具有真的品格和地位，从这个意义上说理性是真。这是第一个概括。

第二，内容与形式的统一。所谓感性显现，对于艺术是意蕴，理念也是内容，就是理念一定要实现为感性的外形，成为能诉诸人的感官和心灵的艺术形象。从这里可以推导出一个简略的概括，就是理念内容的感性显现，显现为内容与形式的统一。形式和美是理念的感性显现，既有理念，又有感性，和内容与形式是什么关系？就感性显现来说，黑格尔在论述这个问题时，他是把理念这种绝对精神看成是决定着艺术，决定着艺术的感性的一个基础。感性的艺术是由绝对精神演化而来。没有绝对精神，没有理念，就不会有这种感性显现，它是决定着感性显现的。从这个意义上说，理念是内容。理念作为内容得到一个感性的显现，并且呈现为美，这就达到了内容和形式的统一。所以感性显现带有形式的意味。这是解释理念为什么能派生出内容与形式的统一。且不管理念是不是作为内容在决定着形式，就它的逻辑来说是这么一个逻辑结构。

第三，理念和感性显现二者的统一。这也正是美是理念的感性显现论对美所作的公式性的认定。在这个认定里，既有理念也有感性显现。当理念得到感性显现之后，这时实现了主观与客观的统一。我们知道黑格尔强调的是客观精神。这个客观精神是理性还是感性，是主观还是客观，这个我们要在黑格尔的逻辑系统中做出分辨。在朱光潜的《西方美学史》里，他进行了比较确切的解释。朱光潜在解释理性与感性的统一是主观与客观的统一时，他说理念在黑格尔那里本是客观性的，即是黑格尔的美学体系中所使用的理念被赋予客观性的意义。为什么赋予理念以客观意义呢？黑格尔美学是客观唯心主义，理念的客观性是他的哲学体系和美学体系的客观唯心主义的基础。要脱离这个理念客观性，他的客观唯心主义也不能成立了。这是黑格尔的美学体系决定的，他要认定理念是客观性的。我们前面说到真，理念是真的一个表现，和真是具有同样意义的，就是真的体现，并且是决定着真的，那就说明它具有客观性。这是黑格尔自身所做出的认定。朱光潜在解释这点时说："黑格尔认为理念是普遍的逻辑范畴，因为一切都是由它演化而成的，是万事万物后面的理，所以是客观的。"[1]

万事万物的存在后面有一个理，也就是真。在黑格尔看来，当绝对精神作为人的生活的推动力和人的生活理想时，绝对精神即理念，也是可以进入人的主观当中，成为人的主观的存在。理性和感性的统一是主观和客观的统一，这主观又是从何而来呢？这时的主观就是被人感知、成为人的理想的绝对精神。如果讲主观和客观的统一，客观的内容就是理念。所以说理念和感性的显现这二者的统一，而感性在艺术当中是人赋予它的，出自人的心灵对于理念的感知。

所以，在黑格尔那里不论艺术或美，都是主观和客观的统一。这个问题在朱光潜的《西方美学史》中讲的是最透的。把一个绝对精神或者说理念、客观精神认定是一个客观的存在，这个好像和我们掌握的马克思主义，唯物主义哲学不相符合的一个认识方法。我们要按马克思主义、唯物主义哲学看黑格尔的理念或者绝对精神，很显然不能把它看作是一个客观性的存在，因为它自身就不存在，没有这么个东西，就像说没有神一样。你要说它不存在，它又作为黑格尔的美学逻辑的起点摆在

---

① 朱光潜：《西方美学史》，第481页。

那里。在黑格尔的美学当中，他认定它是一个先在的存在，我们必须把握这一点，然后你才能对它做出是非判断。我们是按照黑格尔美学自身的体系来还原，还原之后我们给它一个判断。我们做出的主观与客观的统一这是我们对他的体系的一个梳理。

所谓理念和感性的统一，其实这两者实际是不能统一的，只能实现在假想意义上，因为理念就不存在，它怎么和感性统一呢？但在黑格尔的逻辑里就有这样的意义。这在我们看来，艺术感性显现，所显现的不是理念，感性显现在艺术中不外乎是生活，不外乎是创作艺术的人的思想情感，也就是真正属于人的主观和客观的内容。主观就是思想情感，客观就是生活题材，这些东西在艺术形象中体现，这是艺术的普遍特点。但黑格尔不是这么说的。他把我们平常对艺术当中那种内容的认定，就是思想情感和生活，他在这个地方放入理念。他放的这个东西没有意义，但他这个公式很有意义。就像孔子"知者乐水，仁者乐山"。智者并不是只乐水不乐山，仁者也不是只乐山不乐水，这样说在事实上是没有意义的，因为它不符合生活事实，但这个公式显示出一个意义，这个意义就是：在生活当中不同的人，有不同的兴趣，不同的爱好，不同的审美关注，从这个意义上来说，这个公式很有意义。这个理念的感性显现也具有这样的意义。一旦我们把握他的公式，在他放入公式的某一个概念的地位上，我们就权且把它当作是一个代号，在它的代号里我们可以放上我们所认定的具有真理性意义的内容，对理念的感性显现也应该是这样，这是对黑格尔美学还原它自身的存在，然后我们才对他的体系的存在做出我们的判断。这个时候常常需要我们对他公式里面的内容做出来改换。康德讲对自然崇高的欣赏，对自然对象当中感到的崇高，不是自然对象里的存在，是头脑里的存在，头脑当中的存在被放到崇高的自然对象当中去了，他称之为"偷换"，他是这么解释崇高、崇高感和崇高对象的本质存在。显然他这个解释本身和事实的逻辑不相符合。能够唤起人的崇高感的对象肯定具有崇高的意义，如果没有这个意义，为什么别的对象没唤起人的崇高呢，所以这个时候不是唤醒，是让你有这种反映。所以把崇高的对象就认定只是唤醒人的崇高，显然减低和贬低了对象本身的意义。西方美学不少地方在整个理论包含上不是完全科学，因为是几百年，几千年不断的发展，后来人不断丰富，不断补充，到我们今天的时代不少东西已经经过很多人的研究，认识得更清楚了。这时我们回头再看前人，发现有这样不足那样不足。我们不是取这些不足，而是取它可以给我们提供理论基础的东西，我们在后来经验基础上把不足的东西正确认识了。但总体来说，黑格尔美学有很多东西在我们今天是非常有用的，今天我们能够直接拿过来的东西还是比较多的。

## 二、自然美与艺术美

### 1. 自然美与理想表现

在黑格尔的美学体系中，自然美是作为理念感性显现的艺术美的低级基础条件而存在的，因为它是绝少受到生气灌注。他的自然美不仅包括自然物、人的生物体，还包括社会生活的直接现实的存在。由于作为绝对精神的理念，只能浅近地存在于某些自然物的表面，而对多数自然存在却不能在自然形象的符合概念中，见出生气灌注的互相依存和社会事物中作为依存性的人不能见出独立完整的生命和自由，所以它的美是低级的，有限的，它由此推及到一切自然形态的自然和社会存在，借以达到对于"人类生存的全篇枯燥散文"的批判否定。黑格尔的自然美论不仅是美论，也是一种社会现实批判论。

在黑格尔美学当中，讲自然美的地方还是不少的，并且设了专章。在黑格尔的美学体系当中，自然美和艺术美这两个范畴应该是非常明显的范畴。黑格尔美学体系当中设置自然美这个范畴，他的目的重点不在于要阐发自然美这个范畴，是为了论述艺术美，就是给论述艺术美做一个铺垫，或者说先设个台阶，然后踩着这个台阶进入艺术美的层次上，展开对艺术美的论述。自然美在黑格尔美学体系当中总体来说是低级的，是贬低的，被说到的主要是缺欠，说它缺欠才能显出艺术美的重要，艺术美的高妙，没有这个比较点，那艺术美好在哪里呢？所以看完黑格尔美学有关这方面的理论之后，感觉到他对艺术美看得非常高，而对自然美看得比较低。这点是所有谈论黑格尔美学的论文和著作的共同观点。我们就来看看黑格尔对自然美总体看法。黑格尔说："我们可以肯定地说，艺术美高于自然。因为艺术美是由心灵产生和再生的美，心灵和它的产品比自然和它的现象高多少，艺术美也就比自然美高多少。"①

一般说来，黑格尔贬低、轻视自然美，他认为自然美不是真正的美，不能成为美学研究的基本对象，但他并没有否认自然美的存在这一事实。这个判断是合乎黑格尔美学当中关于自然美论述的论断。

自然美是自在的，不能从中寻求理想的美，这是黑格尔美学当中论述到自然美的时候，所体现的一个贯彻始终的观点。所谓自在的就是说它不是自为的，不是能动的，而且从自然美的存在当中找不到理想的美。他认为自然美在反映人的心灵时，"它所反映的只是一种不完全不完善的形态。"② 黑格尔为什么对自然美做出这样一个论断呢？我们今天如果科学地、实事求是地论述自然美，自然美实际存在的地位要比这个高，假如从艺术创造要以自然美为对象的话，从自然当中寻找艺术表现对象，这一点黑格尔是承认的。因为从自然当中找对象，找到对象之后看到它是自在的，它里面没有理想，固然有这个方面的特性；但是自然美对艺术美来说，又是一个丰富的对象存在。艺术怎么表现，表现出来之后也没有自然美存在的原生丰富性。

在黑格尔的视野中，自然美除了包括自然界的自然美之外，所有的自然存在对象物都是自然美范畴里的，就是除了大自然山光水色，鸟语花香这种自然界的存在，属于自然美，而生活的一切自然存在，就是生活的原型存在，凡是自然状态的存在，事实上都是归于自然美里的。

如黑格尔讲到自然存在讲到人，但他讲人时更侧重从人的自然性方面来讲人。如果自然存在包括人的生活存在，那人的生活存在就不仅仅是自在的了。社会生活自身有矛盾，人与人之间存在着矛盾关系，这些矛盾推动着历史，推动着生活发展，有人自觉地进行改造社会的斗争，这里既可以是自为的，也可以是有理想的。所以黑格尔美学没有更深入地向作为艺术的自然对象的人的生活领域里面推进，所以他这么说好像仅仅就山光水色是自在的，在那里不能寻求理想等等，这好像大体能说得过去。中国古代的美学论述艺术对象时主要是讲自然界。例如陆机的《文赋》，刘勰的《文心雕龙》，都不是侧重讲人与人之间的现实存在，讲的都是怎样面对自然，春夏秋冬的变化对人的情绪的感染等等，这些都和现代的艺术理论有很大的差别。现代艺术理论讲艺术的中心内容是

---

① 黑格尔：《美学》，第 1 卷，商务印书馆，1996 年，第 4 页。
② 黑格尔：《美学》，第 1 卷，商务印书馆，1996 年，第 5 页。

社会现实中的人。

黑格尔说自然美是自在的，不能从中寻求理想的美，这个和他关于美的定义有直接关系。他认为美是理念的感性显现，他确定这一美的公式，确定这个公式以后，他把它推到艺术当中来，推到艺术美当中来，他可以解释说，理念进入到精神领域的艺术当中来，这个理念可以创生为艺术，当然他省略一些环节，因为必须有人参与，艺术不能离开人，离开人就没有艺术。它显现为感性，因为在这个过程当中有人，只有通过人来进行感性显现，人创造了感性形式的美。如果把这个公式推延到自然美当中，好像没法解释。理念怎样进入到自然界，使"自然界"显现为一种感性显现，黑格尔没有做出这样推论，好像做出来推论也很难理解。理念如何能使自然界显现为感性状态呢？好像没法解释。我们在解释道家美学时，按《文心雕龙》里的"原道"，讲自然之文是"道之文"。自然界里出现的"云霞雕色"，"草木贲华"等等的美是道之文，甚至还有超人工的美。我们解释道时，说道是一个自身相反的存在，"反者，道之动"，也就是一个矛盾，这个矛盾推动着自然界发生变化，所以才显现出春夏秋冬，显现出自然界不同的景色变化，这还能够解释通。因为我们把它放入矛盾的存在过程，以至于这个矛盾进入到自然界中成为自然的规律。黑格尔没法解释客观精神怎样能够使自然显现为有灵性的感性状态。如果这个自然界的存在及呈现的状态没有理念深入地进入到它的世界当中来，进入到它的内部来，表现理想又从何谈起呢？

黑格尔以他的绝对理念推演自然和社会运动，他所设定的三大阶段，即逻辑阶段、自然阶段、精神阶段，也只不过是人为假想的模式，他实在无法让绝对理念真正进入到自然阶段，在那里能真正创造出什么奇迹，这使他在理论上也显得十分软弱，他充其量也只能使理念进入自然的表层。为此，他才说："理念的最浅近的客观存在就是自然，第一种美就是自然美。"① 论原因，在黑格尔看来，在人之外的一切自然存在，都达不到"概念和体现概念的实在二者的直接统一"，因而也"见不出主体的观念性的统一"。这里的关键是自然不是人的存在，它难以启动理念为感性显现。

黑格尔说"理念的最浅近的客观存在就是自然"，这是把自然界和理念联系起来了。是说理念和自然的关系，理念是在自然的表皮上的一

---

① 黑格尔：《美学》，第 1 卷，商务印书馆，1996 年，第 149 页。

种存在，不是进入到自然的内在使自然内在显现为美。理念没有进入到自然的内里，仅仅在自然的外皮存在，自然也就是理念的一种最浅近的存在，这种理念最浅近的存在，黑格尔没有进一步解释怎么个浅近法。就浅近和理念来说，假如浅近存在起的作用以一百分为界，它只起到百分之十或百分之五的作用，就是和理念有点关系，关系不大。由于自然或者说自然美，承受的理念是最少的最外在的，所以这种美缺少理念，缺少理念造成美的最低级的状态。

中国古代美学讲情景相生、思与境偕。这时景境之有人的情思，所以景境才更美了。

刘勰的《文心雕龙》讲"山林皋壤，实文思之奥府"。"山林皋壤"是文章情思的"奥府"，这里酝酿着文章，是文章的发源地。刘勰为什么有这个看法？他看到中国古代的诗歌、文章，特别是从魏晋以来表现自然美的诗文、绘画等等发展起来了，而且题材的很多灵感都来自于自然，所以论述文章的来源主要是从自然界里找到艺术的源泉，这和理念的最浅近的客观存在就是自然的观点显然在评价的高低上是不一样的。黑格尔的理念难入自然，是因其不属于人，无法对其施动；而情思是属于人的，人则可以把自然人化。中国美学中的人与自然关系的见解，更胜一筹。

### 2. 自然界与自然美

在黑格尔美学当中论述了自然界的三个阶段。他论述自然界的三个阶段是要说明自然界发展的起点是非常低的，发展到最后也不是很高的。假如从自然的角度看人，就是体现在人身上，局限性也是非常大的。黑格尔论述自然讲了三个阶段包括：机械性、物理性和有机性三个发展阶段。黑格尔认为机械性、物理性本身的存在都是不关乎美的，本身没有美的意蕴，不蕴藏美的意义。例如讲到物理性，一堆石头的存在，加上两块也不能使对象物变成美的，减少几块也不能使对象物变成不美的，是这个对象物和美没有什么实际关系。当进入到有机阶段以后，对象获得了生命，而在机械阶段和物理性阶段本身是没有生命的；没有生命的阶段显然是不符合理念的。到了有生命阶段理念才在自然当中得到最初的最外表的体现，才承受了一点理念的灵蕴，但也还受非常大的局限。生命是灵魂和肉体相互融贯、充满生气的统一，它不是二者单纯的相互拼合，而是"统摄同样定性的整体"，也就是一个由形到神的统一的生命整体。这个生命整体把它放在什么样生命对象身上能够看出生命具有这样的意义呢？这不是在一般有生命对象身上都能看到这个特点。在一个昆虫或者一般的动物身上能看到这个特点吗？看不到这个特点。达到生命是有机的而且还是一个灵魂和肉体相互融贯的统一，只有在人身上才能看到。但是黑格尔在论述人时，也讲到人有各种各样的局限：不同的种族，不同的职业，不同的身心状态等等，因此也不是每个人都能够达到这个程度的。在自然界有机生命的范畴里面，真正达到他所说这个标准也很少。我们可以做出一个发展过程的描述，如有机性，由植物上升为动物，有机性属更高一层。动物中有低等动物和高等动物的区别，得由低等动物上升为高等动物；在高等动物中最有灵性的，用莎士比亚的哈姆雷特的话说是"宇宙的精华，万物的灵长"，这样一个高程度的人，这个过程显现了有机性的存在和高低的突出的差别。在植物的阶段，低等动物的阶段，能够符合黑格尔标准的，是非常非常少的。生命是灵魂和肉体相互融贯、充满生气的统一能有多少呢？这就可以看出黑格尔对自然美总体的判断必然是：自然美的层次是非常低的。并不是说自然界没有美，自然界的美是什么样的呢？"我们只有在自然形象的符合概念的客观性相之中见出受到生气灌注的互相依存的关系时，才可以见出自然的美。"① 这个可以看作是黑格尔关于自然美的定义。

黑格尔的这个自然美的定义显现了如下意思：自然美的存在是对人的一种存在，是人在自然界当中见出了自然美。人见出一个什么样状态，这个状态才是自然美的一个显现呢？这个自然形象得符合概念的客观性相。什么是概念的客观性相？就是在自然形象当中，能看出理念的存在，合乎理念。这个理念是一种客观性相。黑格尔常用性相这个概念。这个性相就是一种规定性，就是在自然形象当中能看出理念的规定性，这个规定性作为性相来说得显现出来，在自然身上显现了这种理念。并不是说只要有个形象显现了理念就可以，要求自然形象当中还能够有一种生气灌注。生气是哪来的呢？也是来自于理念，显现为理念，有充分的理念。所以自然形象、自然美得是自然形象和理念相互结合又显现为形象。这里说的相互依存关系就是自然形象和理念这两者的相互依存。自然形象当中有理念的生气灌注，这两者相互依存，所以这是理

① 黑格尔：《美学》，第 1 卷，商务印书馆，1996 年，第 168 页。

念和形象的统一，是概念和实在的统一。如果用这个标准看自然界，对自然界进行实践的考察，哪个自然界受到这种考察之后能够经得起考察，在那里能够说出来理念怎样在自然形象当中成为一种生气灌注，达到这两者的统一，很难有这样的自然事实。所以黑格尔贬低自然美，就在于自然美自身的自在性不能够生动地、能动地体现理念，这是根本原因，是自然美美的层次较低的自身基础性的原因。

黑格尔进一步分析自然美时，对于自然界存在的一些现象是自在的，不是自为的，他举有一些具体事例。这些具体事例的分析能进一步看到黑格尔关于自然美是低级美的依据。黑格尔在谈到作为自然对象物，例如，机械性阶段或物理性阶段这些很少有美的存在，进入到有机性阶段，"有生命的自然事物之所以美，既不是为它本身，也不是由它本身为着要显现美而创造出来的。自然美只是为其它对象而美，这就是说，为我们，为审美的意识而美。"① 黑格尔这段话想说明什么呢？他说当自然界发展到有机生命阶段，以至于进入到比较高级阶段的有机生命，这个对象物应该判定它是美的，但是它为谁而美呢？一匹骏马非常美，或者有些皮毛、颜色、花纹都非常美的动物或飞禽，色彩非常鲜艳、强烈，黑格尔指出它不是为它本身而美，甚至于它所显现出的美本身也不是为了显现而创造出这种美。这种美的意义何在？只是为其他对象而美。自然美作为人的审美对象就是为人而美。黑格尔讲人看动物时有一个标准，这个标准就是人。如果以动物和人对比，人在人的进化中，人差不多就是为美才把自身变成人，变成人的过程一直是伴随着美。都是按照美来建造，从原始人就是这样，只是那时受到各种条件限制，只能建造出当时那种条件下所能建造出的美。从最原始的化妆到现在高级美容院的化妆，这个主体都是为自己而美，他知道为谁而美，即为自己而美。古代有"女为悦己者容"之说；为悦己者容还是为了人能悦自己。在动物界，有机生命阶段，以至于上升到灵长类动物，按造黑格尔的说法也不是为本身，也不是由它本身为了要显现美而创造出来的。"动物只能使人从观照它的形状而猜想到它有灵魂，因为它只是依稀隐约地像有一种灵魂，即呼吸的气，渗透到全体，使各部分统一，并且在全部生活习惯中显出个别性格的最初的萌芽。"② 从这里可以看到

---

① 黑格尔：《美学》，第1卷，商务印书馆，1996年，第160页。
② 黑格尔：《美学》，第1卷，商务印书馆，1996年，第171页。

动物是自在的，而不是自为的。所谓自在的就是自然本性，出于本能。

黑格尔在说到自然界无生命的风光景象时，认为它是以"动人的外在和谐，引人入胜"，只能够显现为对人的作用，而不是属于对象本身。因而是为人所欣赏自然界显现美不是为自身的显现，而是为我们，和人构成审美对象化关系。和人构成审美对象化关系不能够给它的同类，如自然界中显现为美，不能给自然界中其他的对象作美的显现，不存在这个关系，所以美只能是人和美的对象的关系，这个关系只有在这个领域存在。在动物界不存在审美关系，也就是动物作为自然界一种存在，对自然界的美，不论它自身的，或者它周围的，无法建立一个审美关系。有句俗语，形容环境被践踏，被破坏，说"老母猪进花园"，花园里全是非常美丽的鲜花，猪进去之后，在这个美丽的花园能干什么呢？能吃的吃，能踩的踩，把花园糟踏得一塌糊涂，不会把它看成审美对象。因为美丽的鲜花只有对人才能成为审美对象。包括蜜蜂和蝴蝶也不是欣赏花去了，它是要采蜜或者要吃到什么东西，寻找什么东西，只能是这个结果，不会欣赏花朵。德国诗人海涅在诗文中写夜莺和玫瑰花或蝴蝶和玫瑰花，玫瑰花是夜莺懒惰的新娘，其实这完全是人的一个幻想，夜莺和玫瑰花没有这种审美关系；还有一首诗写"蝴蝶爱着玫瑰花，围绕它飞翔千百回"，也不存在这种对玫瑰花的欣赏，都是人的一种移情的象征幻想。黑格尔说到这一点时，说在自然界里看到的美的对象其审美意义并不属于对象本身，自然界的美对于自然界的对象来说没有审美关系，它们之间只有在生长当中那种群落的关系，群落的关系也不能实现一种互动和合作，它的作用，用黑格尔的话说是在于唤醒人的心情，对人能产生一种审美关系，从这个意义上来说，对人能产生一种审美召唤，让人对它进行观赏。

当然，能唤醒人的心情的对象，也必然是美的对象，只是黑格尔出于的美的公式和对自然美的贬低，不予承认罢了。但是在说明自然不能对自身进行欣赏，自己不存在着主体和对象之间的审美关系，黑格尔说的是对的。但是说它是最低的美，存在在理念的表皮之上，和理念的关系非常淡薄，其实这个关系本身也不存在。自然对象美不美不在于这个对象里有没有理念，有多少理念，而是取决于对象本身具有多少美的底蕴。为什么用底蕴的字样？自然的美，美与不美不完全取决于主体，也不完全取决于对象。自然美作为美的对象总得有美的底蕴，您有内在制约条件，也就是力度、气势和神韵自身总得包含美的要素。如虎豹的皮的花纹；马的身形结构，毛色的亮度，奔跑和力量；花的形状色彩香气；而波浪滔滔、小桥流水、莺歌燕舞、月色撩人等，这些都是自然美的内在条件。要没有这个内在条件，就没法使这个对象变成美的，但这个对象的美是存在在对象身上，必须得建立和人的审美关系。假如把美定义为人的本质力量的对象显现，不是用黑格尔的美是理念的感性显现，那这个底蕴和内在条件必须和人形成对象化关系，有人接受它，这个对象才能实现为美。所以美不是在自然对象里显现多少理念，因为理念本身就不存在，也不在于自然美显现理念太少就不能成为最高的美。

### 3. 自然美的局限性

黑格尔按美是理念的感性显现这个定义判定自然美是不完全不完善的美的形态。黑格尔《美学》第一卷的开篇就讲这个。黑格尔讲自然美是自在的，不能从中寻求理想，这是出自他的美是理念的感性显现的公式的认定，这个认定即自然美是自在的，不能从中寻求理想。说自然美是自在的，这个符合事实，因为它没有自觉性的存在，无论是自然界的机械阶段、物理阶段，还是有机阶段，很显然是自在的存在。在自然美当中，不能寻找黑格尔所说的理念，因为理念本身原本就不存在，到自然中找作为理念存在的理想自然也找不到。但是对自然我们还可以探讨的一个问题，就是自然界在怎样情况下里边可以包含有理想。黑格尔在论述自然美时多是谈单纯的自然界，但他有时也把没有经过人进行艺术表现的现实存在，他在书中称之为"直接现实"、"直接存在"、① "个别性相"也列入自然存在范畴里，这里不仅有自然界中的对象，也有人的部分存在，它们都属于自然界的局限，也就是艺术显现前的自然状态的局限。他说："自然界和心灵界的直接个别事物不仅一般有依存性，而且没有绝对的独立性，因为它是有局限性的，说得更精确一点，因为它本身是个别化了的。"黑格尔在分析人的时候，不仅把人的身体作为自然存在，它的外表都仍然显出自然的欠缺，证明人的内在生命的感觉"还没有内在地集中到能呈现于身体的每一部分"，以致"身体里有一部分器官和它们的形体还只适合于动物的机能，只有另一部分器官才更能表现出灵魂生活，情感和情欲。从这方面看，灵魂和它的内在生活也还

---

① 黑格尔：《美学》，第 1 卷，商务印书馆，1996 年，第 194—195 页。

没有通过全部形体的实在而显现出来。"① 在黑格尔看来，不仅显现于皮肤的无理念是自然的局限，凡是原始的、偶然的、杂多的、未见出内在关系的事物，都是自然的存在。可见，黑格尔的自然美论，是把一切有局限的存在都划在自然美中了。

自然美是不完全不完善的形态，这个判断是非常准确的，无可置疑的。也可以说自然界是不完全不完善的。自然美也是不完全不完善的，就是欠缺。这是人们在判断自然美的时候所得出的一个方面的结论，当然不能只得出这么一个结论。在黑格尔美学里，黑格尔分层次地论述了为什么自然美不完全、不完善、有缺欠，表现共有三点：

（1）自然美不能充分显现理念，得借助于外显的灵魂，这样才能够显现出达到理想的状态的美。自然美不能充分显现理念，怎么解释的呢？黑格尔在美学当中进行了细致的解释。如植物没有自我感觉和灵魂性，这是一般对植物的研究所得出的一种比较普遍的结论。

动物有感觉但也受局限。比如它的外在轮廓被羽毛、鳞甲、针刺之类遮盖着。黑格尔说："人体也有皮肤的裂纹、皱纹、汗孔、毫毛，还不能通过全部形体显现出内在的灵魂"，这些都是自然美的缺欠。他讲到有机生命体，就是高级动物，自身也受到自身条件的遮蔽，所以不能以全部形体来显现出内在灵魂。古希腊的雕塑，象拉奥孔或者维纳斯，人们解释为什么那时有那么多裸体的表现，就是要去除人自身外在的以至于人自身给自己加上的遮蔽自己灵魂的东西，这是说明这种艺术现象的一个理由。莱辛在说明拉奥孔时有这种观点。

在黑格尔看来，"人，只有通过本身符合概念的现实的主体性及其观念性的自为存在"，才能实现真正的现实的内在存在。他解释说："例如种族只有作为自由具体的个体才是现实的；生命只有作为个别的有生命的东西才能实现；一切真理只有作为能知识的意识，作为自为存在的心灵才能存在。"他的结论是："理念与现实的统一才是肯定地自为存在。"换个说法是：凡是没有理念人主其内的现实，都是有欠缺的自然存在。

（2）自然美受制于外在条件。受制于外在条件就是一种不自由。自然美不论是植物或者进入到生命状态里的动物和人的存在，受外在生存环境的限制非常明显非常大，生活方式、营养方式、生活习惯、疾病穷

---

① 黑格尔：《美学》，第 1 卷，商务印书馆，1996 年，第 188 页。

困等等，这些都在影响人的自身的存在。人也受到环境条件的很多限制。如果进入到人的社会生存环境里，很多东西都是作为个人的自然人不能决定自己的，有很多个人无法避免、无法摆脱的一些条件，象法律、社会关系等等，都制约着人的自由意志，这些条件不能使人显出独立完整的生命和自由，而这种生命和自由的印象却正是美的概念的基础。这条更多地是讲人自身，一般动物更不用说了，受环境制约，完全是适应环境在生存着，环境变化决定某种动物能不能生存，甚至于是种的灭绝。人对环境有更大的适应能力，但也常常有很多无法摆脱的关系。

（3）自然界的存在物受物种条件的限制，人自身如种族、家族、职业等等这些条件也在限制着人，外在条件给人的自然机体留下了痕迹。黑格尔把人放在社会环境当中、自然环境当中来看人，人在这个环境里遭受的种种的摧残，黑格尔从人道主义立场予以批判。黑格尔把动物受制于"水陆空自然环境"，人的肉体"不同程度依存于外在自然"，人的心灵意蕴表现出最充分地"对外在世界的依存性"，都归入自然生命显出的"直接个别客观存在的依存性"。① 他特别从"人类生存的全篇枯燥的散文"的主旨上，进行了人文的阐发。他举出国家的法律、公民的关系等，他说，这些无论是否合乎人的内在的心意，都必须向它们屈服，这其中，不论个人、集团，甚至"站在最高地位的人物"，也是纠缠在多方面的复杂网里，"个人在这个领域里都不能使人见出独立完整的生命和自由，而这种生命和自由印象却正是美的概念的基础。"② 从这里看，黑格尔的自然美中已经把人和社会美都包括进去了，他自己用自己的一种肯定否定了他自己的逻辑。

这是黑格尔讲的自然美不完全不完善的几种表现，其中包含着理由。从黑格尔所说的不完全不完善这个总体结论上看，是合乎自然美的美的特性的，但他说到的这几种理由中对更重要的理由却没有揭示出来。自然美的主要局限，它的不完全或者不完善主要在于它是一种自然状态，是分裂的"个别性相"，和艺术有很大的距离。由于艺术要创造出艺术的时间和空间，把散在性的自然形态拿到艺术当中来，则不能成为真正的审美艺术的时间和空间；不论是大自然的自然界还是作为生活

---

① 黑格尔：《美学》，第1卷，商务印书馆，1996年，第191页。
② 黑格尔：《美学》，第1卷，商务印书馆，1996年，第192页。

的自然形态，也不能成为直接的艺术内容，必须把分散的东西集中起来，把不强烈的不理想的自然美集中起来，正因为这样才需要在艺术当中重新创造生活和表现自然。另外，自然美有自然美的形式存在，自然美的形式不能就是艺术形式，艺术形式要变成内容的形式，得把它强烈化，要改换自然美的形式，由事物的原本的形式变成人为的符号性的形式。

自然美的不完全和不完善是在与艺术相比较中存在的。

黑格尔当年在讲自然美作为美的存在是有缺欠的不完全的或者是低等的美的存在时，还有黑格尔自身思想与时代的原因。一个原因是他关于美的定义：美是理念的感性显现。假如从美的角度判定这种感性存在等级的话，必然以里面具有多少理念来确定美的等级。由于自然美的存在在表现理念上是最浅近的，所以必然获得最低的等级的一种评定，就是低等美，这是必然的，这是美的定义的结果。第二条就是黑格尔当时时代的艺术状况的原因。黑格尔当时的德国浪漫主义文学思潮广泛兴起，狂飙突进，黑格尔对浪漫主义并不特别喜欢，黑格尔崇尚的是古典艺术，这种古典艺术更接近于现实主义，黑格尔讲的很多理论都是现实主义基本理论，他对浪漫主义不是特别以为然，所以特别反对五体投地地崇拜自然，以及自然主义地来表现自然，所以他的理论因为别人特别崇拜自然而自己则说自然是不完美不理想的与理念离得是最远的，这也有很大的人为性。

### 4. 关于自然美的归结

就艺术美来说，黑格尔是把自然美作为论述艺术美的一个条件或者一个参照物来讲自然美的。黑格尔给自然美下的定义是"自然形象的符合概念的客观性相之中见出受到生气灌注的互相依存的关系时，才可以见出自然的美"。这个自然美还是黑格尔式的自然美的定义，下面论述我对自然美、艺术美的看法。

自然美有美的内在条件，它作为美的底蕴存在在自然现象上。存在着自然美的底蕴的这种自然现象，有可能成为自然美；有可能成为自然美就存在着一种不可能性。这个不可能性在什么地方体现呢？自然界的历史比人类的历史要古老得多，人类没出现之前就已经存在着自然界了，往前追溯，没有起点，宇宙的存在没有起点。从这个意义上来说时间仅仅是人类社会当中的一种数据存在，人类产生之前的时间是没法计算的。我们现在往前追溯历史，中国的老子、孔子春秋时代是公元前五百年；再往前的殷商时代是公元前一千五百多年；再往前追述，公元前两千多年，多是传说了。人类历史往前可追溯到二百万年前。美和人具有直接的关系，没有人的存在的自然界，例如日月星这个自然界的存在，当时这个自然界的存在无所谓美和不美，因为美和人是一种特殊的关系，除了和人具有关系和他物没有关系，没有人类存在就没有人类的这种对象化关系，因此在人类出现之前，自然界无所谓美和不美。自然界存在了，我们现在的月亮或者太阳，不能说不是原来的太阳系里的太阳和作为地球卫星的月亮，像张若虚《春江花月夜》所写的"江畔何人初见月，江月何年初照人"，谁最早见到长江上的月亮，月亮从什么时候开始照见人，而且时间和空间都限定在江上的月亮、江边的人，这个对象久远地存在了。只有当自然界和人构成类似这样的对象化关系，这时才存在自然美的问题，前提是必须有人存在。这时自然界和人发生审美关系，它要把自然界美的对象，即具有美的底蕴的对象，和人的自由自觉的力量统一，才能达成人和自然美的对象化关系。也就是自然界里存在的这个美需要由人去对它进行敲击或者激活，反之，对象对于人也是如此，这个美才能够显现为对于人类的美。人用什么去激活自然界里的美的底蕴呢？用人的自由自觉的本质。自然美的底蕴必须和人的自由自觉的本质性存在构成为关系，能从自然界里找到、发现这种底蕴，这时自然美才成为一种现实性的实现。作为底蕴存在有一种现实性，但这个现实性没有实现。所以有人在说到什么是自然美时，用一个简单的说法：自然美就是自然界的人化。从自然界的美的实现不能缺少人的意义上来说，这个简单的说法可以成立，因为它毕竟表现了自然美，变成了属于人的一种存在，它不只是自然本身具有的。如果给自然美下定义，应该说是自然美是自然对象的美的底蕴和人的本质力量的实践统一。这是说，不是自然界一出现自然美就出现了，避免了这个矛盾，也避免了人从自然界的对象当中看出美，自然界就美，看不出美，自然界就不美，如果这样的话就是美在主观了，避免了美完全由主观决定。面对自然界一个美的对象，人们却看不见它的美，这也是历史事实，也是一种存在，和人的存在有直接的关系。

马克思说："忧心忡忡的穷人甚至对最美丽的景色都没有什么感觉。"① 鲁迅在《"硬译"与文学的阶级性》一文中说"饥区的灾民不去种兰花"②。兰花在植物中是非常美的，兰花是美的对象具有美的底蕴，当人们饥寒交迫的时候，为什么不去欣赏兰花呢？如果在这个情况下有点钱，有吃的、穿的、有兰花摆在那，他拿钱去买什么呢？他肯定不会去买兰花。美的对象能不能成为人的美的对象和人有直接关系。当然不是说人不去欣赏兰花，兰花就不美了，兰花还是有美的底蕴，但是必须达成和人的对象化关系。这个对象化关系是对象和人有关系，一方面不成关系，而是两方面关系。狄德罗讲美在关系，美确实是有一种关系。他说到一个演员在剧场中受到喝倒彩，他一走到这个非常美丽的剧院面前，就对这个剧院非常厌恶，不能欣赏剧院的美的存在，原因就在于他和这个对象有一种特殊的关系，这种关系不是审美关系。这是我理解的自然美。我在说明自然美和论述自然美时，我赋予这个概念这样一个意义，并以此作为定义自然美和评介自然美的依据。这个理论主要来源于马克思《1844年经济学哲学手稿》所讲的人的本质力量在于人的自由自觉的这种本质的规定以及用这种本质在世界当中达成和自身存在的对象化关系。实现这种对象化关系就是一种审美关系。这样不否认自然界美的存在，有它美的条件，但这个美的条件必须和人自身达成统一才能实现为美，在这个基础上谈艺术美。

## 三、艺术美

### 1. 作为实践范畴的艺术美

黑格尔在《美学》中对美和艺术的认定是"美就是理念的感性显现"。他解释说："感性观照的形式是艺术的特征，因为艺术是用感性形象化的方式把真实呈现于意识，而这感性形象化在它的这种显现本身里就有一种较高深的意义，同时却又是超越这感性体现使概念本身以其普遍性相成为可知觉的，因为正是这概念与个别现象的统一才是美的本质

---

① 马克思，恩格斯. 《马克思恩格斯全集》：第42卷，人民出版社，1979年，第112页。

② 《鲁迅全集》，第四卷，人民文学出版社，1957年，第164页。

和通过艺术所进行的美的创造的本质"。他的"理念"就是他所崇尚的"客观精神"或"绝定精神"，其实这种先验的"客观精神"是并不存在的，而在艺术的"感性显现"中，只有现实生活和人对它的审美感受，但黑格尔的"感性显现"却揭示了艺术的根本特征，而艺术美也由此得以实现。

艺术美与社会美和自然美的存在不同，它是一个特殊的美的领域。比如我们把一盆兰花放在那，再把一幅非常有审美价值的兰画放在那里，前提是兰花是美的，画是美的，我们做出分类时，兰花的美属于自然美，这幅画的美是属于艺术美，这是对美的存在领域的划分。如果对艺术美作为关键词或者作为核心的范畴来解释，就不能停留在现象的划分上，必须从概念上说明什么是艺术美。

艺术美的创造大体是这样一个过程：艺术家在生活现实的基础上动用全面的审美心理，以感性形式创造的超越性的形象形式。艺术美的创造过程就是这样，创造完了呈现的总体状态也是这样。这里强调的是人进行的创造，即审美主体或者艺术家的创造，有不少创造出杰出艺术品的人，人们并不知道他的姓名。中央电视台四频道介绍过一位名为刘士铭的雕塑家，他从北京下到了河南，在河南的博物馆里做古代的文物的复原和修补的工作，如陶器只剩几块碎片，他能修补复原成器。他说在那个地方生活了十年，人们问他所进行的艺术创造，从古代借鉴了什么，他说他最满意的作品就是他的"安塞腰鼓"雕塑，把打腰鼓的人的动作神情充分地表现出来了，但却看不到打腰鼓人的清晰的手，手里也没有鼓槌，但是舞动起来之后的神韵确实是惊天动地。作品把打腰鼓的人的神情都显现出来了，所以这个时候去精雕细刻人的手是没有价值的。他从哪得到借鉴呢？他说是从东汉陶塑的说唱俑中。那个说书的艺人说得非常高兴的时候，一只赤脚抬起来，甚至能看到脚心，呈现出全身喜悦的状态。他的安塞腰鼓的塑造是从说唱俑中得到的启发和灵感。汉代的说唱俑是民间的艺人用泥塑出来的，让人看了以后永远忘不了。艺术审美创造主体是人，人必须创造出艺术才能成为艺术家，按造规律创造才能创造出审美艺术。人创造离不开现实生活，他要以这个为创造的基础，凡是成功的艺术都离不开这个东西。所以艺术美创造出来之后，人们总是把它和生活美本身、自然美本身进行比较，就是因为它是在这个基础之上创造出来的。创造艺术美的人用什么去创造？除了来自于生活本身的，他还要把主体创造到他所创造的对象身上去。决不是说生活当中有一个东西，他要完全仿造那个东西造出一个代替物。黑格尔和康德都讲到这一点，凡是艺术创造的东西，被创造出来以后，实体性的东西不存在了，就是原来那个东西不存在了，它消融到审美创造主体里，即化物之功。这时的客体已按造主体的全面的审美心理被主体化了。全面的审美心理是指思想、情感、意志、想象、幻想、感悟等等，这些都属于心理性的存在。这些心理成分把客体给化了。化了以后，得提供一个让人可以实际感受的东西，有形态的东西。化成这个东西就要改换实体性的存在的形式。一棵树、一条河、一个人，到了艺术品中以后，就换了一种形态存在。在变换形态存在时，艺术非得变形不可。客观的东西变成主体性的东西，实在的东西变成虚拟性的东西，都是变形。至于大小、色彩等等也非得变形不可。一个人两米来高，到绘画上变成两三寸高。鲜艳的粉红色的荷花变成了黑色的，都得按造主体的内在尺度改造。在改造过程当中一定得超越原来的对象物，超越才能成为艺术，不超越的艺术什么价值也没有。齐白石画虾，在纸上使虾栩栩如生，不动的腿就像动一样。如果不是这样，不能成为艺术。另外这个感性显现里面有形式的奥妙。如果一件艺术品的存在没有形式可言，就不能成为艺术。让人们接受艺术、感受艺术，最直接的东西就是形式。为什么形式主义出来了？人和艺术接触时，人首先感到的就是形式，内容也是靠形式表现的，形式很重要，以致形式主义美学片面认为艺术就是形式。说到此，我们得归纳一下对艺术美的基本概念：艺术美就是人以审美意识为中介，通过感性形象观照的方式，对以人为中心的现实所做的再现与表现的超越之美。

说到艺术美时，有人认为艺术美依据生活美，这固然可以。但是艺术美的创造是不是只是在生活美的基础之上进行创造的？不是。生活当中的丑也是艺术美创造的一个对象，生活当中的丑也可以创造成为艺术美。如果能在一个丑的对象身上，无论是自然界当中的，社会当中的，人的行为当中的，面对这个对象，审美者能动用全面的审美心理，就意味着对生活能发现它的美；对生活当中的丑，能发现它的丑。但是要把丑揭示出来，必须用审美的观照。在美的理想的对比之下，能发现什么是丑。这时把生活的丑集中化、典型化，塑造出来的形象，也能成为具有艺术美的形象。如果戈里的《钦差大臣》，莫里哀的《伪君子》，十八世纪法国剧作家博马舍的《费加罗的婚姻》，都是非常著名的喜剧，这些喜剧的讽刺对象都是丑恶的。果戈里的《钦差大臣》写彼得堡沙皇派出的一个钦差大臣到下面巡察，这个钦差大臣还没有出发呢，却正赶上沙皇政府有一个叫赫列斯达可夫的九等文官，领一个随从从这个城市经过。因为市长和所有的贪官污吏都知道有一个钦差大臣要来；当事人有钦差大臣要来的心理暗示，所以对来的越不像钦差大臣的赫列斯达可夫就越以为是，因为钦差大臣微服私访，必得想法让人看不出是钦差大臣。所以赫列斯达可夫越说自己不是钦差大臣，市长、邮政局长、慈善救济所长、法官等等就越把他当成是真正的钦差大臣。于是，向他献殷勤，给他提供各种各样的优越条件，甚至市长的夫人和女儿都因之而争风吃醋，把这些贪官污吏的丑态暴露得淋漓尽致。这是果戈里用笑这个武器来烧毁生活中的丑恶，是美的理想的反向显现，用美的理想光照这些丑的存在，这时塑造出的典型"赫列斯达可夫"，这个名字在俄语当中就变成了"骗子"的同义词，就像莫里哀的《伪君子》里的"达尔丢夫"，在法语中变成是"伪君子"一样，都由一个专有名词变成一个普遍的能实现共名的名词。这个喜剧表现丑恶，但是创造出的不是丑，而是艺术美。生活中的丑变成艺术美，是有条件的，这主要是：

第一，丑必须由对象的现实形态转换为由人创造的艺术形态，获得形象的审美意义。所以这种转换不是改变对象的原来的丑的性质，而是使丑呈现为艺术形态的存在。即作为艺术中的形象却由丑的原型形态转换为艺术的审美形象的创造。第二，艺术家在这种转换中必须以审美观照的眼光审视丑，以美的理性照射丑，揭示出丑的本质，展现其对美的否定性的本质，使丑成为审美的感性形式的存在。第三，在把丑的对象转化为艺术形象过程中，艺术家的表现形式与技巧对对象本质的适可性与审美创造性具有最终的意义。这是因为作者的恰到好处的艺术处理，才使丑的对象成为艺术审美形象。所以在这里特别要说明：不能在定义里说创造艺术美的"生活"一定得换成"生活美"；生活就是生活。生活是艺术美的源泉。

## 2. 艺术美对自然须有超越性

在艺术的表现中，有一种摆脱不了的关系，这就是生活现实，如何恰当解决这个问题直关艺术美的创造。黑格尔说："艺术理想的本质就在于这样使外在的事物还原到具有心灵性的事物，因而使外在的现象符合心灵，成为心灵的表现。"因此"理想就是从一大堆个别偶然的东西之中所拣回来的现实。"① 这是艺术与现实、艺术与主体情思关系的规律性的论述。他认为在创造艺术美的时候，得从自然当中，这个自然不仅指的是自然界，而是指着原生态的生活本身。在黑格尔指认的自然状态里，他区分为"个别体"和"普遍性"，而在选取时他认为必须以"普遍性"去考量"个别体"的存在，因而"在这里艺术作品的任务就是在于抓住事物的普遍性，而在把这普遍性表现为外在现象之中，把对于内容的表现完全是外在的无关重要的东西一齐抛开。"因此，艺术家所取来纳入形式和表现方式的东西并不是凡是他在外在世界所发现到的或是因为他在外在的世界发见到的那些东西；如果他想作出真正的诗，他就只能抓住那些正确的符合主题概念的特征。如果他用自然及其产品，即一般现实，作为模范，这并不是因为自然把它随便造成一种样式，而是因为自然把它造得很正确，但是这种'正确'是一种比现实本身更高的东西。"② 黑格尔认为，拾取出来之后还得对这些事物进行清洗，不是拾取出来之后直接装在艺术作品里就可以了。在黑格尔美学中，与他的"普遍性"同义的是"定性"。从自然形态里拣来的那些分散的东西得集中起来，集中于"定性"之上，黑格尔又把这个定性叫做"普遍性相"，它是感性形象的制约点。如写一个人物，这个人物的最基本点是什么，这是属于这个人物最基本的存在，必得把握住这个。黑格尔讲普遍性相或者定性，还讲定性的丰富性，就是说一个人物除了有定性之外还有和定性相关的、相围绕的一些其他的性格特征。这是从艺术历史的经验当中得到的启示。他论述到古希腊如荷马史诗里的一些人物，莎士比亚戏剧里的一些人物，认为这些人物除了有定性之外，也有他的定性丰富性，就是不能成为一个观念的化身。既有定性，又有个性的丰富性。所以从生活当中偶然的、个别的东西中拣回来的那些闪光的东西，也不是合到一块就可以成为形象的，还得有对生活本身这些东西进行清洗，还得有一个定性。

　　按照黑格尔的美学观点，实现艺术美的创造，以下几点是非常关键之所在。

　　第一，艺术是对自然进行取消物质性与外在情况的征服，具有完整形式的创造。艺术以自然为基础，在自然基础上创造，艺术家必须真正

---

① 黑格尔：《美学》，第一卷，商务印书馆，1979年，第201页。
② 黑格尔：《美学》，第一卷，商务印书馆，1979年，第211页。

掌握自然，把客观存在的东西变成由主体创造的东西，并赋予形式，用其原话来说即是"对自然的征服"，因为赋予形式以后，对象的实在性已经不存在了，艺术是"取消感性物质与外在情况的那种制作或创造"。什么叫"取消感性物质与外在情况的那种制做或创造"？就具体自然存在来说，它是一个感性的物质存在，进入到艺术创造当中，要使这个感性的物质存在变成一种能够显现理念的艺术审美形式的存在，这时感性物质存在已被艺术创造所消解了，它就不再存在了。所谓"外在情况"是指不见心灵意蕴的自然状态，是在主体之外存在的对象物，"取消"就是这个对象物由外在变成被人之心灵所把握，并且给它一个改换形式的存在，即它不以原来物质性东西存在，而是被艺术家用艺术所用的变换性的媒介体，把对象物从自然存在方式改换成由人给它的符号性存在。艺术不论从内到外都是重新创造，都和自然不相同了。

第二，艺术创造应该是表现出符合主题概念的特征，不能停留于生活表面，照抄生活存在的细节，这样创造出的艺术才能具有普遍性。本来艺术各个门类都有变换生活存在的条件，诗歌用语言，绘画用线条和色彩等等这些形式，各种艺术都有使自然得到新的以感性形态显现的条件。为什么把自然拣取到作品当中来，给它改换了存在形式，就算实现自己创造呢？这里有一个关键点。这个关键点就是：艺术创造和自然存在最大的不同在于艺术有一个要表现的基本的宗旨。就是凡是把自然改换了，使之成为文学艺术作品，都有一个基本的意旨所在，就是艺术家把从生活选来的东西，得经过精心的清洗，把最重要的东西保留下来，目的就是让它显现为主题。要表现特定主题，生活当中事情有的有这种意义，有的却没这种意义，要把没有意义的东西去除。黑格尔所说的挑拣、清洗就是要实现这么一个基本目标。所以黑格尔说"艺术品必须浑身现出这种普遍性"。黑格尔特别强调人的历史存在，社会存在，要表现人的历史存在特点、社会存在特点。这些实际都是黑格尔的"客观精神"或者"普遍精神"所指向的应有的内容目标。虽然他给的这个"普遍精神"是非现实的，但它所指向的内容目标，却是艺术不能离开的。

第三，艺术虽然不是自然，但又很自然。黑格尔说："艺术的真实不应该只是所谓'摹仿自然'所不敢越过的那种空洞的正确性，而是外在因素必须与一种内在因素协调一致，而这内在因素也和它本身协调一致，因而可以把自己如实地显现于外在事物。"① 这是说，在创造过程中找到艺术对象的内在意蕴，并使之得到与外在表现的一致，并把人自身显现于这种与形式的统一之中。达到对象内在与主体艺术表现的协调一致，也就成为具有高度生气的艺术。艺术虽然是在自然基础之上创造的，但是艺术却不是自然。在艺术创作当中能达到自然而然的地步，这种创造是人自觉创造的结果，而不是抄袭生活的结果。老子说的"善行无辙迹"就是创造之行的自然而然。人在艺术创造当中，把握了艺术规律，创造得非常合适，就不显作者人工的痕迹，这是艺术达到了最高的状态才能够有的结果。

### 3. 艺术美是人"造成自己"的创造

人类的艺术创造有久远的历史，但对于为什么要创造艺术却有各种不同的回答。黑格尔在艺术美学论中特别揭示了人为什么要创造艺术的问题。他自己设问说："是什么需要使得人要创造艺术作品呢？"他的回答是："艺术的普遍而绝对的需要是由于人是一种能思考的意识，这就是说，他由自己而显为自己造成他自己是什么，和一切是什么。"他认为只要"人有一种冲动，要在直接呈现于他面前的外在事物当中实现他自己，而且就在这实践过程中认识他自己。"② 对于黑格尔的艺术审美创造是艺术家"自己造成他自己"的论点，主要表现在以下的具体论述中。

首先是通过艺术实践实现人的自由的理性。黑格尔说："艺术表现的普遍性需要所以也是理性的需要，人要把内在世界和外在世界作为对象，提升到心灵的意识面前，以便从这些对象中认识他自己。当他一方面把凡是存在的东西在内心里化成'为他自己的'（自己可以认识的），另一方面也把这'自为的存在'实现于外在的世界，因而就在这种自我复现中，把存在于自己内心世界里的东西，为自己也为旁人，化成观照和认识的对象时，他就满足了上述那种心灵自由的需要。这就是人的自由理性，它就是艺术以及一切行为和知识的根本和必然的起源。"③ 所谓"自由的理性"就是人在生存当中总是不断地要使自身得以超越，在

---

① 黑格尔：《美学》，第一卷，商务印书馆，1979 年，第 200 页。
② 黑格尔：《美学》，第一卷，商务印书馆，1979 年，第 38—39 页。
③ 黑格尔：《美学》，第一卷，商务印书馆，1979 年，第 40 页。

超越当中不断地实现自由。这种自觉的追求就成了人的一种自由理性。这种自由理性不仅仅是人们创造艺术的力量的源头，也是人在一切领域里、一切行为当中不断地追求创造的根本原因。人之所以成为人就在于人有自由的理性，他为了实现自身的自由，实现生存的超越，要不断地进行创造。创造艺术是人在创造一切实现自由理性当中一种表现方式。这个思想和后来马克思在《1844年经济学哲学手稿》当中所讲的人的本质，人的本质在于自由自觉，有这种自由自觉的本质就要理智地、自觉地在创造当中来复现自身的思想有直接关系。人类之所以要不断地创造，就在于能够在对象创造当中来实现自由理性。这正是人实现自由的一个很重要的条件。不论是哪门艺术，从艺术大师的创作当中我们能够强烈地感受到这一点。不论是诗歌、散文、小说、戏剧、绘画、音乐，所有这些艺术形式，人为什么在这些领域花毕生的精力进行不懈地追求，实际上都是在自由理性的力量的推动之下，去实现一种创造，这种创造既创造自身也是在创造着对象化的世界。

其次是通过艺术实践实现人与外在世界的统一，化环境为"安居的家"。黑格尔说："只有在人把他的心灵的定性纳入自然事物里，把他的意志贯彻到外在世界里的时候，自然事物才达到一种较大的单整性。因此，人把他的环境人化了，他显示出那环境可以使他得到满足，对他不能保持任何独立自在的力量。只有通过这种实现了的活动，人在他的环境里才能成为对自己是现实的，才觉得那环境是他可以安居的家，不仅对一般情况如此，而去对个别事物也是如此。"[1] 人生存的环境有社会环境、自然环境。不论是自然环境还是社会环境，作为艺术家，有一种作为人的存在所自觉半自觉的使命感，这种使命感就是如何使自己生存环境能够更加人化。这是人类普遍具有的一种责任感。假如人没有这种愿望，那人还能够做什么呢？现实环境中有没有进取心的人，事事都顺从环境的摆布，苟安，这种生命的惰性会受到人们的鄙视，人千方百计地避免自身陷入这样一种境地，就是因为人有一种把存在的空间按造人的尺度、人的标准来对它进行改造的要求。这在马克思《1844年经济学哲学手稿》中变成一个非常核心的思想起点，而且把它提到一个非常新的高度。这个高度就是要把异化劳动支配的资本主义社会基础改变了，让人得到全面解放。这是最高度地、最大限度地实现的人化环境。

---

① 黑格尔：《美学》，第一卷，商务印书馆，1979年，第326页。

马克思把环境的人化充实进现实历史内容，实现为社会革命的哲学和美学理论表述。黑格尔在讲这方面观点时，还是从客观唯心主义怎样实现自由理性，怎样把客观精神在现实当中得到进一步的演化，实现为"客观精神"的运动。黑格尔是在逻辑领域里，自然领域里、精神领域里来演绎"客观精神"。马克思不是这样，马克思讲人自身怎样能够改造自身的环境。而且人对自身的人化，没有对环境的人化也难以实现人对自身人化的期望，所以人必须在改造客观世界当中来改造自身的主观世界，也就是在环境人化当中实现人自身的人化。

最后是通过艺术实践实现对于自身的观照、认识与思考。黑格尔说："人有一种冲动要在直接呈现于他面前的外在事物中实现他自己，而且就在这个实践过程中认识他自己。人通过改变外在事物来达到这个目的，在这些外在事物上面刻下他自己内心生活的烙印，而且发见于他自己的性格在这些外在事物中复现了。人这样做，目的在于要以自由人的身分，去消除外在世界的那种顽强的疏远性，在事物的形状中他欣赏的是他自己的外在现实。儿童的最早的冲动就有要以这种实践活动去改变外在事物的意味。例如一个小男孩把石头抛在河水里，以惊奇的神色去看水中所现的圆圈，觉得这是一个作品，在这作品中他看出他自己活动的结果。这种需要贯串在各种各样的现象里，一直到艺术作品里的那种样式的在外在事物中进行自我创造（或创造自己）。"① 这个行为事例非常简单，甚至于非常初级，即使如此，也是只有人才能够做到的。它是人的一种行为观照，而且这个行为还是自身对自身行为的一个对象化的观照。这虽然不能说是艺术创造，但它也不是自然现象，因为是人作用于自然的结果，只要能把一个石块投到水里，几乎哪个人都能实现这种关系，都会造成这样结果，但是在这个简单事例当中包含的意义，却可以伸延到所有人在所有创造当中所实现的一种审美对象化的结果上去。这个审美结果就是人做出来一种行为，这种行为一般来说都能够表现出这个行为的某种意义，它成为一种对象存在，就像水面原来没有这个波纹，现在施加力的作用，使之形成一个以圆心为座标向四外扩展的波纹，在那里复现自身行为的存在，发现自己的创造，也就是在创造的形状当中来欣赏自己的外化存在。只不过人的行为意义有大有小，有高有低，远比这个小孩以石激水的自我观照更高级，更复杂，因而也是更

---

① 黑格尔：《美学》，第一卷，商务印书馆，1979年，第39页。

加充分的审美艺术观照。因为人在创造的对象身上欣赏自己的外化存在，他就要在实践中改变和重新创造外在事物，消除外在世界的疏远性，在形象创造中实现对于世界与自身的双重观照。

## 四、艺术美的创造

艺术美的创造是黑格尔的美学当中最具有实践性的理论，都是建立在艺术家的实践创造基础之上来讲的理论，对艺术创作的人是非常有启发的而且都是最基本的理论。他这方面理论论述得很到位，而且指导意义特别突出。这里有几个命题，这几个命题都是艺术实践当中、创作过程当中须要加以落实的问题，得实际去追求，实际去体现。

### 1. "普遍的世界情况"

这是黑格尔在美学当中特别着重强调的问题。一般世界情况是强调时代性、历史性。作为艺术家，作为艺术所表现的时代、人物，必须把握时代的历史特点。这些人是在什么样的历史条件下生活着，黑格尔把一般世界情况作为"有生命的个别人物所借以出现的一般背景"。黑格尔论述到莎士比亚戏剧的时候，说罗密欧与朱丽叶两人的父辈是仇人，他俩的父亲坚决阻止他俩发展爱情关系。父辈为什么要阻止俩人发展爱情关系呢？因为他俩是父辈恩仇爱怨的继承者。儿女不仅继承财产，也继承父母的恩仇爱怨。父亲如被杀了，儿子要复仇。这后面是一个什么样的时代观念、历史观念呢？就是血缘关系。只要有血缘关系，恩仇爱怨都随着血缘伸延。这时的人没有自己独立的价值，是属于家族的，这是他们父辈的观念。罗密欧与朱丽叶却有一种新的观念，认为父辈的恩怨应由父辈承担，他们自己不再承担这个东西。黑格尔说明这是时代进步了，人进步了，他们有了自己独立的人格，这也说明莎士比亚戏剧的思想已经从中世纪提升为新的历史时期的观念了。这个思想，无论是莎士比亚写，还是黑格尔评，都显现了一般世界情况的特点。从中世纪到文艺复兴时期历史已经发生了根本变化。人的思想情感也发生了根本变化，赞扬罗密欧与朱丽叶的独立人格。对比这个，一些武侠小说的观念太落后了，恩仇爱怨不断地循环，师傅、父母有什么过节，徒弟、子女必须继承，必须讨还。甚至我们今天生活当中也常见是如此。我们还在很大程度上，被中世纪的血缘关系所左右，自身缺乏独立的人格。黑格尔的美学具有高度的理性启发。这说明黑格尔的美学思想在评论艺术的时候也特别重视一般世界情况，这个情况就是社会历史的发展变化特点。这个思想在马克思主义美学中就发展成典型环境的理论。恩格斯在评价哈克奈斯的小说《城市姑娘》时，强调要写出典型环境中的典型人物。什么是典型环境呢？就是时代历史的发展程度。因为人，特别是一个阶级、一个集团都是在时代历史当中存在的。要写一个阶级或者写一个阶级的人物，总体上应该根据历史发展来写人物，否则显示不出时代特点。黑格尔为了表明一般世界情况，对以往的历史做了大的框架的划分。他把历史划分为英雄时代，即古希腊的史诗时代；古希腊罗马社会解体，进入到中世纪，为牧歌时代；进入资本主义社会是没有诗性的历史时代，就是散文时代。散文时代带有相当程度的贬意，意味失去了诗性。在英雄时代，人特别有生气，特别有理想，艺术里也充满了时代的气息。进入到牧歌时代，还有某种程度的诗意。进入到散文时代，艺术是非常乏味的。黑格尔确实是以这三个时代来论述这三个时代的一般世界情况。这些论述里有一些有价值的观点，但是这几个时代的划分却缺少科学性。好像这么复杂的历史用这么三块来做时间的分段，差不多是削足适履，很难说明这些时代里的特点。因为黑格尔对他生活的"散文时代"非常不满意，特别向往古代的希腊罗马时代，也就是英雄时代，那个时代实际上也被理想化了。黑格尔对自己生活的时代非常憎恶，但是无论如何，历史还是发展了。如荷马史诗里描写的英雄，都是按造自己的个性独立行动，敢作敢为，敢于对行动的后果负责等等，这些，这在古希腊的悲剧当中也体现出来了。实际上那仅仅是艺术当中的表现。就整个时代来说，那个时代是奴隶社会，奴隶社会没有那么理想。所以完全按造荷马史诗里的描写，来认定当时的社会，很显然不能真正揭示社会本身的实际存在。但是在资本主义社会条件之下，那种弊端，黑格尔确实是有深刻的体验。比如在资本主义条件之下，国家、法律和社会分工把每个人都非常严格地固定在一个社会存在的领域，承担一种社会秩序，受到很多局限，丧失了性格，以至于发生人的异化。这些黑格尔都有实际的观察和论述。他特别得出"我们现时代的一般情况是不利于艺术的"①。这个思想后来又被马克思进一步发展了。马克思提出一个命题，即资本主义制度敌视诗歌和艺术。我们在上世纪 50 年代以来，

----

① 黑格尔：《美学》，第 1 卷，第 14 页。

就是新中国建立了，我们对资本主义了解很少，生活在社会主义制度之下，对资本主义怎么样敌视艺术和诗歌没有切身体会，就把它当作一句话来随便说说，好像和我们没有什么直接关系。进入 80 年代以后，市场经济和商品化大潮，这些东西在我们的生活当中显现得非常突出，成了生活的一个杠杆了，商品制度给艺术带来的负面影响是非常突出的。纯艺术或者纯文学不是俗而又俗文学艺术，受到排斥，没有市场，而迎合世俗需要的、媚俗的东西非常有市场，所以戏说的、曲解的、庸俗的、恶搞的，这些东西都非常时髦，以致出现了学术的"超男"、"超女"，大跌学术和艺术身价，但却都有观众，都有接受者。这是什么在左右着艺术呢？是具有绝大支配力的市场、商品广告、金钱支配着艺术。这时理解马克思说的：资本主义敌视艺术和诗歌；或者黑格尔所说的：我们现时代的一般情况是不利于艺术的，这些说法就不是不可理解的了。真正的精品，有高度的学术含量、文化含量、审美含量的学术和艺术，问津的人非常少。这是现代的时运特点。这种现象不正常，但却是正常的不正常，不正常的原因是"现时代的一般情况"。

### 2. 显现心灵旨趣和意蕴的情境和冲突

情境是黑格尔经常使用的一个概念，是核心范畴。世界一般情况是讲时代背景，或者按恩格斯的说法就是典型环境，即时代历史环境。时代历史环境环绕人、促使人物行动，人的行动动机都是从历史时代当中得到的。情境是人物存在的实际的、具体的、切身的环境。在有情节的艺术当中，小说、剧本、叙事诗等，要写一个人物在什么空间里具体活动，表现什么样的家庭、家族，什么职业，受到什么教育，得有具体的存在关系。例如莎士比亚的《哈姆雷特》。莎士比亚把具体人物关系设在丹麦宫廷，哈姆雷特是宫廷里的王子，其实反映的是英国的现实。王子哈姆雷特的父亲老哈姆雷特被哈姆雷特的叔叔克罗迪斯用毒药害死了。克罗迪斯篡夺了王位又娶了他的嫂子为皇后。哈姆雷特想要查明父亲是不是被他的叔叔害死的。为了这个，哈姆雷特请来了戏班子，来演类似于哈姆雷特所了解的父亲被害的经历的一个剧本，叫《贡扎果谋杀案》。通过演这个戏，几乎是复现他父亲被害的经过，让他叔叔看，演完之后看他叔叔的反应。结果，他的叔叔看完之后非常不安，而且特别反感，后来随着种种事情的发生和变故，哈姆雷特认定他的叔叔是篡位的野心家。他要报仇。第三幕第二场中他本来有条件一剑结果他叔叔的性命，如他的叔叔跪在圣像面前忏悔，哈姆雷特从他的后面走来，完全可以一剑把他杀死。但在中世纪有一个观念，如果一个人忏悔了自己的罪过之后，这时把他杀死，特别是在他忏悔当时把他杀死，他的灵魂完全可以得救上天堂。我们在电影里看到奥利弗演的哈姆雷特，从背后已经把剑拔出来了，这时完全可以一下把他叔叔刺死，但宗教观念一下浮上哈姆雷特心头，"现在他正在洗涤他的灵魂，要是我在这时候结果了他的性命，那么天国的路是为他开放着，这样还算是复仇吗？不！收起来，我的剑，等候一个更惨酷的机会吧……"

这是他的真实的心理：我为了我父亲来惩罚这么一个恶棍，结果却因为我把他的灵魂送上天堂，我是报仇了还是成全了他呢？哈姆雷特收起了剑，他要等他叔叔做罪恶事情时再把他杀掉，让他的灵魂永堕地狱，这也是哈姆雷特性格的延宕，而犹豫不决的原因之一。他后来把他的叔叔杀掉了，他自己也在比剑中中毒身亡。这些都是具体关系，得放在宫廷背景当中来表现，这就有一个"一般世界情况"和"情境"的关系。在具体情境当中必须引进一般世界情况。不能把情境和一般世界情况隔离开来，而要让一般的世界情况来制约和冲击着具体的情境。黑格尔认为在具体的表现当中必须这样来做。正显出了一个光明正大的人文主义者与一个罪恶的君主的不可调和的矛盾，但历史的需要与实际战胜的可能还有距离，所以走向了悲剧。

这个在马克思、恩格斯的理论当中，在给拉萨尔的信中分析拉萨尔的悲剧《济金根》，特别讲到要以时代潮流来冲击具体的情境，把历史背景变成舞台前景，就是得拿到舞台上来，拿到舞台上来还不能一般地抽象来表现，得让它具体地来表现时代的潮流。《哈姆雷特》在具体环境里表现了时代潮流，这个时代潮流就是人文精神。用人文主义照射那种为了达到私欲而不惜违背天理良心的阴谋篡位活动，能显示出时代的特点。莎士比亚很多剧本都是把时代潮流引向具体的舞台，显现为人与人之间的具体关系，而主题所向却不停留在具体关系当中。

情境在具体的情节关系当中怎么样作用于冲突，这在西方的古典美学当中，黑格尔是比较早地、比较多地谈到的创作论，特别深入广泛地展开了对于情节冲突论述、人物性格冲突的论述。就情境和冲突二者的关系来说，黑格尔认为情境应该成为人物的推动力。因为冲突必须得在具体的情境当中来发展。例如《哈姆雷特》里有冲突，最基本的冲突就是人文主义的年轻王子和一个有重大罪恶的篡位野心家之间的不可调和的冲突，他的叔叔克罗迪斯也想办法笼络他，说很多好话，而且也想要满足他的一切要求，想要减缓这个冲突。但是哈姆雷特要把真相搞清，一旦搞清了他叔叔是他父亲的谋杀者，哈姆雷特肯定不会放过他。这个冲突不可避免。但是怎么样让冲突不断地深化，深化到必须拼个你死我活，有很多直接情境的处理。比如其中有一个最关键的情节，背景设在丹麦，就是克罗蒂斯想让哈姆雷特上英国办一件事，但实际上是要在路上就把他杀掉。哈姆雷特没有保护者，但路上遇见海盗了，哈姆雷特看到了护送人的密信，知道了要把他杀掉。哈姆雷特实际上是被海盗救了，回来后，冲突进一步加强。还有很多情节都是在情境当中推进冲突。当哈姆雷特和他的情侣莪菲莉亚谈话的时候，发现幔帐后面有人，他这时判定准是他叔叔在偷听。因为哈姆雷特这时装疯，如果他和他的情人说话，就用不着装疯，就能知道他是真疯还是假疯，这时幔布动了，哈姆雷特一剑把幕后的人刺死，结果误杀了莪菲莉亚的父亲。他要知道是欧菲莉娅的父亲则不能杀，他要杀他的叔叔。当他的叔叔知道这个情况之后，矛盾进一步深化，知道他的侄子非要杀掉他不可，所以他加紧迫害哈姆雷特，这都是在具体的情境当中推进冲突，所以这时情境成为人物的推动力，必须造成这个情境。所以艺术家在有情节的作品当中怎么样造成和寻找情境是非常重要的，以至于艺术才能的重要表现就在于情境的设置和发展。情境推动着情节当中的冲突，当然也在推动着人物性格的发展。

　　黑格尔在论述导致冲突的情境的时候，他做了类型的区分。分了三类。第一，自然情况造成的冲突。如自然灾害、疾病造成的冲突。冲突推动人物性格。第二，自然情况造成的心灵冲突。如亲属关系，王位继承权，出身差别，阶级差别等等。第三，心灵本身的矛盾和分裂造成的冲突，尤其是人物心灵性的矛盾冲突在人物性格的发展当中更具有重要的意义。

## 五、动作与性格

　　不论是文学创作还是一般艺术创作，动作和性格都是一个非常重要的问题。

　　戏剧特别强调动作。在西方美学发展史中，黑格尔的论述是空前的，甚至以后从美学角度论述到这样详尽和深刻程度的也并不是很多，这个理论差不多都完成在黑格尔手中。

　　动作就是艺术情境里人物的行动和表现。就行动显现来说，大的方面，就是人物的行为，如《哈姆雷特》中哈姆雷特的复仇就是他的动作。动作的复杂性在于，它不仅有个人的思想，也有更广泛的社会意义。在《哈姆雷特》中，像克罗迪斯这样的恶人，主宰朝廷，实行暴政，造成国家混乱。要想国泰民安，就必须铲除这样的恶人。《哈姆雷特》中就有民众不满的表现，虽然作品里没有广泛展开。从动作具体表现方面说，哈姆雷特在舞台上的一切行为，包括具体的动作，如看见叔父祈祷，就拔出剑，随后又收了回去，都是动作。所以说，动作包括行为以至于具体的情节当中的行动。

　　再说性格。一般情况下，我们常把性格与个性混淆在一起。个性是指典型的不同表现，就是形于外的与其他人相区别的一切。它和典型的概括性是相对应的概念，与性格内涵不同。性格是人物个性的核心。就个性来说，除了人之外，所有一切事物都能显现个性，如景观。西湖的山水和新疆的天池的山水不同，各有各的个性。个性可用到非人物身上，而性格只是人所具有的，它集中体现为人物的内心状态，外显为行动。

　　那么，动作和性格是什么关系？动作推动性格发展，性格显现为动作，而动作在人物性格塑造方面既要表现为人物做什么，也显现为怎么做。做什么和怎么做的根源都出自性格。所以，从这个意义上说，性格又是动作的基础，对动作具有规定性，即有什么样的性格就有什么样的行动。《哈姆雷特》这部戏剧表现得非常突出。哈姆雷特之复仇所以那么困难，以至于写他除掉害自己父亲的仇人用了五幕，就因为哈姆雷特的基本性格犹豫或叫延宕，这源于他的心理气质的忧郁。忧郁指一般世界状况，是那个时代的特点转入到人物性格当中的具体体现。他的忧郁不仅仅来源于他的父亲被害的自身不幸，这种不幸还包括他在所处时代里所感受到的更大、更广泛的不幸。如他说："世界是一所大监狱，而丹麦是这些监狱里最坏的一个。"哈姆雷特诅咒中世纪末期黑暗的时代，他说："这是一个颠倒混乱的时代，倒霉的是我要负起重整乾坤的责任。"他自己对自身的使命有自我意识，不是逃避，而是挑战，而自己的实际力量又不具备充分的能力。剧中和他站在一起的只有一个朋友霍拉旭，他的女朋友莪菲丽亚也没有完全站在他这一边，他的母亲完全顺从了他的叔叔，在哈姆雷特的眼里连禽兽都不如。所以，哈姆雷特的性格既有自身的心理气质，也有鲜明的时代印记，这样他必然要做出这样的行动。所以，艺术在于通过动作表现性格。

艺术家写动作，批评家评论动作，有无性格基础是检验艺术真实与否的最基本条件。我们看到，有些电视剧，人物没有性格基础，想做什么就做什么，编剧随意安排人物的动作。这些艺术都是一般的、肤浅的艺术，其人物不能给人留下深刻印象。著名的作家、艺术家笔下都有著名人物，如鲁迅笔下的阿Q等。现在，"著名艺术家"太多，但无著名的艺术品，无著名的人物，其著名是虚空的、无意义的。

在动作与性格的关系中，黑格尔强调以动作表现性格。关于性格，黑格尔强调了三点，非常实际、有意义。

（1）性格要有丰富性。性格的丰富性也是黑格尔总结欧洲艺术史悟出的经验。丰富的性格自然能使人物达到完满，也能使人物具有自身独有的特点。从古希腊艺术到古典主义，在人物性格塑造方面有很多作品。但就这些人物塑造来说，在丰富性上都没有达到莎士比亚所能达到的程度。性格的丰富性区别于性格的简单化，以至于区别于类型。在古典主义艺术中，特别是法国戏剧中可以说是在思潮上显现出一个时代的特点，而且在欧洲影响非常大的人物，缺少性格丰富性，如"伪君子"就是虚伪，"吝啬鬼"就是吝啬。如果艺术作品塑造的人物就是一味地吝啬或虚伪，这个人物就失去了丰富性。因为在实际生活中，一个吝啬鬼实际上也不是一味地吝啬，一定有别的方面。所以，将性格简单化，就使性格成为类型或代号，削弱了生活的真实性。莎士比亚笔下的人物性格都具有丰富性。如他笔下的李尔王、奥赛罗，虽有主要方面的性格，但有另外方面的性格衬托。所以，要求性格丰富、完满，实际上是要塑造出充分的典型、具有真实性的人物。

（2）性格要有明确性。性格要丰富，但要有明确性，不能自相矛盾，或者说人们看了以后，不知道是这个人物的性格究竟是什么。黑格尔提到性格的明确性时，提出了"特殊情致"的概念，并加以特别强调。情致与情感既有联系又有区别。情致指人物精神方面的突出特点，即充塞全部心情的理性内容。典型形象都有其特殊情致，如哈姆雷特的忧郁、延宕，塞万提斯的《堂·吉诃德》中的堂·吉诃德的主观主义，但总体上说不失为善良。这是典型人物突出特点。《红楼梦》里的宝玉、黛玉、宝钗，性格都很丰富，但都有其特殊情致，如黛玉的孤傲高标、憎恨庸俗，追求自己的理想，这都属于特殊的情致。

（3）性格的坚定性。性格的坚定性是指人物不论做什么，都按照自己的性格去行动。有他的尺度和标准。他行动时，不会采取别的方法去做，而且只有他会这么做。如王熙凤，能说会道，心里狠毒，惯于损人利己，但损人不利己的事她不做。

## 六、艺术的历史过程与分类

黑格尔《美学》体系非常庞大，他对艺术进行了历史发展的分析，而且这部分内容在美学中地位非常突出，占用的文字篇幅也较大，这是论艺术美的历史发展。

### 1. 艺术的历史发展过程

他在分析艺术史时，按照历史阶段对艺术进行划分。艺术在每一个阶段，他都给固定一个名称。这种作法虽然缺少辩证法，不太合适，但在他的区分和论述中有很多有意义的东西。

因为黑格尔的美学基础是讲理念的运动。理念在历史过程中不断发展，可以进入到各个领域中去，在历史阶段中显现，它使历史过程中的艺术呈现为特殊的类型。在朱光潜和李醒尘的美学史中对此都有简要归纳，可为引为认识问题的纲要。

（1）第一阶段是象征型艺术。黑格尔认为，象征型艺术是人类艺术开始阶段的普遍状态。这种说法有一定道理。他说，人类早期，对外在世界的认识比较模糊、朦胧，找不到其他的艺术表达方式，只有借助客观事物的物质外形来暗示和象征某种意蕴。这是人类自身对客观事物的认识的初级阶段，即这个时期人们对理念的把握是初级的。如用狮子象征刚强，用三角形象征神的三位一体等，其实就是创造符号。在这种象征里，缺少美的基础或根源的理念的存在。

象征就是不同，从不同还要引向相同，神秘性由此产生。

黑格尔把这些图形或符号看成是图解理念的尝试。这是艺术前的艺术，如金字塔、狮身人面像都是这种艺术。可以说，人类艺术早期，象征艺术比较多，特别是史前阶段，这方面特点突出。但是有一些艺术也不完全是象征型的。如果说人类社会早期是象征型艺术，那么古希腊艺术应该放在象征阶段还是其他哪个阶段？就历史阶段来说，希腊艺术出现比较早，出现在象征艺术阶段，但有些希腊艺术并不完全属于象征型艺术。所以，以时间来划分艺术类型不够合理。

（2）第二阶段是古典型艺术阶段。黑格尔认为，人类进入古典型艺术阶段，艺术的内容和形式达到了统一，艺术更加完美。他把古希腊艺术定在这个阶段。那么在实际划分上，古希腊艺术可以追溯到公元前七世纪，甚至还可以更早。那么从时间上说，公元前几百年都划在前面两个阶段里了。

（3）第三阶段是浪漫型艺术阶段。古典艺术发展到最高程度就实现为浪漫型艺术。古典型艺术的内容与形式的吻合状态被打破，在较高程度阶段又回到了象征型艺术的内容与形式不协调的状态。在艺术象征型阶段形象呈现上是物质压倒精神，而浪漫主义的呈象特点则是精神压倒物质。

我们知道，浪漫型艺术突出的发展是在十九世纪。在黑格尔当时的历史阶段，虽有如席勒的浪漫型艺术，但真正作为取代古典艺术的充分的浪漫艺术，是出现在雨果时代，即 19 世纪 30 年代前后。所以，黑格尔对艺术类型的这种划分对于艺术史的阶段来说，证据并不特别充分。但是，他说到的象征型、古典型、浪漫型以至于这种艺术类型所具有的特点是有意义的。我们研究艺术象征，不少都是在最早的阶段里，如古典艺术所具有的突出特点，以至于浪漫型艺术如何突出地张扬主观、表现怪诞、离奇等，这对把握艺术的特点来说也很有意义。

### 2. 艺术的分类

在黑格尔《美学》里，还有对各种艺术类型的分析。如对建筑、雕塑、绘画、音乐和诗进行了分析和论述，这些论述中有些显现了比较突出的见地。

他对上述五大艺术门类的分类依据的条件是精神内容克服物质形式的程度，即是说，每一门艺术如何把对象物质变成艺术，也就是用什么样物质媒介改变了现实生活中的这种物质存在形式是划分媒介的依据。

下面我们看建筑、雕刻、绘画、音乐和诗都是以什么样的物质媒介克服对象物质形式的。我们只说绘画、音乐和诗。李醒尘对此有简要归纳，可以采取。

先说绘画。绘画的基本原则是，内在的主体性固然要通过外在的形式把内在精神变成可观照的对象，但它要压缩三度空间的整体，化立体为平面，利用色彩和光线的变幻，来消除感性现象的实际外貌。因此，绘画的可见性和实现可见性的方式是主观化的、观念性的。美国美学家吉尔伯特说："绘画失去了物体的实在性。"画家面对的实际对象经过线条、色彩等物质方式加以描写，物体的实在性就消失了，变成了一个符号，变成符号以后，还有关于对象的感性条件存在。画马看还是马，画树看还是树，树、马的形状和色彩都能看得到，但它已经不是实际存在的马和树了。

他论音乐和诗歌都是从物质媒介如何造成艺术及这种艺术的特点上展开的。诗以语言为媒介去表现现实，想象和心灵性特别突出。

黑格尔说：诗或语言艺术是"绝对真实的精神的艺术，把精神作为精神来表现的艺术。"①

因此，诗就成了最丰富、最无拘碍的一种艺术。诗在艺术中的地位最突出，所以，一切艺术都追求诗性。

通过这些具体分类的理论，可以把握总体分类原则，实际上是物质媒介的分类法。

## 七、悲剧和喜剧观念

悲剧和喜剧在黑格尔《美学》里占有非常重要的地位。悲剧和悲惨、喜剧和笑的区别在《美学》中也有突出的论述。

### 1. 悲剧观点

在黑格尔《美学》中，前面讲的都是艺术表现中的一般问题。这些问题也表现在悲剧或喜剧创作上。对于这些问题在悲剧和喜剧中是如何存在的，黑格尔的论述很深刻，虽然他的论述有折衷主义的表现，但他的分析有时还能够说明问题。

我们从悲剧论的立论基础讲起。

就悲剧来说，悲剧之所以能够形成，就人物来说，悲剧的人物应该有正面素质。黑格尔的悲剧理论肯定了这一点。亚里斯多德的悲剧论已涉及到这个问题。他认为，如果悲剧人物完全没有缺点、毛病和错误，就不能成为悲剧人物；一个极坏极恶之人，受到惩罚、遇到不幸，也不能成为悲剧。悲剧人物应该和我们平常人差不多，有平常人的特点，即

---

① 黑格尔：《美学》第 3 卷，第 332 页。

是说，观赏悲剧的人所具有的特点常常是舞台悲剧人物所具有的特点，这样悲剧才能对观众起到作用。这点为黑格尔所继承：人物"本身具有丰富内容意蕴和美好品质"，又破坏了"伦理理想的力量"。①

　　但他说到悲剧冲突时有个基本理论，就是就悲剧冲突的原因来说，双方都代表一种伦理力量，代表伦理力量的各方，都认为自己代表了普遍力量，是正确的、正义的。如果双方坚持了自己的普遍力量，就要和自己的伦理力量不同的一方展开矛盾冲突，冲突的双方都认为自己有理。这个理论的根源在于黑格尔的哲学思想。他认为，凡是存在都是合理的。冲突的结果是双方同归于尽。黑格尔在分析悲剧时常用一个概念："实体性的东西"即"绝对精神"或"绝对理念"。双方发生冲突的原因是双方都认为自己代表了"实体性的东西"，而不认为是对方代表"实体性的东西"，都希望能战胜对方。黑格尔以古希腊悲剧《安提戈涅》为例分析了这个问题。安提戈涅是俄狄浦斯王的女儿。俄狄浦斯王死后，克瑞翁当了忒拜国国王。安提戈涅的弟弟奥莱斯忒爱上了克瑞翁的女儿，但是奥莱斯忒和克瑞翁发生矛盾，要收回其父主宰的忒拜国，并从国外搬来援兵。最后奥莱斯忒失败。奥莱斯忒被杀后曝尸街头，国王不准任何人收尸。安提戈涅出于姐弟之情为其收尸，违背了禁令，因此也受到了惩罚。在这个悲剧冲突中，有很多人都死了。黑格尔解释这个悲剧冲突时说，克瑞翁要捍卫国家的权力和安定，要镇压反对政权的人，有合理性；而奥莱斯忒虽然从国外找来力量攻打自己的国家是叛国，但他要收回被篡夺的权力，也有他的合理性；安提戈涅出于姐弟关系收尸合乎情义，有合理性；但国家有令，对国家的叛徒不允许收尸也维护了国家的尊严。在这里，所有的人物都有他的一个方面的道理，也都有他一个方面的不合理。那么这些悲剧人物是什么样的冲突呢？是一个各自都有合理之处又各自都有无理之处的矛盾冲突。所以，这种冲突是以各自片面的道理来否定自己对立面片面的东西。这种冲突的结果是绝对真理的最后胜利。

　　这种对悲剧的分析的观点，以及联系悲剧的实际存在，我们应该怎样评价？悲剧冲突的根本原因是社会历史矛盾的一种表现，即使这种矛盾冲突反映在人物性格上，应该说也是社会历史冲突在具体人物身上的体现。悲剧中有性格冲突，这也是社会历史冲突的缩影。黑格尔从伦理

---

　　① 黑格尔：《美学》第 3 卷，第 288 页。

角度看到了这种冲突。为什么他却把这种社会历史冲突看成是各自都有道理、各自都存在不合理呢？这和他的辩证法有紧密联系。这个联系就是，凡是一种伦理存在、伦理冲突都有它的历史必然性，冲突双方只要还在冲突着，就意味着冲突的双方各自都有它的历史存在的现实性，也即是说都没有完全过时，凡是存在的都有它的合理性。在黑格尔辩证法看来，任何合理性都不完全具有合理性。这是他认识事物的一个基本思想，即任何合理的东西都没有完全合理的，就是说，任何事物都有矛盾，对矛盾的双方以合理、不合理来评论，没有完全合理的，也没有完全不合理的，只有哪方面合理占有更大的成分、或者不合理占有更大的成分的区别。具有合理性就有它存在的巨大可能性。因此。黑格尔得出结论，在伦理力量的冲突当中只要两方面构成了冲突，双方各有它的存在的合理性。

这种悲剧观中有一种政治妥协性，尤其是他在评论苏格拉底的悲剧评价中，对于雅典法院和苏格拉底各打五十大板，革新与护法都有合理性。

我们常常听人把悲惨或不幸之事说成是"悲剧"，这不是美学史所讲的悲剧，仅仅是悲惨或不幸。如煤矿事故、车祸等。为什么悲惨不是悲剧？悲剧具有历史意义和社会意义，它是人们在实现历史目的时，因为自身不具备这方面的充分力量，因此虽然斗争了、奋斗了，但没有实现这个目的，却为此付出了惨重的代价。也就是说，历史的需要使不可实现这个需要的人付出了生命代价。宝玉反对男尊女卑，反对崇儒读经，反对科举，自主爱情，但都没有实现，他的斗争有历史意义，这是悲剧。所以，没有历史意义的灾祸，就只是悲惨的事情。

### 2. 喜剧观点

黑格尔的喜剧观比他的悲剧观有更大的科学性。黑格尔在论述喜剧时，其理论前提还是他的绝对精神。这种绝对精神向各个领域发展，在各个领域起着作用。我们刚才说到的伦理冲突当中的"普遍力量"或"实体性的东西"，可以进到各个领域当中，也可以进入到人身上；进入到人的身上后，它可以使这个对象发生自己对自己的否定，即是说，它会使对象、事物走向反面，不断地推动其向相反方向转化。如果不是特别了解和把握历史生活的辩证结果，就可能把这种变化归结为超自然的力量。如，一个王权最后灭亡了，中国古代有种说法叫"气数尽了"，是神的力量庇佑的终结。如果按照黑格尔的说法，这是普遍力量在支配这个事物，其实普遍力量也好，实体性东西也好，实际上是事物自身的矛盾表现。任何事物都有一个自己和自己矛盾的两个方面，生命也是如此，都会在一定条件下促使它向相反方面转化。

喜剧的状态是，喜剧中的普遍力量推动事物向相反方面转化，其自身就会发生一个自否定。"自否定"是黑格尔的一个概念。即喜剧情节、喜剧人物当中都有一种自否定。为什么自己否定自己呢？这个人物、这个事物本身没有意义，它还要维护自己。当被维护的现象已不具有普遍力量，或者说它受到了普遍力量的否定，没有实体性的意义，这时这个假象一旦被揭开就形成了喜剧。

黑格尔说："任何一个本质与现象的对比，任何目的与手段的对比，如果出现矛盾或不相称，因而导致这种现象的自否定，或是使对立在现实中落了空，这样的情况就可以成为可笑的。"①

黑格尔认为这是笑的原因，其中蕴含喜剧因素，但真正喜剧却要超越于此。即"喜剧的目的和人物性格绝对没有实体性而却含有矛盾，因此不能使自己实现。"另外就是为实现实体性的目的和性格，自己却成了"相反作用的工具"，"造成为目的和人物以及动作性格之间的矛盾"，因此，"在喜剧动作情节里绝对真理和它的个别现实事例之间的矛盾显得更突出更深刻。"②

我们看到的喜剧常常是这么表现出来的。如，他不是具有强大力量的人，却装成强大力量；他不是一个君子，却装成一个君子。装成的"君子"、"英雄"，这个现象必然要发生自己否定自己，他自己做的事情要败露，败露后就成了笑柄。如京剧《打鱼杀家》中的教师爷，没有武术技能，却自充高手，最后和肖恩比武时不堪一击。莫里哀的《伪君子》中的答尔丢夫，表面道貌岸然，实际上满腹男盗女娼。这个假象一旦被揭露出来就成了可笑的东西。这就出现喜剧和笑之间的关系。

喜剧和笑。喜剧在实现效果时有笑。喜剧演出如果不笑的话，喜剧的效果就很差，甚至说不是喜剧。喜剧的笑是在假象、被掩盖的东西被揭开以后，显现了人的一种胜利的喜悦，显现了人的自身的自我超越，这才是喜剧，或者称做"喜"。黑格尔称之为："观赏者自鸣得意的聪明

第三编　足可撑起盔甲的德国美学

---

① 黑格尔《美学》第 3 卷，下册，第 291 页。
② 同上书，第 293 页。

的流露"。因为笑意味着人比被嘲笑的人或事物高明，实现了心理超越。所以，这个笑具有社会意义。但是笑是通过一种生理现象来实现的。笑有生理意义和社会意义的区别。所以，必须达到社会意义的笑才是喜剧的笑。有些可笑的东西却不是喜剧，如耍猴。这是黑格尔的喜剧观点，他的喜剧理论非常完备。

# 第四编 现代美学的发生与发展

　　人在世界的存在中，由于自以为是超越万物的，所以特别关注作为主体的人之外的世界，面对人自身的存在却相对研究较少。即使有对于人的研究，也把研究内容切割为一个个碎片，所以世界到现在有"动物学"、"植物学"、"天文学"、"地理学"、"生理学"、"病理学"、"伦理学"、"心理学"，而虽然有一个"人学"之说，又是误读高尔基之论，之后指向的并不是科学学理意义上的"人学"，而是作为艺术之一的文学。所以至今仍没有一个真正的"人学"学科，可见人类对自身存在的研究，与人在世界中地位是多么不相称。马克思的《1844年经济学哲学手稿》是全面研究人学的开始，但是后继的人与书却又太少。

　　在西方美学史上，叔本华、尼采、海德格尔、萨特、德里达等人，都是传统美学的批判者，从解构的确切意义上说，他们一津都是对消解人的存在的势力与思想予以解构，从不同的哲学和美学立场上发出批判，突出人的存在，张扬人的意志，争取人的自由，解构人的传统的思维和认识的模式，寻找人的原本意义，探求人在异化境遇中的新出路。应该说，他们谁也没真正发现和找到这条路，但却为美学研究提供了许多经验与教训，也催动起人的对于人的种种新思考。

推陈不惮显奇偏，语见出新人爱传。
唯物唯心难计较，何妨披拣为今天！

# 第二十二章　叔本华的美学思想

叔本华（1788——1860）是德国的哲学家和美学家，是西方唯意志主义的代表人物，主要著作是《作为意志和表象的世界》。在西方美学史上的地位很重要。叔本华的美学体系直接建立在他的唯意志论的唯心主义的哲学之上，认为一切美的现象都是理念的客体本质的表象形态，在这一非科学前提下有体系地分析了美学与艺术的一些基本范畴。他的理论虽然不能完全正确说明美与艺术的规律，但却能以艺术现象为论据，并在艺术审美特点上加以具体分析，提出例如审美中主体自失、先验预期以及不同的美的形态和艺术类型与主体实际距离等，都显示了特有的新见解，能给人以别样角度的启示。

## 一、美学基点：生命意志的外在表象

叔本华的美学思想有一个核心，就是他的著作《作为意志和表象的世界》中开宗明义表述的基本观点。他说："'世界是我的表象'，这是一个真理，是对于任何一个生活着和认识着的生物都有效的真理；不过只有人能够将它纳入反省的、抽象的意识罢了。……于是，他就会清楚而确切地明白，他不是认识什么太阳，什么地球，而永远只是眼睛，是眼睛看见太阳；永远只是手，是手触着地球，就会明白围绕着他的这个世界只是作为表象而存在着的；也就是说这个世界的存在完全只是就它对一个其他事物的，一个进行'表象者'的关系来说的。这个进行'表象者'就是人自己。"[1] 他这是认为现实世界存在是我的一种意志，也是我的一个表象，即根基在我自身，我的意志是在这个世界之前存在着，这个世界的存在是来自于我的意志。这就把物质和精神的关系完全颠倒了。叔本华的这个思想直接来自英国的贝克莱的主观唯心主义的

---

[1]　叔本华：《作为意志和表象的世界》，商务印书馆，1982年，第25页。

"存在即被感知"，他赞扬贝克莱是断然道出这一真理的第一人。

叔本华虽然直接承袭了贝克莱的主观唯心主义哲学，但他的观点来源比较复杂，作为哲学和美学的构成主要是柏拉图、康德，还有印度的佛教哲学思想。他把柏拉图的理念（理式）拿来进行意志客体化的演绎，认定它是意志的直接的客体化，而存在于一切时空中的具体事物都是理念的展开，是理念也是意志的间接的客体化。而对于康德哲学中"现象界"和"物自体"的二元论，叔本华认为在客体发现上这是很大的功绩，在此起点上，叔本华则从唯心主义的主体出发，以"意志"作为对于康德的"判断力"的替代，作为沟通"现象界"与"物自体"的桥梁，使一切表现现象统一于主体的意志表象之中。这使康德的唯物主义因素完全不见了。

我们以前所接触的西方哲学家，他们的理论还没有谁和佛学有这样直接的渊源关系，而叔本华的哲学思想和美学思想都在佛学中吸收了很多东西，特别是他关于生命、关于苦难的论述，不少都是从佛学中拿过来的，并把这些观点做进一步的哲学解释和美学演化。叔本华援引印度吠檀多学派的观点，赞成"物质没有独立于心的知觉之外的本质"的主张。中国近代美学家王国维的思想受叔本华的影响较大，王国维曾用叔本华的悲剧观点来解释《红楼梦》，这是第一次有人把《红楼梦》作为悲剧来解读。王国维把叔本华的"欲念是痛苦的根源"的观点，拿到《红楼梦》中，与佛学的"四谛"之"苦谛"结合，施之于人物关系，进行生命欲望解脱的分析，说叔本华说的第三类悲剧即人物的境遇关系使人物行为和性格发生为悲剧的动因。叔本华的这个启发使悲剧论与历史现实的动因发生了联结关系，开启了中国"红学"和悲剧理论的一个亮点。

叔本华意志表象论，他的理论有一个主体核心的支柱，即世界上的一切以主体为条件，主体与对象世界构成一种关系，主体是世界存在的根据，主体是根据律的前提条件，它使世界成为意志和表象的世界。以主体为世界的转移点，显然是主观唯心主义。叔本华认为客观世界是由主观产生的，这必然导致对真实世界的虚无主义观念，与佛学讲的"实相无相"合流，就是说凡是有象的东西都不是"实相"，没有形象的东西是最真实的，有形象的东西是最不真实的。这就是叔本华所说的现实世界是假象，之所以是假象是因为它不是永存的，它是随时间而变化的，是浮尘和泡影，随时都可能消失。

由于叔本华把世界看成是意志的表象，世界的存在成为虚幻的存在，意志成为最重要的最高贵的决定因素。在评价人生生命过程的时候，叔本华的观点是悲观主义的。他否认现实世界的价值和意义，现实世界的意义在他眼里丧失了，那么生活在其中的人也就没有意义了。这就完全陷入虚无主义的悲观主义。生命意志成为人们在现实中求生存、求温饱的欲望，成为人的盲目的不可遏制的冲动。这种冲动在现实中能不能真正实现呢？在叔本华看来是永远也不能真正实现并得到满足的，所以永远是痛苦的，这就是佛学"四谛"中的"求不得"。"求不得"在人生四苦中排在最前面，而且对其它三种苦还有制约作用，并渗透其中。在现实中追求，有欲望而得不到，就像人在梦中无法改变自己的梦境一样。叔本华认为人生是痛苦的。叔本华认为人生是在欲求和挣扎中存在，"所以，人从来就是痛苦的"，无欲求则空虚无聊；有欲求而不能获得，则更为痛苦。叔本华为此用了钟摆的比喻。王国维在《红楼梦评论》中，在解释欲望、生活、苦痛这三者的关系时，引用叔本华这个很形象的比喻："人生有如钟摆，摆动在痛苦与倦怠之间。"① 摆荡的钟摆两边是痛苦与倦怠，但却无法停留，只有钟摆停了，才能超脱于痛苦和倦怠。这如同人生之所遇，除非生命停摆，否则无法解脱。对于怎样摆脱人生痛苦，叔本华认为有两种方法，一是献身于哲学沉思、道德同情和艺术的审美直觉，进一步排除一切功利目的，进入自我人格的忘我境界，即进入到思维创造的境界，但这也只能达到暂时的解脱；二是人的永久的真正的解脱只有禁欲、涅槃、绝食以至自觉死亡。叔本华的生命意志的最终结果是走向生命的终结。所以说这种哲学没有看清生命的意义，而是走向了生命的虚无。由于艺术和审美直觉是摆脱生命意志痛苦的一种境界，他的美学理论也由此而发生。

## 二、艺术本质：生命意志的直观"自失"

在审美直观中，叔本华特别强调人怎样才能摆脱理性，把生命融入到客体当中去，达到在客体中的"自失"，如果这样，现实世界的差别就被泯灭了。摆脱痛苦，人在无差别的境界中实现了无差别的自我，也

---

① 叔本华：《叔本华论文集》，百花出版社，1987年，第200页。参见《作为意志和表现的世界》，第427页。

就可以忘掉自己。叔本华的"自失"实现的好像是佛家所讲的解脱，但却又合乎艺术表现主体的规律。

艺术创造和艺术欣赏，因为是用感性形式来接纳和表现对象，即按照对象本身的方式来表现和接纳，从总体上来说离不开直观和直觉。但在进行艺术表现时，当主体把他的审美感官伸向现实对象以后，就能创造艺术吗？是不能的。因为主体必须对对象进行理性判断，把理性渗透到对事物的观察体验当中。从一般意义上说，人的感性认识阶段是把握事物的外部特征，通过对事物外部特征进行抽象判断，形成理性认识。艺术家的创作中，总是把感性和理性思维同时完成，在对事物进行直观把握的过程中，他同时加以理性判断。叔本华所讲的直观是排斥理性的，他认为只有直观才是真理的源泉。他在分析艺术、科学等不同门类时，把艺术放在理性和科学之上，他认为遵循根据律的科学和理性无法达到独立于根据律之外的艺术把握世界的高度。为什么叔本华如此看重艺术的作用？这和他对人和艺术之间的关系的认识有直接关系。他认为艺术家在创造艺术时，必须进入艺术当中，达到和创造对象的融合，才能创造艺术。如福楼拜在写太阳时，认为自己就是太阳，这就是主体和对象相融合了。这是一种艺术体验理论，从这一点上来说叔本华是正确的。但叔本华又进一步引申，认为主体由现实的人达到一种"自失"的程度，"他"不再是"他"，以致国王在王宫看落日和囚徒在监狱看落日，"就没有什么区别"，这就有问题了。艺术的创作和欣赏时，是有这种自失的现象，但第一只是暂时性自失，不可能是永久的；第二只能是局部的，不可能完全超然的。我们可以从对艺术品中的创作和欣赏中看到人们无法摆脱的现实处境的影响。

关于审美直观，叔本华讲了三层意思。

第一，审美是直观的有非功利的超然性。叔本华强调直观的感觉是超然的感觉，是一种幻觉，是一种无功利的行为。在直观的过程当中，主体直接面对的接触对象，因为他不是强调理性判断，而是强调对象对自己所发生的浑然感觉（感性和理性不分），以致来不及对对象进行理性判断，如人们听音乐，读小说，看戏剧，突然受感动了，但此前并没有理性判断，这是通常的审美经验，比较常见。但这种效果与理性是什么关系？理性有没有发生作用？对此，我们就审美主体来说，他自身在接触对象之前，他已经有自己的审美趣味，有理性，有感情，在他接触对象时，他虽然没有直接调动理性和情感，做出判断，但原有积淀的东西还是发挥了作用，这种发挥是使前理性自然而然地被调动起来，主体虽没经过直接判断过程，而是完全出自于主体的原有的内在积淀，却在主体原有的理性与情感的统一机制下实现了必然的结果。因此即使在审美过程中，是对对象的直观接受，但直观当中却不仅仅是直观，其中还有理性的渗透，这与直接调动理性所发生的作用是一样的。这是艺术理性发生作用的一个特殊点，也是审美主体接受艺术的一个特殊点。

第二，审美直观是主体"自失"于对象之中，是直观者与直观合一。他说："人们自失于对象之中了，也即是说人们忘了他的个体，忘记了他的意志；他已仅仅只是作为纯粹的主体，作为客体的镜子而存在；好像仅仅只有对象的存在而没有知觉这对象的人了，所以人们也不能再把直观者其人和直观本身分开了，而是两者已经合一了；这同时即是整个意识完全为一个单一的直观景象所充满，所占据。"叔本华认为"正是由于这一点，置身于这一直观中的同时也不再是个体的人了，因为个体的人已自失于这种直观之中了。"① 我们今天如果能把艺术审美中的"自失"限定在一定程度上，那是非常有意义的，因为"自失"是艺术创作和艺术审美中非常突出的一种状态。所谓"自失"，是审美主体或创作主体在接触对象时的忘己境界，这是艺术创作和艺术审美当中非常普遍现象，叔本华抓住了这一特点。叔本华的艺术天分非常高，对艺术规律的把握也非常到位。叔本华讲"自失"，实际是讲主客体的关系。艺术家进行创作，从现实当中提炼素材，表现为形象，脱离这些是没办法进行创作的。艺术家要把客观对象化为艺术，必须入乎其中。艺术创作者对对象要有体悟，思维要进入到对象当中，中国古代的艺术美学就这一点讲得非常多。如"登山则情满于山，观海则意溢于海"，把自身投入表现对象。清代的袁枚的"鸟啼花落，皆与神通；人不能悟，付之飘风"，说的就是这个道理。《红楼梦》黛玉葬花就是自己"自失"于花，所以她对宝玉的到来没有一点察觉。主体融入客体，是从主体的角度来说。反过来讲，艺术创作也是客体融化主体。主体是能动的主体，自觉地创造。客体融化主体，是表明自身具有磁性，它能把创作主体吸引进来，召人入境。如作家和艺术家面对现实对象时，都能非常敏锐地感知，非常美的景色使他们流连忘返，艺术欣赏时更是如此。对象使主体自失是一个重要原因，即庄子说的"吾丧吾"。王国维在《人间

① 叔本华：《作为意志和表象的世界》，商务印书馆，1982年，第250页。

词话》中关于"有我之境"和"无我之境",就是在用中国的说法来表达叔本华的"自失"论。"有我之境"是以我观物,这时所写的物都是我所观取的物;"无我之境"以物观物。无论是"有我之境"还是"无我之境",这个"我"都在境里边。只是有时他能认识到自己在这个境当中存在着,有时则意识不到。自失之后,"物"的主体失于物之中,好像物能自我行动,实际上还是作者在自失的情境下摄纳对象入于自身。叔本华曾引用拜伦的诗来说明,"难道这群山、波涛和诸天不是我的一部分吗?"成了我的对象就成了我存在的一部分;万物皆备于我,"在我之外任何其他东西都是不存在的",结果还是归于世界是我的意志表象。叔本华的错处在于他的意志起点和意志结点,不在于艺术审美表现的主体向对象的自失性地"栖息于,沉浸于眼前对象的亲切观审中。"①

第三,审美直观现象是理念的客体形式。叔本华说:"为了对世界的本质获得更深刻的理解,人们就不可避免地必需学会把自在之物的意志和它的恰如其分的客体性区分开来,然后是把这客体性逐级较明显较完整地出现于其上的不同级别,也即是那些理念自身,和显现于根据律各形态中的理念现象,和个人有限的认识方式区别开来。这样,人们就会同意柏拉图只承认理念有真正的存在的作法,与此相反,对于在空间和时间中的事物,对于个体认为真实的真实世界,则只承认它们有一种假象的,梦境般的存在。"② 叔本华认为理念虽是本质的客观性的存在,但它却必须落入按根据律存在的各级形态,因此按直观现象显现的偶然形式符号中才能找到理念的客体性,意志的形式性。叔本华为此举出自然界的许多现象形式,并追寻其理念的本质,如浮云飘荡的形相与作为有弹性的蒸气为有冲力的风所推动的本质;滚滚流动的溪水之旋涡、波浪、泡沫形相与随引力而就下的无弹性的透明液体的水的本质,对此,叔本华都认为是在直观形式中表现着理念的本质。他的这种分析逻辑是用属于他的主观性的"理念"取代了决定现象的自然力的本质,所以其理论意义不在于他的逻辑判断,而在于他的现象的发现与审美力学的开发。可以说,我们在此才真正找到了关于自然界的形式美的内容本质的解答。

---

①　叔本华:《作为意志和表象的世界》,商务印书馆,1982年,第249页

②　叔本华:《作为意志和表象的世界》,商务印书馆,1982年,第253—254页。

## 三、艺术天才：生命意志的先验预期

艺术究竟是什么？叔本华的回答和我们的理解距离比较远。他认为艺术是一种特殊的表象方式，即理念的意志的直接而恰如其分的客体的复制。叔本华所说的理念，实际上还是他所讲的意志，即艺术是对意志的复制。他说："艺术复制着由纯粹观察而掌握的永恒理念，复制着世界一切现象中本质的和常在的东西；而各按用以复制现实的材料是什么，可以是造型艺术，是文艺或音乐。艺术的唯一源泉就是对理念的认识，它的唯一目标就是传达这一认识。""我们可以把艺术直称为独立于根据律之外观察事物的方式。"① 只是在根据律之外观察和传达与复制这种对于理念或意志的认识时，必须是天才的，能"把天才的眼界扩充到实际呈现于天才本人之前的诸客体之上。"② 叔本华把艺术家的这种能力称之为"先验的预期"③，它能使大自然的秘密因之而泄露出来。他说："在真正的天才，这种预期是和高度的观照力相伴的，即是说当他在个别事物中认识到该事物的理念时，就好像大自然的一句话还只说出一半，他就已经体会了。并且把自然结结巴巴未说清的话爽朗地说出来了。他把形式的美，在大自然尝试过千百次而失败之后，雕刻在坚硬的大理石上。把它放在大自然的面前好像是在喊应大自然：'这就是你本来想要说的！'而从内行的鉴赏家那边来的回声是：'是，这就是了！'"④

在艺术审美的天才问题上，叔本华只是说天才人物是多数人中的少数，是"罕有的"，"屈指可数的"，在"无数千万人中不时产出一二个的天才"，在认识能力上，"在普通人是照亮他生活道路的提灯；在天才人物，却是普照世界的太阳。"⑤ 叔本华却也承认普通人"遵循根据律的理性的考察方式"，只是他们与"独立于根据律之外观察事物的方式"的天才的考察方式不同。叔本华认为天才与普通人有两点是一致的：一是一般人物比之于天才人物认识理念和表现理念的本领"在程度上虽然

① 叔本华：《作为意志和表象的世界》，商务印书馆，1982年，第258—259页。
② 同上书，第261页。
③ 同上书，第309页。
④ 叔本华：《作为意志和表象的世界》，商务印书馆，1982年，第308—309页。
⑤ 叔本华：《作为意志和表象的世界》，商务印书馆，1982年，第262—263页。

要低一些并且也是人各不同的，却必然地也是一切人所共有的；否则一般人就会不能欣赏艺术作品，犹如他们不能创造艺术作品一样。"① "天才所以超出了一切人之上的只是在这样认识方式的更高程度上和持续的长久上"，并能把冷静的观照能力别出心裁地表现在作品之中。二是天才在认识方式上有间歇性，是天才的超人性"只是周期地占有个体"，他在浸沉于天才意识的方式时"是天才性的"，但决不是说天才的每一瞬都在这种情况中，因为摆脱意志而掌握理念所要求的高度紧张虽是自发的，却必然又要松弛，并且在每次紧张之后都有长时间的间歇。在这些间歇中，无论是从优点方面说或是从缺点方面说，天才和普通人大体都是相同的。② 可见，叔本华虽然认为天地有超人性，但他不仅有其限制性，也有与常人的共通性，这比之于后来尼采的超人论，更易于为人所理解。

在天才的问题上，叔本华研究了天才的一般表现，他所讲的都是艺术家必须具有的充分条件。如创造者必须执着追求，永不满足，因为艺无止境。大艺术家都认为自己还有没有做到的地方，不满足已取得的成就。创造者还必须有想象力，想象力的水平决定着艺术家的表现能力。没有想象力，则无法创造艺术。天才都是不断探索，不断前进，他所达到的境界，能使自己成为照亮世界的太阳，天才的眼神是坚定而活泼的。叔本华谈天才，与柏拉图、康德的观点不同。叔本华能看到天才的缺点，他认为天才人物不注意根据律，所以厌恶数学和逻辑的方法；天才好被印象挟持，冲绝凡俗罗网，怀有莫名痛苦和殉道精神；好直观而不求合理性，总是不加思索，而陷于激动和情欲的深渊；天才好自言自语，类似疯子，常进入疯癫状态。

叔本华过分地评论了天才的价值："天才们最珍贵的产物，对于人类中迟钝的大多数必然是一部看不懂的天书。"他也说了些对错难分的话："只有真正的杰作，那是从自然、从生活中直接汲取来的，才能和自然本身一样永垂不朽，即常保有原始感动力。因为这些作品并不属于任何时代，而是属于整个人类的。"③

① 叔本华：《作为意志和表象的世界》，商务印书馆，1982年，第271页。
② 叔本华：《作为意志和表象的世界》，商务印书馆，1982年，第263页。
③ 叔本华：《作为意志和表象的世界》，商务印书馆，1982年，第327页。

## 四、美的形态：生命意志的程级体现

叔本华认为美是人的生命意志在呈现为对象的表象时，具有两种意义：一方面意志在每一事物中显现为其客体性不同级别，虽级别不同却都是一种理念的表现，这时可以说任何表现理念的事物都是美的。二是意志表象为特别纯洁和在类别上完善地体现理念的客体，这时"一个客体特别美的那种优点是在于从客体中向我们招呼的理念本身，它是意志客体性很高的一个级别。"① 叔本华认为是这种在表现理念不同客体，例如成为作为艺术最高目的人的本质的显示，以及此外的表现在有机界、无机界，还有"重力，固体性，液体性，光等等是表现出在岩石中、建筑物中，流水中的一些理念。"② 由此可见叔本华是把表现理念的客体的程级不同而尤其是与人的远近及关系轻重不同而区分为不同的美的形态。

关于优美。叔本华认为人与动物可以有优美。优美的本质在于人对于这种对象无庸斗争，意识就占了上风，因而意识成了认识的纯粹主体。但从身体角度发论，认为植物"好像赖着要人欣赏似的"，所以他不承认植物的优美："我们固然可以说植物有美，但不能说植物有优雅。"他以人为例说明"有优雅就在于每一动作和姿势都是在最轻松、最相称和最安祥的方式之下完成的，也就是纯粹符合动作的意图，符合意志活动的表现，没有多余，多余就是违反目的的、无意义的举措或整扭难看的姿势；没有不足，不足就是呆板僵硬的表现。优雅以所有一切肢体的匀称，端正谐和的体形为先决条件，因为只有借助于这些，在一切姿势和动作中才可能有完全的轻松的意味和显而易见的目的性。所以优雅决不可能没有一定程度的体型美。优雅和体型美两者俱备而又统一起来便是意志在客体化的最高级别上的最明显的显现。"③ 叔本华认为优美的对象"迎合纯粹的直观"，"好像是赖着要人欣赏似的"。

关于壮美。作为对象存在壮美，叔本华的观点认为这种壮美对于人的意志有一种敌对关系，它具有战胜一切阻碍的优势而威胁着意志，或

---

① 叔本华：《作为意志和表象的世界》，商务印书馆，1982年，第293页。
② 叔本华：《作为意志和表象的世界》，商务印书馆，1982年，第293页。
③ 叔本华：《作为意志和表象的世界》，商务印书馆，1982年，第311页。

者意志在这种对象的无限大之前被压缩至于零，但观察者却能以强力挣敌对人的意志的威胁力量，宁静地、超然物外地观赏着那些对于意志非常可怕的对象，超脱了自己，超脱了欲望，乐于在对象的观赏中逗留，这样他就会充满壮美感，"促成这一状况的对象就叫做壮美"。叔本华特别强调主体在对象面前"要先通过有意地、强力地挣脱该客体对意志那些被认为不利的关系。"① 这也就是主体在可怕的力量面前保持自己主体的客体条件，成为"整个世界的肩负人"。这是说人要在强大对象面前有意志自信力。叔本华是生命意志论者，他要人在强力对象面前，有效地调动人的生命意志，在生命受到困扰的时候，要张扬生命力，因此要战胜困境，主体由敌对而挣脱这种危险的关系。叔本华的观点有一个先在的错误，因为按他的意志世界的观点，他总体上认定这个强力对象本身不是第一性的物质存在，而是人的意志的一个表象，是主观决定的东西，这样人就不是与客观对象抗争，而是自己的意志与意志表象抗争了。自己抗争的意志又是从哪里来的呢？他不能回答。

关于媚美。这是叔本华最为否定的一种形态。在媚美对象与人的关系上，不是人去找它，是它向人自荐。它的存在还是显眼的，接受主体有可能被它迷惑。它是"许以满足而激动意志的东西"，是"将鉴赏者从任何时候领略美都必需的纯粹观赏中拖出来"，"变成非独立的欲求的主体"②。他分析了两种媚美的类型，一是刺激感官的媚美，是相当鄙陋的，如画中的食品，酷似真物又必然引起食欲，这种激动把人在事物上的审美观赏都断送了。他认为只有肉欲感而缺乏理想美的裸体人像也是如此，这都不是艺术，不是审美，引起的只是欲念。另一种是消极的媚美，是令人厌恶、令人作呕的东西，在艺术中不能允许这种东西存在，也没有审美价值。

## 五、艺术分类：生命意志的客体序列

叔本华按理念和意志客体化的不同级别进行了艺术分类，等级顺序是以其意志客体化的程度而定。

1. 建筑艺术。他认为建筑艺术，是理念或意志客体化最低级别，

---

① 叔本华：《作为意志和表象的世界》，商务印书馆，1982 年，第 282 页。
② 同上书，第 290 页。

它表现的"是重力和固体性之间的斗争",从应用目的来说,不应承认它是艺术。因为从艺术的非功利目的来说,建筑不是艺术,它具有功利的存在,对这种存在如果不从应用目的来看,而把它作为审美直观对象来看,则是理念和意志客体化的最低的级别。在别的形式中,可以更多地表现人的理念和意志。因为建筑艺术提供的是实物,其他艺术都是媒介物。在这个对象物中,它所含的意志和理念是最少的。建筑艺术有一个非常的特点,它的重力向地面挤压,存在于地面上,它自身必须有一种力量承担这种挤压。建筑艺术提供的不是实物的拟态,而是实物自身。建筑艺术提供的是实用空间,但也要在实用对象身上达到审美目的。叔本华因建筑艺术承担的意志少而将其列为低等,与黑格尔把自然美因所含理念浅近而将其列为低级美是一个逻辑出发点。

2. 造型艺术。叔本华把园艺、雕刻、风景画、人物画都看成是造型艺术。在叔本华时代就是这样分的。在现代,园林艺术已独立出来,这和人们在园林建造方面的追求分不开。叔本华认为造型艺术是表现理念和意志客体化的最高级别,因为雕刻和绘画可以直接把人的内在精神再现出来,没有间隔。在讲绘画时,他说到绘画艺术和自然的关系,绘画用具象的形象来表现存在,它和自然离得最近,但如果仅仅停留在对象身上,是不够的,必须超越。所以在绘画上他强调要表现理想典型,要运用理念,理想来自于理念,来自于先验的预期,把大自然未说完的话,以作者的体会说出来,他认为希腊人就是这样做的。他认为不能期望大自然创造出十全十美的人。关于性格和美的关系,叔本华讲到了《拉奥孔》,莱辛在分析拉奥孔时,认为雕塑家没有用人物张大嘴来表现痛苦,而是用全身的动作来表现痛苦,是出于自然的情形;叔本华则认为这是雕塑艺术的疆界限制,并且是出于美的表现的需要。

3. 文学艺术。当时叔本华称其为文艺的,其中包括小说、诗歌、戏剧等。叔本华特别看重文艺的表现力的,他说了一段非常正确的话:"是天才把那面使事物明朗化的镜子放在我们面前,在这面镜子里给我们迎面映出是一切本质和有意义的东西都齐全了,都摆在最明亮的光线之下;至于那些偶然的、不相干的东西则都已剔除干净了。"① 此中他认为诗是更高一级的理念的客体化。因为诗是直接表现人的情感,是人的内心的直接表现,比造型艺术更能体现意志的客体化。文学有写出事

① 叔本华:《作为意志和表象的世界》,商务印书馆,1982年,第344页。

态演变的可能，它是时间的艺术，语言和文字是和时间同时存在的。

叔本华认为痛苦是生命意志的本质，人要用生命意志克服生命存在的苦难，所以悲苦在叔本华的生命意志中是核心，而悲剧所表现就是直接显现人生悲苦的文艺方式。他对悲剧的肯定和评价，和其他美学家有很大距离。他讲悲剧的前提，是因为人的生命存在是一种痛苦的存在，由于人的生命是在痛苦中生存，因此人生有非常可怕的一面，而悲剧写的都是人物的死亡，人活得怎样的悲苦。"文艺上的这种最高成就以表现出人生可怕的一面为目的，是在我们面前演出人类难以形容的痛苦、悲伤，演出邪恶的胜利，嘲笑着人的偶然性的统治，演出正直、无辜的人们不可挽救的失陷；是因为此中有重要的暗示在，即暗示着宇宙和人生的本来性质，这是意志和它自己的矛盾斗争。"① 在说到悲剧成因时，叔本华没有从历史社会的原因来分析，这正是他历史唯心史观的必然结果。他认为人的生命受到阻碍，是生命本身造成的；而实际上悲剧的根本原因是社会历史的矛盾斗争所致。他认为悲剧有三种类型，一是恶人造祸，如莎士比亚的《理查三世》。二是命运，如古希腊的悲剧《俄狄浦斯王》；三是剧中人地位不同，由于关系造成悲剧，如《哈姆雷特》中的王子、《浮士德》中的玛格利特。叔本华认为第三种悲剧最可取，"因为这一类不是把不幸当作一个例外指给我们看，不是当作由于罕有的情况或狠毒异常的人物带来的东西，而是当作一种轻易而自发的，从人的行为和性格中产生的东西，几乎是当作人的本质上要产生的东西，这就是不幸也和我们接近到可怕的程度了。"② 王国维在分析《红楼梦》的悲剧人物时，几乎原封不动地引述了叔本华的理论，显示了一种新看法，但他们只看到了人物关系和性格冲突导致的悲剧，而却看不到人物关系中的政治、经济、思想背景，以及这些更根本的存在与人物性格的关系，所以仍难以真正深刻揭示悲剧的社会历史性的内涵。

4. 音乐艺术：叔本华认为其完全不依赖现象世界，无视现象世界的存在，音乐是全部意志的直接客体化和写照，直接复制意志，没有理念根据，不描写生活和生活过程本身。音乐并不表达人的这种那种具体的欢乐、抑郁、痛苦、惊怖，而是抽象地表达情感自身，是抽象的，表现"形而上"和"自在之物"的艺术。这与稽康的"声无哀乐论"有许

---

① 叔本华：《作为意志和表象的世界》，商务印书馆，1982年，第 350 页。
② 叔本华：《作为意志和表象的世界》，商务印书馆，1982年，第 352—353 页。

多相似之处。

5. 园艺景观：叔本华的生命意志论也渗透到他的所谓"距离最远的艺术"当中①。在叔本华的时代，这种园艺景观艺术尚初见端倪，但他却以远见卓识加以认定，肯定园艺工程师在水材料上的施为，以障碍形式，"使水显露其一切特性"②。吉尔伯特和库恩对其有确当的评论："他概略地叙述了一种假设的艺术。这种艺术宣扬自然力在步步高升，但是这种艺术至今还不存在。与建筑艺术相类似，这是一种关于水的艺术，关于地的艺术。人工洒水、瀑布、平静的湖面和整齐的小溪，都在有意识地描绘着流度与强度的关系。"③ 这正是意志客观化的极端确证，是强调人的生命意志可以支配一切存在，表现为一切客观的存在形式。应该说自然生态的建设与审美，这是"人化的自然界"，"人化"是对客观对象的"人化"，"自然界"本身的物质客观性是存在的前提，只是人在自然身上进行了实际的和想象性的创造。可惜，由于叔本华他不承认自然界的客观实在性，而只把自然当做意志的表象，自然界对于他的哲学来说仍是自在的，他看不到人可以实践地外化地进行创造，包括对于自然界，因此，自然也表现不出更深刻丰富的见地了。但他的理论最早提出：自然美的对象中，不仅只有形态，也有内蕴，如力度与强度，这明确地否定了自然就是形式美的观点，属于美学上的首开之论。④

---

① 叔本华：《作为意志和表象的世界》，商务印书馆，1982年，第349页。

② 同上书，第349页。

③ 吉尔伯特、库恩：《美学史》，上海译文出版社，1988年，第616—617页。

④ 参见王向峰：《自然美的内在制约条件》，《社会科学》，2011年第8期，第171页。

# 第二十三章　尼采的美学思想

尼采（1844—1900）是德国的哲学家、美学家。他生活的年代标志着 19 世纪已经过去了。若是把美学史在整个历史当中分出来划成 20 世纪美学史的话，尼采在时间上是属于前一个时代，但他的思想却是跨入了 20 世纪，并且深入广泛地影响了 20 世纪。

我们从尼采身上可以清楚看到他怎样终结了 19 世纪的美学，并怎样开启了新的美学时代。尼采说："我的时间尚未来到；有些人要死后才出生。"他本人就是这样。

尼采这个人在欧洲的哲学史上和美学史上是一个非常特殊的人物。历史对他的评价也有很大的分歧。影响力也是各种各样。好的影响，坏的影响；好的评价，坏的评价，都有。南京大学出版社编了一本《我看尼采》，是记录从尼采著作传到中国，像王国维、李大钊、胡适等人写的关于尼采的文章，可见他不仅是西方的哲学家和美学家中比较早地进入到中国，而且也广为中国人所特别关注，比起来很少有人能像尼采这样。特别是鲁迅，曾经翻译过他的《查拉图斯特拉如是说》。而且鲁迅的一些思想，受他影响也比较大。我们研究鲁迅发现，能够影响鲁迅思想的人，固然有不少，但是这个在西方分歧比较大，在中国也很不同凡响的尼采，却能够引起鲁迅那么多注意。

## 一、世界就是意志的哲学思想

尼采的哲学是继叔本华之后的德国又一个唯意志论的哲学家和美学家，特别是这种意志论到尼采时比叔本华应该说还超越了一步，特别强调超人的思想。

尼采长期在大学里边讲神学和古典文学。他 1889 年在意大利都灵的住所因为不让马车夫抽打他的马，跑上去护住马脖子，摔倒在地，从此开始精神分裂。应该说命运也非常悲惨。他的著作差不多在中国都有译本，鲁迅翻译了《查拉图斯特拉如是说》，周国平翻译了《悲剧的诞生》，还有一些其他的著作，也都有翻译，有的是单行本，有的是文集。台湾大学的教授后来到北京大学来讲哲学的学者陈鼓应，他的一本书《悲剧的哲学家—尼采》，既是对尼采的比较深入的研究的论著，也有对尼采的全部著作的选译。在他看来非常有价值的部分，他都选译出来，附录在《悲剧的哲学家—尼采》的后边，翻译得非常通俗易懂。孙周兴翻译的《权力意志》由商务印书馆出版，是尼采哲学的综合著作。

　　尼采是在叔本华之后，另一个从古典哲学向现代哲学转变的过程当中的哲学家，叔本华已经是接近 20 世纪，到尼采可以说他迈进了 20 世纪门槛。他的思想在 20 世纪影响特别大。叔本华的唯意志论是讲世界是生命意志的表象，生命在哪里看呢？生命是在世界当中存在，这世界本身就是人的生命的意志的表现。很显然这个观念是唯心主义的。因为世界是客观存在，它不受人自身对它是否感受的限制，人的生命存在不是表现在世界上，我们说人自身是感受世界的存在，所以从主客关系上说，叔本华已经颠倒了精神和物质的关系。尼采在叔本华的基础之上，总体上是和叔本华的观点一致的，但是他与叔本华相比还有所不同。这个不同是叔本华讲世界是生命意志的表象，尼采认为没有必要说世界是生命意志的表象，世界就是意志，也就是说叔本华拐了一些弯儿，讲到客观存在是主观存在的一个表现；尼采认为没有必要拐这个弯儿，世界就是人的意志。

　　"凡是有生命的地方便有意志，但不是生命意志，而是——我这样教给你——权力意志。"[1] 这就是说，世界和人的意志这两者是同一的东西。尼采所强调的意志，尤其是强调权力的意志。在叔本华那里是强调人的综合意志，它都表现在世界上，是综合性的。这个综合性的东西，也有人的权力的观点。到尼采这里他把这个更加集中，说意志就是权力意志。强调权力意志，是要强调人自身在现实世界当中的作用，把主观精神、主观力量强调到无以复加的地步，特别张扬主观的力量。

　　尼采有一句惊世之语，可以说在西方世界是破天荒的。

　　在《愉快的智慧》等著作中不止一次地提出一个口号，叫作"上帝死了，永不复生。"[2] 上帝作为西方宗教最高的信仰，是一个万能的创

---

① 尼采：《权力意志》，商务印书馆，1991 年版，第 228 页。

② 参看尼采：《权力意志》，商务印书馆，2007 年版，第 151 页。

第四编　现代美学的发生与发展

世者，无论是天主教、基督教，尤其是基督教，以其为信仰的支柱。有宗教对人的掌握，人一切都应该遵从宗教的观念，人应该受神来控制。这个观念不管是表面服从，还是内心服从，总而言之在西方这是一个普遍的观念。

在西方宗教观念统治时间比较长，在 19 世纪末期，尼采提出"上帝死了"，说"理智的昏乱便是上帝之道"，"这些教堂若不是上帝的坟墓，那又是什么呢？"

他是想要让人们用自身的意志来主宰自己，不在人自身之外找到一种力量，来束缚自己、统治自己。这是对人自身力量的一个张扬。这也正是他"权力意志"所导致的一个必然的结果。他要把"权力意志"作为人的唯一的意志，用这个意志来张扬人自身的生命力。有意志自身就有生命力。有意志的地方都应该理解为"权力意志"。

为什么如此突出地强调"权力意志"，张扬自身的生命力，这和尼采对现实世界的认知有直接关系。尼采之前的叔本华从生命意志出发，认为人的意志是痛苦的根源，世界和人生充满痛苦，没有意义和价值。要摆脱痛苦就要从根本上否定意志。尼采是强调要用权力意志来张扬人的生命力，这样才能够对抗现实世界当中阻碍人的生命意志的势力，与之进行抗争。如果说叔本华的意志论导致了虚无主义，导致了悲观主义，那么尼采的权力意志是要通过张扬生命力来和世界进行抗争，实现的是人的价值。在尼采这里，对生命的肯定不像叔本华那样悲观，但是尼采强调权力意志，用权力意志和没有意义的世界来进行抗争，好像能够张扬人的生命力量。问题是用这种权力意志来和社会进行抗争，不论是个人的，还是群体的，都不能够找到社会的真正弊端，因此也没办法来战胜社会。不论是个人或者是群体的，用生命意志或者说权力意志，来和你认为的不合理的社会、不合理的道德进行抗争，最后必然也是失败的。所以就悲观主义这个结果来看，尼采也无法逃脱。最后我们看到尼采患精神分裂症，也可以看出以权力意志抗争社会，能抗争出一个什么样的结果。社会改造不是通过个人意志能实现的。总体意志也没办法实现对社会的改造。所以无论在尼采的哲学里还是生存实践当中，以权力意志反抗痛苦，最终也没办法来消解痛苦的存在。

## 二、艺术的价值论

尼采谈艺术的著作是《悲剧的诞生》。书不是很厚，但是讲了艺术当中的很多问题。首先提出的问题，就是艺术和人生究竟是一种什么关系；人为什么要创造艺术，也就是艺术存在的理由。在尼采对这个问题的回答当中，有一个最基本的观点，即"艺术是生命的最高使命和生命本来的形而上活动。"①

这是尼采的原话。这个判断里面包含什么意思呢？一个是艺术为人生，一个是人生艺术化。艺术为人生，在尼采的前边的人，包括尼采，也包括后来的海德格尔，都有这一基本思想。在欧洲，随着资本主义的发展，在19世纪末20世纪初，欧洲的工业革命早已完全实现了，资本主义走到垄断阶段，社会的科学技术的发展达到了相当的高度。在科学技术发展、工业发展情况之下，人的异化的状态特别突出。人越来越成为自身的反对者，就是人自身的异化。

尼采在年轻时代写的《历史对人生的利弊》中已经看到了科学"对于生命的腐蚀性和毒害性——非人化和机械主义导致生命的病态；工人的'非人格化'以及'分工'的谬误的经济说，都是病态的。"②

尼采的看法完全可用以评判20世纪的欧洲；到了一战、二战阶段，科学技术的异化尤其严重。这些先哲们片面地又较早看到了这些消极方面。

在尼采看来，人类越被异化，就越应回到自己，回归之路就集中在艺术上。艺术在社会当中的存在，它不是越发展，给人类自身越带来消极的影响，特别是以它和能够使人异化的科学技术相比，它没有异化的作用。所以在这两个的对比当中，特别强调和肯定艺术的价值。所以在"艺术是生命的最高使命和生命本来的形而上活动"的观点看来，人离开艺术会使人越来越退化，只有艺术能把人自身的力量张扬起来。他追溯到古代的希腊。认为古希腊是人类力量张扬的最辉煌时期的表现，是后来社会应该反过来去寻找的一个样板。讲到了希腊各种各样的艺术，和当时人们在性格上的全面发展，也就是把古希腊特殊地加以美化。所以特别强调人类的生命生存不能离开艺术，特别是在人生遇到各种痛苦和恐惧，以及最后面对难以免除的死亡时，艺术能够调节人的性情，能够给人以审美享受，给人以安慰。所以艺术可以拯救人生，这就是艺术为人生。

---

① 尼采：《悲剧的诞生》，三联书店，1986年版，第2页。
② 转引自陈鼓应《悲剧哲学家尼采》，三联书店，1987年版，第405页。

那么人生艺术化是强调什么呢？在尼采的著作中，他在对社会各种存在形态（诸如艺术、哲学、宗教和道德等）进行比较时，认为任何东西的价值都不能和艺术相比。他说当时的宗教、道德、和哲学是人的颓废形式，相反的运动是艺术，艺术比真理更有价值。在尼采做出这个结论的时候，他有一个基本的态度，即尼采要对在他的时代以前的一切（道德、宗教、哲学等），进行价值上的重估。他在重估这些价值时，一个总体的观点是这些东西都没有价值。这里，我们会想到一个问题，即尼采一下子把过去的道德、哲学、宗教全都否定了，是不是他对这些东西不清楚呢？不是的，尼采对西方的历史、哲学，古典的哲学家、道德家、思想家的著作，都非常了解，他是在深刻了解之后做出的反戈一击，把这些东西否定了，是想要重新创造新的时代的历史。好像这在每个国家每个时代要想真正变革社会或者变革一个思想体系，发生这种激进的否定，差不多都是不可避免的。这个和对历史完全无知、盲目否定历史是不一样的。他要进行价值重估。重估的结果把以往的道德、哲学、宗教看作是人的颓废形式，而对艺术抱有极大的希望，所以他提出"艺术比真理更有价值"。如对宗教的评估，认为"上帝死了"，来给人以自由行动的空间。所以强调艺术的价值，正是要强调人生的艺术化，而不是道德化、宗教化、哲学化。从尼采对道德所做出的是人的颓废的一种形式，也可看出尼采的非道德的倾向。那么为什么对道德以至于宗教都做出了否定？这种否定的现实根据是什么呢？

尼采认为，人的生命本身是非道德的，它根本无善恶可言。这是从人的自然本性出发来讲人的生命本身，它自身没有道德。是人在社会实践当中随着人的自身的发展这时才出现了人与人之间的规范，以至于道德的规范。这些东西规定出来之后，就限制了人的生命和发展，特别是宗教道德。宗教道德进入了人的生命过程中以后，对生命做出善恶的评价，把生命的本能视为罪恶，结果就造成了普遍的罪恶感和对自然本性的压抑。宗教统治越森严的地方，这种情况越严重，因为宗教是道德的执行者。在欧洲中世纪时，宗教不仅是道德的执行者，在很大意义上也是法律的执行者。宗教裁判所对违背了宗教道德的，可以直接处罚，可以用死来制裁你，不是经过法庭，而是经过宗教审判，所以制定了很多和人自身生命发展不相容的宗教的善恶条规，所以人自身在发展过程当中受到它的强烈阻碍。

## 三、非功利的"非道德论"

尼采也是非理性主义者。尼采为什么采取非理性的态度来评价许多事项？理性的科学精神实质上是功利主义。尼采的非道德论，自然也要非功利。功利的中心是强调人的物质利益。在尼采所处的时代，功利是当时发展起来的资本主义所特别关注的、特别崇奉的一个目标。在这里也有尼采对他所生活的当时社会的否定的态度。

尼采把艺术看做"生命本来的形而上活动"，但人生如果是有形而上的根据，它必须要列出来人生有什么理由。因为人生下来，都很偶然，没有每个人必须生下来的理由。这个人生下来之后怎么生活也无法确定。因为如果把一个人从生下来以后每年设定一个怎么生活的方式而且都能实现，这个对谁来说都不可能。

人生没有这个形而上的必然，对此要是往前推导的话，又回到叔本华那里。叔本华就是讲人是最好不生下来。这个思想在尼采这里也曾经有过重述。

由于生是没有形而上的根据，在人生当中依靠什么东西来生活呢？应该是艺术和审美。它才使人体验到"生存是值得努力追求的"，这应该说是在不懂何以为生的情况下最好的选择。但是尼采对"人生艺术化"本身也不是完全确信的，他也怀疑艺术化人生。这里也有各种各样的矛盾，如果要实现人生艺术化，这时不免要接触艺术作品；接触的艺术作品这里也有问题。他说，世人说谎太多。为什么在艺术当中也有谎言呢？因为人要生存，要遇到很多困境，要想摆脱困境，要采用各种各样的方法，这其中免不了要采用谎言。所以只要是人，人生有困境，人就不免要说谎。这个时候要生命审美化，人生艺术化，就不可避免地要和艺术当中的"说谎"连接在一起，不可能完全摆脱它。所以在尼采看来，宗教、道德、哲学等等这些传统的形态都是一种颓废形式的存在，那么艺术是可以选择的最好的生命生存的方式，但是艺术也不免作为社会存在中的一种社会形式，有自身摆脱不了的一种非常大的局限。

所以尼采对艺术做了很多肯定之后，甚至要人在艺术当中寻找自己的家园；但当他把人引到艺术家园门前时，他又告诉要进入艺术之门的人们，那里边也有欺骗，你进去之后，也要当心。那么这样看来，哪里是尼采真正可以是人的生命生存的家园呢？应该说是找不到的，当找不到这种非常理想的家园的时候，不免要陷入悲观主义。

说到悲观主义，又和叔本华联系到了一起。叔本华整体的意志主义，是一个悲观主义的哲学体系。他认为人存在着，人有意志，有意志必然要陷入悲苦的境地。因为意志的动力就是欲念。这个欲念是无法得到满足的，因为欲念是没有止境的，它的起点是欲念，终点还是欲念，而且终点的欲念又作为新的起点，比原来还要大。所以必然是带着痛苦来生存的，那么解除这种痛苦最好的方式就是不存在。或者说，主动地采取不存在的方式，这是悲观主义。

尼采的生命意志论，集中体现在权力意志，用权力意志来和社会进行抗争，勇敢地投入人生，以超人的权力意志去摆脱人生的痛苦，这是尼采所特别强调和主张的，这和叔本华的天然的彻头彻尾的悲观主义相比较，好像是有积极进取的精神。他不主张人生下来之后就消极等待解除自己的痛苦，而是用权力意志来反抗人生的痛苦。即使说尼采有乐观进取的精神，但乐观进取精神背后仍然是悲观主义。因为他这种生命意志的进取，是一种自我扩张式的乐观主义。这种生命的自我扩张，和人对现实历史的科学认识，以至于按照历史的发展规律来确定自己的人生进程，是不相符合的。所以他的权力意志的奋斗精神，最后必然导致和叔本华一样的悲观主义。他在《权力意志》中说："我的先驱是叔本华。我深化了悲观主义，并通过发现悲观主义的最高对立物才使悲观主义完全进入我的感觉。"[①]

所以他是以权力意志投入人生，强调做"超人"，通过征服困阻取得欢乐，反对生活痛苦，但是这种借助扩张所能实现的也是非常有限的，最终也是必然失败的。

这种失败的根源在于，尼采是以意志反抗现实，批判现实中痛苦的存在。在尼采眼里，一切都是不合理的，道德不合理、哲学不合理、宗教不合理，人与人之间关系不合理，所有的现实不合理。用什么去反对？不是用现实的方式去改变现实，而是用个人意志去改变现实。但用意志去改变实现，谁这样做谁是失败者。因为意志会在现实面前会被撞得粉碎。马克思在 1844 年写的《黑格尔法哲学批判导言》中提出："批判的武器当然不能代替武器的批判，物质的力量只能用物质力量摧毁。"马克思前面讲的"批判的武器"就是指思想意志、意识形态、理论、哲

---

① 尼采：《权力意志》，第 147 页。

学等等。什么是"武器的批判"呢，就是实际的革命斗争，具体来说，就是发动无产阶级拿起武器推翻不合理的社会制度。

而就尼采来说，他以权力意志作为批判力量，何况还并不是科学的思想体系，作用更为有限了。

所以从古到今，以思想去反抗现实并不能真正改变现实。如果仅仅停留在思想上，不能找到作为执行思的社会物质力量，最后失败的肯定是思想。当然，要进行革命的"武器的批判"，也不能没有"批判的武器"，即不能没有思想。尼采用"权力意志"来反抗，最后仍不免失败，陷入悲观主义的原因就在于此。

## 四、日神和酒神精神

日神和酒神的说法，这是来源于希腊神话。希腊神话里有太阳神阿波罗，酒神狄奥尼索斯。在对酒神和日神两种分析当中，尼采特别重视酒神精神。酒神狄奥尼索斯是宙斯的儿子，在希腊神话中有他许多事迹，他能种葡萄，神力广大，也遭到一些人反对。人们为了纪念他，专门有个祭祀酒神的节日，叫做酒神祭祀。人们常常抬着酒神的像，醉饮狂歌，在这一天，人们原来所遵守的法律道德的框框都不予理睬了，愿意做什么就做什么，人性达到高度的放纵。在酒神祭祀活动这个时候，人的精神完全解放，生命力完全爆发。在古希腊酒神祭祀活动是一个特别被关注的节日。尼采用日神和酒神精神来说明什么问题呢？这两种精神都是具有象征意义的代号。尼采认为，日神精神是驱向幻觉本能的一种人的原始本能；酒神精神是驱向放纵本能的一种原始本能。也就是说人的原始本能有两个方面构成，向两个方向爆发，即驱向幻觉和驱向放纵。驱向幻觉的本能的指向是梦境，实现的是幻想；驱向放纵本能的指向是醉狂，实现的是放纵。尼采认为这两种精神都是人的原始本能，但是它们构成侧重不同，有的体现为幻觉，有的体现为放纵。尼采在分析人的本能性存在的时候，认为在人身上这两种本能会发生内在冲突。发生内在冲突，能够激发起人的一种新的生命力。这个时候这种冲突会对艺术创作发生作用。为什么人们要创作艺术？和这种内在的本能冲突是分不开的。尼采在解释古希腊艺术乃至全部艺术活动的时候，他都用这种生命根源的本能冲突作理论基础来加以解释。这个看法和尼采之前的西方许多大家的看法是不一样的。比如在德国，尼采之前，歌德和席勒认为艺术创作得在人与自然、感性和理性，这些属于不一致的东西达到和谐时才能进行。因此，希腊的艺术就是在不协调的东西得到协调，矛盾的东西得到统一，这个时候才能创作艺术。这是和谐产生艺术，人们常用这个来解释古希腊艺术和后来的艺术。而尼采的解释是强调人的本能的内在冲突，这种内在冲突才激发人的生命力，而是冲突创造出来艺术，是艺术使冲突得到调和。

尼采在解释日神精神和酒神精神时，关于这两种精神对个体起到什么作用，他又把它作了完全不同的分析。尼采认为，驱向幻想、驱向幻觉的日神精神，是个体眼里的守护神。即它保护个体，能够使个体力量得到加强。酒神精神与日神精神完全相反，它是个体化的一个消解力，它会使个体化的内力烟消云散。当个体化内力烟消云散时，自身就会失去自制，驱向于放纵本能，就会解除所有的束缚，达到最大的放纵。最大的放纵就意味着个体化的主体的解体。

尼采讲日神精神和酒神精神，是从古希腊神话、古希腊文化活动找到的两个范畴、两个对象来进行分析。这个分析，我们今天拿来作为美学的问题进行研究，观察艺术的现象也还是有意义的。我们一般习惯于用感性和理性这样的概念来分析艺术里的内容或者作为艺术活动范围评价的一个范畴。实际上在艺术表现当中，不管你是用非常明晰的美学概念，或者用已经被作为概念肯定下来的象征性的日神精神和酒神精神，但是后面也包含很多活的现象。活的现象呈现在艺术当中，有的作品里面体现特别强，个性的自制力也特别强。同时也看到，也有一些艺术作品中有人的很多原始生命力爆发的那些东西。这点无论是看艺术史（从古代一直到现代），或者是看我们今天现实当中的艺术作品，比如有些特别强调和描写人的自然本能的一些艺术现象，显现人的生命力爆发以至于追求狂欢等等。当看到这一东西时，我们对它进行把握时，日神精神和酒神精神可以对我们在透视这些现象时有些启发。总体上，无论是创作艺术的人或者是接受艺术的人，他总不免是以他自身的生命来进行创造或者是进行接受。他也不免在人的原始本能方面有所侧重，是幻觉本能的发挥或者是放纵本能的张扬，常常以这些因素在不同程度上体现着。

在用日神精神和酒神精神评价艺术形式的时候，尼采特别把日神精神引向雕塑，把酒神精神引向悲剧。他将这两种精神向艺术伸延，在艺术形式体现上特别分析了这两种艺术，当然还有别的艺术，这两种精神可以说是代表。为什么他特别将这两种基本形式突出呢？尼采说，日神有非常耀眼的光辉，他的光辉洒向个体化的原则，显示的形象是光辉的形象，他的美的光辉是一切造型艺术的基本的前提。造型艺术离不开日神精神对幻觉和梦境的追求。酒神精神放纵情欲，造成"个体性原则的崩溃"，个体魅力的烟消云散，这样要在醉意的实现当中甚至可以毁掉自己，所以会导致悲剧的结果。

遵循日神精神，就是艺术家用幻觉精神洒向对象世界，就要做很多超然物外的追求，挣脱现实。而且如果是进入到梦幻境界，他必然要玩赏梦幻的外观，寻求一种愉快和解脱的精神，所以幻觉本能实现的是梦境，是要实现宁静、愉快、解脱、超然无为。实现这情境，是一种非常超然的、愉快的追求，这个精神不是通向悲剧的。相反，酒神精神放纵本能，这个时候也是一种超脱人的现实情境。但是它超脱人的现实情境，是要放纵人的精神，放纵人的这种本能精神，忘掉自己，甚至是蓄意地毁掉个人，造成个体的人的崩溃。对现实中类似这种情形，如果要用一个概念来概括的话，就是"酒神精神"。

在酒神精神放纵本能的这种带有醉生梦死的情致，它背后的社会原因是什么？社会原因实际上是人在现实当中所受到的挤压、痛苦，乃至追求的挫折。人们对自己所需事物的追求不能实现，就是生命力在发展当中受到阻碍，这就必然要求采取一种补偿方式的表现。

这种酒神的狂欢，或者酒神的本能放纵，表面上是一种生命的欢跃状态，但是实际上这种欢快后面隐藏着非常深厚的悲剧性质。为什么这么说？前面说到酒神精神是对个体生命力的消解。个体生命力的消解实际上是以一种爆发的形式实现的消解。作一个形象的比喻来说，就像火药桶或爆竹，把它引爆了。引爆是一种爆发，爆发的结果是消解。"一声震得人方恐，回首相看已化灰。"火药桶爆炸完了之后火药桶没有了，爆竹爆发之后也没有了。所以它是以爆发的形式来实现它的消解。在尼采看来，乃至向前追溯到叔本华，都认为生命本身没有不痛苦的。

只是尼采采用的摆脱的方式不同，可惜同样不能奏效。

## 五、悲剧的诞生

尼采从酒神精神追溯到悲剧，因为酒神精神的放纵本能的追求消解了个体化，使个体化的魅力烟消云散，因此也导致了个人被毁掉的悲剧。在悲剧的认定当中，尼采认为悲剧是肯定人生的最高艺术。悲剧显现的是个体人生的痛苦和毁灭。这种艺术为什么是最高的艺术？尼采有他自己特殊的理解。而这个特殊理解和过去对悲剧的这种特殊的审美方式的揭示很不相同，而且他也否定了像亚里斯多德关于悲剧的解释。我们看看他在这个方面显示了一些什么观点。

尼采关于反对传统悲剧观点的主要说法就是反对"净化"。我们在讲亚里斯多德悲剧观的时候，曾讲到，悲剧在表现的时候，表现了一个人既不是完全正确的，就是说有错误，但他的性格当中有正面素质，这样的人在他的生命历程当中遭受到悲剧的苦难，会使观众产生一种悲悯，产生的这种悲悯，可以发生转化，转化之后实现为净化。"净化"这个概念在古希腊语言当中，是一个医学术语。它是说人有病，这种病采取某种治疗方式，比如吃药，然后病消除了，这个时候就实现了一种"净化"。亚里斯多德是借用医学术语转换为艺术概念，或者说转换为一种社会道德的语言。对这个说法，尼采首先提出来辩难。这个辩难的基本观点就是悲剧的意义在于审美，不在于引起怜悯和对恐惧导致净化或者说宣泄。尼采认为亚里斯多德讲的净化或者说宣泄，是一种道德论的解释，不符合悲剧在人们对它进行欣赏时所能得到的效果。

尼采认为从道德目的解释悲剧等于什么也没有做："艺术首先必须要求在自身范围内的纯洁性。为了说明悲剧神话，第一个要求便是在纯粹审美领域内寻找它特有的快感，而不可侵入怜悯、恐惧、道德崇高之类的领域。"①

当然，在悲剧欣赏过程当中，尼采并不认为一点道德作用也没有，他承认有时也有道德上的快感，比如说坏人最后得到了报应，好人转危为安；坏人由顺境转为逆境，好人由逆境转为顺境，这时候观众看了以后，会产生道德上的快意。但是如果悲剧的效果意义就停留在这里，那说明这个悲剧并没有达到其真正的目的。悲剧真正能实现的是"特有的快感"。这和我们前面说到的尼采非道德论、反对传统道德论这个一贯思想是相适应的。所以他是从悲剧的审美艺术效果来谈审美快感，是艺术的快感。这个和悲剧这种特殊的内容连结在一起之后也遇到一个矛盾。矛盾在于，凡是悲剧，其中的丑的因素占有很大的成分。而且从存在意义上来说或内容意义上来说，总体的矛盾是一种不和谐。凡是悲剧

---

① 尼采：《悲剧的诞生》，第105页。

里面总是有制造悲剧的恶人。我们看《哈姆雷特》里面，看篡位的国王，御前大臣还有原来是哈姆雷特的朋友，这些势利小人看到他叔父篡夺了王权之后，一下子就抛开了哈姆雷特，都围绕在克罗迪斯的权力周围，他们可以造成很多很大的罪恶，这对于生活来说，就是丑。只有在丑恶势力的力量能够超过代表真善美的力量的情况下，才能造成悲剧。也就是马克思主义悲剧观所说的历史的需要不可能实现的时候悲剧才能出现。很显然这是一种不和谐。这为什么能够成为一种审美？能够引起人的审美快感呢？尼采对此作出了自己的回答，他说："只有作为一种审美现象，人生的世界才显得是有充足理由的。在这个意义上，悲剧神话恰好使我们相信，甚至丑与不和谐也是意志在其永远洋溢的快乐中借以自娱的一种审美游戏。"①

尼采在说到人的实际人生的时候，他认为人生是没理由的，是无法确定它必须是如何的。因为上帝都死了，至高无上的神都不存在了，谁还主宰着人生呢？所以人生才出现那么多不和谐，如此地令人痛苦难忍。只有用生命的权力意志去和它进行抗争，这是意志的快乐，也是意志的游戏，这是人生摆脱痛苦，实现"生存的永恒乐趣"的"一种形而上的慰藉"。

尼采憎恶他所在的德国社会，甚至以他三代之前是波兰人血统而鄙视德国，甚至认为要实现人的自由必须改变教会、君主制、婚姻和财产制度，而当下的实际人生是不能当作一个审美对象的。他有一个限定条件，他说人生和世界只有进入到艺术，作一个审美对象，此时才有充足理由。在现实本身存在当中，它没理由。这是尼采对生活本身和艺术当中的生活作两个标准看的结果。其实生活当中的人生和艺术当中的人生应该是一个标准，不应该有两个标准。尼采从两个标准来看，认为现实中的人生没理由、没有形而上的根据；认为进到艺术当中的人生，由人来编制，人在编制的时候总是会编出理由，而这个理由却又不是以人生是没有形而上为理由。如他所说"艺术是谎言"，有谎言，就是现实生活中人的生命没有形而上的根据，到了艺术当中它却有它的理由。对艺术当中的理由，也给了一个总体的评价："免不了说谎"。且不说艺术是不是说谎，但是在艺术当中悲剧神话恰好使我们相信，甚至于丑与不和谐也是意志在其永远洋溢的快乐中借以自娱的一种游戏。艺术当中这

---

① 尼采：《悲剧的诞生》，第105页。

种情况存在，丑也好，不和谐也好，它也是意志的一种表现，也是意志在快乐中借以自娱的审美游戏。这种审美游戏，可以从非道德的、非功利的角度对它进行观察。所以悲剧里边所表现的丑和不和谐都是意志借以自娱的审美游戏。这是他讲悲剧是一种审美并反对道德净化说、心灵净化说的一种理由。

尼采反对亚里斯多德净化说还有一个原因，就是传统的恐惧和怜悯说。亚里斯多德说，悲剧可以让人产生恐惧，像恶人遭到恶报，好人受到摧残，这都引人产生一种恐惧感；而对好人所受到的悲剧的命运会使人产生怜悯之情，这是看到悲剧时不可避免的情感。这是亚里斯多德在悲剧当中发现的两种情态。应该说这个发现是来自于现实与艺术的实际存在，就是它们是悲剧效果当中都不可避免要有的。那么对于不可避免要有的，尼采为什么要反对呢？这个和他的生命意志或进一步归结的权力意志论有直接关系。按照权力意志的观点来说，人要在现实当中张扬自己的生命力，用自己生命力本身去战胜痛苦。在尼采看来，恐惧、怜悯都是和权力意志相反的东西，它们可以瓦解人们的生命力，使人气馁，使人产生消沉的情感，甚至于危及生命，导致人的生命力的衰弱。恐惧和怜悯都是与权力意志、超人的精神相违背的，故而尼采特别反对悲剧当中的这种存在。这个反对实际是出自于尼采的哲学观，并不能真正在悲剧的历史发展当中反掉悲剧所固有的恐惧和悲悯，以至于悲剧所具有的净化作用。在这点上，尼采的对亚里斯多德的反对是没有意义、没有价值的。在前边说到他在回答丑与不和谐能激起审美快感，他把这个现实人生和艺术区别开，然后把在艺术中的丑和不和谐的艺术表现当作审美对象进行评价，并且讲到这是一种自娱的审美游戏，这个观点还有它的理论价值。而后一个讲到与权力意志不相符，因此不能接受亚里斯多德观点，二者相比，后面是没有意义的。

尼采是一个在历史上多被利用、多被关注、多被反对的人物，不论以什么态度对待他，都说明他不能被忽视。我们如对他知人论世，看到他的应有之义，那他真的可以在我们视野里"死后才出生"。

尼采以历史唯心主义的个人权力意志向资本主义的虚伪的社会意识宣战，他暴露了资本主义的政治道德、思想、宗教的虚伪性，他要摧毁它们的偶像存在。他的激烈的言辞谁都可以利用来反对自己的敌对者。革命者可以用他来反对帝国主义和封建统治，法西斯主义可以盗用他来反人民。李大钊在 1916 年 8 月 22 日《晨钟报》上《介绍哲人尼采》：

"其说颇能起衰振敝，而于吾最拘形式，重因袭，囚固于奴隶道德之国，尤足以鼓舞青年之精神，奋发国民之勇气。此则记者介绍其人之微意，幸勿泛漠置之也。"①

这是"五四"前后中国所以重视尼采的一个现实着眼点。德国的希特勒说尼采他是"我们"的"预言者"；意大利的墨索里尼说得到尼采的著作"我从那里受到大的感动"。②

这真应了尼采的这句话："伟大的思想家要靠其被误解的程度以成其伟大。"③

尼采真的是死后重生了——在不同人的利用中！

---

① 成芳编《我看尼采》，南京大学出版社，2000年版，第55页。
② 同上书，第502页。
③ 同上书，第568页。

# 第二十四章 弗洛伊德的精神分析

西格蒙德·弗洛伊德（1856—1939）是奥地利著名的精神病医生、心理学家、精神分析学派的创立人。他的精神分析理论在二十世纪初风行全世界，广泛影响到文学艺术和美学，形成为精神分析美学与文艺学。

弗洛伊德的著作主要是研究人的精神病学，并追溯到人的意识构成，同时牵涉到艺术的创作与欣赏心理，也有一些专门研究文艺的论文。他的这方面的论著主要是《梦的解析》、《性学三论》、《图腾与禁忌》、《精神分析引论》、《米开朗基罗的摩西》、《作家的白日梦》等。

## 一、精神分析方法的首创

弗洛伊德的精神分析理论主要表现为心理构成的三层次与活动过程的三原则。他说明，这三个层次最深层是无意识（或潜意识），属于本能冲动，它占领的精神领域无可比拟地大，这是人的"本我"本能，是超时代超历史而存在和发展的，与价值和道德善恶无关，它按快乐原则活动。第二个层次是前意识，属于"自我"，它针对外在世界，在对于外在世界的种种知觉之间起中介作用，并在这一系列作用发生后产生意识现象；它除了接受外在刺激，还感受心理内部刺激，并调和这两者的冲突，保护"本我"，按现实原则活动，但它受到"超我"的监视和压制，是受三个主人（外在世界、"超我"和"本我"）的牵制。第三个层次是意识，属于"超我"，它作为一种特殊心理机能，离本能较远，维系着人的良知、道德等社会因素，压抑本能冲动，按至善原则活动。在弗洛伊德所解释的本能中，生与死是中心，生派生为性欲、恋爱、建设的动力；死派生为杀伤、虐待、破坏的动力。人的这种本能受到以超我为标志的存在压抑时，本能便转求其他途径求得满足，梦、宗教、哲学、艺术等，都是一种抵制和转移方式。弗洛伊德的精神分析，就这样与艺术、美术联系在一起。

弗洛伊德认为文艺创作是一种白日梦。他认为人以幻想的形式创造了一个与现实世界不同的艺术世界，就其幻想非真的意义上说近于梦幻；与梦不同的是：一有艺术技巧的安排，二有热情的创造，所以是"白日梦"。就"白日梦"来说，与精神病患者意识相似，但艺术家的"白日梦"是一种新方向上的升华，有去路也有回返之路，有自欺的能动性，且又以审美形式出现，其中有"美的享受或乐趣"，有"美的快感"，减少了作者个人的利己主义的性质，成为可供观赏者抑制和转移的手段。弗洛伊德的这个认识，从艺术思维过程上说，相当程度地切近于艺术思维的特点，从中可以找到实与虚、幻与真、情与理、作与赏等艺术审美复杂关系的开启点；但他把艺术的根基完全置于本能升华点上，并想要以此解释一切艺术问题，却是不合乎实际的。

弗洛伊德用性本能的观点分析和解释艺术，提出了"俄狄浦斯情结"的主张。弗洛伊德通过对自己童年生活的回忆，并结合自己的临床观察研究，认为人在儿童时期就产生了广泛的性感，以后随着年龄的增长又发生了转移。婴儿性欲会发展为"恋母情结"或"恋父情结"，而古希腊剧作家索福克勒斯的剧本《俄狄浦斯王》所写的俄狄浦斯杀父娶母的情节，便被他引为范例，并以此方法说明达·芬奇的《蒙娜丽莎》和莎士比亚的哈姆莱特的疯狂。他认为自己"解答了狮身人面兽斯芬克斯之谜"。实际上由于夸大过度的理论加上施用时的想象附会，已经远远离开了实际。这使弗洛伊德的精神分析走上了叉路口，他的一些追随者如荣格，因不同意这一点而离开了他；他的后来的一些狂热的信奉者又进一步夸大这一点，把艺术与艺术理论拉向反理性、反逻辑的没落、颓废、黄色的道路，与原来的弗洛伊德完全不一样了。

弗洛伊德的理论接触了审美中的害怕心理的消除问题。他认为美学不仅要研究美的理论，还要研究情感这一"美学的最边远地区"，这是美学不应忽视的地方。他认为"令人害怕的"这一范畴即是。他同意谢林给"令人害怕"所下的定义："某种本应隐蔽起来却显露出来的东西。"而艺术的表现由于在本质上是非实际的，是幻想的世界，因而不会产生害怕的效果。"幻想的内容并不接受检验现实的官能的检验"，但又是"与我们熟悉的现实巧合"，这样便产生了艺术的审美效果，与"双重角色"中的"自我保护动机"达到了一致。他的这个观点对于人们认识悲剧中的悲惨与童话中的魔幻的审美价值很有实际意义。

关于喜剧性，他认为这"首先来自人类社会关系中的一种并非预期的发现"，其次是动作的不必要的消耗，再次是正常情感的夸张。他说，面对怪异和夸张，我们可以从中找到统一的解释，"凡是一个人和我们相比较，在身体功能方面消耗太大而在心灵功能方面消耗太小，那就会使我们觉得他有喜剧性，无可否认，无论消耗太大或太小，在我们的笑声中，就表现出我们比他优越的快感。"如果相反，他认为就会产生一种惊奇和赞赏之情。他的这个观点对认识喜剧性有重要价值。但他把笑和机智也与他认为的性欲本能、敌意本能联在一起，并视为是实现这种本能要求的具体形式，并且是节省心力消耗的形式，则属于牵强附会。

在认识弗洛伊德时，还应特别注意到，他虽用心理分析方法，但并不时时事事都以性心理的标准为尺度，也不一味地肯定潜意识。在《米开朗基罗的摩西》这篇精彩的审美分析的长文中，他就十分赞赏作者在创作过程中及在这座雕像身上所体现的理性分析精神，并认为这是使摩西雕像具有超常审美价值的决定性因素。

## 二、本我、自我与超我

弗洛伊德以自己的精神分析开拓了心理学的新领域，并以他所研究关于潜意识的许多经验与理论，给文艺理论与文艺创作以极其复杂的影响。历史在很大程度上证明，弗洛伊德的学说的意义是很复杂的，影响也是很复杂的。对他的学说的价值的判定，往往与对他的学说所采取的态度与方法有直接关系。

心理学研究方法是指从心理学的角度对文艺进行研究，这种研究可以研究作家的心理，研究作品的心理表现，也可以研究作品中人物心理，读者、观众的心理。这种研究方法的审美特性所在，主要侧重从美感上揭示艺术美的表现，重点对象是审美的心理感受。

在心理学方法中，最早被特殊注意的是创作心理学，这一点直到现在也还是具有特殊意义的问题。我们看到从柏拉图的诗人"不失去平常理智而陷入迷狂，就没有能力创造，就不能做诗或代神说话"，到弗洛伊德的创作是"白日梦"，是对于欲望的压抑所作的一种转移性的补偿，是想象中的满足，这些都是从创作心理进行研究的。我们在这里想就心理学方法的审美特性来加以分析。分析的重点是白日梦——幻想中补偿在艺术创作中的意义。

弗洛伊德曾经明确提出了人的幻想是人的童年心理的从游戏到白日梦的转换。创作就是从一般的白日梦到附有艺术技巧的幻想的转换。他的观点在有限的经验范围内来看，是有一定的道理的。

我们先看他的具体观点。

"孩子最喜欢，最热心的事情是他的玩耍或游戏。难道我们不能说，在游戏时每一个孩子的举止都像个创作家？因为在游戏时他创造了一个属于他自己的世界，或者说，他用一种新的方法重新安排了他那个世界的事物，来使自己得到满足。"①

弗洛伊德在解释这种创造时指出，这种创造的主体，其态度是"非常认真"的，"倾注了极大的热情"，但尽管孩子聚精会神地将他全部热情付给他的游戏世界，但他能将游戏与现实区别开来，这"认真的事情"并不是"真实的事情"。虽然如此，可他还喜欢把他的想象的对象和情境与现实中可触摸到、可看到的东西联系起来。弗洛伊德认为作家的创作像游戏中的孩子，具体表现在："他以非常认真的态度——也就是说，怀着很大的热情——来创造一个幻想的世界，同时又明显地把它与现实世界分割开来。"

区分的基本点在于这个由人幻想的世界充满了想象的虚构性。这种虚构的世界所以具有艺术的审美乐趣，主要原因是：

1. "艺术技巧产生了十分重要的效果"。因为生活和一般幻想本身是无人工技巧的，艺术创造却有。因而它具有比生活和幻想更大的审美乐趣。

2. 使人"处于一种重新消除了游戏和现实之间的差别的精神状态之中"。因为成年人借此回顾童年时代那种热切和认真，丢掉生活的超重负担，而取得艺术愉快，实际上是游戏的转换。

3. 艺术创作是人的愿望的一种实现。这一方面是创作主体的愿望的实现，因为他可以把自己羞于向别人讲述的幻想、秘密，包括"原我"的"里比多"（Libido），以艺术的补偿的形式转移到作品中去。同时也使一切享用这种艺术的欣赏者得到慰藉，使他们的幻想也能借艺术

---

① 弗洛伊德：《创作家与白日梦》，《现代西方文论选》，上海译文出版社，1983 年版，第 139 页。

的欣赏来实现。

### 三、作家的"白日梦"

弗洛伊德对于人由幻想向新的方向升华这种原生的幻想的过程，作出了包含三个层次的具体分析。

（1）第一个层次他首先说明，成人幻想的转换物代替了童年的欢乐的游戏，创造出我们叫做"白日梦"的东西。"人们长大以后，停止了游戏，似乎他们要放弃那种从游戏中获得的快乐。但是凡懂得人类心理的人都知道，要一个人放弃自己曾经经历过的快乐，比什么事情都更困难。事实上，我们从来不可能丢弃任何一件事情，只不过是把一件事转换成另一件事罢了。表面上看来抛弃了，其实是形成了一种替换物或代用品。对于长大的孩子也是同样情况，当他停止游戏时，他抛弃了的不是别的东西，而只是与真实事物之间的连结；他现在做的不是'游戏'了，而是'幻想'。他在虚渺的空中建造城堡，创造出那种我们叫做'白日梦'的东西来。我相信大多数人在他们一生中时时会创造幻想。"①

弗洛伊德把这种转换说成是主体在"寻求另一对象来作为补偿"。②他解释这种补偿的动因时，把它归结为人的"爱本性"即"性力"，他认为这种"爱本性"能摄住人自我，"又从自我转向了某个对象"，而这个对象一旦被毁灭，或失去了，"爱本性"便面临不可名状的惆怅，"它可寻求另一对象来作为补偿，或者暂时返回到自我去"。无论失去了对象，或找到补偿对象，或返回到自我，爱本性"仍然不愿放弃那失去的对象"，这样就产生了"悲愁感"。他从心理学上寻求了作为悲愁心理的成因，这种成因在于主体与对象之间关系的变化失调，其中在主体原因上强调了人的生理因。其他研究方法，大多忽略了主体方面的生理因，或舍弃了生理因而谈心理因。在这点上弗洛伊德是有其一定意义的。这可以在两点上启发我们：

第一，我们应该看到物与情之间的生理作用的中介。我们从中国古

---

① 《创作家与白日梦》，《现代西方文论选》第 140 页。

② 弗洛伊德：《论非永恒性》，《美学译文》第三辑，中国社会科学出版社，1984 年，第 326 页。

代艺术美学研究中，可以看到作为物理条件的生理因对心理的影响的肯定。如《文心雕龙·物色》中讲"体物"、"感物"："体物为妙，功在密附"，"诗人感物，联类不穷"。"体物"侧重在生理上的感觉，"感物"侧重在心理上的感应，不体物则无法感物。刘勰的下述一段话，就包含有从生理上向心理上转化的理论意味："春秋代序，阴阳惨舒，物色之动，心亦摇焉。盖阳气萌而玄驹（蚂蚁）步，阴律凝而丹鸟羞（螳螂，吃）。微虫犹或入感，四时之动物深矣。若夫珪璋挺其惠心（形容人的心灵像美玉），英华秀其清气（比喻人的气质如花朵），物色相召，人谁获安？是以献岁（进入新年）发春，悦豫之情畅；滔滔孟夏，郁陶之心凝；天高气清，阴沉之志远；霰雪无垠，矜肃之虑深。岁有其物，物有其容；情以物迁，辞以情发。一叶且或迎意，虫声有足引心，况清风与明月同夜，白日与春林共朝哉！"这里的"情以物迁"，中间必须加一个生理感受的环节，没有这个，物则不能作用于人的情感，而刘勰讲的物色、物动，是说多重感官作用于人的生理，然后才造成了心理的结果。

第二，失去了眷恋的对象，这个对象可以包括时间节序、空间环境、山川风物、人物事迹、情侣亲朋等，就损伤了人的广义上的爱本性。这时"爱本性"不论是"返回到自我去"，还是找到了新的补偿，本能力仍然"紧紧钳住了它的对象"，不愿放弃那失去的对象，这时产生的悲愁是建立在本能深处的，是无法彻底清除的。从这个意义上说，这种情感是最深沉的，也是最易感动人的。在艺术上表现它，就出现了韩愈在《荆潭唱和诗序》中所说的"欢愉之辞难工，而穷苦之言易好"的效果。如在诗词当中，那些追怀诗、怀旧诗、悼亡诗、咏史诗、送别诗、离愁诗，所以有好诗的原因，与此不无关系。曹雪芹的《红楼梦》写于"悼红轩"，他将自己真真假假的"已往"，以梦幻似的情节开头，"念及当日所有的女子"，她们又是值得"昭传"的人物，这些从心理学上说，是保证小说成功感人的一个基本条件。

（2）第二个层次他又说明，作为艺术创作的幻想——白日梦，是一种有审美形式的补偿，与一般的幻想和白日梦不同的是，艺术是一种新的方向上的升华，这是有去路也有回返之路的，艺术家具有自欺的能动性，这是不同于一般的幻想者，也不同于精神病患者的白日梦。

从弗洛伊德的观点中可以看到，幻想不论在儿童阶段，还是在成人阶段，都是一种没有实现的愿望，不论这种愿望将来能否实现，它都可以推动人，成为一种驱动力。他说："幸福的人决不会幻想，只有那些得不到满足的人才会幻想。得不到满足的愿望是幻想的驱动力,每一个幻想都是一个愿望的满足,一个对不予人满足的现实的矫正。"①

　　对于一般的幻想来说,虽然也是未得实现的现实的一种补偿,但它却不具备审美表现的形式。弗洛伊德曾举过一个例子:一个失业的青年,人们告诉他一个厂主的地址,可在那里找到工作,这个青年走在路上做了一个白日梦,梦见他不仅被录用了,还成了工厂不可少的力量,娶了厂主的女儿,成了副厂长……这里的白日梦就没有可供欣赏的审美价值。而要创造艺术作品,作者有对于生活的幻想,但他却不能只陈列自然形态的幻想,他必须进行艺术加工,即使以寿生的心理写《林家铺子》,也得自觉地进行审美创造,须得经过周密构思,安排人物关系,进行环境和心理的描写,提炼文学语言等等,达到艺术化的程度。所以这种以艺术出现的补偿形式,就与一般幻想有了根本不同,它是有形的肯定,是可供观赏的,是一种特殊的白日梦。

　　特殊的地方还在于艺术家进入这场白日梦之后,他得到了补偿,还给别人提供了一种补偿。所以尽管这种白日梦与精神病患者"仅有一墙之隔",有时像精神病患者那样,突然中断与现实的联系,进入一种自造的虚幻境界中去,但艺术家却可以返回到现实中来,他即使处在幻觉世界中,他也有某种能动性调整自己的处境,这就是自欺的能动性,这种能动性是造成艺术技巧、使作品可以成为其他欣赏者的慰藉的重要原因。

　　弗洛伊德还从作家的心理愿望的所向,分析了作品的情节安排习惯,说明艺术的审美创造的能动性所在。他说:

　　"那些比较地不那么自负的写小说、传奇和短篇故事的作家,他们虽然声誉不那么高,却拥有最广泛、最热忱的男女读者。这些作家作品中一个重要的特点不能不打动我们:每一部作品都有一个作为兴趣中心的主角,作家试图运用一切可能的手段来赢得我们对这主角的同情,他似乎还把这主角置于一个特殊的神的保护之下。如果在我的故事的某一章的末尾,我让主角失去知觉,而且严重受伤,血流不止,我可以肯定在下一章开始时他得到了仔细的护理,正在渐渐复原。如果在第一卷结束时他所乘的船在海上的暴风雨中沉没,我可以肯定,在第二卷开始时会读到他奇迹般地遇救;没有这一遇救情节,故事就无法再讲下去。我

---

　　① 《诗人与幻想》又译《创作家与白日梦》,《美学译文》第三辑,第331页。

带着一种安全感，跟随主角经历他那可怕的冒险"。他还说："这些自我中心的故事的其他典型特征显示出类似的性质。小说中所有的女人总是都爱上了主角，这种事情很难看作是对现实的描写，但是它是白日梦的一个必要成分。这是很容易理解的。同样地，故事中的其他人物很明显地分为好人和坏人，根本无视现实生活中所观察的人类性格多样化的事实。'好人'都是帮助已成为故事主角的'自我'的，而'坏人'则是这个'自我'的敌人或对手之类。"① 艺术上的这种安排，我们平时把它叫做"无巧不成书"，叫做艺术的典型集中性，叫做理想强烈性，总之，都是艺术的强化手段。正是这个手段，使艺术成为审美幻想的创造，与其他幻想明显区别开来。

（3）第三个层次他还说明，艺术创作这种白日梦，它是从一般幻想到艺术幻想的审美转换，比之于一般的幻想，它是艺术家肯于公开讲，欣赏者也乐于接受的。创作主体与接受主体都不害羞，其中具有"美的享受或乐趣"，有"美的快感"。

弗洛伊德说，一个成年人知道自己应该在现实世界中行动以后，"某些引起他幻想的愿望是应该藏匿起来的。这样，他会因为自己产生孩子气的或不能容许的幻想感到害臊。"只有那些像是由神来支配的人——"精神病的受害者，他们必须把自己的幻想和其他事情一起告诉医生"。然而病人有的，也是我们所遇到的健康人所可能有的。这时只有艺术家以艺术创作的形式装饰自己的不肯平白向人泄漏的幻想，而一旦付诸艺术手段的表现，又发生了真真假假，真假难分的情景。但惟其如此，才具有艺术美的价值：

"白日梦者小心地在别人面前掩藏起自己的幻想，因为他觉得他有理由为这些幻想感到害羞。现在我还想补充说一点：即使他把幻想告诉了我们，他这种泄漏也不会给我们带来愉快，当我们知道这种幻想时，我们感到讨厌，或至少感到没意思。但是当一个作家把他创作的剧本摆在我们面前，或者把我们所认为是他个人的白日梦告诉我们时，我们感到很大的愉快，这种愉快也许是许多因素汇集起来而产生的。作家怎样会做到这一点，这属于他内心最深处的秘密；最根本的诗歌艺术就是用一种技巧来克服我们心中的厌恶感。这种厌恶感无疑与每一单个自我和许多其他自我之间的屏障相关联。我们可以猜测到这一技巧所运用的两

① 《创作家与白日梦》，《现代西方文论选》第144—145页。

种方法。作家通过改变和伪装来减弱他利己主义的白日梦的性质，并且在表达他们幻想时提供我们以纯粹形式的、也就是美的享受或乐趣，从而把我们收买了。"①

（4）弗洛伊德最后说到的作家克服白日梦的幻想给人带来的厌恶感所用的两种技巧，值得我们注意。

第一种技巧是通过改变和伪装来减弱属于个人幻想的性质，也就是由"我"的变成"我们"的。其实对这一点，除了自传方法的研究者，一般都已约定俗成了，即把作品中的我看成不仅是我，而是某一群体的一个代表人物。正因为这样，像白日梦者一样的作家，他写的绝对属于他自己的秘密，他也不怕公诸于世。

我们可以分析一下陶渊明的抒情杰作《闲情赋》。赋中写的是对一位"夫何瑰逸之令姿，独旷世以秀鲜，表倾城之艳色，期有德于传闻"的美女的追求思念。她"仰睇天路，俯促鸣弦。神仪妩媚，举止详妍。"作者对她产生了十分爱慕的感情，既愿接膝交合，又想结誓相爱，但公开提出又怕冒犯礼节，托媒说合又怕被别人抢先，真是"意惶惑而靡宁，魂须臾而九迁"。他这时真是做了白日梦，幻想与她接近的各种方式，真是煞费苦心，所愿皆虚：

> 愿在衣而为领，承华首之余芳；悲罗襟之宵离，怨秋夜之未央。
> 愿在裳而为带，束窈窕之纤身；嗟温凉之异气，或脱故而服新。
> 愿在发而为泽，刷玄鬓于颓肩；悲佳人之屡沐，从白水而枯煎。
> 愿在眉而为黛，随瞻视以闲扬；悲脂粉之尚鲜，或取毁于华妆。
> 愿在莞而为席，安弱体于三秋；悲文茵之代御，方经年而见求。
> 愿在丝而为履，附素足以周旋；悲行止之有节，空委弃于床前。
> 愿在昼而为影，常依形而西东；悲高树之多荫，慨有时而不同。
> 愿在夜而为烛，照玉容于两楹；悲扶桑之舒光，奄灭景而藏明。
> 愿在竹而为扇，含凄飙于柔握；悲白露之晨零，顾襟袖以缅邈。
> 愿在木而为桐，作膝上之鸣琴；悲乐极而哀来，终推我而辍音。

作者这种心情是极为真实的，是一个痴恋着的相思者真正能幻想到的，但是如果不是付诸文艺这种补偿形式，任何一个精神正常的人，都不会把这种内心幻想的隐衷平白地公之于世的。如果真的有一个人，向人无改变、无伪装地说了这种白日梦，人们难免不认为他已经得了精神

---

① 《创作家与白日梦》，《现代西方文论选》，第147—148页。

病。可陶渊明写来，其后虽有萧统批评是"白璧微瑕，惟在《闲情》一赋"，意思是不应这样荡逸言辞，"卒无讽谏"，但这是风教批评论，只是取舍论评的一种方法；而从心理表现来说却是足以"独超众类"，因此终归是被后来的文学史承认了，公认为是曹植《洛神赋》之后出现的又一篇奇作。

第二种技巧是形式美的审美快感使人忘记了内容是作家的，而是使人感受到可以装进自己的白日梦，而且还用不着为自己是一个现实人而做白日梦而自我责备或害羞。"诗人让我们处于这样一种地位，我们在没有任何指责、没有任何嘲笑的情况下尽情欣赏我们自己的幻想。"①这种感受也是审美欣赏中的普遍情态。

第四编　现代美学的发生与发展

① 同上文，《美学译文》第三辑，第337页。

# 第二十五章　胡塞尔的现象学美学

德国哲学家胡塞尔（1859—1938）应该说是现象学最早的理论奠基者，他对现象学有基本的认定。他说现象学是一种"特殊的哲学思维态度和特殊的哲学方法。"① 现象学它是以"现象"做为基本的词汇，也就是把它做为一个中心范畴。这个"现象"是指向什么呢？胡塞尔的一个解释就是走向事物本身。本来现象是呈现在人们面前的一种感性状态，这种感性状态它建立在事物本身的基础之上，也就是它原本事物的自显。但现象学理论家说这个现象的时候，认为这个现象不是客观的，是人的一种意向指向，意向指涉现象之后对象就不是一个物质对象了，它是呈现在人的意向之下的经验，所以走向事物本身，实际上就成了现象学所解释的意向构成的"绝对被给予性"。胡塞尔的现象学，以意向指涉的对象为先验意识的现象，因此他的现象学还原并不能真正走向事物本身，而只能是主观经验的表现。由于现象学在发展中广被多家引发，已不是一个前后统一的学说和学派，要归纳其基本特征非常困难。但它的几个基本范畴，却有相对稳定的原始内涵，而且如意向性、现象、未定点等，虽有解释上的错误，但仍具有现实意义，这是本文以此为题进行是非分析研究的主要目的。在现象学的发展当中，从现象学的分支来说，有描述现象学和存在现象学这两大分支。胡塞尔派称海德格尔的存在现象学为"诠释现象学"，海德格尔坚决反对这样框定自己②。

## 一、现象

现象这个概念在西方哲学当中可以说是源远流长的，它不是现象学派首先提出来的，很早就有这个范畴。在希腊文里面的原义是，就其自

---

① 胡塞尔：《现象学的哲学观念》，上海译文出版社，1986 年版，第 24 页。
② 罗伯特·R·马格廖拉著：《现象学与文学》，春风文艺出版社，1988 年版，第 8 页。

身显示自身者、公开者，就是一个对象它能使它成为自身，它自身有其显示，这种显示能显示它自身时候就成为现象。后来在发展当中，有很多新的演化的意义。在康德那里有"物自体"和"现象界"之分，但二者却同为物。现象学的现象却不是物，而是与物对立的意识。物可以独立于人的认识之外。为何康德的"现象"与胡塞尔的"现象"不同呢？康德所说的现象是人借助感官对对象显现了自身的意向，使自在之物作用于人的感官形成为经验，现象是感官和知性的对象。现象和人发生了联系，人把意向投向了物，但物仍是物。在马克思主义哲学里所说的现象，是相对于本质的概念，与本质是一对范畴，现象是本质的体现形式。就像自然界里的月晕而风，础润而雨。现象后边有本质的东西的存在。现象虽然表现本质，但它也是物质形态，不是精神。

胡塞尔所讲的现象是意向在对象结构中的一种显现。胡塞尔在解释显现时认为，当意向在结构中得以显现时，现象就变成了主观经验的表现，也就是说当主观意向指涉到对象时，指向的对象就变成了现象，因此可以成为人的对象的意识。这是主张，对象一旦被意向指涉，就再不是物质性存在；人们把意象投向了它，它发生变化，成为对象性的意识。因此认为：对象不论是实在的还是非实在的，都是表现人的意向的的意识现象。对于现象，胡塞尔有句很明确的话，他说："在纯粹内在直观中被把握的给予性。"这是认为，凡是在直观中发现的对象、现象，在感官中能被接受的东西，这些对象不论是在意识之外还是之内，人们把意向投向的对象，这一对象就有了绝对的被给予性。所谓"被给予性"就是主体和对象之间，是人把意向投向对象，对象不能反过来主动给予给予者以什么东西，接受的对象有绝对的被给予性。作为对象的存在，不论是物质的还是非物质的，当主体把意向投给对象，对象就有了主体加给的原来所不具备的东西。作为对象来说，就是绝对的被给予性。因为有了绝对的被给予性，所以对象发生本质性的变化。用海德格尔的话说，就是由"存在者"变成了具有意识性的"存在"。胡塞尔说意向在结构中的显现成为现象，而且意向通过主体是绝对的被给予性。海德格尔说现象即显现，现象作为存在的显现，是言说和解释，不是被遮蔽，不是假象，是存在主义的开展与敞开。这与马克思所说的本质与现象的关系不同。在胡塞尔和海德格尔这里，现象完全变成了一个显现，成了一个可以说是意向的形态存在，作为"存在"的显现它才可以成为现象，作为存在的显现是人的存在，是我的存在。这个"存在"不是存在决定意识的物质性的根源，是人的存在，是人自身，这时也可以说现象就是人，因为人把言说和解释加到这个对象身上，加到对象身上以后它才能成为一个现象，不然它就是一个"存在者"或者是物自体。所以这时候它不是被遮避的，也不是一种假象，是一种开展，是一种敞开，这就是现象学所用的现象概念的基本涵义。我们可以看到，这个现象不是这个物在那里面所具有的物自身形式的显现，而是变了性质，这个性质是人把自身的意向投到它身上，它变成了一个意向的存在，这时它本身就成了意识的体现，它已经不是"存在者"，它是"存在"的一个显象。就现象是敞开的我来说，是谁的现象就是谁的敞开。这是现象学使用的现象所赋予的基本意思。

按我们的观点，现象作为对象的存在，在意向指涉后为什么仍是对象的原在，而不是意识的存在？这是因为，我们观念当中的现象是指一个对象，这个对象它要显示它自身，比如一朵花，它开放了，成为花，我们称之为一朵花，没开时称它为花蕾，还不能叫花，这是一个物质的存在或者叫自在之物，这是我们对现象的一般了解。这认定现象是物质对象，是物。现象学与此不一样。现象学认为只有当你把意向投向这个对象，也就是人把意识投入到这个对象身上，这个对象变成了意识才叫现象。这时候这个现象就不是物了，它就和纯粹的不以人的意识为转移的那个物区分开了。所以区分开，他们认为在于它有人的意向的投入，意向投入之后它不是一般的物，所以不能说它就是一个物。这种观点的问题在于：人把意向投向这个对象，但是对象本身还是一个物质性的存在，没有发生性质的改变。意向指涉的物还是物，只凭意向化不了物，除非进入到艺术实践当中，人把这个花画下来，赋予它物质媒介性的载体，然后再把由意向起点上深化了的情思渗透到这个对象当中去，这时创作出来的对象艺术化才和对象相区别，成为有物质媒介性的审美意识的成果，或是一个对象创造。现象学的这种现象，是要上升到否认物质客观存在的地步，正因为这种否定，后来才能在存在主义哲学中出现"存在者"和"存在"的不同，一切物都是"存在者"；只有当这个物变成我的物，那个物就是我，这时候才能叫做"存在"，因此存在就是我的存在、就是人的存在或者是说是主观的存在。现象学赋予意向的力量是非常强大的，完全成了童话里的一根魔棍，以之一点就能将石头变成黄金，对象变成现象，所以意向成了非常重要的先决性的范畴。要坚持这种理论遇到的障碍太多了，你说现象不是物质，那有很多的哲学早已经反对你了，把这个东西说得很清楚了，你能越过吗？所以他们才以"悬置"来救驾。

## 二、现象学与逻各斯

胡塞尔对描述现象学曾经做过解释，他说先验现象学的兴趣则是除了意识还是意识，它的兴趣只在于现象，双重意义的现象。对这个双重意义的现象，他做了两点区分，这个区分一方面是指客观在现象中显现出来，另一方面是指客观性，这个客观性仅仅是在现象中显现出来。我们前面说胡塞尔的描述现象学，他自己说是先验现象学。他认为凡是能成为现象的，现象学所承认的现象，这个现象它不是一种客观的存在。所以他把这个定为先验现象学，就特别强调这个现象的意向的存在。

海德格尔的存在现象学。它和胡塞尔的现象学有区别，所以它成为另外一个流派。海德格说现象学这个词有两个组成部分：现象和逻各斯。海德格尔认为：现象是指"存在者"的存在，以及这种"存在"的意义辨识和演化物。"存在者"身上没有经过人的意向的投入，人的意识没有贯彻到事物当中来，它是一个纯物，就是康德所说的"自在之物"。这个"自在之物"没有被人所认识，它是一种物质性的存在，就是"存在者"。这个"存在者"在海德格尔的哲学里面限定的意义非常明确。"存在"是人的存在，至少作为对象来说，这个对象已经和人结合成一体了。所以人的存在的表现是"存在"或者说人的存在；而"存在者"则是一个纯然之物。在存在主义这里，"存在者"不能成为"现象"，必须经由"存在"即我的存在加以变式和演化，才能成为"现象"。所以，海德格尔的"现象"，是指"存在者"经过人的意向指涉后化为人的意识存在和这种存在的意义，由它所发生的变化和演化，就是由此分化成不同的形态存在。

"逻各斯"（Logos），它的基本含义是指词语或言谈，是古希腊哲学用语，表示本原性的或终极性的真理。这个言谈和人的存在有直接关系。这是解构主义所攻击的主要对象。逻各斯意味着形而上学的在场。"在场"是解构主义常常表述的一个概念。为什么解构主义特别攻击逻各斯？凡是语言所表述的存留下来的都是一种真理，而这个真理有一个特点，即这个真理总有它有反的方面存在，所以认鉴这个真理，必须秉持二元分立论，以真理的对立面作为攻击对象，即习惯中认为的"反面"，在消解的逻各斯里面被彻底否定了。因此这种方法是绝对的二元分立。就是有你没我，有我没你，这是逻各斯表述真理的特点，语言表述的特点。所以解构主义它要把过去的这个权威破坏了。假如我们把这个二元对立拿到现实当中来分析，比如说，成功和失败，灾难和幸福，人们肯定成功，憎恶失败；追求幸福，憎恶灾难，使成与败、祸和福，构成截然的二元对立，要一个，就得彻底否定另外一个。美、丑，真、伪等等凡是对立的概念，对立的事物，在罗各斯的肯定当中肯定的都是一个方面，不知"祸兮福之所依"、"失败是成功之母"。这就是消解逻各斯二元分立的基本方法。对此，不能不认为有相当的合理性。所以这是打破形而上学。这形而上学为什么有"在场"和"不在场"呢，就是这个意思必须用语言去说，你不说，它就不成立，所以这种用语言所表述的形而上学是一个在场的形而上学。假如这种表述方式不是语言来表述，在后结构主义这里，把文字表现看作是比语言表现要好得多的一种表现方式，所以特别憎恶语言而肯定文字。德里达有一部论著《论文字学》，集中讲了文字的好处，批判在场的形而上学。

## 三、意向性与"先验意识"

"意向"，在欧洲哲学当中这也是一个历史比较久远的范畴，在中世纪的经院哲学当中就有这个术语，在十九世纪被引入哲学；引入哲学以后，用意向性来区别心理现象和物理现象，甚至其他现象。比如在表象当中，某种被表象的东西，在判断中某种被是非可否的东西，还有在欲望当中某种被爱被憎恶的东西，这时候都有一种意向的介入，这是一种心理现象，这时候意向性这个概念就体现出来了。因为心理现象的东西，都会以人的意向的方式包含着对那个对象的一种态度。所以能够承担人的心理态度的都可以说是意向的实现。就是这个意向性，胡塞尔把它引为现象学的基本概念，下定义说："我以自身的资格生活于其中的意识的本质，就是所谓的意向性。"他说的"我以自身的资格"就是指我自己，我把我的意识投入到我生活范围的对象当中，这就成为意向性。在实际中也体现了我的这种意向之处。这时候的环境就变成了能体现我的态度的环境，所以实际所说的意向性就是人把自身的意识向某种对象的投入，并在这个对象身上能体现这种态度。在胡塞尔等人看来，当把自身投向这个对象之后，一旦投向对象，不论有没有实践，总而言之这个对象就成为了我意向性的关注点，一个体现，因而它就不再是纯物质，这就是现象学的意向性。

胡塞尔解释了意向性内涵的三要点。对此，王先霈等主编的《文学批评术语词典》① 将其归纳为三条，很可以作为分析的线索。

第一，胡塞尔认为有"先验意识"。我们认为根本就不存在"先验意识"。意识总是对某物的意识，这个意识总是要指向某种物，没有物的指向认识就不会产生，因此意向也不会产生。在我们平常生活体验当中，当我们产生一种意向之后，很显然这个意向是借助于一定的物才产生的。比如说你想游泳，很显然你必须有对水的了解，或者水很清澈，你想到那里面游泳，这时有游泳的意向，所以这个意向会指向物，指向物的意识，所以意识总是意指某物。意向指涉于水，意向不能变成水；游泳仍然还是游在水中，而不是游在意识中。

第二，胡塞尔认为有"先验自我"。我们认为根本就不存在"先验自我"。胡塞尔认为意向对象是先验自我在意识活动中的建构物。意向投向对象很显然是指向一个物，在胡塞尔的这里没有先决条件，主体他把意向投向了这个对象，这就是先验自我活动的结果。所以这种意识活动是一种对对象的建构，给对象以意义，使其成为我的对象，这里面不承认向对象投向意向的人有什么先在的条件，这是不科学的。就是人做什么不做什么，选择什么不选择什么，他选择之前有许多条件才会做出这个选择，不是无条件。比如举《红楼梦》小说里的一个事例。在大观园里，贾宝玉不喜欢薛宝钗特别喜欢林黛玉，假如说这两个人都是一个对象，那么贾宝玉这种喜欢谁不喜欢谁是一种意向，但是这个不会随便指向一个对象。薛宝钗是一个封建礼教修养非常充分，且性格非常圆滑的女性，严格恪守封建伦理道德规范。林黛玉非常天真，且从不把封建礼教的教条挂在嘴上，也不严格遵守它。贾宝玉自身就是一个封建叛逆者，这时候他的选择就不是无条件了，就不是先验的自我，它有一个实践的自我，就是有贾宝玉自己的一套生活习惯，一套思想，所以他去选择，也就是他有了本质才去选择，不是没有本质去选择自己的本质。萨

---

① 王先霈等：《文学批评术语词典》，上海文艺出版社，1999 年版，第 401 页。

特特别强调本质的选择，我愿意选择什么本质就选择什么本质，这是不可能的。所以，选择什么样的对象，意向投入到什么样的对象，它是一个有相当基础条件的自我，不仅仅是在意识，而是在意识和实践当中。从我们所说的这种统一的选择方式中，可见胡塞尔所讲的是唯心主义的观点。但对它可取的是这个对象的选择必须通过意向的活动，有意向的投入，当这意向投入到这个对象当中，这时候呈现的现象就不仅仅是一个对象了，它里面包含着许多人性的实质性东西，如果从这方面去理会它就有意义了。

第三，胡塞尔认为有"先验自我的主观性"。我们认为根本就不存在"先验自我的主观性"。胡塞尔认为意向性的本质是先验自我的主观性。先验自我是意识活动的基础，意向是肯定自我的一种主观性的表现。但这种自我主观性的表现绝不就是先验的。如果我们摒弃了他的先验性之后，他的很多观点还是有意义的。前面说到这些有关意向性的理论，现象学把这个范畴引进了文艺理论、美学理论，体现在艺术批评当中，成为阐述艺术的先头概念。如把现象认定为客观对象，这个现象有了意向投入才成为现象，所以很多理论必然认为艺术是在意向性下面演化而成。现象学把意向设为艺术的先在条件和本质存在，它为什么是艺术，就在于艺术是因为人把意向投向了现实，把现实变成了现象性的艺术，没有这个意向就不会产生艺术。这就把意向性的价值和作用大大的扩张了，甚至夸大到现象即是意向的实现的地步。那么在正常的文艺理论当中或文艺创作当中，意向实际具有什么地位呢？我们平常在艺术实践当中也使用意向这个概念，这个意向的价值和意义在于：作为艺术家他的创作活动要表现什么，在表现当中歌颂什么，反对什么，批判什么，他有他的创作动机，这时候常常用创作动机来表示在现象学里面所说的这个意向性。我们看过《白毛女》的电影，作者贺敬之在陕北了解白毛仙姑传说之后，要把这个传说之事写成一部歌剧，从这里边显示"旧社会把人变成鬼，新社会把鬼变成人"，就按这个动机把这个东西展开，一个贫农的女儿怎样在地主阶级的压迫统治下遭遇那样的悲惨命运，家破人亡，后来红军来了，翻身了，恢复人的身份。这就是作者的基本创作动机，也是意向向对象的投入，后来成为创作的主题。就一般而言，这个动机常常是不能完全转换成主题的，因为这个动机必须得深入到艺术体系的表现当中。比如你要塑造人物，你要述说这个人物关系，还要赋予它以媒介。比如小说用语言叙述，戏剧用综合手段，要有剧本还要有演员等等条件，这些条件有一步跟不上来就会使创作动机（或叫意向）在中途失落，甚至于原来的动机想歌颂最后却变成了相反，以至于发生了和动机相反的效果。所以不能把动机看做是已完成和实现的效果，更不能把它看作就是主题，因为这里还有很大的距离，它仅仅是创作之前的意向，究竟实现的如何那则是另一回事。

## 四、悬置与现象学还原

这个概念在不同的译本里面有不同的译法，有的翻译成"悬搁"，又翻译成"加括号"，或"存而不论"。这个概念也是在古希腊的哲学当中最早使用的。在公元前四世纪，古希腊雅典的斯多哥学派，这个学派在雅典讲学有个斯多雅画廊，在这里讲学所以又称为画廊学派。这个学派重师行，讲克制，限制欲望。他们最早使用悬置这个概念。悬置本意是想要排除或终止判断，失去联系，就是排除它，把它隔离出去，对它不再深入研究下去，不再深入的阐述它。到了现象学里，胡塞尔把这个概念赋予非常重要的意义，从而成为核心的概念，用它来解说现象学还原的理论。作为核心的概念，胡塞尔有许多的解释。胡塞尔认为所有的哲学思考，都必须先行由现象学的还原返回到纯粹现象和纯粹意识，就是你要进行研究，进行这方面的思考，都必须先进行现象学的还原，把它还原到纯粹的现象即纯粹的意识，这时候的研究和认识才能找到可靠的基础，不然的话就没有基础。现象还原，这个还原的第一步骤，或者说是准备步骤，就是悬置，就是终止判断，如果不悬置，你就没办法进行你的哲学思考活动，哲学理论的阐发，进行理论思维的判断活动，所以必须得还原。还原的第一步骤就是悬置。这个悬置里面有两方面的东西必须加以悬置：第一"把存在的观点悬置起来"，即终止自然的态度。所谓自然态度就是人们通常持有的一种态度、一种观念，即"常识性的信念"①。人们通常所持有的态度叫做自然态度。通常所持有的自然态度还没有进入到意识形态层面上来。进入到现实当中来以后，自然态度则认为自然世界独立于我们意识而存在。自然世界独立于我们意识之外的观念，今天我们把它叫做存在决定意识论，或者说是唯物论的反映论。胡塞尔认为，物质存在显示自身，并在我们意识之外存在，这就是

---

① 朱立元主编：《现代西方美学史》，上海文艺出版社，1993年版，第474页。

哲学思考的障碍。他认为这些都应该排除在外，应该悬置。这就是对历史和科学的认识成果均存而不论，而是一切由自己判定，而且是先验的。他在《巴黎演讲》中说："先于世界的先验自我就成为进行判断的唯一源泉与对象。"把世界的发展与存在都抛弃于脑后，就是以先验自我作为判断的对象，也就是对一切的科学积累在判断中都悬置。第二个悬置是把历史的观点悬置。胡塞尔认为，历史上留存下来的有关世界的看法与经验都应悬置，这样才能找到自明的开端，要通过自身意识与活动去投注意向，还原为现象，这才是最可靠的。这一点尚有一定的合理性，比如对于宗教神学的迷信观念。但是现象学在总体上执意割断历史认识的做法，在现象学的后来发展中越来越极端，以致"同关于客观世界的观点的普遍决裂"成为现象学的终止判断。

现象学还原就是把一切对象还原为现象，以现象为起点。但这却不是真正从实际出发。实际上这个现象是被意向性投注的存在，不是真正现实的起点，而是有先验性灌注的起点。所以，现象学方法的回到现象，不是真正的回到实际与实践性的起点。胡塞尔解释现象学还原时说："所有超越之物（没有内在地给予我们的东西）都必须给以无效的标志，这就是说凡是没有内在的给予我们的东西都应该无效，也就是加以悬置。即：它们的存在，它们的有效性不能作为存在和有效性本身，至多只能作为有效性现象。我所能运用的一切科学，如全部心理学、全部自然科学，都只能作为现象，而不能作为有效的、对我说来可作为开端运用的真理体系，不能作为前提，甚至不能作为假说。"① 这是说：我运用的这些学问只能作为现象，就是不能作为我研究的前提。甚至在我对这些连假说都不能承认。只有通过现象的还原，还原到仅仅作为对象物的存在，这样做了以后我才能获得一种绝对的不提供任何超越的被给予性，就是我把这一切都还原为现象物，这个现象物里面什么也没有，就是没有前人的意识，前人的成果，前人解决的程度，这些都没有。然后，我把自身投入到其中，这时它那里有的东西都是被给予的，就是我给它的，它有的东西不是它自身有的，也不是前人给的，是我给它的，所以是绝对的被给予性，我是给予的主体，我给它东西使它变成被给予性，所以现象要还原就把前置的那些东西悬置起来了，剩下的东西是因我而成的现象性的存在。我把意向投入进去以后就变成了我的现

---

① 胡塞尔：《现象学的观念》，转引自《文学批评术语词典》，第403—404页。

象，这现象里面的东西是我所赋予它的，它那里面的存在是被给予性的东西，这不仅实现了现象的还原，还能够把对象物变成纯粹的现象。胡塞尔认为实现了现象还原也就实现了本质的还原，这时面对对象物就可以进行本质直观。他在《巴黎演讲》中说了以"先验自我"排除外在世界的一段话，他说："一旦我把世界——即从我之中并在我之内获得其存在的世界——排除在我的判断领域之外，那么，我作为先于世界的先验自我就成为进行判断的唯一源泉与对象。"① 我们现在将其说法变成好懂的大意：我面对一个对象世界，我把它不应有的东西给排除了，把我自身的意向又投入到这个世界，这时候就可以使这个对象世界变成先验自我的唯一源泉和对象，这个对象世界不受别人干扰，里面不存在别人加到这当中的东西，这对象世界成了现象世界，就成了先验自我的唯一源泉和对象。胡塞尔的这个方法影响到后来波兰的英伽登、法国的杜夫海纳和日内瓦学派的很多人，变成他们进行文学批评、文学研究、艺术研究的一个共同的方法。现象学还原要实现事物的本身，但它实现的这个事物的本身却是从先前的历史存在当中独立出来的，斩断了它和环境的内在关联，这样的"纯粹事物"的实现，只能是现象还原者的无任何历史感的、无经验传递的个人主观判断和臆想。这个方法在后起的日内瓦学派当中有突出的表现。日内瓦学派的不少人，他们在研究文学的时候，把文学作品和环境完全分离开，反对历史主义的批评，也反对文学中的文化精神，这时候出现的一个有名的"经验模式"论，就是他们所做成的结果。在"经验模式"里面没有任何历史遗迹，每个人都有个自自己的"经验模式"，而且这个"经验模式"反对历史的继承性，也没有前后历史的延续。

## 五、未定点与主体间性

Indeterminate spots，又译成不定点、不确定之处，表述的都是未定点的概念。这个未定点在胡塞尔之后使用的频率越来越大，在后来英伽登的批评著作当中更为频繁使用。英伽登说："文学作品本身是一个图式化构成。这就是说：它的某些层次，特别是被再现的客体层次和外

---

① 《文学批评术语词典》，第405页。

观层次，包含着若干'不定点'。"① 他是说再现客体没有被文本特别确定的方面和成分叫做未定点。如果举绘画的例子，《蒙娜丽莎》中蒙娜丽莎的笑就是一个未定点：她为什么要笑，笑什么，心里的原因没有表示出来。且绘画这种艺术特点是"存形"，心理方面的确切意思也没法表现，就是她心里现在特别愉快，这可以认定，至于为何愉快在绘画当中这是一个未定点。英伽登认为凡是文艺作品都有未定点，他认为这个未定点也有多种情况，比如凡是不可能说某个对象和客观情境是否具有某种特征的地方，就存在着，写到这地方时不可能说出来下面要做什么，会遇到什么情境，这都是未定点。英伽登认为有未定点这不是失误和偶然，是必须的，他说这个必须是说艺术不能什么都写，有的不必要写，有的是有意留给读者的想象空间。法国的小说家左拉的《小酒店》，里面的女主人公绮尔维丝到市场上买了一只鹅，回来后要吃这只鹅，就把买回这只鹅的鹅毛一根根拔下来，到最后做熟的全过程一点不落的都写下来。老托尔斯泰看了后非常反感，认为小说不能这么写，没有什么意义，它不是写小说要实现某种目的必有的东西。现象学的"未定点"指认的是艺术的空白空间。未定点这个艺术发现，在后来的接受美学中广加发扬，把未定点作为文本中可以大量进行创造和开发的基础，特别重视这个未定点。因为接受美学把作品看作文本，认为作品是作者创造的，文本是接受者、欣赏者创造的起点。把文本作为创造的对象，文本中含有的东西，接受者、欣赏者可以不顾。把它作为一个对象进行自己的创造，进入极端层次，则可以成为属于这个主体意向无任何同构性的投注对象，变成现象学意向下的现象。于是在批评、接受中就出现了这种现象：不管作者怎么写，我就可以这样解释，我就可以这样认定。我们从现象学的上述几个范畴中可以看到，其中有一个贯穿性的思想，就是现象学的主张者特别强调按照自身的意向，来对待任何的对象，把自身意向投入到对象，使对象变成意向的经验存在，至于别人怎么说怎么看，这个作品与历史上有什么联系等等，都可以不顾，以致完全变成自己"经验模式"的创造。这个排他性体现在中国的"红学"中，如"旧红学"，不论其"政治索引派"还是"排满"说，还有新近出现的"探佚学中的考证派"，等等，都是以意向制造空白未定点，然后演绎先验自我的一套附会之论，都无例外地歪曲了《红楼梦》，糟踏了艺术表现

---

① 英伽登：《对文学的艺术作品的认识》，见陆扬主编《二十世纪西方美学经典文本》第二卷，复旦大学出版社，2000 年版，第 731 页。

规律。不论现象学还是接受美学，其以意向为先验存在的方法去解读作品皆不可取。

从对现象学的上述范畴的分析中，可以见出现象学方法在研究中力主回到现象，但这个现象却不是客观现实对象，而是注入了研究者的意向的先验经验，所以，这个现象就成了主观经验的表现。对于胡塞尔的"面向事物本身"，回到认识过程的始源和客观性，除了同哲学的圈内人，其他人都无法同意，只能认为这个客观性是彻底的主观性。但胡塞尔的现象学中还有一个使自己的先验认识可以沟通别人认识的范畴，这就是"主体间性"（intersubjectivi）。胡塞尔使用"主体间性"是要用以挽救主体个人先验的主观观念的狭隘性与他人的否定性。胡塞尔认为在自我本身和经验意识的本质结构中，我作为主体有自己的感觉和意识，不仅我有，别人也同样会有，这就会使我的主体和别人主体有联系，能"人同此心，心同此理"。胡塞尔认为个人的先验见解都不是纯粹个人的，也涵盖有别人的见解在里面，这时我的观念就有了"主体间性"。这是胡塞尔为挽救自己主观主义方法的极端片面性而创设的关键词。他在《笛卡尔的沉思》中说："我经验着的这个世界，按其经验意义不是作为我私人的综合组成，而是作为不只是我自己的，作为实际上对每个人都存在的，其对象对每个人都可理解的一个主体间的世界去加以经验。"这意思是，我阐述的理论都不是我自己的，对每个人都是存在的，共有的。因此这些能被每个人理解，会成为主体间的共同经验去加以接受。这是表明他个人不就是个人，而经验也不只是自己的经验，构建的对象世界也不只是它自己构建的，是共同的，这就是"主体间性"的存在根据。但是，在这里必须指出：虽然个人的经验与意识不止是个人的，但是把客观现象认为经验或意识，这却是胡塞尔现象学的独有；另外，他只承认他的经验与别人有"主体间性"，而历史的、别人的经验，在他的方法之下却要加以"存而不论"，这至多是有我无你的半个"主体间性"。不过，在今天的文艺美学术语中，对"主体间性"一语加以溯源，虽然能发现它在产生伊始包裹着的现象学的褴褛，但人们已把它从原有体系中剥离出来，只取其主体的共识性，这样，"主体间性"包含的意义远愈胡塞尔的片面"主体间性"，而成了反应通常规律的一个术语。

# 第二十六章　后现象学美学

　　包括康德的现象和后来马克思主义所讲的现象，都是指着事物的表象或客观存在的经验事实，总之它是一个客观存在，是由人们认知和把握的一种客体。到了现象学这里，把"现象"赋予了一种特殊的意义，这种特殊的意义就是说它不是一般的事物，也不是一般的对象，是人把意向投入到事物当中，这个事物当中包含着人的认识，有人的主观向其中渗透，变成了人的经验，由意向构成的"绝对被给予性"，这就叫做"现象"。这样一来"现象"就成了意识活动所构成的对象，即由主体构成的、属于主体、精神、意识的直观材料。我们在把握现象学学派的"现象"的时候一定要抓住他们这个实质性的认定。

　　现象学的代表的人物和流派，在胡塞尔之后大体上有三家。现在参考多种现代西方美学史的有关材料，分别加以叙述。

## 一、英伽登的现象学

　　波兰的美学家英伽登，生活时间是 1893 年—1970 年。他曾受教于德国的胡塞尔，是现象学的主要代表人物，把现象学直接运用到美学当中来。他的现象学美学理论，大致有三个方面：

### 1. 文学艺术的本体论

　　文学艺术本体论主要是回答什么是文学艺术，文学艺术有什么本质特征。英伽登对文学艺术的本体的回答和现象学所说的"现象"范畴的意义是直接相关的。他的文学艺术的本体论主张的是纯意向性的客体，也就是意向性的"现象"。我们说到客体的时候，认为它是一个客观对象，这个客观对象是一个对象物的存在，它的存在不以人的主观意识为转移，你不管认不认识，接不接受它，反映不反映它，它都是存在的，客体本自具有这样的根本特性。但在英伽登这里，他说的文学的本体，他把它看成纯意向性的客体；纯意向客体被看成一种现象，是主体的意向向客体的投入。所以他的观点集中表现了现象学对现象所做的概括。当艺术作为欣赏对象，或者是艺术家创作的对象，是一种存在。比如绘画作品是一种存在，戏剧放在舞台上，它也是一种存在，但是这个存在有个特点，和一般的物质存在是不一样的，它是经过审美艺术的表现，把客观存在的东西变成为形象体系，成为艺术品，是客观要素的审美表现。把审美创造加在客观对象上，加上以后它就不是一个纯物，一匹真马是纯物，画的马，已经不是物质世界中的对象物，它已是表现主体情思的一种对象。对于艺术品我们可以说是表现了意向的形象体系，是人依据生活创造而成。其中既有客观内容又有主体赋予的内容。但是英伽登把文艺说成纯意向性的客体。我们与他的说法不一样，因为文学艺术要有生活的基础性存在，表现客观世界，纯是主观的东西不能成为文学艺术，也就是意向指涉对象成为现象学所指的"现象"，但却不成其为艺术。所以我们对文学本体的认识与英伽登又不同。完成的艺术品，在某种程度可以说具有客观性，但它却不是纯意向性的客体。

## 2. 文学艺术的认识论

本命题是针对读者来说的。假如文学作品作为现象客体，是纯艺术性的客体，如何进入这一客体中来，从文学接受和文学欣赏的意义上来说它有特殊角度。首先必须对这一客体所使用的语言要突破它的语言层，从它提供的语言符号进入到它内在当中去，达到它的所指。艺术语言在西方美学里被视为能指，就是你必须通过它的语言、符号、媒介，艺术表现所用的东西，即形式层，也就是能指，你进入到它当中去你才能知道它究竟要表现什么。所以对文学作品的图式、结构有具体把握，然后对这个作品由读者继续创造。他在这里特别将审美对象和艺术品作了区分。我们习惯上把艺术品和审美对象看作是没有什么区别的，但英伽登的这个区分是有道理的。比如艺术品是由作家艺术家创造的，这个艺术品必须由艺术家创造，没有经过艺术家创造的东西不能称做艺术品。如果把艺术品做了这样的定位后，我们在审美过程中欣赏的东西不都是艺术品，我们在自然界当中所进行的审美所遇到的很多对象，特别是大自然所呈现的审美状态都不是由人创造的，它是天然出现的。牡丹江的镜泊湖不是艺术品，但它是审美对象。这样区分以后，能够在作为对象的存在上区分开哪些属于自然提供的对象，哪些是人创造的对象，这是英伽登的文学认识论。

### 3. 文学艺术作品的价值

英伽登在论述文学艺术作品的价值时，他认为作品的价值是由艺术作品的一般结构决定。由一般结构决定它的艺术价值和审美价值，这里面有两种因素，这两种因素是审美价值建立的基础。这两种因素一个是艺术质素，就是像作品里所表现的严肃、优美等，他用的是艺术质素。像明晰、清澈等，是属于审美质素。它的区分方法，在中国的美学当中，实际上把它统一在一起，讲的是风格特点。在英伽登美学里面把它作了区分，这个区分就是价值取决于艺术质素和审美质素。说到这两种因素的关系，他认为艺术质素是审美质素的基础，因为它谈的是文学艺术作品，它之所以能成为艺术作品，主要是由它的艺术本质决定的，所以艺术作品本身具有什么样的质素就有什么样的审美价值。他作了这个区分是把艺术品直接建立在艺术的质素之上。有了这个，艺术本质才能取得它的审美本质。

## 二、杜弗海纳的现象学

杜弗海纳是法国人，比英伽登要晚一些，生在 1910 年。他的主要著作是《审美经验现象学》，两大本，在中国影响比较大，他的美学观点大体上有以下几个方面。

### 1. 审美经验论

审美经验是审美者在审美实践中所取得的经验，审美经验取决于所接触的对象。现象学美学关注的东西主要是文学艺术作品和文学艺术作品的欣赏和接受，它不是从创造艺术角度来立论的，都是面对文学艺术作品，面对这个现象，研究这个现象，从现象当中能找到什么规律。我们前面讲到的英伽登基本上也是以面对这个文学艺术作品来说话的。杜弗海纳的观点大体上也是如此，他说到审美经验和审美对象时主要是谈作品的构成和作品构成当中所包括的感性，寓义，特别从作品自身所具有的感性特征入手；然后分析这种感性作为审美对象它所具有的意义。就审美经验来说主要是说欣赏者的经验，欣赏者从审美当中显现了什么样的经验状态然后进行这方面的分析，分析得比较细。杜弗海纳把对象分审美对象、生物对象、自然对象、实用对象，认为审美对象的感性因素已不再是"标志"而是"存在"。

### 2. 审美知觉论

审美知觉讲的也是面对文学艺术作品的欣赏者接受者如何把握这个作品所经历的感受和认识过程。他把审美知觉分成三个阶段：首先是呈现阶段，就是面对作品必须透过作品所采用的那些形式，它用什么媒介来表现，必须把这个穿透，把握住这个就意味着这个作品完全呈现在你的面前，要不你就不能感知这个作品，你就不会在这个对象上产生审美知觉。就是让这个对象呈现在你的眼前，你能感知，这是进行艺术审美的起点阶段。其次是再现和想象阶段。凡是欣赏文学艺术作品，不管是哪种艺术，你面对它给你提供的对象，是看小说也好，读诗也好，听音乐也好，在你接受到眼前来的，听到耳朵里的，这种表现你不能停留在这里，你必须得把想象投入到你所接纳的这个现象当中来，你得有你自己的想象，所以不仅创造艺术需要想象，欣赏艺术也需要想象。没有想象能力的欣赏者是不能够真正欣赏作品的。想象，达到相当程度以后就意味着一种创造，你在想象当中浮想联翩，这个时候对作品给你提供的东西你能够进一步加以创造。为什么说有一百个《红楼梦》读者，就有一百个林黛玉呢？就是《红楼梦》中的林黛玉在每个人头脑中各有一个，或者是因为在电影中看到谁演了林黛玉，或自己在经验当中遇到一个弱不禁风的女子，当看到作品中的情节，可能就想林黛玉就是这样，心目中的林黛玉就出来了，这就是再现和想象的阶段。这个阶段正是欣赏者玩味艺术，能够在艺术当中达到自得意满程度的关键。第三个阶段是反思和情感阶段。前面的想象和创造属于情思性的东西，特别是情感体验，他说到的这个最后阶段是强调把欣赏当中得到的能升进到理性的把握，它强调反思，强调思想认识。

### 3. 艺术本体论

他的艺术本体论和英伽登本质上相似但表述不一样。他概述的是艺术的意义先于人和世界而存在。这个说法我们理解起来有些困难，没有人就没有世界，这个世界是人的世界，人是不断在创造当中实现的，人在自身活动当中也创造了艺术。从这个意义来说艺术不能先于人存在，自然艺术的意义也不能先于人存在。那为什么杜弗海纳说艺术的意义先于人和世界而存在？他讲了三点。

第一点，现实期待意义得到表达，就是人在现实当中有一种期待，期待着一种意义，这个意义不是艺术的意义而是生活意义、现实意义。有这种期待，在哪里去寻求，艺术能对这个作表现，这样在艺术作品里面就包含着一种意义。这种意义恰恰是人们所期待的，需要的，所要求的。这时候文学艺术作品给我们提供了期待当中的意义，就是艺术当中表现了一种意义。比如说人应该如何创造自己的生命价值，怎么不会使自己的生命随着时间的过去而浪费掉，这是一种意义的期待。如果文学艺术作品表现了某一种人某一个人他在这方面所显露的生命意义，那么就实现了我们的一种期待。比如说贺敬之的《雷锋之歌》，他以雷锋这样年轻的共产主义战士，他如何来对待他自己的生命，如何在有限的生命过程当中创造无限的生命价值，他创造出来了。所以贺敬之的诗里面写出了雷锋的价值。贺敬之是八路军的老战士，经历过很多革命战争，在那个年代里面如何来奉献自己的生命和战斗，取得了无限的价值。这个价值和雷锋在和平年代所显现的精神相比，贺敬之觉得自己在过去过程当中所得到的和雷锋相比，雷锋所实现的生命价值是更难的，因为这是和平年代，不像战争那么轰轰烈烈，而是一点一滴地去做，这些生活当中平凡小事当中体现了共产主义精神，所以更为不易。因此《雷锋之歌》成为六十年代很多人如何创造自己生命价值的一个非常好的诗意的回答。从这个意义来说，当这种意义投向人的面前，投向世界，这时可不可以说这种意义先于人和世界而存在，大概是可以这样说的。这不是从发生学上对人和艺术究竟在什么时候发生的回答，只是指这个世界和人如何得到艺术所提供的意义。在个语境之下，可以说艺术的意义先于人和世界而存在，是期待意义得到表达。你所期待的东西得到表达了，很显然是那个期待是在你之先存在着。

第二点，艺术家只是工具，自然力图通过艺术表现自己。艺术家是工具，也就是艺术家是创造艺术的，他的使命是创造艺术，他能把艺术创造出来就像某种机器能把某种产品生产出来一样；如果把艺术家看作工具，那么艺术品就是由这个工具生产出来的。他为什么能做为工具、能生产艺术，这个时候自然就是艺术之外的现实，它力图通过艺术来表现自己，就是自然它需要表现，它用一种要求自己表现这种愿望，把自然人格化。自然要求人来表现它，自然力图通过艺术表现自己，这时候艺术家他所做的事情，如他写，他画，不是他自己要写要画，是自然要求他画，这时候就不是画家画自然，作家写自然，这就出现了非常新奇的说法，是绘画在画画家，小说在写小说家，就是不是你在说话，是话在说你。这有点道理。它的具体意义在于，我们常说有些写诗的人是无病呻吟，就是说他没有诗情硬要作诗，就是像宋代词人辛弃疾《丑奴儿》所说的"少年不知愁滋味，爱上层楼；爱上层楼，为赋新诗强说愁。"如果真有内在的东西或外在的力量推动，他必须进行艺术表现，这时候就不是"强说愁"了，而是"愁"在写着他，所以他的词里说"而今识尽愁滋味，欲说还休；欲说还休，却道天凉好个秋。"想说又说不出来我有多少愁苦，这时候就说秋天非常寒冷，也表现出一种心情。所以这时候就可以说是"愁"和"冷"在说着辛弃疾。就是说得有感而发，有病才呻吟。从这意义上来说，艺术家只是工具，现实要求艺术表现自己，这是自然而然地表现。很多艺术家都说这剧本我不编不行，小说我不写不行，诗我不写不行，画我不画不行，有种力量在催动着他。写《红色娘子军》的梁信，先是写小说，后来改编成电影剧本。他参加革命比较早，一直在部队，在部队听到过战士诉苦，那时新兵入伍之后要诉苦，然后带着血与泪上战场，和反动世界做斗争。梁信记忆里有很多诉苦典型，特别是女战士入伍后的诉苦。他说，有的时候晚上没有灯，想起诉苦情景，也能在黑夜当中看到诉苦的战士眼睛在闪光，所以他非写不可。这种创作经验，就是上边所说的现实生活要求通过艺术来表现自己。就类似吴琼花那样的战士，他要求在电影里、在小说里面得到表现，这时候的作家通过她的体验、她的感觉、她的话语，把人物的生命复现出来。

第三点，艺术家的行为揭示了现实的意义也创造了自己。艺术家在进行创造时，他表现出一种创作行为，他们行为投入到现实以后揭示了现实意义。实际上通过自己的创作，通过对现实的表现、对意义的揭示，有一个非常重要的结果，也创造了自己。鲁迅当年给儿子写遗嘱时说：孩子长大，倘无才能，不要当空头的艺术家文学家。就是不是搞艺术家的材料，就不要硬着头皮往艺术界里钻，做点非常实际的事情。因为艺术家除了创造现实之外，还要创造自己。我们说某某艺术家，画家，戏剧家等等，为何能说他是一个大家，就是因为他有很多作品，他既在创造着他作品里的形象，也在创造着他自己。曹禺如果没有《雷雨》、《日出》、《原野》、《北京人》，没有这几个剧本哪有曹禺，曹禺怎么能成为中国现代的一流的戏剧家呢，他就是通过这些戏剧的创造才创造出了曹禺，所以也是在创造着自己。实际上我们每个人不论做什么事情，我们做哪个事情有那个事情的意义，同时也都在创造着自己，不管是做什么的，只是搞艺术的在创造自己这方面的结果特别明显。因为他要创造出一个个形象，这些形象如果真正是有意义的有价值的，它是永垂不朽的，所以一谈起来这个作品就想这个人物，所有的艺术门类都是如此。

## 三、日内瓦学派的现象学

现象学发展到 20 世纪的 50—60 年代以后，现象学崛起了一个学派，这个学派叫"日内瓦学派"，因为其中的成员大多数都是瑞士人，活动在瑞士的最大的国际城市日内瓦。日内瓦学派发展有第一代人物和第二代人物。第一代人物一些人的观点和我们前面说的英伽登、杜弗海纳大体上相近。到第二代人物时又提出了一些新的观点。到第二代人物时有些影响比较大，对现象学的观点也发展到比较极端地步。人物有布莱、里查、罗塞特、斯塔罗宾斯基、和美国的米勒等。米勒后来追随德里达成为后结构主义的核心人物。第二代人物他们的观点归纳起来，大体上可以从三个方面来讲他们的主要观点。

### 1. 自足的独立整体

因为文学艺术作品是体现作家意向的客体，不仅与实在的历史现实无关，也与作者的平生经历无关，而是一个自足的独立整体。此整体从哪里来？这个整体所以能出现，所以能够成为一个统一的整体，是因为有一种"经验模式"。经验模式在日内瓦学派里成为一个重要的关键词。经验模式是作者个性方式、个性风格的本源。这个观点看起来唯心主义的气味非常突出，因为文学艺术的创造，如果没有现实，没有历史，没有作者的个人经验，创作从何谈起？艺术不建立在这上，外在的内在的经验的都没有，那说到的"经验模式"从哪里来？所以日内瓦学派的经验很显然不是来自于现实实践，而是发自于内心。那内心的东西是怎么产生的，主观的东西如果没有客观经历很显然是不会产生的。所以，离开生活实践，个性方式、个性风格，只能成为无本源的东西。拿人的风格来说，就是这个人的思想、情感、经验一种非常个性化的外在体现。就作品风格来说，主要是在作品里所表现的题材、思想和艺术的综合特点。对此追本朔源，都和作者所生活的时代，个人的经历、命运是分不开的。所以脱离了历史、现实和作者的经验，讲这个"经验模式"很显然是无本之木、无源之水，是解释不通的。

### 2. 中立化的批评立场

在日内瓦学派里讲应该坚持的原则是排除先入之见，以确立中立化的立场。就是说既不站在自己的立场之上，也不站在作者立场之上，这时面对作品还要排除作品与现实的内在联系，这就是现象学的悬置法。如果把作品所表现的现实排除，如看《红楼梦》，把其中写的封建社会，封建大家庭的没落，礼教的衰微和清代社会封建制度的瓦解脱离开，怎么能评价贾宝玉，和里面的诸多人物？排除这些之后要将目光集中于作品的内部意识，这时候则无法确定作品内部意识究竟是什么。所以"经验模式"是 20 世纪后半期，以至于包括现在西方美学当中是在新历史式主义产生之前比较流行一种形式主义批评方式。新历史主义认为文学艺术作品离不开历史和现实和批评者的时代，你要评这个作品必须把它放在一定的历史范围之内。当然它和旧历史主义不同，旧历史主义是只就历史看文艺，新历史主义认为文学艺术作品不应该脱离开历史，无论你创作也好，评论也好，欣赏也好，都不能脱开历史，但是这个历史应该是由现实的人，就是今天的人对这个历史的解释和把握。所以是历史和现实的结合，客体和主体的结合。历史和现实的结合就成为新历史主义。新历史主义重新拾回了包括日内瓦学派等形式主义批评中丢掉的所不应丢掉的东西。

### 3. "经验模式"

日内瓦学派把意识分为"意识的形式"与"意识的内容"，主张把作品的内在意识，尤其是作品中的作家的深度的"经验模式"作为批评研究的主要对象。至于作品和历史的联系，和现实的联系，作者的经历，作品中写的东西和作者自身经历有什么关系，这些都不考虑，就抓住作品里的"经验模式"，尤其是有深度的经验模式。因为把这个做为研究的主要对象，为此人们把日内瓦学派第二代的评论家叫做"意识批评家"，因为在他们这一派看来，作品里除了"经验模式"没有其他的，这个"经验模式"主要来自于个人，好像只要作家把这个东西拿到了，就会有自己作品的特点，其实根本没有这个像"理式"一样的东西。

# 第二十七章　海德格尔的美学思想

　　海德格尔（1889—1976）是德国人，他和萨特都是 20 世纪中期产
生重大影响的代表人物。无论是海德格尔的哲学，萨特的文学思想和剧
本创作，影响都非常大，影响了几十年，影响到欧洲，也影响到亚洲、
美洲。20 世纪的哲学和美学真正具有巨大影响的，除了存在主义，别
的任何一个主义没达到影响这么大，时间这么长的程度，可以说是 20
世纪美学影响最大的一个美学流派。所以应特别重视。20 世纪美学第
一存在就是讲存在主义。

## 一、存在主义的早期形态

　　存在主义哲学和美学主要发源于欧洲两个国家——德国和法国。海
德格尔是德国人，当时在他门下，有很多人向他学习，包括萨特在内，
萨特是法国人。法国还有一些人都是追随海德格尔、萨特来进行创造
的，像加缪等。

　　存在主义的美学源头最早可以追溯到丹麦。丹麦 19 世纪哲学家克
尔凯郭尔（1813—1855），可以说是丹麦在世界上影响最大的一个哲学
家。存在主义最基本的范畴和思想差不多在克尔凯郭尔这里已经具备了
雏形，提供了基本范畴。克尔凯郭尔的基本哲学观点是什么呢？存在主
义的中心是讲人的存在。克氏在看人的存在时，把个人的存在看成是处
于不断生成和变化的过程当中，人不是固定性质的，找不出个人生存变
化有什么规律。这个观点把个人的存在和决定个人存在的社会条件分割
开，没有把个人放在社会存在当中来看。如果不把个人放在社会存在中
来看个人，自然没有哪个方面能够有决定的意义，自然找不到根源。一
旦把个人放在社会当中，就可以看到，他是受社会制约的。那么一旦受
到社会制约，这就有了决定这个人的社会条件。马克思在讲到"人"的
时候，最基本的观点是"人是社会关系的总和"。是讲人受社会多重关

系的制约，这个多重关系就是一种存在的关系。这个"存在"，是客观社会的存在。因为人是社会的细胞，不能脱离社会。不能脱离社会，就可以找到决定这个人的物质方面的原因。所以克尔凯郭尔的观点一开始就是唯心主义的观点。由于不承认个人存在有什么规律存在，所以就导致了存在主义者所共有的观点：个人的存在出于个人的自由决定和选择。这里所说的"个人存在"，在存在主义哲学当中是使用频率最高的一个关键词，就是"此在"，这个"此在"，就是"我的存在"、或者说"人的存在"、抑或"我"。存在主义的"此在"变成了"我的存在"或"人的存在"，因此"个人的自由决定和选择"，就变成了"我的存在是我个人的自由选择"。就"本质"和"存在"来说，这也是存在主义常用的基本的概念，认为不是本质先于存在，而是存在先于本质。这个存在是个人的存在，我的存在或个人主体的存在。这就遇到一个问题：假使说存在是个人的存在，个人存在以什么存在呢？个人存在有没有个人的本质呢？在"我的存在"或者"此在"问题上，在没有"选择本质"的时候，它就已经存在了，它可以先于本质存在，所以才可以选择本质，它才可以出于个人自由决定和自由选择。实际上是说，一个人的存在无本质，他的本质是他后选来的，他选择什么本质就是什么本质。这个地方我们有必要加以分析。从"人的本质"来说，人的本质是不是由人自由选择的结果？人是在社会关系当中存在。它难以超出它自身的存在去选择一种本质。所以在人的本质的认定上，都是他的存在关系确定着本质。这是马克思主义分析所有的人（无论是历史上的，还是现实中的）的基本的观点，而且也是必然的结果。拿阶级的本性和人的社会本性来说，从历史上有不同的阶级开始，各自不同的阶级中作为阶级成员，有它的必然的本质。以阶级存在来说，奴隶主阶级，地主阶级，资产阶级，无产阶级，这些阶级的决定性是什么呢？就是他们在生产关系中的位置和权利。政治经济关系决定着这个阶级的人不可摆脱的本质。如果他摆脱原有的本质，他进入到另外一种关系当中去，比如说原来属于资产阶级，他必须要摆脱这个阶级，进入到无产阶级这个社会关系当中来，那时候他才能够具有无产阶级的思想。作为人来说，他才能具有这个阶级所能具有的东西。但他若不进入这个社会关系，他就没这种决定条件。这个我们在作品当中也能看到。比如《红楼梦》里有主子和奴才。《红楼梦》里的主子，在家庭里面因为他具有经济条件，他占据支配地位，那些奴仆丫鬟是被压迫、被统治的阶级。他们所想象的东西，希望的东西，肯定是和主子们不一样的，因为这是无法在他们现有的存在条件里边去选择的一种本质。所以科学的观点是：个人的社会存在即是权利和意识的存在，实际上就是人的思想、人的意识，是客观的存在决定的，而不是主体任意决定的。在条件不改变的情况下，是无法自由决定和选择的。所以存在是不能先于本质的。

德国胡塞尔（1859—1917）哲学观点也是奠定存在主义思想的主要思想来源。胡塞尔主张哲学必须以非物质、非感性的经验，也就是纯粹意识为对象。我们知道，一般哲学都是研究存在与反映的关系。这个存在是物质性的存在，没法离开物质的存在来研究哲学。可是胡塞尔来个相反的，认为哲学应该以纯意识为对象，不应该以物质存在为对象。但这必然遇到传统知识和现实的存在，这是没法回避的，要认识世界就必须面对世界的存在。人就生活在现实世界里面，现实世界里面可以说都是以物质存在为基础的，是普遍的存在。另外，还有传统。如以哲学传统观点来说，人们对现实世界已经具有了某种合乎实际条件的认识——科学的认识，例如，有了物质世界才能有人的精神世界。这个在存在主义之前或者说在胡塞尔之前已经有这方面的理论表述了，有很多唯物主义哲学家已经做出这方面的结论。遇到自己不认同的结论，怎么办呢？胡塞尔主张用"括弧法"和"还原法"把整个传统知识和外部世界全部加以排除。什么是括弧法？就是加一个括号，把这个东西加以悬置，一旦进入这个括弧，这个东西就可以存而不论了，就不再把它作为一个条件了。如果要是一种观点，比如历史上有关于"存在决定意识"这样的观点，其实在这之前很多唯物主义哲学家已经讲到了"存在决定意识"或"物质世界决定着精神世界"，遇到这样的观点，把它作为"先入之见"加以隔断，不能作为我考虑一切问题的起点，这就是把它放在括弧里面。什么是还原法？还原的初步就是加括号，加括号就带有还原的性质，这是初步的还原法。进一步则把这个所有的超越之物还原为现象给予无效的标志。超越之物原本是作者很多带有科学性结论的概括，还原为现象之后就不把它作为真理体系来对待了，也就不能作为进行判断的一个前提。这时只有先验的自我才是进行判断的唯一的来源和对象。这就是括弧法或还原法。这两种方法是现象学最基本的范畴。

胡塞尔的这个观点既是后来的存在主义所秉持的一个基本观点，也是现象学起源性的观点。所以胡塞尔既是存在主义的先驱，也是现象学的先驱。胡塞尔主张首先把哲学对象变成纯意识对象，排除物质，排除感性，用括弧法和还原法把整个外部世界和传统知识全部加以排除。第二步对盛行的意识进行先验的本质还原，使之还原为不含任何经验和内容的纯意识性的知识，从而达到对对象的认识。这种纯粹意识的观点，被存在主义者把个人的存在（即个人的意识）推崇到无以复加的地位，并将个人存在作为对待物质世界的一个起点。

## 二、海德格尔的"存在"与美学

"存在"这个概念是过去很多大哲学家都在使用的，虽然"存在"的内涵不一样，但都使用这个词。比如在黑格尔哲学当中，绝对精神就是一种"存在"。绝对精神自己进行演化，体现在逻辑学、自然哲学、精神哲学各个领域。进入到艺术当中，它得到了感性显现，就成了美、艺术的美。康德讲在对象世界里有"自在之物"，这个自在之物人们对它不能认识，是不可知的，这也是一种"存在"。马克思讲"存在"是物质存在，是说存在是物质性的存在，存在决定意识。对这些说法，无论是黑格尔、康德、马克思的，海德格尔都不予承认。他说前面的几位大哲学家（包括柏拉图等）所说的"存在"，实际不是"存在"，而是"存在者"，是把存在者当作了存在。那么"存在"和"存在者"有什么区别呢？海德格尔认为现象即存在，这种存在不是主客二分意义上的存在，而是不分主客意义上的"此在"即"我"或"人的存在"。海氏在解释存在者时说，"存在者是现成的东西，把这个存在者当作存在，就是把存在当成现成的东西了。"李醒尘的《西方美学史教程》对此分析得比较清楚：海德格尔认为，"传统的形而上学混淆了存在者和存在，它们只追问存在者而遗忘了存在，是'无根的本体论'。他认为形而上学思维的特色，就在于以表象思维的方式把握存在者的存在，这在近代形成了主体性原则，即把思维主体当作存在者的根据。"① 这表明，海德格尔的存在主义张扬的是此在即本体，它是超越主客二分的"此在"存在，即"我的存在"或"人的存在"。

在海德格尔看来，黑格尔研究绝对精神，康德研究自在之物，马克思研究物质等，都是把哲学的研究对象研究到存在者身上而不是存在。认为存在不是一个现成的东西，就得研究存在它是一个什么存在？它怎

---

① 李醒尘：《西方美学史教程》，北京大学出版社，1994 年版，第 577 页。

么样能存在？所以重点研究"此在"。"此在"的最基本的存在状态是"在世"。"在世"也就是人处在一种"被抛状态"。海德格尔认为"存在者"就是"此在"，即一个尚待规定的人，他能决定自己存在的方式，追问自己为什么存在。对此，海德格尔说："这种存在者就是我们自己向来所是的存在者，就是除了其他存在的可能性外还能够发问存在的存在者，我们因此用这个术语来称呼这种存在者。"① "被抛状态"体现有三大方面：烦、畏、死。对这三个方面，海氏有他的特殊解释，如他解释"烦"，就是忧心忡忡，在这个世界当中"我的存在"始终处于忧心忡忡当中，全是烦恼，全是焦虑。"畏"，海氏解释"畏"的存在状态时，说不是畏惧具体某个对象，而是面对一个世界，这个世界敌视人，人在这个世界里面茫然失据，"被抛状态"特别体现在茫然失据的状态里，总是有这种情绪在缠绕着人，对没有明显对象的畏惧比起对有明确敌人的畏惧更可怕。畏惧某个敌人，这个敌人有可能灭亡，而人在赖以生存的世界里却无法摆脱这种敌视人的存在。"死"，是人面对死亡的情绪。前面我讲述了克氏、胡氏等对海德格尔在哲学上的影响，已知海氏想不走原来哲学家的老路，既不承认世界本体是物质的，也不承认世界的本体是意识的，而是讲世界的本体是此在，就是人的存在。所以把他的哲学或者这一派的哲学归结为"存在哲学"或者"此在存在的本体论"。他的"人的存在"或"我的存在"、"发问存在的存在者"等命题，回避了哲学最基本问题，想要超出唯物主义和唯心主义。他认为以往的哲学，唯物或唯心这些归结法都是形而上学。从唯心主义或唯物主义提出来的问题都是形而上学，都要加以反对。他认为传统的形而上学混淆了存在者和存在两者的关系，过去的哲学家都是把存在者当作了存在。把存在者当成存在，研究了存在者，遗忘了存在，是一种无根的本体论。所以他想确立一个"此在"是人的存在，存在应是"存在者"的存在这样一种存在主义哲学，故海氏的存在主义哲学反对传统的形而上学，实际上是想要取消唯心主义和唯物主义这样一个哲学上不可调和的矛盾。所以他只是反对传统的形而上学并不是真正反对了形而上学；反对的是唯物主义存在，而他自己坚持的却是一种唯心主义。

进入到美学，海氏不像我们遇到的很多欧洲美学家，有自己的美学

① 海德格尔：《存在与时间》，转引自朱立元主编《现代西方美学史》上海文艺出版社，1993年版，第528页。

体系，有很多关于美学的命题，或者专门的美学论文和著作。海氏主要是对艺术进行评论，谈到了艺术的许多问题，特别是"诗"，对文学作品进行评论，把诗歌作为一切艺术的核心。他认为一切艺术真正达到艺术本质的应该是诗的。也就是说一切艺术，或艺术当中的艺术，就是诗歌、诗意。就这个意义来说，艺术是非常有价值的。所以他对艺术的评论在这个方面贡献是比较大的，有人说他是诗人气质的评论家或哲学家。但他自己并没有回应，他对诗的推崇，特别推崇德国历史上的诗人——荷尔德林。海氏从他那里借来了一个非常有名的概括，就是"人诗意地栖居"。

在他的艺术美学评论命题当中，首先提出一个"艺术之谜"。他说的"艺术之谜"就是艺术的本质究竟何在？也可以说是追问"艺术究竟是什么？""什么才能够成为艺术？"那么，他是怎么提出这个问题的？在海氏看来，艺术之谜或者说艺术本质的问题，在传统美学当中并没有给予真正回答，没有揭破这个谜底。他说"几乎从对艺术和艺术家做专门考察时起，人们便把这种考察称为审美的。美学把艺术品当作一个对象，并且是 asthesis 的对象，即广义的感性把握的对象。今天我们称这种把握为体验。人们体验艺术的方式应当启示艺术的本质。体验不仅对艺术享受，而且对艺术创造都是标准的来源。一切皆体验。然而体验或许就是艺术在其中终结的那个因素。这终结发生的如此缓慢，以致它需要经过数个世纪。"① 这段话应该说是海氏对过去研究艺术本质问题的总体的批判。这种体验论的理论，是贯穿传统美学的一种基本观点。在海氏看来，它是不能成立的。对艺术的感性体验所导致的不良结果，与作为艺术必须有的一些方面相反，导致了对艺术的把握和理解的错误，就此，海德格尔要从下边几个方面加以阐释。

海德格尔对传统美学理论把美的特性或美的本质从感性特征加以论述并不认同。他并没有指名道姓地来反驳哪个美学家，而是从总体上认为把美的特性从感性方面加以解释是不正确的。他认为从传统美学观点，不论是感性理性的二分还是内容形式的二分，都会导致非常错误的结论。我们可以就李醒尘对海德格尔四个方面的分析加以具体论述。

第一点，海德格尔认为把一个作品看作一个对象，就意味着把接受对象的人看作是主体，主客体分离了，这就把艺术作品和主体置于主客

① 　海德格尔：《艺术作品的来源》，转引自李醒尘《西方美学史教程》，第 578 页。

体二分对立的关系之中，美学成了认识论。取自海德格尔的反对主客二分的观点在当前理论界影响很大。当下在理论界有一种比较流行的观点，比如现象和本质是对立统一的关系，主体客体也是对立统一的关系，按照海氏的说法不能作此区分。其实主体客体两者是对立统一关系，是可以作为不同的范畴加以比较分析的，不能说谈对象就否认了主体，谈主体就否认了对象。海氏的这个理论是不值得肯定的。

第二点，他认为传统美学观点把艺术作品只看成是感性的，主体只能从作品得到感性认识和体验，这样就把感性认识和理性认识对立起来，艺术作品就成了与真理无关、只供享乐的东西。海氏作出对传统美学关于感性和理性的分析的结论，是有道理的。从他所接触的对象来说，有的哲学家有只谈感性的偏向，认为没有任何理性的介入，认为审美判断不是逻辑判断，理性不能介入此判断，很显然是把艺术看成完全是人的一种审美感觉，其观点很显然有偏颇性。黑格尔讲美是理念的感性显现，理念虽然是客观精神，但却是一种带有真理性的东西，至于这种真理性的东西内容如何则是另外的问题，他不只是谈艺术就是感性，里面也有理性精神，理性精神要通过感性形式来表现。所以不能认为凡是说到文学艺术作品是感性显现的，都是排除理性。海氏观点的值得肯定之处，在于他一直把艺术看成与真理紧密联系的东西，在这点上他和西方 20 世纪的许多美学流派是不同的。认为艺术是表现真理的，必须得有意义，否则就不是艺术，这是可取的。从这个观点可以看到海氏是把艺术的命运和真理直接联系到一起了，并不是仅仅供人娱乐的东西。

第三点，他认为从感性体验寻找艺术的本质，把感性体验作为艺术创造的标准，从感性方面讲艺术的特点，这样就会放弃许多艺术应该有的东西，艺术家应该坚持的东西，特别是思想，或者说进一步进入到存在主义的美学概念当中，那就是真理。放弃这些东西很显然也不能够创造出真正的艺术作品。他认为"艺术就是真理的生成和发生"，"艺术品和艺术家都以艺术为基础；艺术之本质乃真理之自行置入作品。"①

第四点，海德格尔强调如果把艺术只归结为感性体验，这势必导致艺术的缓慢终结。艺术的缓慢终结说的是什么意思呢？在黑格尔的美学当中，他分析在资本主义兴起以后，由于资产阶级社会统治集团只关心商品生产，导致把艺术作为附庸性的东西，这是敌视艺术的一种表现，

---

① 海德格尔：《艺术作品的本源》，《林中路》，上海译文出版社，2004 年，第 59 页。

黑格尔曾经预言，艺术最后要走向终结。现代的文学终结论就是从黑格尔那时候提出来的，艺术的终结自然也会导致文学的终结。马克思在谈到资本主义的商品社会的发展时，讲到资本主义敌视艺术和诗歌，他没有说艺术和诗歌会因此而消亡，只是说是很不利于艺术和诗歌的。这是在 19 世纪的断言。整个在 20 世纪这一百年以至于新世纪以来，可以看到，随着大众文化的发展，真正的艺术或者用一个不确切的说法，"纯艺术"越来越没有生存的天地，以致是泡沫的、消费的、娱乐的那种文化占据了艺术的广阔的空间。因此在今天也有人讲文学将要终结。但是艺术与文学是人类同行的精神伴侣，它们发展中虽会有变化，但终结的估计是悲观的估计。

　　坚决反对传统美学的海德格尔，他把迄今为止的美学都归结为感性体验的美学，他反对的实质上仍是主体与客体、感性与理性二分对立的哲学。把二者完全机械对立起来显然是不科学的，但是取消事物内在的对待范畴或对立统一关系显然也不科学。整个存在主义包括萨特，都把主客二分看作陈旧的东西，到了德里达那里就是要解构这个矛盾对立关系，认为应该无条件、无原则地把所有对立关系的设立和分析消解掉。在老子那里我们可以看到对立双方（福和祸、穷和通等等）都是可以互相转化的、互相包含的，但这并不是认为二者没有对立的内在因素。

　　海德格尔分析艺术、艺术家、艺术作品的主要方式带有消解二元对立性质，比如艺术作品和艺术家的创作活动，哪个来源于哪个，谁在前谁在后，谁是因谁是果，对此，我们一般说艺术作品由艺术家创造，艺术家是艺术本源。特别是对于那些已是艺术家了的人的艺术品创造，则艺术家更是作品的本源。我们的习惯是这样认识的，但海氏说到这个关系时表述的方法和解释的逻辑都不同。艺术家怎么成为艺术家？画家要成为画家必须得画画，画出画以后他才是一个画家，画家是画产生的，没有画不能成为画家。无论是画家、诗人、剧作家，他都得创作出那种形式的作品才成为此种艺术家。这样看来艺术作品是艺术家的本源。海德格尔在艺术家与艺术品二者关系上一定要分出先后，寻求谁创造了谁，其实他用的正是他所反对的所谓"主客二分"法。不论你说是对象生产了主体，还是主体生产了对象，主体与对象还是以二元对立的模式存在着。

　　对此，如果用马克思的科学辨证观点分析，就好理解了。所有的人都是在对象化过程当中存在，这个人存在必须得有他存在的对象，在对象化的关系当中人成为对象的主体。二者是同时存在的关系。按马克思对象化关系的理论是难分先后的。没有作品对象他不能成为艺术家，他成为艺术家是在作品对象的产生过程中形成的，作品没有产生之前他不能成为艺术家。当然，没有艺术家的实际创造也不会有作品产生，从时间上划分其先后是难以说清的。另外，马克思特别强调主体和对象之间可以互相转化，对象可以变成主体，主体也可以变成对象；主体生产了对象，对象也生产了主体。这就看你从哪个角度来谈。就像学校里学生和老师，医院里患者和医生，哪个是主体哪个是对象？教师传道授业，从这个意义说教师是主体，学生是对象；学生学习需要有人来指导，来帮助他解惑，从这个意义说，学生是主体；作为与学习主体的学生对应的教师则是学习的对象。

人在艺术实践中创造出作品使人成为艺术家，这和存在主义有何关系？存在主义把个人作为"此在"，即"我"是一个存在，没有什么对我作本质规定，没有形而上的根据来确定我是什么人。存在主义反对传统哲学确定一个本质，所有个体皆由本质派生。认为存在是无本质的，主体是完全自由的，他可以选择一种本质，没有规定说我必须是一个什么本质。过去说人是上帝造的，上帝安排的，到尼采说上帝已经死了，不能规定人了，传统哲学也就瓦解了。艺术家也是自己选择的结果，我通过创作作品选择我是艺术家，这是和存在主义的人的本质可以自由选择相适应的。当一个人选择了作品创作，他就成为艺术家，不是他成了艺术家才去创作艺术作品。

海德格尔把"艺术"看作"艺术作品"和"艺术家"的共同本源，并先于二者而存在。从发生学回答艺术的发生，可以追溯到最早的艺术史的源头。人们在从事劳动和各种活动时，有一种思想、情感、情绪需要表达，这时音乐、舞蹈和原始的绘画自然而然随之产生了。在这种活动之前没有艺术存在，最早的艺术就是这么产生的：几个人协同从事一项劳动，比如打猎，需要有些声音和动作的协调，或者进行一些模仿性的描绘，在这个情况下产生了艺术。不可能在人们进行实际的艺术创造之前，就已经先验地有一种"艺术"存在着，海氏所说的先于艺术家和作品的这种"艺术"只是客观存在着的一个概念，地位与"理式"、"理念"是一样的，实际上没有这个东西。所以"艺术"的概念是在艺术实践开始时出现的，不可能在没有实践之前就有"艺术"了。

海德格尔对传统美学发难，提出自己的见解，中心就是反对主客二分、感性理性二分，他讲的艺术应是感性理性的统一是有价值的。不过，按他的主客不可任何意义上的逻辑的二分，他所进行的艺术本质的探求（对于现象而言），似乎也是一种没有意义的形而上学了。

### 三、艺术的真理性的自行置入

海氏关于艺术和真理的观点，特别是对艺术作品意义的分析，应该说是非常精彩的，高明的，显示出一个大理论家在艺术作品面前所达到的审美鉴评的高度，令人叹为观止。

艺术和真理的关系实际还是在谈艺术的本质所在。艺术本质的探求，首先要解决的一个问题就是艺术是不是物，如果是物，是个什么物，和一般的物有什么联系和区别。这是海氏谈这个问题的一个出发点，也是一个逻辑起点。首先他提出一个问题，艺术作品的物质性特点比较明显，比如音乐作品，唱歌要发音，发音就是物质。发音器官让空气经过你的口腔加以节制，发出来各种不同的声音，这就是唱歌所用的物质媒介。画有线条、色彩、团块，都是物质媒介；成为画作，可以挂在墙上，可以扛着背着它，物质形态特别地突出。沈阳市皇姑区有个雕塑张衡的铜像，张衡手里拿的地动仪让人锯掉当铜卖了，到废品收购站很显然就看多重，连张衡都搬走得一百多公斤。虽然艺术作品有物的特性，但它不仅仅就是一个物。物是它借用的媒介，是一种艺术意义的承担者。如果没有意义承担，那它就是物。在艺术作品物质性的基础上，探求它和一般的物所具有的区别。李醒尘在教程中对海德格尔这个方面的说法作了一个观点的总述。说"凡是非纯无的东西都可以叫做物"，在这个意义上艺术作品当然也是一物。但这种把艺术作品归到一般物里的做法是不正确的，因为它和一般的物不一样。李醒尘在教程中归纳海德格尔列举的西方思想史上长期占统治地位的对物的三种思考和解释：（1）物是其特性的承担者；（2）物是感知多样性的统一体；（3）物是成形的质料。海德格尔在经过分析之后得出结论，西方历史上所有这些解释都没能揭示出物的本质，传统哲学对物的思考是失败的，因为它所思考和解释的都只是存在者，而不是存在本身。不过，上述第三种解释在美学中有很大影响，是有启发性的。所谓物是成形的质料，是从形式与质料的关系上思考物，是把人造的器具当作物。器具是人造的，它既是物又高于物，与艺术作品较为接近，处于自然物和艺术品之间。①

海德格尔最有创造性的地方就是对凡高的《农妇的鞋子》这幅画所作的分析，由此也可以明确艺术品与物的区别：艺术品是只有表现的实在性，没有物与器具的有用性，是一种"纯然之物"。

海德格尔对绘画的画面上所出现的形象作了广泛的联想，在艺术作品分析当中很少有人能够达到这么酣畅淋漓的程度。他先从农妇穿的鞋本身说起，所有器具都是一种器具存在，这个器具存在依据的是其有用性，器具如果失去了有用性，就不能成为器具。农妇穿上农鞋下田劳作，农鞋才成其为农鞋，她在劳作时越少想到它，甚至不感觉到它，它作为农鞋才更真实。这就是庄子说的"忘足履之适"，在你穿的鞋非常合适、不大不小的情况下，你不感觉有鞋的存在。但是，有用性的基础却在可靠性，即器具的真实存在。没有可靠性也就没有有用性，一件器具用旧可以报废，失去有用性。正是可靠性，才使农妇通过器具进入大地无声的召唤中去。为什么要画这双鞋，一双很破旧的鞋，如果是一般的评论家看到这幅画可能就放过去了。但是海德格尔在评论这幅画时却发表了非常有见地的观点，发掘它的意义达到极致的程度，主要是通过农鞋谈穿鞋的人。画家在画面上画一种东西，目的并不在于通过绘画的媒介把一个存在的东西重新再模仿或描画出来。所有艺术家不论文学的、音乐的、戏剧的还是其他什么样的艺术门类，都在表现的对象上赋予某种东西，就是你创作的作品里应该包含意义，所有艺术都应如此。艺术有意义，因为有意义才成为艺术，这也是海德格尔的观点。

海德格尔的这种解释和分析，正是想要在作品里按照作品应有的意义来进行揭示。他的揭示在于，能在形象当中找到依据，或者形象本身没有提供这个依据的，我都可以把我的感受寄托在形象之上。艺术评论有两种，一种是艺术家在创作作品时在作品里包含了深刻的意义，鉴赏者可以准确无误地发现作品里作者的立意，正因为这样，艺术才是可以交流的。如果作品拿出来之后谁也不能从这里看到任何东西，没有解读的余地，全都像现代战争中的密码电报或者一种特殊的隐秘符号，作品就不会成为真正的艺术。当然，一看就一览无余，全都把底交出来也很难说是艺术。再一种近似于误读，但误读得有创造性，有道理，不是歪批《三国》的那种"既（季）生瑜何生亮"式的，这在艺术评论中不但

---

① 参见李醒尘：《西方美学史教程》，第580页。

是允许的，而且也是可以提倡的。海德格尔对凡高的画中农鞋的评论，上面两种方法都有，所以显得淋漓尽致。里边强调了五点：坚韧、馈赠、焦虑、喜悦、战栗。我们看一下这段著名的评论：

> 从农鞋露出内里的那黑洞中，突现出劳动步履的艰辛。那硬梆梆、沉甸甸的农鞋里，凝聚着她在寒风料峭中缓慢穿行在一望无际永远单调的田垄上的坚韧。鞋面上粘着湿润而肥沃的泥土。鞋底下有伴着夜幕降临时田野小径孤漠的踽踽而行。在这农鞋里，回响着大地无声的召唤，成熟谷物对她的宁静馈赠，以及在冬野的休闲荒漠中令她无法阐释的无可奈何。通过这器具牵引出为了面包的稳固而无怨无艾的焦虑，以及那再次战胜了贫困的无言的喜悦，分娩时阵痛的颤抖和死亡逼近的战栗。这器具归属大地，并在农妇的世界里得到保存。正是在这种保存的归属关系中，器具自身才得以居于自身之中。①

这里说的所有这些都在鞋的形象上。尤其是造成这双鞋如此状态的穿鞋的人有怎样的经历，困苦、焦虑、喜悦以及种种磨难，经历这些的穿着这双鞋的人能从大地上得到什么？这些应该是这幅画所包含的意义，至少是画面形象所包含的，从移情作用说也是可以寄托情感的一个形象载体。从形象中可以看出农妇经历的千辛万苦，她付出了怎样的努力与得到了怎样有限的回报，充满了对鞋的主人的深厚同情和人道观念。海德格尔认为，通过凡高的这幅画，"器具的器具存在才第一次真正露出了真相"。农鞋"这一存在者从它无遮蔽的存在中凸现出来"②。按照古希腊人的说法，存在者的无遮蔽即是真理，这样，艺术中的真理便产生了。海氏认为他所进行的揭示都是作品真理性的自显，而不认为是他赋予的。即使有些揭示是完全感想式的、甚至带有"误读性"的，但对于农妇的本质来说基本上是符合的，这就提出艺术与真理的问题。由此，他给艺术下了一个定义："艺术就是真理在作品中的自行置入。"使艺术成为艺术的关键在于包含着一种自行置入的真理；反过来作品没有真理性可言，就不能成为艺术。真理性的存在是决定艺术的本质所在。

"自行置入"如何理解？在艺术作品中的真理不是作者在创作作品

---

① 参见海德格尔：《诗·语言·思》，文化艺术出版社，1991年版，第35页。
② 参见海德格尔：《诗·语言·思》，文化艺术出版社，1991年版，第37页。

时有意识地放进去的，而是作品的存在自动显示自己。真理在作品中怎样成为存在，能够自行显示自身？就创作过程来说，不论哪种艺术的创作者都要从现实当中选取材料，写诗也好，绘画也好，作曲也好，编剧也好，得从生活中找材料。所用的这些材料自身有没有意义？这些材料自身是有意义的，在社会现象里，不包含一定意义的现象是没有的。包含着意义的现象在艺术理论里叫做题材的意义，选了这个题材进入作品当中描写，艺术家要做的是阐发这个意义。如果作品所表现的题材里面包含着这种意义，艺术家阐发这个意义，这个意义是作品存在所具有的，还是在作品外由一个人加进去的呢？显然是作品存在的意义的显现，有的是自身意义的显现，有的是艺术家进行加工创造时特别揭示、彰显和突出的。从总体上说，艺术家不应在题材本身所能具有的意义之外硬是再去另给它加什么东西，加的东西就是贴标签，这是贴不牢的，会自行脱落。如果是对题材所具有的意义进行揭示，什么时候也不脱落。艺术创造本来应该是这样的。当然，选取题材和发现与揭示意义，是与艺术家思想和世界观的性质和水平也是一致的。《红楼梦》小说里写的事情无论是封建大家族的败亡也好，一代比一代没落也好，女性的不幸的命运也好，下层丫鬟们的血泪也好，都是事情本身具有的意义，不是曹雪芹硬要加上什么东西，曹雪芹是适应着这种存在和这种题材所具有的意义，进行了深入思考与发掘，他自身的思想与题材意义是统一的。

在生活材料的意义，也就是存在的意义这个问题上，有两个理论偏向。在20世纪五、六十年代以至于文革当中，认为材料里包含的意义就是作品的意义，是决定作品的，这个叫做"题材决定论"；题材决定论把题材的意义和对这个题材的理解和揭示对立起来。作者不发现意义怎么能把它显示出来呢？必须得有作者对它的发现，所以题材决定论影响了作品的创造。因为意义还有个揭示、表现、强调的问题，这个被忽视了以后，艺术作品的意义不能自显，还得经过作者的揭示才能显示出来。再一种偏向是否认题材的意义，认为作品的意义完全由创造者在处理材料的时候往里加意义。如果材料本身没有意义，又不改造材料，往里加又能加进什么意义呢？所以对艺术创作实际上也不利。这两种偏向都不符合艺术创作的实际规律。

和"艺术就是真理在作品中的自行置入"及艺术的意义直接相关的，就是"世界和大地"这个命题所要回答的问题。"世界"和"大地"

主要是讲在艺术创作当中怎么能够使艺术作品意义化，在这点上海德格尔提出两个对立范畴。"世界"是意义化的，是人与生存环境全部联系的总和，与人生存无关的一切都不是世界；"大地"是无意义化的，他被作为纯自然物，如风雨、金石等。以人与生存环境全部联系的总和为对象所建立的世界，是意义化的艺术世界，不是我们看到的生活现象、社会、自然等等的世界。在文艺作品中建立的世界是由人通过艺术的方式来建立起的世界，把世界当中的事物意义化。如果在作品当中描绘的世界不做意义化的处理，那么为什么要描绘它呢？把它画在画里做什么，把它写在诗里做什么，把它搬到舞台上又做什么呢？很显然就是要使那个存在得以"去蔽"，显现出真理性，如果不是这样艺术就没有价值。他认为建立的世界与大地的显现是不同的，人所展示的世界应把大地上的一切意义化。凡高的农妇的鞋，就是把世界中的事物意义化的表现，强调作为艺术的表现必须把表现的对象的意义揭示出来。这是世界意义化与大地无意义化的冲突。

海德格尔对艺术的超越性也发表了一些值得注意的见解。首先他认为，艺术的本质应是诗意的言说。所以进入到作品当中的东西，必须是具有诗意义的东西，就像他特别地肯定农妇之鞋一样，它自身具有意义而且能够显示出农妇在她的劳动的生命过程当中所具有的那种实际的真的存在。第二点，从艺术具有真理性的意义上来看，它和技术、工艺的存在有严格的区别，那些东西和伟大的艺术作品无法相比。在艺术表现中，艺术的历史价值应被特别强调和重视，艺术能在历史发展过程中对历史起到重要的影响作用，甚至于纠正历史。艺术不仅显现真理，而且应显现历史，甚至于在艺术中充分地把握历史的存在。第三点，海氏经过对现实的批判和对艺术的研究与发现，提出一个虽有些偏激却也能够说明很多问题的观点。艺术和现实世界的意义相反，在艺术中通过存在的表现显示存在的真理意义，这就带来艺术的真理意义。从艺术当中能够发现真理，把握真理；而人所在的现实世界却在把任何东西变成无意义的，对一切进行消解。这是强调艺术的可爱，艺术的可以成为人的家园，成为存在之家，成为生命可以寄托之所；而现实却让人看到都是令人恶心的东西。萨特在这方面进行了广泛的描写。

## 四、人的诗意地安居

"语言是存在的家"和"人诗意地安居"，实际上说的是语言和诗对人生存的意义。在海德格尔的美学当中，这两句是被他不断重复的。为什么这么说，这种说法有什么意义？对这方面的问题可以有两种论述方式，一种是放在海德格尔著作的语境当中来进行分析，命题方式都是海德格尔式的，即"人是能言说的生命存在。"① 另一种是从一般意义上讲语言对人的存在的意义，诗对人生存的意义。要是按海德格尔式的语境方式来说，可能以是偏执二元中的一元；要是按我理解的方式，可能讲的又不是海德格尔的思想。这是一个矛盾，这两者我尽量结合在一起。

先从语言来说，关于语言的理论从古代到现代，从中国到外国，大体上有两种矛盾和对立的观点。一种观点认为，人的存在就是语言的存在，脱离了语言人不能成为人。从这个意义上，是海德格尔所主张的"语言是存在的家"，也就是说找到了语言这个家园人才成为人，强调了语言的重要性，语言的价值。这种观点也是中国儒家所持的观点：《左传·襄公二十四年》里讲人生有"三立"：立德、立行、立言，说人生命的存在就是做这三件事情。立德，就是通过行为所显示出来的对社会、历史、民生的贡献。按老子的观点讲道和德，德是道的实现，从显现为实践的结果来说，立德是通过实际表现出来的。立行，是强调所做的事情对社会的实际价值，应该说德也是靠行来显现的，德存在于行中，行中有德。立言，就是你做的、想的所有这些东西都应该通过你说的话、你写的文字来加以显现。人所以要有这"三立"，就在于人的存在就在这三个范畴当中。因此，立言是人的存在的一个表现，作为家园来说人大体上就生活在立德、立行、立言当中，而且德和行都可以用言来加以表述。孔子讲"不言谁知其志"，古人讲的"志"就是心理当中存在的一切，人内在的一切思想、感情、意志等等，在心为志。语言做什么用？它是使内在彰显在外的一种表现。表现出来多少，这个人就存在多少。所以立言也好，言以明志也好，是人存在的一个重要方式。孔子讲"不知言，无以知人也"，你要是不知道这个人的言，你怎么知道他是什么人呢？你对他的了解是通过对他的言的了解。言和行是相符的，听其言而观其行，达到言行一致，对人作了全面了解。因此，人的存在还是离不开前面那个"三立"，存在于言行当中。

这是从语言是人的存在方式的意义上讲的中国古代儒家关于言的理

---

① 海德格尔：《诗·语言·诗》，第165页。

论。和这个相反的，是道家以至于佛禅的观点。不仅不认为语言是存在的家，而且认为语言是存在的牢笼。牢笼是束缚人的、不许人自由活动的在里边受苦的东西。中国汉字有一个字——"筌"。这个东西是打鱼用的竹编物，方式多种多样，捉鱼的时候往水里一放，鱼就自动往里边钻，成为捉鱼之具。由筌作为词根形成了"言筌"。《庄子·外物》中说："筌者所以在鱼，得鱼而忘筌；蹄者所以在兔，得兔而忘蹄；言者所以在意，得意而忘言。""得鱼忘筌"说人把筌下到水里是为了捉鱼，一看到筌里有鱼之后就光注意拿那个鱼，对这个筌就觉得没啥用处了，不以为然了。"得意忘言"，意和鱼、兔，具有同构性，言和筌、蹄，具有同构性。其层次关系就是，把目的放在鱼、兔、意上，实现的途径，对渔人就是筌，对猎人就是蹄，对说话人就是言。

宋代诗论家严羽在《沧浪诗话》里讲："不涉理路，不落言筌。"就是写诗的人思维要避开理性制约，诗的用语不要落到文字的牢笼里。所以从道家开始就特别告诫，语言这个东西是一个束缚人的东西，用它能达到的目的是极其有限的，它不能说明道是什么，所以"道可道，非常道。"想用语言说明是什么道，最后说出来的东西肯定不是道。所以道家讲善言、不言、稀言、贵言、誉言、寓言、忘言。最好不说，怎么说都不能把要说的东西都说完、说清楚。因为言的作用实在是太有限了，"言不尽意"，你怎么样想要穷尽它的功能也不能实现预期的那种结果，与其如此，莫不如以感悟的方式去把握这个对象。这是讲语言的有限性，因为一说出来它就成了死的东西，俗语不是说"说出的话是板上钉钉"吗，什么叫板上钉钉，死的了，跑不了了。对道的把握不是通过语言所能把握的，所以老子非常有学问和修养却没有主动去进行他的那种哲学的语言表述。我们看到的《道德经》五千言，是他在周王室内乱情况之下想要离开这个是非之地，出函谷关去找自己的自由所在；到那里被关尹拦住了，非让他写下过去讲过的东西否则不让他出关，老子没办法写下了五千言流传后世。

释迦牟尼在世的时候没有写一本他传播佛法佛理的著作，没有一本佛经，甚至于上课都不用语言来讲。佛教的第一公案是什么？释迦牟尼上课时没有开讲就拿起一朵金婆罗花，就举之展示一下，展示完以后课就完了。听课的人除了迦叶（释迦牟尼大弟子）笑了以外，所有人都莫名其妙。下课以后学生问迦叶"你方才笑什么？"他笑肯定是有感动了，受到启发了。他说不出来他究竟为什么笑——这就是"世尊拈花，迦叶微笑"，是佛教禅宗里第一公案。他开悟了，又不能用语言说出他究竟是得到了什么体会。后来也没有权威的版本解释，说迦叶微笑笑的是什么，这就是禅宗所特别推崇的"不立文字，教外别传"。佛祖是没有用语言也没有用文字来进行了一堂非常深刻生动的保有自性清明的教育，是在言教之外用别的方法实现了教育目的。为什么释迦牟尼不写佛经，不给学生留下不断反复钻研的课本？释迦牟尼认为，语言是一个筏子，就是一个临时性的为了过渡到对岸不得不用的东西。它不是你在上面过日子的地方，就在过渡的时候用它，一旦登上了对岸，没有一个傻瓜背着筏子走路。这个在佛经里叫做"筏喻"。特别强调语言也是一种"相"，要想真正修行就要"不住于相"，"实相无相"凡是"相"都是一个绳索。

我们讲到德里达的后结构主义，认为语言是在场的形而上学，他要把语言这个中心消解了。所以可以从这里边看到，古今中外对语言真多有不同的见解；不同的见解正表明语言存在自身的矛盾性。你从这一面看离不开它，从另一面看真得离开它，家园和牢笼两方面意义都有。你离不开它的时候，它就是个家；你在里边住得时间太长了，完全厌烦它了，它就是个牢笼。所以海德格尔是从家园角度来阐述他的观点，这个阐述在他的著作中没有明确的表达，以致于对他这方面观点归纳时，在哪本书都找不到非常集中的阐述。我在这里归纳出三条。

第一，语言是显现人的存在的一种方式。海德格尔有句原话："人通过他的语言居于在的宣告和召唤中"。就是说你要是没有语言，不通过语言这种方式，你就没有一个在的场所。这个"在"是一个空间，你有这个语言才能够居住于"在"的宣告和召唤中。没有这个空间，你就接不到任何宣告，你也听不到任何召唤，你就会存在于一个非常死寂的境界当中。这和孔子所讲的"不知言无以知人也"的意思是一致的。这是指人本身，从人自身的发展过程也能够看出这点。由猿变成人，其中很重要的标志就是语言的创造，通过语言的创造才使人成为社会的人，才可以比较清楚地显现人自身存在的这种可能性。假如说没有语言，社会怎么组成，怎么去表现你自身的思想、情感，不可能非常明确清晰地表现出那种内心的存在。

第二，海德格尔讲语言是人的社会交流的存在，他特别强调语言是人的主人，不是人在说话而是话在说人。这和他讲的究竟是先有艺术家还是先有艺术作品是一个逻辑。没有作品你怎么能是艺术家呢，艺术家产生于作品中；没有语言你怎么能成为人呢，语言使你成为人。在语言发生方面说，就具有这个意义，当然不止这一个意义。人的前肢解放出来，能够直立，智慧就能够发展。手被解放以后就可以制造工具，改善人的处境和命运，而且特别是能够利用火，这没有手是不可想象的。火又使人能吃到熟食，使大脑得到发展，语言也渐渐丰富起来。海德格尔特别指出，"语言自始至终都在召唤我们面向事物的本质"。也就是说，事物的本质没有语言这种途径是无法接近和达到的。"语言自始至终都在召唤我们面向事物的本质"，放在现代更能看出它的意义。我们看书、听讲都是通过语言的方式。在这个过程中我们追求的到底是什么，就是追求把握对象事物。没有语言就无法组成社会，人与人就无法进行沟通，我们面对世界所要把握的真也无法达到。所以，语言是使人成为人的重要条件。

第三，人存在于人的语言创制的作品之中。海德格尔的"人诗意的安居"取自于德国诗人荷尔德林的诗句"充满劳绩，但人诗意地安居于大地之上"。人在世界上不断地进行劳动、创造，应该说是非常辛苦，但是人还在渴求能够非常诗意地在大地上生存。海德格尔把这个思想又进一步发展，对荷尔德林这句诗作了理论上的张扬，甚至把它作为人生最高境界。诗意地安居有两种形式，一个是你在整个生存当中能够诗意地生存，这不一定是写诗，所谓"诗意"在这里主要强调人能够自得其乐，用审美的自由的眼光来处置自己的生活，能够审美地享受生活。再进一步是你确实能把你的生活变成诗，你可以做一个诗人，用你的诗来滋养自身的生命。荷尔德林在诗里讲到"还乡"，不是还到城市里边去，而是还到乡村里边去，在那里找到家，这也是对城市使人异化的一种反抗。

人在诗意地生存当中要建造很多东西，而且是形而下的建造。比如说你得建造房舍，这是诗意地安居里边所要依靠的物质条件；你得建造很多器具，这是诗意地安居中不可能不建造的东西。但除了建造这些东西，更重要的就是通过语言创造的作品。能够居住在作品当中，在诗歌当中、艺术当中，能找到自己的生命空间，这个非常重要。"语言是存在之家"，是最亲近最私密的家。他说"人安居在大地之上，不仅要栽培那些产生于自身的东西，还要建立那不可能依靠生长而存在并特存的东西。"什么是栽培产生于自身的东西？你耕种，种瓜得瓜，种豆得豆，这就是产生于自身的东西。你栽培那些自身能产生东西的那种东西。你栽树种菜，这些都必须依靠生长而存在。除了这些自然的生命，有生机的东西，还得培育出一种不依靠生长而存在的特存的东西，特殊的东西。这种东西不是一个居所，而是由人手并通过人的筹划制成的一切作品，就是人自身所用的东西，如交通工具、衣服等，这一切，都是人为了安居所创造的作品。通过语言创造的作品是所有这些作品里最尖端的、对人来说最重要的、直接的诗意安居。这是在海德格尔原著中能看到的阐述：语言是显现人的存在的一个条件；语言是人社会交流的一种存在；人存在于他所策划、制成的一切作品当中，尤其是用语言来创作的作品当中。

在这个意义上，海德格尔特别强调艺术，推崇艺术，他把艺术和现实世界的不和谐，现实世界对人的戕害和艺术作了一个对比，特别地重视艺术作品。当然这个思想也把艺术特别理想化了，其实艺术也完全不是像海氏描画的那样，里边都能显示出自己的真理，都有深厚的意义。反真理的作品、无意义的作品在海氏当时也存在着，为此，他担心和反对艺术的消亡和终结。今天我们来看，也不是社会是那么糟糕而艺术是那么美妙，无论社会还是艺术里面都存在着差别和对立，没法用无差别来形容社会本身和艺术本身的。海氏主要是通过批判社会来强调艺术价值，贬低社会中反面的东西，反对社会的异化，当然他用艺术反对这些异化的时候并没有看到艺术本身的异化。

# 第二十八章　萨特的美学思想

萨特（1905—1980）是法国的存在主义的作家和美学家，具有广泛的世界影响力。他的哲学著作主要有《存在与虚无》、《辩证理性批判》等。剧作有《死无葬身之地》、《魔鬼与上帝》等，小说有《墙》、《房间》等。美学方面的著作有《什么是文学》、《想象心理学》、《七十岁自画像》，还有《萨特论艺术》，其中主要是论绘画，从古代画家一直论到当代，非常专业，西方画论没有一个人谈绘画像萨特谈的那样，和绘画作品联系得那么紧。萨特作为哲学家、美学家、作家和其他美学家有很大不同，他的创作比理论更有影响，更有读者，他的作品在全世界通行。而且他又是一个社会活动家，凡是反对帝国主义的侵略，反对社会不公的活动，他都积极参加。他的作品也都是表现他的存在主义思想，李醒尘《西方美学史教程》对于这方面有一个概述，也对他的美学思想有一个总体介绍。萨特的存在主义受到前辈哲学家的或是著作或是言传身教的影响，作为学生他听过海德格尔的亲身教诲。他的存在主义哲学把存在区分为两类，一是我以外的世界的存在，这是"自在的存在"，这实际就是康德的"自在之物"的概念。自在的存在是没有规律的、不可把握的、难以认识的，它是偶然的、荒谬的，它既独立于上帝又独立于精神，既不可解释、不可知又不可改变，因此它是一种多余的、令人恶心的存在。另一种"自为的存在"即人的自我存在、人的主观意识，这才是真正的存在。因为正是人的主观意识才在人与人、人与物之间建立起主客体之间的关系，使人成为绝对自由的、能动积极的创造主体。

## 一、存在先于本质

萨特他不像海德格尔，把对立的东西看作一致的东西，他的存在主义和对二元对立的消解论有很大不同。在对立范畴当中，他要特别强调人，强调人的存在是一个自由自觉的存在，要打破人在现实当中所受到的束缚，要能实现自由选择，能够选择自己的本质。所以他特别强调人的主观存在，必须得克服对象，如果这时要是消解了二元对立的话，人的主体本身也不能得到张扬。从海德格尔到萨特的存在主义，主观精神被特别张扬，人的自由选择被特别推崇，因此"存在先于本质"就成了萨特存在主义的根本点。

对于存在和本质关系，在传统哲学当中，认为每一个个别事物都是由本质规定的，不管个别事物怎样特殊，它都是本质表现的特殊。存在主义想要摆脱本质对个别现象的规定，以为这样才能使个人自由得到张扬。其实本质的制约和决定关系是摆脱不了的，那么为什么存在主义特别是到萨特这里要强调人的存在先于本质呢？他是要想摆脱本质的规定和束缚。在萨特看来，要是承认了本质对现象的制约，就没法实现人的自由的张扬，所以从这个意义上说萨特的观点是唯心的、不科学的。强调存在先于本质，这个存在是我的存在，单个人的存在，这个单个人是无本质的。从辨证法来看，凡是存在都有其本质规定性，没有一种存在是没有本质规定性的，不论是植物、动物、人或事情，作为存在表现都有其本质。所以不可能脱离本质先有一个存在，这完全是一个假想的逻辑。如果认为只有在选择以后，才能取得自己的本质，这就出现一个问题，存在凭什么去选择？这个存在是在什么条件下的存在？这在萨特的理论当中找不到回答。存在而没有本质其选择可以是任意选择，有无此可能性？没有。比如萨特一直想调和存在主义和马克思主义，甚至想用存在主义改造马克思主义，在现实运动中站在批判资本主义社会、反对资本主义统治的立场上；这个立场是他的本质规定性的结果，还是选择的一种结果？肯定是萨特自身存在的一种本质规定性。这个本质规定性就是一个人在现实当中，他的经济关系、政治关系、伦理道德关系、宗教关系等等的现实关系对他的制约，这个制约就形成了他的本质。所以存在和本质是同时具有的、集于一身的东西，不可能有一种存在是无本质的，可以随意选择的。如果从现有的一种本质向另外一种本质去过渡，也得有条件。马克思主义经典著作中讲到，在封建社会末期随着资本主义的发展，从封建贵族当中分裂出来一些具有民主思想的人物，新的资产阶级就从旧的统治阶级里分化出来。到了资本主义的一定阶段，无产阶级发展起来，又有一些属于资产阶级营垒里的一些人物转变为无产阶级，这都是本质的转换。这些人所以有这种转换，不是说今天我资产阶级想要当无产阶级了，我就是无产阶级，得是由现实实践条件来造成。恩格斯家非常富有，他在对工人阶级的考察和调查当中，看到资本主义剥削制度的不合理，站在了无产阶级一边，从事具体斗争，所以才成为代表无产阶级利益的革命家。中国革命过程当中也有一些人原来出身于剥削阶级家庭，接触了革命实践，在革命实践斗争当中才成为无产阶级人物。这些都是说得有条件，没有无条件的选择，也没有在这种选择之前没有其本质的存在。不能是一场大风把一个人刮到无产阶级营垒里来，他就成为无产阶级了。萨特讲的是要强调什么呢，强调要摆脱资本主义对他的束缚，不承认它，他可以自由选择。他无论如何激进却又不能真正站在马克思主义的立场上，成为无产阶级革命家，他做不到这一点。他一直追随着海德格尔的哲学，对社会非常不满，但没有找到一条属于无产阶级的道路，还是一个资产阶级自由的知识分子，有正义感和批判精神，但始终也没有离开历史唯心主义。所以人生道路既是可以选择的，又是很难选择的，有些实际条件是难以摆脱的。真正改变原有旧质，超越到新质之境，那是一个脱胎换骨的实践历程。

## 二、美是非现实的想象价值

这是萨特在其著作中反复论述的问题，他最终是想说明"美的存在只存在于人的想象之中"，一般现实世界存在的事物不仅不美，还是令人恶心的。"令人恶心"在萨特的著作文本中经常出现。他的专著《想象的心理学》集中论述的对象都是想象中的对象。想象中的对象是美的，这就是说"美的存在"与"人的精神"对于对象的赋予有直接关系。如果人不向对象赋予美感，对象就不是美的。这个观点成为对现实世界在本质结构上的一种否定。萨特对所生活的社会，包括对人本身的存在感觉到的都是令人反感和恶心，他甚至提出人与人之间的关系是"别人是自己的地狱"。这种观点显然是他在现实人生中对人的感受，这与他从整体态度上对他所接触的资本主义社会的反抗和憎恶是有直接关系的。这就是说，在现实当中不存在美的事物，艺术创作又离不开现实，这就需要把现实经由人的意识虚无化，此时才能使表现的对象成为美的对象。他认为艺术可以把丑变为美，就是经过意识把现实虚无化，改变现实，不是现实的样子。萨特例举毕加索的《格尔尼卡》：法西斯轰炸了格尔尼卡，使这个小镇夷为平地，景象惨不忍睹。飞机对平民的轰炸、屠杀是丑恶的。可以变成艺术美是因为艺术家有正义感、美的追求。他与造成惨象的法西斯是对立的。他能够用艺术把罪恶揭露出来，"它的造型的美增加了而不是妨碍了感情的力量"①，变成艺术后又是可以欣赏的。我们在画中看到人、灯、动物都处于解体状态。萨特得出结论：艺术所进行的创造是经过想象创造出的主观的、非现实的美。所以美在于创造，没有人的创造就没有美。这又涉及自然美和艺术美。萨特认为"自然美在任何方面都不能与艺术美相比较"。② 他无条件地强调艺术美而贬低自然美，这一点与黑格尔有极大的相似之处。黑格尔承认自然美，但却以贬低自然美来推崇艺术美。

## 三、审美是对人的自由的肯定

这个问题更集中的显示了萨特的存在主义美学观。萨特的存在主义哲学观念是存在先于本质。人的存在真能先于本质，人就可以自由选择，成为自由创造的主体，可以在一切活动中追求自由，包括审美活动在内的一切活动，都是对人的自由的肯定。他的基本观点是："自由辨认出自身便是喜悦"。③ 但萨特的这种选择有很大的幻想性。按一般哲学而言，事物的本质规定着事物的现象，现象中贯穿着事物的本质，所谓"万变不离其宗"，这个"宗"就是本质。从存在的意义上来说，本质与存在是同步存在的。但是萨特讲的"存在"不是客观物质的存在，是我的存在、人的存在。如果"存在先于本质"、我或别人存在时是没有本质的，他可以选择他认为最好的本质。他说的"存在先于本质"，是"我的"、"人的存在"先于本质情况下可以选择本质。为甚么自己选择本质，而不是被规定本质呢？因为被归定的本质可能是自己不愿承认的本质，是不自由的选择；人选取自己喜欢的本质，是自由的选择。萨特的"存在先于本质"这个命题的基本用意是要摆脱资本主义的束缚。

如果把萨特的存在主义观点概括起来，可以分为三点：

（1）存在先于本质。他的本意是为了强调人可以选择敌对资本主义的本质。"人"是存在，"我"是存在，有了这种存在就可以选择自己的本质。萨特说人有许多括号，是空的，把括号填满，本质也就选择完

---

① 萨特：《美学论文选》，转引自朱立元《现代西方美学史》，第539页。
② 《萨特研究》，中国社会科学出版社，1981年版，第10页。
③ 《萨特研究》，中国社会科学出版社，1981年版，第18页。

了。但是我们认为人生目的、意义、行为实践、理想归宿不是随心所欲能填上的。

（2）人是绝对自由的。这是为了向资产阶级社会争取更大的自身自由。萨特强调自我设计，认为人是绝对自由的，可以选择自己的本质，填充自己的括号，因而带有强烈的乌托邦色彩。我们认为这也是不可能的，因为人不能不受到各种条件的限制，人是在现实中生存的，受到社会条件限制的才是人。人类历史就是不断克服限制，相对地追求和实现自由的历史。

（3）他人是地狱。是对现实社会关系的诅咒。萨特这么说主要是仇视他所生存的社会和人，他认为那些地狱的存在，都是限制、阻碍人去自由地填充自己的括号。由于自我设计不能实现，才认为社会和别人是自己的地狱。人与人之间的冲突是不可避免的，如此，人所面对的世界的荒诞性就出现了。法国出现的荒诞派戏剧就受到萨特的影响。萨特的小说中也有荒诞的东西。他的一个篇小说《墙》写了二战的故事：西班牙一名叫伊皮叶达的游击队员被法西斯逮捕并迫使其交代战友拉蒙的藏匿地点，他知道拉蒙就躲藏在他的表兄家里，伊皮叶达为了嘲弄敌人，就欺骗敌人说，战友藏在某某墓地里了；当敌人搜到墓地时竟在掘墓人的窝棚里发现了他的战友，因为他的战友为了不连累别人早已经从表兄家转移到了这个墓地，因此被捕。伊皮叶达听到这个结果，不禁失常地放声大笑，泪流满面。这个世界就是如此荒谬。

萨特以上三点，在他的社会语境中，都有一定的进步反抗意义，而一旦普遍化为哲学概括，则漏洞多多。

## 四、审美者的位置意识

萨特对审美意识进行了现象学的分析，认为审美意识是"位置意识"和"非位置意识"的统一。在这里他提出了两个概念：位置意识和非位置意识。位置意识：是一个审美者（作家或艺术家）对他所接触的对象有一种意向性。意向性是对象中存在着一种总体方向性、倾向性，这是对象存在的意向性。比如：喜悦、憎恶、肯定、否定等都是意向性表现。这种意向使人意识到世界是一个价值，就是萨特所说的位置意识，这是主体对对象价值的判定。非位置意识：是强调接触对象的人，我把非我的东西变成价值。这是一种非位置意识强调的主体能动作用。

萨特特别指出美或审美喜悦。在萨特这里是从美感的角度论述了人的喜悦。他在现代美学中把美感领域扩大到现实生活中，把人所产生的喜悦感视为美感，在这一点上萨特是有贡献的。一般人分析美感产生的条件时，常把人在艺术面前产生的愉悦叫做美感。人在社会生活、实践、人际关系中所产生的喜悦在进入美学时，它属于哪个范畴的现象，属于什么样的美感，许多美学著作中不包含这方面内容，只把美感放入艺术引起的喜悦中。而萨特把它放在了现实生活中，只要在审美对象中发现自由就会产生喜悦，这就是美感，用马克思的话说就是发现了人的本质力量存在。我在分析《手稿》时讲到劳动者在现实当中的感受，即在异化劳动下劳动者对生活、劳动感觉痛苦，没有喜悦，只有不劳动、脱离了非人的劳动时才会觉得是人的存在，有人的快乐。我认为这是马克思阐述的广义的美感，而且是人在现实实践中普遍具有的感受。对于人在现实实际生活中、劳动中的喜悦，如何用美学来分析，我借鉴了萨特的观点。

## 五、艺术作品是对自由的召唤

萨特对康德的美"没有明确目的而却有符合目的性"一说提出辩难。萨特说：我以为艺术本身便是一个目的，认为他的理论"用在艺术品身上是完全不适合的。"[①] 因为艺术"它是召唤"，召唤作者和读者的自由意识，作者写作的过程是对自由的肯定。读者阅读后必然激起读者对作者的追求自由的共鸣。萨特对艺术创作有和一般理解不同的观点。萨特认为创作不是显现现实生活，创作是满足人的一种感觉，是感觉世界本质的一种手段，他能感觉自己对于世界是本质的，确证世界是自身本质性存在。此时作家处在起揭示作用的地位。这和前面讲的"存在先于本质"相联系。创作是选择本质的一种表现。艺术家用自己的艺术创作去选择一种本质，使自己是世界本质存在的一种表现，是用艺术选择自身的本质。如此就完成了艺术对作者的自由召唤，艺术家也是在揭示世界的存在当中存在，找到自身的本质。就读者来说，作品到达读者那里，对读者起到召唤作用，在读者接受后"让他来协同产生作品"，也就是把它"转化为客观存在"。这是说作家艺术家是在作品使读者的接

①　《萨特研究》，第10页。

受中才使作品得以产生，即产生在对读者的召唤中。他在《为什么写作？》中说："精神产品这个既是具体的又是想象出来的对象，只有在作者和读者的联合努力之下才能出现。只有为了别人，才有艺术；只有通过别人，才有艺术。"① 这是在强调艺术产生于作品的作用中。

## 六、文学介入原则

存在主义始终强调文学艺术的意义、文艺的真理价值，反对为艺术而艺术、以艺术为实现个人趣味等观点。强调文艺的社会批判，认为艺术必须对反人类、反自由现实存在加以否定、批判，要对资本主义制度及其任何变形存在进行揭露批判。萨特是法国的真正有正义良知的知识分子，用他的哲学和作品、演讲起到了对社会批判的作用。所以他认为文学应具有战斗意义，应介入对社会的监督和批判，我们引录他《为什么写作？》中的几段言辞，看他是怎样表达的。

萨特以自由战士的身份对非正义的社会恶痛绝：

"如果人们把这个世界连同它的非正义行为一起给了我，这不是为了让我冷漠地端详这些非正义行为，而是为了让我用自己的愤怒使它们活跃起来，让我去揭露它们，创造它们，让我连同它们作为非正义行为、即作为应被取缔的弊端的本性一块儿去揭露并创造它们。因此，作家的世界只有当读者予以审查，对之表示赞赏、愤怒的时候才能显示它的全部深度；而豪迈的爱情便是宣誓要维持现状、豪迈的愤怒是宣誓要改变现状，赞赏则是宣誓要模仿现状；虽然文学是一回事，道德是另一回事，我们还是能在审美命令的深处觉察到道德命令。因为，既然写作者由于他不辞劳苦去从事写作，他就承认了他的读者们的自由，既然阅读者光凭他打开书本这一件事，他就承认了作家的自由，所以不管人们从哪个角度去看待艺术品，后者总是一个对于人们的自由表示信任的行为。"

萨特认为文学是反对人奴役人、人压迫人的自由解放的号召：

"对作品就可以这样下定义：在世界要求人的自由的意义上，作品以想象方式介绍世界。由此，首先可以推导：没有黑色文学，因为不管人们用多么阴暗的颜色去描绘世界，人们描绘世界是为了一些自由的人

---

① 《萨特研究》，第6页。

能在它面前感到自己的自由。因此只有好的或坏的小说。坏小说是这样一种小说，它旨在奉承阿谀，献媚取宠，而好小说是一项要求，一个表示信任的行为。尤其因为，当作家在为实现个别的自由之间的协调而向它们介绍世界的时候，他只能从唯一的角度出发，即认为这是一个有待于人们愈益用自己的自由去浸透的世界。不能设想，为作家引起的这一连串豪情是被用来核准一个非正义行为的，也不能设想，如果一部作品赞同、接受人奴役人的现象，或者只是不去谴责这一现象，读者在读这部作品的时候还会享用自己的自由。人们可以想象，一个美国黑人会写出一部好小说，即使整本书都流露出对白人的仇恨。这是因为，通过这个仇恨，作者要求得到的只是他的种族的自由。由于他吁请我也采取豪迈的态度，当我作为纯粹自由感知自己的时候，我就不能容忍人家把我与一个压迫人的种族等同起来。因此我在反对白种人，并在我是白种人的一员这个意义上反对我自己的时候，我便向所有的自由发出号召，要求它们去争取有色人种的解放。"

萨特认为文学是争取自由的一种战斗的介入：

"写作的自由包含着公民的自由，人们不能为奴隶写作。散文艺术与民主制度休戚相关，只有在民主制度下散文才保有一个意义。当一方受到威胁的时候，另一方也不能幸免。用笔杆子来保卫它们还不够，有朝一日笔杆子被迫搁置，那个时候作家就有必要拿起武器。因此，不管你是以什么方式来到文学界的，不管你曾经宣扬过什么观点，文学把你投入战斗；写作，这是某种要求自由的方式；一旦你开始写作，不管人愿意不愿意，你已经介入了。"

"介入什么？人们会问。保卫自由！"①

萨特是一个终生在争取自由的人道主义的存在者，他向往的是理想中的自由王国。但是当自由精神还在人们面前像晨星一样隐隐闪烁的时候，就没有自由的存在之所。萨特一生都在呼唤自由，但他却无法给人指出一条真正通往自由解放之路。为此，人们不能不深深慨叹：自由，你到底在哪里？

---

① 《萨特研究》. 第 21、22、24 页。

# 第五编　现代与后现代美学

　　西方美学中的存在主义，盛行于二十世纪的中期，不论是理论还是创作，都有广泛影响。德国海德格尔、法国的萨特，都从现胡塞尔的现象学中脱身，直接讲"此在"的存在，强调人的存在，在人的本质的选择中实现人的自由。包括胡塞尔在内，他们的理论都有很大的虚幻性。但是，当德里达的解构主义出现以后，许多的人则以解构主义为信奉原则，把尼采的"上帝死了"推延到社会、文化、艺术之中，也让"作者死了"，作品空了，使形式主义的批评研究方法走到了路的尽头。在这一段文学艺术评论与美学理论的学术天地里，不论创作与理论，都是主义纷呈，各竞其奇，很多理论主张与艺术方法使人应接不暇。这些理论和方法虽然传入中国的时间，要比在外国发生的时间晚几十年，但在中国都能热几年，一些人缺乏分析拣取功夫。如果我们从那些片面的深刻中，披沙拣金，也能得到不少对我们今天有用的东西。

学林美论见新篇，派立多门竞领先。
九仞高山需篑土，汪洋大海汇流川。

# 第二十九章　西方马克思主义与大众文化

## 一、西方马克思主义的大众文化论

"西方马克思主义"又称"新马克思主义"。1930 年科尔施始称卢卡奇和自己为"西方马克思主义"。1955 年法国的现象学理论家梅洛—庞蒂在《辩证法的历险》一书中以专章论《"西方的"马克思主义》。1976 年英国"新左派"批评家安德森在《西方马克思主义探讨》一书中，把卢卡奇、科尔施、本雅明、葛兰西、阿多诺、阿尔都塞等列名在西马名单中。① 此后又有新人出现，如洛文塔尔、马尔库塞、杰姆逊等。其中不少人都把非马克思主义思想带进了他们所主张的"马克思主义"中。

安德森在《西方马克思主义探讨》一书中探讨了西方马克思主义的起源、发展、构成、特点等问题，他指出：西方马克思主义"是第一次世界大战后资本主义先进地区无产阶级革命失败的产物，它是在社会主义理论和工人阶级实践之间愈益分离的情况下发展起来的"。这个思潮"首要的根本特点在于：它的学术结构与政治实践相脱离"。1."促进马克思主义理论的主要中心由经济学和政治学转向哲学，并使它的正式场所由党的集会转向学院系科。"除了外部因素，"一个决定性的事件"是马克思 1844 年巴黎手稿（即《1844 年经济学——哲学手稿》）的发现，"要是在马克思主义文化本身之中没有一种有力的内在因素同时起作用的话，这种转移就决不可能发生得如此普遍和如此剧烈"。2."倒转了马克思本身的发展轨迹。"即"放弃了直接涉及成熟马克思所极为关切的问题"，而提出："马克思主义中理论研究的初步任务，是要理出马克思主义所发现的、然而却淹没在他作品题材的特殊性之内的社会调查规

---

① 　王先霈等主编：《文学批评术语词典》，上海文艺出版社，1999 年，第 585 页。

范，并在必要时使之完整。其结果是，西方马克思主义相当大量的作品成了冗长、烦琐的方法论。"3．"他们所使用的语言越来越带有专业化和难以理解的特色。在整整一个历史时期里，理论已成为一种奥秘的学科，它所使用的艰深术语，适足以说明其远远脱离政治。"如"卢卡契的语言烦琐难解，充满学究气；葛兰西则因多年遭到监禁而养成使人绞尽脑汁的支离破碎的深奥文风；本雅明爱用简短而迂回的格言式语言；……萨特的语言则犹如炼金术士的一套刻板的新奇词汇的迷宫；阿尔都塞的语言则充满女巫般的遁词秘语。"4．"整个西方马克思主义传统的指针不断摆向当代资产阶级文化。"如卢卡契"在思想上仍然受到韦伯和席尔美的社会学以及狄尔泰和拉斯克的哲学的深刻影响"；"法兰克福学派的集体作品，从 30 年代开始充满了弗洛伊德心理分析的概念和论点，以此作为它本身大部分理论研究的组织联系"；"皮亚杰的心理学在戈德曼作品中所起的主要作用"等等。安德森认为，上述做法导致了"三重结果。首先，认识论的著作占显著优势，基本集中在方法问题上。其次，美学领域成了将方法实际加以运用的实质性的领域——或者更广义地说，成了文化领域的上层建筑。最后，该领域以外理论上主要的离经叛道，提出了古典马克思主义所没有的新主题——大多数是以一种探索的方式——并流露出一种一贯的悲观主义。谈方法是因为软弱无能，讲艺术是聊以自慰，悲观主义是因为沉寂无为：所有这一切都不难在西方马克思主义的著作中找到"。

西方马克思主义"产生了特殊的新理论主题，对整个历史唯物主义来说有更广泛的意义"。但是，明显的特点是"非马克思主义渗入了马克思主义体系"，出现了所谓存在主义的马克思主义，精神分析学的马克思主义，结构主义的马克思主义，解释学的马克思主义等等综合体。相应的问题是，"这种混合什么时候会导致马克思主义理论的前提被抛弃，又什么时候会使马克思主义理论的基本结构吸收新的因素"①。

西马理论家关于文化的见解总体上与上述思想相一致，而在"大众文化"问题上更有实际针对性，对于作为市场商品文化的"大众文化"，他们先后发表了许多见解，有的侧重于批判它的政治实质与对大众的"整合"作用；有的侧重于对"大众文化"的自身矛盾的分析，看中了它的形式可利用性。于是便出现了"否定"与"肯定"的不同话语。但

① 霍尔茨：《欧洲马克思主义的若干倾向》，见《文学批评术语词典》，第 585 页。

是，不论"否定"的，还是"肯定"的，又都不是绝对的；而且不论"否定话语"与"肯定话语"，都有可取之处。

在欧美的发达资本主义国家，随着资本主义经济的迅速发展，属于资本主义的文化工业也高度起来，报刊、广告、电影、电视、流行音乐、歌舞厅、健身馆、洗浴间等，都成为文化产业。它们都掌握在资本家手里，成为敛财的工具，也成为资本主义统治的文化设施，有的则成为资产阶级的政治、经济、文化的有力统治手段，而在意识形态上也成为统治、压迫和愚弄大众的有效工具。对于这种文化的性质，及其对于广大社会群众的专制整合作用，作为以马克思主义为旗帜并反对和批判资本主义的知识分子，他们都是看得比较清楚的，他们以人道主义和民主主义、自由主义的观点，加以政治思想批判，汇成为一种文化思想的潮流。

现以前期的阿多诺和后期的洛文塔尔等为代表，简述其颇有不同的大众文化论。

阿多诺认为大众文化是由上而下地强加给大众的文化，在主旨上是以资本主义意识整合大众，使人们更加习惯于现存统治，让人们的个性无条件地沉寂在共性之中，从而导致了生活方式的平面化，消费行为的时尚化和审美趣味的肤浅化。阿多诺虽然也看到了大众文化中"内在地含有对抗性"，但总体上对它是批判的。

他在《启蒙的辩证法》中说：

"文化产业重复不断地从其消费者那里骗取它一再许诺过的东西。文化产业玩花招，弄手脚，无休无止地延期支取快乐的约定票据。其承诺是虚伪的……它实际上使之有效的东西，不过是真正意义上永远也达不到的东西"。[①]

他在《音乐社会学引论》中说：

"必须写作某种能给人以足够的深刻印象以便使其记住、而同时又能足够为人熟知以便显得平易的东西。在此，可求助的东西是在生产过程中被有意无意地忽略的哪些旧式的个体主义因素。这同样符合这一需要，即向听众灌输一种潜藏的占统治地位的形式与情感的标准化，把听众总是款待得就好像大众产品只是为了他一个人似的。"[②]

① 阿多诺：《美学理论》，四川人民出版社，1998年，第4页。
② 阿多诺：《美学理论》，四川人民出版社，1998年，第4页。

他在《美学理论》中说：

"文化产业吞噬了所有艺术产品，甚至包括那些优质产品，因此，艺术家在社会上无人问津似乎也在情理之中。在另一方面，文化产业的客观冷漠性及其广为罗织的能力，最后也影响到艺术，使其变得同样冷漠。马克思曾经暗示，存在着明显的、属于更大文化领域之组成部分的文化需求。"①

在阿多诺之后，另一些西马理论家也对"大众文化"进行了批判。伊格尔顿在《文学理论导引》中说：大众文化"仅仅是由于牟利动机，广告和流行报刊才以其目前形式存在。'大众'文化不是'工业'社会的必然产物，而是这样一种特定工业制度的结果：它组织生产是为了利润而不是为了使用，它关心的主要是什么可以出售而不是什么东西具有价值。"②

马尔库塞在《论解放》中说：

"整个资本主义制的力量窒息了这种意识及其想力的出现：其大众传播媒介调节理性的与情感的能力，使之适应于其市场与政策，并操纵它们以保护其统治"。

杰姆逊在《后现代主义或晚期资本主义的文化逻辑》中说：在晚期资本主义阶段，"出现了充斥文化工业的形式、范畴和内容的新型文本，而这种文化工业正是从利维斯、美国新批评到阿多诺和法兰克福学派的所有现代理论家猛烈抨击的对象。今后，现代主义着迷的恰恰是这幅廉价拙劣的货色组成的'堕落'景象，诸如电视连续剧和读者文摘文化，广告和汽车旅馆，夜间节目和二流好莱坞电影，以及所谓准文学，像机场货架上的平装本哥特式小说、传奇作品、流行传记、谋杀谜案、科幻或幻想小说等。"③

这些说法都是对"大众文化"或"文化工业"的批判。

西马后期一些人物则采取对"大众文化"的肯定态度。

洛文塔尔曾提出过如下建议："只有以反驳的方式，或者以质疑'真正'艺术（genuine art）保卫者的基本假定的方式，对通俗艺术进行理论保护似乎才是可能的。比如，我们可以对高雅艺术之功能这一普

---

① 阿多诺：《美学理论》，四川人民出版社，1998年，第416页。
② 阿多诺：《美学理论》，四川人民出版社，1998年，第569页。
③ 阿多诺：《美学理论》，四川人民出版社，1998年，第570页。

遍的假定提出质疑；还可以对根源于蒙田与帕斯卡尔那种通俗产品只能满足低级需要这一隐含的假定提出质疑；最后，由于对通俗产品的谴责总是与对大众传媒本身的谴责连在一起，我们因此还可以形成这样的疑问：是不是大众传媒就一成不变地注定是低俗产品的媒介。"①

艾亨鲍姆在《电影风格学问题》中说："面对西方马克思主义的诸多要求长期以来都是显而易见的——这种艺术，它独特的艺术角度，对于大众、尤其是对于那些没有自己的'民俗'的都市大众应该是通俗易懂的。这种艺术，由于与大众直接联系，不得不以一种新的'原始'的形式出现，与那些存在于往昔的旧艺术的优雅形式形成革命性的对立。"②

本雅明认为，由于"技术"的进步和参与，机械复制时代的大众文化产品可能具有革命或进步的倾向。③

对大众文化的肯定性的话语，主要是认为大众文化的形式可以利用，再就是它与大众的联系性，还寄希望于大众文化的分化，转向进步倾向。这些并不完全是幻想。

## 二、大众文化与日常生活审美化

在欧美地区，随着资本主义社会的经济、科技与文化的发展，在19世纪与20世纪之交的文化艺术的生产、传播方式上，出现了新的变化与发展。突出体现为以城市工业为基础，主要流布于都市的消费文化，它靠大众传媒传播，具有浅显性、标准性、流行性、机械复制性、市场制约性的商品生产的基本特征。对这种文化，从揭示其缺乏审美特质的角度，德国人称其为"忌屎"（Kitsch），格林伯格对此解释为："忌屎是机械的或通过配方制作的。忌屎是一种替代性的经验和伪造的感觉。忌屎随时尚而变，但万变不离其宗。忌屎是我们这个时代生活中所有伪造物的缩影。除了消费者的钱，忌屎假装对它的消费者一无所求，甚至不图他们的时间。"对于这种文化，德国的西方马克思主义理论家霍克海默和阿多诺最初的否定称谓是"大众文化"；1947年在他们

---

① 转引自赵勇：《透视大众文化》，中国文史出版社，2004年，第3—4页。
② 《文学批评术语词典》，第569页。
③ 《文学批评术语词典》，第569页。

的《启蒙的辩证法》一书中，为了堵住大众文化的辩解者以文化问题和大众文化产生于大众本身及自身是通俗艺术的当代形态为口实以自卫，改称为"文化工业"。但改称为"文化工业"之后，在世界范围内沿用其称者不多，仍称之为"大众文化"，因为"文化工业"的标名重点在"工业"，文化工业生产出的不仅只有特指的那种"大众文化"。在当下中国的文化语境中，人们的理解更是如此了。

真正属于西马理论家和德国人所指陈的"忌屎"文化，不论在现象上和理论研究上，在中国都是从 20 世纪 90 年代才开始渐渐实际显示，并被人们从理论上加以关注：大众文化来了！

今天说起大众文化或与之成为人的行为层面表现的日常生活审美化，这两个问题又容易和过去我们习惯中的说法相混淆，如大众文化易与群众文化、民间文化、民歌、民间艺术混同在一起，其实完全不是一回事；日常生活审美化又容易和人们美化生活混在一起，因为平常我们对自己的生活，或在生活经历当中，在更大范围里，我们都是按照美的规律来建造自己的生活，包括穿衣服、化妆、装修、旅游等，这都是日常生活美化的问题。但我们今天说的日常生活审美化却完全不是这样。所以这两个概念从国外介绍进来之后，和我们国内的生活经验联系在一起，就有很多问题到现在也没有研究清楚。对这些问题的见解国内的学者大体上有三种看法：一种是对大众文化和日常生活审美化完全持否定态度、批判态度；第二种是对大众文化和日常生活审美化持肯定态度；第三种是对这两种现象进行具体分析，对应该肯定的方面给予肯定，该否定的方面也给予否定。由此可见，对这一问题在国内并没有形成完全统一的见解，而在现象上如何对待也比较复杂。我们平常打开电视广播，翻开报纸杂志，以至于看到街头的广告，购物广场的五光十色等等，像这些现象，在我们生活中不管是受它益处，还是受它损害，都已是不可脱离的存在了。在人们的家庭生活中，晚上电视总是打开的状态，如果停电了或电视机不好使，会令人感到毫无着落，不知道干什么，这说明大众文化现象和人们的生活息息相关了。电视节目有的让人喜爱，有的让人厌烦，但每家却又离不开它。为什么会出现这种现象，这后面有一系列值得思考的问题。对这些问题，无论是专业人士，还是公众，都有思考的必要。

## 三、大众文化本身的矛盾

大众文化和日常生活审美化都是西方文化概念中的关键词，也是一个终极范畴，因为这一范畴后边联系着非常广泛的现象。就现象来说，从西方19世纪末20世纪初，在整个20世纪100年当中，大众文化和日常生活审美化都已经非常突出地提了出来，而且在生活中占有非常重要的地位。甚至于把过去占主导地位的文化挤压到狭小的地位之上，这一点在现在的中国也能看到，尤其是对精英文化的排挤。而就现象来说，要对它们进行理论说明，理论家也遇到很多困难。就大众文化来说，最早提出看法的是西方马克思主义者。在第二次世界大战当中，以德国的法兰克福这一地区的理论家为主，他们特别关注的一个文化现象就是大众文化。大众文化主要指称什么呢？比如说无线电出现以后，广播当中所广播的文化内容；电视出现以后，电视所传播的内容；电影院、报纸、杂志所传播的文化；还有像街心公园、购物广场、练歌房、健身房、广告、网吧等传播的文化都叫大众文化。

大众文化是制作，是娱乐，是有模式的，是供给人消费的文化快餐。就作品来说，消费一次之后，就像我们所使用的一次性筷子，吃完饭之后随意丢弃，没有人再把它捡起来第二次使用。我们今天看电视也常常是这样，一个电视节目看完之后，即使重播，人们也不爱看了，因为太浅显了，没有深思的余地。许多大众文化产品大体上都有这一特点。比如说唱歌的，一首歌唱过之后，电视里唱，广播里唱，唱得你再也无兴趣听，所以有些歌星很快成了明日黄花，被业内外戏称为"大婶"、"大姨"。而像梅兰芳、马连良这些名家，当年就是唱百遍，人们听之也不厌。这两种是不一样的，前者是快餐文化、流行文化，其人都是快餐文化的承担者和制造者。我们一般说的大众文化所指就是这些现象。

那么日常生活审美化是指什么？这两者有很多共同之处。这共同之处就是日常生活审美化是指一般公众在平常生活当中所接触和受用的文化现象。这些现象本来从它的日常生活性来说，本来享受这些文化的人，他们是这些文化的所有者，也就是享受生活的主体是这一文化的制造者。但是大众文化市场中日常生活审美化却发生很大的变化，它和我们说的日常美化生活的自娱自乐不一样。它变成文化享受者是在享受别人卖给你的文化，这不是白送的，你有钱，就可以买到很多很多日常生活审美化的内容，没钱，你就不能享受日常生活审美化。比如说有一个演唱会，这个演唱会你可以去休闲，酒吧你可以去休闲，你去休闲必须买门票或消费其内容，交付一定的金钱。在这种情况下，你才能享受休闲，你才能有日常生活审美化的内容，你没钱就会遭到拒绝。这样日常生活审美化内容有一个非常突出的特点，就是日常生活审美化的对象不是群众本身制造出来的。民间文化和一般的群众文化和这不一样；民间文化和一般的群众文化常常享用者它本身都参与文化的创造，而且他可以享用自己创造出来的文化，这和日常生活审美化也不一样。日常生活审美化在我们的生活中，已经非常突出、非常普遍了，我们平常所接触的文化内容几乎都属于日常生活审美化的内容。而这些文化作为公用共享的内容比较少，不是没有公用共享的内容。比如说我们去公园，在公园里散步，打太极拳，唱歌跳舞，这些是公用共享，还有些体育设施也是。但除此之外，许许多多是需要花钱购买的。这种购买它有什么特点？它需要一定的经济基础，人们进行调查研究得出结论是：这类文化的享用者，不是一般的市民和公众能够享受得了的，至少是小资以上甚至是中产阶级才能享受这种日常生活审美化的内容。至于农村的农民和这方面的文化几乎是无缘的。所以对于日常生活审美化，人们把它界定为城市文化里边比较高档的一种内容。这种文化它的发展和出现是和城市的消费水平的提高，和市民当中出现了比较富裕的阶层有关系。我们有时看到高消费场所，如打高尔夫球，是缴了很高会费的会员，也没有徒步去的，都是开着轿车去的，好像是专为有车一族准备的高级条件。这说明文化消费水平是相当高的。不仅要有车，还要有经济实力去买会员证，有的会员证要多少万元。无论是大众文化还是日常生活审美化的内容，它建立的基础都在现代的工业和现代的科学技术、现代的经济之上。所以实质性就是花钱买享受，而这种享受它有和一般审美享受和艺术享受不同的特点。我们在美学当中讲到审美，一般都要讲到审美无功利，就是说这种审美是娱乐你的精神，净化你的灵魂，在情趣方面对你进行培养，使你具有比较高尚的精神世界，而这个结果不是让你在感官享受上有什么样的实质收获，所以叫作非功利。至于它所产生的功利的结果，也是间接的。间接地转化成为精神力量或人格力量等，由人格所承担的社会任务，变成直接性的东西。而大众文化中的这个日常生活审美化，它常常都是有直接的实际结果。就人的感官来说，人的眼、鼻、耳、舌、身五个官能，或五个官能共同运用变成意，就是佛经里边讲的"六根"。这五种官能在日常生活审美化当中，以至于大众文化的享受当中，常常产生直接的切身的功利，就是说它能够直接刺激你的感官。比如你听的曲调，不像通常所听的非常有名的乐曲所产生的感受，而是像老子所说："五色令人目盲；五音令人耳聋；五味令人口爽；驰骋畋猎，令人心发狂；难得之货，令人行妨。"全是这种直接特别有力量地刺激人感官的文化，因此这种文化它不再是间接的功利性，而是直接的实际功利性。这种直接功利性就作用于一个人的感官。直接作用于人的感官的文化和艺术，在文化和艺术当中，是属于比较低层次的文化和艺术。这种文化制造之后，不需要人有文化素养，不需要教育的积累，它也不用多少艺术欣赏的经验，只要有眼睛、耳朵，就能接受这个东西。甚至于如果这个人的感官是真正艺术培养起来的，往往还接受不了这种艺术，所以这就使大众文化和日常生活审美化里就出现了很多低层次的感官艺术。就这种文化的性质来说，被创造出来的目的就是为了出售，所以有人把它叫做商业消费、快餐文化、流行文化。一旦冠以商业文化或流行文化、消费文化的字样以后，它的层次就被确定了。这种文化在生活当中的价值判断，也就不言自明了。

## 四、大众文化的日常消费文化性

因为大众文化这个概念，是西方马克思主义者根据他们对欧美文化进行长时间的观察，特别是19世纪30年代以后，他们中的一些人从德国、英国、法国移居到美国，其中有犹太人，也有反法西斯的战士。在50年代以后，他们对美国社会文化观察得非常周密，所以他们的理论是在概括19世纪欧美普遍的文化状况之后提出来的。那么这种文化状况是什么呢？随着工业和技术的发展，在西方社会里边城市文化特别发达，特别是大众文化。美国的前国务卿布耶金斯基说：美国对现代世界的贡献，就是科学技术和大众文化。他做了比较，他说罗马给世界贡献了罗马法，这部罗马法后来成为世界各个国家建立自己国家法律参照的蓝本；英国给世界贡献了议会制；法国给世界贡献了共和制；美国对世界的贡献就是科学技术和大众文化。美国的代表人物对美国大众文化看得这么重，把它看作是国家文化的突出标志，而且做了世界性的贡献。但后边他接着讲到，美国用自己的科学技术和大众文化传播显示美国在世界上的地位，以至于用这种文化去同化其他文化。就这一点法国看得非常清楚，法国的主流文化普遍抵制美国文化。前一段有一个世界经济会议，法国有一个大公司的经理在会议上用英语发言，法国总统希拉克马上退出会场，表示不以为然。这些文化在当下表现在什么地方呢？如通俗小说、武侠小说、警匪片、戏说片、馒头血案及其恶搞、街心公园、购物广场、广告、美食厅、装饰、商品展销会、时装展、美发美容、洗浴中心、健身房，各种各样的选秀比赛，如此等等。这些东西在我们的大众文化和日常生活审美化的接触当中，通过媒体每天都能见到，是大众传媒传播的主要内容，这在西方世界中特别突出。就拿电视和报纸的广告来说，现在我们对报纸和电视中出现的广告，已不胜其烦。拿到报纸，挺厚一打，有三分之二是广告，而且不少是假的；电视中的广告更是不胜其多。有些演员和媒体人，广告是其寄生载体，露脸之多已达到了令人厌恶的程度，而且不少是假广告，倍受观众鄙视。所有这些给你提供的是什么东西，就是让你买。让你买的时候，把你说成是这一文化的天然享受者，给你提供多少多少享受，如果你不买，就好像要白活一世，但实际上就是让你往出拿钱。这些东西在我们的生活会越来越突出，让你躲避不了。英国文化学家费瑟斯通，他在《消费文化与后现代主义》一书中对日常生活审美化的内容概括了三条，这三条大体上把这种文化的内容都概括了进去。

1. 艺术亚文化的兴起。就是这种东西本身原来不是文化，或不是狭义上所讲的文化，而是一个非常广义的文化内容，但是它和艺术的方式结合在一起，它就把艺术和生活本身的界线打破了。比如我们从生活的意义上来说，我们杀头牛，把牛皮剥下来了，然后把牛头上的肉吃掉，剩下牛头骨，这本来是生活内容。现在在中外都有人把这个作为艺术加以展览，比如把牛头骨放在客厅中非常显眼的地方。如客厅中留一段无装饰的红砖墙，这种墙面本来要刮大白或刷涂料，但有人就用红砖墙来装饰，作为一种朴素的存在展示在那里。经过这种有意识的安排，生活变成一种艺术的展示，这就把生活和艺术的界限打破了。2006 年 4 月 18 日的《辽沈晚报》有 8 版是介绍结婚的内容，列出了婚前 6 个月到婚后一周的实践历程，如新娘新郎应该怎么做准备，怎么招待客人，怎样布置房间，甚至于新娘与婆婆怎样过招都有。如果按照如此安排去结婚，当事人就成为了演员。这种情况在生活的许多方面常常是如此。就是有一种规定，这种规定是来自大众传媒。有人专门来设计程序，把你生活的方方面面设计好，你一按照程序来做，你就不是普通生活审美，而是大众文化的日常生活审美化，你就由你变成了不是你，甚至于再言重一些，就是你自己的异化。就拿结婚来说，非得这样不可吗？这样的婚礼究竟有什么意义？说起来也没有真正的意义，很多东西都是给别人看的。那么这样一来谁需要呢？婚庆公司需要，影楼需要，饭店需要。这样大众文化和日常生活审美化就变成了我们日常生活的操纵器，你完全受它控制和操纵。人一旦进入市场程序，人就变成了物，这时人不是"乘物以游心"，而是"人为物所役"。

2. 将生活转化为艺术品的谋划。本来我们的生活是由我们自己来安排的，不是按照别人安排好的程序来完成。但现实中人的生活却受到一种人为力量的支配，它把人的生活作为艺术一样来创作，这就造成生活方式风格化，日常生活品味化，以至于为此在不能承担的情况下也去硬撑着，甚至于不惜勉为其难，举债度日。因为你一旦进入模式，就完全被操纵，被掌握，不能自已。人一旦进入这种程序，就进入一种把生活转化为艺术品的模仿，人就变成了演员。

3. 是日常生活符号和影像的泛滥构成现实的幻觉化。现在的电子网络进入了人们的日常生活，人的生活被它拉入，形成网瘾，以致失掉自己生活的本身。另外看电视，上网，迷恋武侠小说之类，竟成为人们生活的主要内容，使人完全被现代媒介所掌握。本来电脑是由人发明的，是被人所用的，结果人却成为它的奴隶和雇佣者，人成了机器的奴隶。人们说到美国时，讲过一个笑话，说外星人往地球上看，见地球上有一种铁的甲虫，每天早晨把人吃到肚子里，晚上再把他吐出来，放回原处。这是讲汽车把人异化为一种东西。电脑的发明，网络游戏的出现，使许多未成年的孩子成为网迷，异化为电脑的工具。

以上三条大体上概括了日常生活审美化的特点。

从前面说到的情形，我们可以看出，这种文化是商业消费性文化。除了少部分属于公共设施是无偿的使用之外，绝大多数都是花钱购买。买来的东西是商品，这样就出现了后边隐藏的东西，这个东西是什么？假使是作为商品给你，就是为了赚取利润；要赚取利润，就得要你多买，总买。你为什么能多买、总买呢？我的商品必须把你吸引住，把你抓住。这样就出现了所有这些文化一个贯通性的特点——针对受众的口味来制造。这在西方非常突出，在国内这种现象有也逐渐扩大的趋势。运用文艺审美理论当中的话来说就是迁就读者，迁就观众，用两个字概括就是媚俗。就是世俗喜欢什么，就为之提供什么，完全用适合接受者的口味来制造产品。我们知道如果用适应公众口味去生产艺术产品，很难使这一产品在艺术档次上有所提高。这样就会造成整个艺术创造的平庸化、平面化、简单化、公式化、规模化，就要带来大众文化和日常生活审美的低俗化。现在有一个现象，金庸的小说，从小说的名到小说中的人物和人物活动的场所，在国内被注册的有 100 多个。你喝酒有"东方不败"，你要去旅游有"桃花岛"，如此等等。为什么如此？就是因为在上世纪 90 年代以来，出版界大量出版金庸小说，电影电视不只一家拍摄。作为大众文化，金庸的小说普及了。如果琼瑶的小说的阅读高潮晚出现十年，赶上中国的大众文化兴起的时机，那琼瑶小说里的人物和场景不知有多少要进入商标注册。

## 五、大众文化改塑的可能性

1981 年中国开始谈论大众文化，以至于我们把电视当中或大众媒体传播的文化叫大众文化，但那个时候还很难把中国历史已有的类似大众文化的概念与之分清。中国在 30 年代的时候，曾讨论过文艺大众化的问题。那时的左翼文艺工作者，如文学、绘画、戏剧等文艺媒介，怎样使文艺为大众所接受，与他们的生活经验与接受能力相适应，这就要求要有通俗的语言和浅近的形式，能够把革命的先进的内容拿到大众当中去。40 年代毛泽东在延安文艺座谈会上，对我们的文艺怎样为群众服务，提出必须有群众所喜闻乐见的形式，提出文艺群众化。在新中国建立以后，文艺为社会主义服务，为人民服务，也必须群众化。所以一说大众文化容易和这种文艺大众化的讨论混淆在一起。混在一起就不能把在西方资本主义工业生产、科学技术的发展带来的文化生产，用工业和科学技术做基础，生产的"大众文化"产品，与我们的文艺大众化区别开来，也不能与我们利用大众传媒表现的文化形态区别开来。报纸、杂志、电视、电影之类的生产叫做大众文化，原因之一就是这些东西真正能够买它的必须是大众。当时作为社会精英对这种东西并不感兴趣。而一般受众是因为它比较通俗，容易懂，购买也能承担得起。大众文化把消费者的层次定在大众身上，特别经过大众媒介传播以后，传播得特别广泛。尤其是没有一种方式能像电视传播这样迅速而又广泛。

既然如此，大众传媒传播有害于群众的文化，愈速则致害愈速，而如果用它来传播有益于群众的东西，则会愈传愈有益。对此，西马的另一派理论家（有的则是后转变的，如马尔库塞），即对大众文化的"肯定性话语"，他们有一种见解，就是：大众传播媒介所承载的这种大众文化，就其载体的先进性来说，是集时代的一切先进手段之大成，就内容来说也不是西马主流派早期"否定性话语"所说的一无是处。对此，西马中的"肯定性话语"一派，从大众文化的新型传播工具及其普遍伸向大众的通俗形式，看到了以此培养革命主体，向大众传播革命意识的可能性，虽然其代表人物，如本雅明、洛文塔尔、马尔库塞等，企望通过当时的大众文化实现培养公众对资本主义的"颠覆意识"（精神涣散、语言暴动、身体狂欢、本能解放），带有明显的乌托邦性质。但在当代的文化斗争中，要使大众文化不被资本主义所垄断，反之被我所用，还是需要一种积极进取的态度。尤其像洛文塔尔所表述的客观分析更有启示意义："可以对蒙田和帕斯卡尔那种通俗产品只能满足低级需要这一隐含的假定提出质疑：最后，由于对通俗产品的谴责总是与对大众传媒本身的谴责连在一起，我们因此还可以形成这样的疑问：是不是大众传媒就一成不变地注定是低俗产品的媒介。"① 应该承认，这是大众文化理论在发展中更趋客观和全面的表现，也可以说是对于大众文化形质之变的第一次希望寄托。

西马的主流派理论对大众文化一直采取的是批判态度，认为大众文化是对真正社会大众的一种统治，一种麻醉，因此要像反对资本主义一样反对大众文化。这在西方是进步的文化观点。在今天谈论中国的大众文化时，如果完全运西马主流派的观点就会遇到一个问题：在我们的国家，社会主义的文化传播方式也是报纸、电视、刊物、广播等等，也是日常生活审美化和大众文化的形式。如果用西马的观点完全批判它，那社会主义文化内容还靠什么方式来传播呢？我们不能舍弃工业发展、科技进步所带来的文化传播的物质条件和有利条件，不能放弃这种东西。所以在中国的文化时境中，完全无条件地批判我们所见的日常生活审美化和大众文化，甚至连传播手段也一起批判和否定，这就会殃及社会主义文化的传播。所以今天对大众文化现象、日常生活审美化现象里的不健康的东西进行批判，也不能否定这种传播方式。明智的态度应是：对其生产方式应加以利用，对其内容应加以制导，对其先天性的非审美的

① 转引自赵勇《审美阅读与批评》，中国社会出版社，2005年，第306页。

低俗之风应加以消解。也就是怎样做趋利避害的选择。

我们可以对大众文化的原始本性和利弊表现进行分析。

大众文化的呈现，一般说来其表现有下述一些特点。

一是前端性：大众文化的前端性非常突出。它瞄准当前，瞄准人们当前的日常生活，瞄准人们现有的审美趣味和观念，并予以引发和利用，煽动时尚，促进潮流，提供话语，广造声势，左右一时的文化市场。二是通俗性：从题名到语言媒介，全都瞄准缺乏文化和思维能力的一群，通俗到没法再通俗。这种通俗的表现，还不时地加上有伤风雅的庸俗调味，只要你不是傻子，大体都能跟着乐。甚至于傻子也跟着乐，因为他也看懂了。三是流行性：因为有时尚性做基础，所以流行就特别广泛。它追逐某些人群的口味，好像是专为某些人而制作，如火就燥、水就湿一样投合，因此就特别容易传播起来。叔本华所划定的"媚美"类型，在这里不乏所见。四是商品性：大众文化的产品原本就是作为文化商品制作的，销售面越广越好，销售量越多越好，利润是第一位追求。因为这是存在的生命线，其次才是别的。它对消费者广造机缘，送货上门，有的还有附加的优惠、外赠、抽奖等等。五是狂热性：这种大众文化利用受众的空虚心理，出名心理，制造内模仿的移情煽惑，让读者、观众、听众按制造者的意图去行动，严重入迷以后带有一种宗教性，产生狂热情绪。追星族就是大众文化和日常生活审美化一种特有的现象。"超女"的追星者中很多人被煽动的痴迷劲，几乎让人欲发"救救孩子"的呼吁。六是矫饰性：就是假装，装假作秀，不论对自身，还是对同情的，贬抑的，"称美过其善，进恶没其罪"；自作多情，顾影自怜，什么招数能招徕买主就用什么。这一点流行歌曲特别突出。唱流行歌曲的都好像失恋多少次，甚至连中学生唱起来，也是一腔饱经沧桑的幽怨，好像在他们的经历中已被负心人甩过多少次了。七是拼凑性：从事文化制造的人先有模式，敷衍急就，很少文化底蕴，有的就是现场制作，七拼八凑，没有任何韵味，没有艺术规律可言。八是暂时性：这种文化的生命力一般都很短，没有永久的魅力，可以作为一时的精神寄托，却很难培养审美精神。报纸上的一般新闻，生命力只有一天，第二天就没生命了。不少大众文化产品与此差不多。但真正的艺术作品其生命力是不朽的，《红楼梦》人们不断创生，演绎，解读；《哈姆雷特》也是如此。我们现在看到的大众文化产品都如过眼云烟，随风而散。但由于它们布满空间，随时随处存在，你看的时候别无选择，看完之后能留下深刻印象的却很少。

以上这八种特点，是大众文化通常共有的特点，外国尤其如此，在当下的中国大体上也没能例外。对于上述的许多表现，如果承认大众文化类型的不可避免性，并想予以制导，使之适合于中国的社会主义文化建设的需要，我认为在下述几个方面可以使其纳入正轨，造成易境之下的形质之变。

一是利用大众文化及时瞄准公众日常生活的前端性，使各种传媒关注现实，在文化品的创造上及时广应公众的需要，充分反映时代精神，左右社会的健康审美时尚潮流，占领的文化天地越广阔越好。

二是以社会大众普遍可以接受的通俗形式去广泛普及，使通俗与庸俗、粗俗、低俗划开界线，既不流俗，也不孤芳自赏，并在普及大众的过程中，不断提高自身品位和大众审美水平。虽然以"通俗"为通行证的大众文化，不能期望与作为万世经典的"四书"、"五经"相比，但也不能总是低俗地拿傻子开涮，以博俗人的青睐。但深具审美内涵的大众文化，是可以做到雅俗共赏的。为此，必须反对以大众文化消解崇高、消解高雅、消解文化经典的恶俗。

三是加强文化预测，像掌握服装款式和流行色那样，掌握大众文化各个领域的未来时需和走向，让社会主义的大众文化广为传播，周流四方，畅行内外，博取美誉。

四是认定在社会主义方向下的文化品的商品性，理直气壮地把社会主义文化事业办成文化产业，这是社会主义文化事业改革的途径，也是市场经济条件下民众取得文化产品享受的实际可行方式。但大众文化产品还有其作为审美对象的社会责任的承担，因此习惯中所说的两个效益不能偏废。

五是加强对于社会主义文化市场的管理，社会主义的民族的、科学的、大众的文化方针，不能在大众文化的发展和运行中发生偏离和错位。特别是国内的私人资本和外国的资本进入中国大众文化市场之后，为了赚取私利，不惜以损害中国人民根本利益，破坏文化资源为代价的行为，必须加以坚决反对。国家广电总局对湖南电视台 2006 年举办超女比赛的 11 条要求，尤其是关于力戒庸俗、低俗的告诫；国家建设部和和环保总局对《无极》电影剧组破坏香格里拉碧沽天池行径的怒斥，都很具匡正性。2011 年广电总局对于全国各卫视频道的限娱令，就是限制低俗节目，特别鼓励制作和谐、健康、主旋律的节目和文化、知识节目。这都是在克服"大众文化"的消极影响。

六是大众文化所具有的原始劣根性，如狂热性、矫饰性、拼凑性和暂时性，都是资本主义市场上的竞争所致，今天我们要创造和发展社会主义大众文化，对之必须予以彻底摒弃。

大众文化虽然在西方早有久远的历史，但在中国，很多在今天我们列为大众文化内容的东西，有的从前未有，有的虽有，但也并未以大众文化的样态与性质体现出来。而关于大众文化的理论，也主要是借语于西方。因此，如何正确对待中国当前的大众文化，并不是直接搬用西马（不论是"否定话语"还是"肯定话语"）的理论所能完全说明的，必须结合中国时境，具体实际地予以分析。因为中国当下的大众文化并不与当年的西方文化时境中的存在相同。为此，对于大众文化的原本性质及其在易境于中国后的形质之变，尚待重新认定其是非曲直，须由更多的有识之士在大众文化不断发展中具体加以论定。

# 第三十章　接受美学的文本与接受主体

"接受美学"又称"接受理论"，是当代西方以审美主体与审美接受客体的关系为研究中心的新美学流派。在 20 世纪 60 年代始发于德国，代表人物主要是汉·姚斯、沃·伊泽尔，姚斯 1967 年发表《作为向文学理论挑战的文学史》被作为接受美正式诞生的标志。这一审美流派对于文艺批评中以作品为唯一对象是抹杀了审美活动的本质特征和作用，强调接受者的创造作用，认为这才是文艺存在和发展的动力。主张在批评重心应转回读者，认为读者接受作品、获得审美感受，才是研究的中心。接受美学的理论把读者接受强调到超越作者作品的地步，显得很片面。但它重视艺术接受环节和接受者的作用，则很有意义。接受美学的主要概念有"文本"、"期待视野"、"意义空白"、"游移视点"等。

## 一、艺术的审美接受对象

艺术审美接受活动是以艺术品为对象进行的，没有艺术审美接受对象便不可能有属于艺术审美接受的鉴赏活动。这种供艺术审美接受主体作为鉴赏的对象，处于主体之外，与鉴赏主体构成对象化的关系，是具有客观规定性的实在对象。而这种复杂对象体中包含的意义又具有多向度多层面的特点。本章以读者对作品的接受为论述中心，吸收接受美学的有益部分展开对于问题的论析。

### 1. 艺术审美对象的文本性

一件艺术品作为人的审美对象，存在在接受主体的面前，不论是以语言文字为媒介体的文学作品，还是以体态动作为媒介体的舞蹈，从严格意义上说，它们都是文本，或者说非文学的艺术也具有文本性。

在接受美学中，英文 Text，本义有原文、本文、文本的意思，是指与读者发生接受关系前的作品本身的自在状态，是属于作者的东西，仅具有意义势能；与这种自在状态被审美主体接受、发生了鉴赏关系后的作品，特别是与在接受过程中被灌注了鉴赏者经验体会后的作品，有根本不同的特点。因为作品在被鉴赏过程中，已经由作者创造的对象，变成了由鉴赏者继续创造的对象，作品的意义势能已经转换成动能做功，这在《红楼梦》中就是被林黛玉"领略其中的趣味"的"警芳心"的艳曲《牡丹亭》，它被加进了林黛玉的"情思萦逗，缠绵固结"，并非是汤显祖的本文意义上的《牡丹亭》。

现代西方接受美学理论中的一个基本概念，英文是 Text，本义有原文、本文、文本的意思，在接受美学中是指与读者发生接受关系前文学作品本身的自在状态，是属于作者的东西，仅具有意义势能，与这种自在状态的"文本"发生与接受者的阅读、欣赏关系后的文学作品，特别是被读者经阅读、欣赏而灌注了自己的经验体会后的文学作品，是完全不同的。因为作品在阅读欣赏过程中，其意义势能已经转换为动能做功。因此接受美学理论特别强调要把"文本"的范畴加以确定，标定其在文学活动过程中的非独立意义，因而与俄国的形式主义、美国的"新批评"、和联邦德国的文体批评论那种专注于从作品本身价值上认定作品的独立性，便成了两极的对立。接受美学的"文本"论主张的立论者，首属联邦德国的姚斯，他在论述中提出，一部文学史应该是审美接受和生产的一个过程，其结构沿文本→读者→批评家→作者→文本的序列式构成。

按"文本"论的观点看文学艺术，是读者的接受使作品产生了社会意义和文学价值，成为真正的作品，所以一部文学史不应只是作家写作品的历史，而应是有读者参与的历史，只有创作过程与接受过程的统一，才能构成完整的文学艺术过程。这就把传统的文艺美学只强调作家与作品的关系的单向构成的格局打破了，也对作品只有功能潜力，而具体的功能的实现须由接受主体来实现的复杂关系作出了明确表述。

"文本"论特别强调接受者的参与作品创造的作用。因为不同时代的不同接受者都以自身的经验注入自己所接受的作品，因为这种施动总给作品增加新的意义、作出新的解释，历史上许多作家作品忽隐忽现、忽冷忽热就是这种过程中的施动结果。

由于"文本"论特别注意接受者在文学艺术活动中的意义，这就把对作品的社会实践价值考察和认定，引向与实践主体不可脱离的地步。

接受美学是以接受者对于"文本"的知解力和他的评价经验为前提

的，以接受者在"文本"中重建创造性的审美机制为学说的中心点。所以对于"文本"的基础意义常有忽略，而把"文本"的意义势能到动能做功的转换，寄托在接受者的"期望水准"的随势变更和保持积极的接受态度上。对此，西德与东德的不少批评家都表示怀疑，特别认为难以写成一部文学接受史。曼德尔考认为，公众期待水准在全部效果史的时间进程中不断上升，在传统习惯势力影响下不断地重新形成或消失；然而要对各个阶段的期望水准进行区分，十分困难。开塞尔也认为，期望水准同其研究者的历史位置也是相对的；而且，过分强调接受者的积极态度，就使得艺术作品的客观质量遭受忽视。瓦依曼认为，这种方法可能导致对文学作品生产的忽视。瓦依曼认为，这种方法可能导致对文学作品生产的忽视；事实上期望水准或者无法复原（在远古时代），或者分裂成互相矛盾、彼此抗争的五花八门的读者期望（指近代）。

随着接受美学理论的不断发展，象"新批评"那样把"文本"看作是脱离作家母体、又与读者无关的独立自在的实体的观点，已明显地不入时了；但接受美学的一些代表人物偏激地把"文本"看成是"空洞的形式"，其意义甚至完全要由接受者来充填的观点，也不够科学。马克思的审美对象创造审美主体，审美主体又创造审美对象的理论，也是我们在"文本"问题上的基本指导思想。

我们在这里分析鉴赏对象的文本意义，不是要像接受美学的极端主张那样，以接受者对于文本的知解力和评价经验为前提，忽略文本的基础意义，把文本的意义势能到动能做功的转换，完全托付给接受者的"期待视野"，而是要充分估定文体自身的内涵，因为这是鉴赏对象特有的意义。即使是"一百个读者有一百个林黛玉"，但也应该是林黛玉，而不应该是薛宝钗，不然这个鉴赏对象就失去了客观先在性，也就不能成为创造审美主体的对象性的存在。

在审美鉴赏理论中给文本意义的充分的肯定，即对于对象的意义势能给以尽可能实际的确定，这无论对于作品的原本创造者，还是鉴赏过程中的审美接受者，都具有不容忽视的意义。因为这可以启示作者，赋予自己的作品创造以什么样的审美对象条件，就是给处于创造——鉴赏关系中的接受者以什么样的意义势能，这是不能由别人替代去做的；而如果一个作者在作品中不能灌注这种意义势能，他就失去了自身活动的价值，如同一个厨师给美食家提供的菜盘子中什么菜肴也没有一样，不论嗜甜厌苦，喜淡恶咸，都无从谈起。

对于鉴赏者来说，面对鉴赏对象固然可以如孔子所说的"智者乐水，仁者乐山"；如董仲舒所说的"百物去其所与异，而从其所与同，故气同则会，声比则应"。但是，作为一个真正的审美鉴赏者，自己直感的审美对象本身是什么，还是乐之知之者为高明，失去了这种认知的准确性，也就离开了标准上的真，这时的艺术接受，就会陷于无任何制约条件的随意可否，会使鉴赏外化变成偏执之见。

我们可以举出列夫·托尔斯泰，看他作为审美鉴赏者，由于缺少对于文本意义的尊重，而又过分放任自己的感觉印象，是怎样远离作品的意义势能，作出了失当的解读。列·托尔斯泰读了莎士比亚的剧本后，对剧本进行了完全否定："任何一个现代人，要是他没有因人指教说，这是尽美尽善的戏剧，从而受到影响，那他只消从头至尾读它一遍（假定他对此有足够的耐心），那就足以确信，这非但不是杰构，而且是很糟的粗制滥造之作，如果在某时还能让某人或某些公众发生过兴趣，那末，我们之间，除了厌恶和无聊，它再也不会唤起别的感觉了。"[①] 对托尔斯泰的这种感受，不能认为是建立在莎士比亚的剧本导向之下的合适感受，我们所以这样认为，根据是莎剧的剧本文本。

## 2. 艺术审美对象的客观规定性

凡是美的对象都各有其既成的形式美与内容美，是一种独立存在的实体，其中的艺术对象也是如此。杜甫诗风格沉郁，诗律精细，言辞清丽，与李白的豪放、明快、自然，形成了明显对比，这就是对象客观规定性的标志。正是由于这样的规定性，审美者才不至于从柳永的"今宵酒醒何处？杨柳岸晓风残月"（《雨霖铃》）的描绘中，看出苏轼的"大江东去，浪淘尽千古风流人物"（《念奴娇》）的含义。

艺术对象的这种客观规定性，构成了对象与主体间被接受与接受的矛盾关系，并且使鉴赏对象成为永远被趋近的审美客体，成为审美实践活动的一种前提条件。艺术审美鉴赏中主体的感觉、认知、思维、想象、情感等诸多活动，都是以外在的对象作为起点与终极关怀所在。这如同鉴赏《红楼梦》，如果不是始自《红楼梦》，并且不是最后从《红楼梦》中得到应得的审美价值，那就不能算是真正的审美鉴赏。正是从这

---

① 《论莎士比亚及其戏剧》，引自《莎士比亚评论汇编》上册，中国社会科学出版社，1979年，第501页。

个前提出发，我们才可以说谁只得到了某一作品的毛皮或没有真正获得某一作品的真谛。鲁迅说到一些违背艺术鉴赏规律的人，只从自身的先验定向去看《红楼梦》，结果是"经学家看见《易》，道学家看见淫，才子看见缠绵，革命家看见排满，流言家看见宫闱秘事。"[1] 至少上列的革命家和流言家的"眼光"，并没有对准《红楼梦》本身，所得的东西与对象的客观存在也毫不相干。

艺术审美对象的客观规定性，还体现在它的物化形式的存在状态上。这主要是以物质媒介造成作品，或用文字，或用声音，或用线条色彩，或用动作表演，使创造的东西成为一种物态化的客观存在，显现为可以直接接受的图式。《红楼梦》的情节，《拉奥孔》的造型，《田园交响曲》的音响，都成了实实在在的客体对象，成为自身永远不会被企及的极限。

### 3. 艺术审美对象的多义性

艺术审美对象是一个具有复杂层面的构成体，用"横看成岭侧成峰"来比喻它的多义性也不为过分。就其原因来说，主要是：（1）对象的多面构成不以作者揭示程度为限；（2）作者的主体渗透的多面性；（3）形式的包容空间的含蓄性，给接受主体的顺势挥发以负载天地；（4）以自然美为对象的艺术尤其如此。

由作家艺术家创造出来的审美对象物，总是以人为的或自然的符号对客体穷形尽相，为主体寄意承情，形成为独立存在的艺术品。在这个作品中所涵盖的主题意蕴，都是这一审美对象的义，或者叫意义。这种义的由来，主要有两种途径。第一种途径是随题材对象一起进入作品的客体之义。这种义原本是自在之义，它的载体是实际对象本身，艺术家在使客观对象变为艺术中的表现对象时，不论是以自觉、半自觉或非自觉的态度去纳物，都会不同程度地随物以纳义，以致不改变对于某一对象及其过程的显现，即使执意要剥除对象之义，也是难以办到的。高尔基在《俄国文学史》序言中说的"题材的剩余意义"，就是随表现对象进入作品之中，成为艺术审美接受对象的一种意义的。第二种途径是创作主体在创造审美对象过程中渗透进去的思想感情，它使由人所创造的审美对象包含一种主体态度，这种态度在更大程度上左右着审美对象之

---

[1] 《鲁迅全集》第七卷，人民文学出版社，1958年，第202页。

义。因为它起着引发、导向的作用，最易于使鉴赏主体先得作者所引导之义，如读完《祝福》之后所突出感受的封建礼教吃人的本质。

由于进入作品的客体对象的复杂性，创作主体在思想感情渗透过程中所形成的复杂性，都是使作为审美对象的艺术品出现多义性的原因。

客体对象的复杂性显现为对象内容的多层面意义，这种意义有的是作者加以显示和强调的，有的是未加特意显示和强调的，但它们一律存在于作品之中，是可以被鉴赏者所感知和把握的。如《水浒》中的官逼民反和忠义两全，就是并义存在的。《红楼梦》中有爱情自由的主题，也有指奸责佞的主题，还有许多其他自成意义的主题，它们之间是不能互相取代的，是都必须予以承认的。

艺术审美对象的多义性的存在特点，为鉴赏中的见仁见智提供了对象条件，也为鉴赏评价中各自不同的取向提供了客观基础。例如同是面对李白的诗，有人欣赏他的孤高傲世，飘逸不群；有人却欣赏他的放情山水，自得自乐。陶渊明的诗，有人赞扬他"采菊东篱下，悠然见南山"的静穆清闲；有人却赞扬他"刑天舞干戚，猛志固常在"的金刚怒目。鉴赏主体的这种不同取向，不同反响，正是艺术对象多义性与主体多向性结合后所发生的具体结果，完全是合乎规律的。

## 二、艺术审美中的接受主体

艺术审美对象是接受主体的对象，因为有主体的存在及与其构成对象化的关系，它才成其为对象。马克思说："说人是肉体的、有自然力的、有生命的、现实的、感性的、对象性的存在物，这就等于说，人有现实的、感性的对象作为自己的本质即自己生命表现的对象；或者说，人只有凭借现实的、感性的对象才能表现自己的生命。说一个东西是对象的、自然的、感性的，这是说在这个东西之外有对象、自然界、感觉；或者说，它本身对于第三者说来是对象、自然界、感觉，这都是同一个意思。"[①] 这说明，研究对象，还必须同时研究与对象同在的作为主体的人。

---

① 《马克思恩格斯全集》第42卷，第167—168页。

**1. 审美接受主体的选择**

当审美对象以现实的、感性的方式存在着的时候，它的审美价值的实现有待于审美主体去接受。实践过程中的事实也总是有主体的不断选择，使对象由自在的变成被接受的审美鉴赏对象。这时的审美主体的能动作用极其重要。

审美接受主体的选择是以什么样的方式进行的呢？

首先是主动选择。这种选择是接受主体寻求自身的对象化，对象成了他自身。当接受主体在鉴赏的对象世界中接受到诸多审美信息后，他总是最敏感地感知那些与自身的经验、期望、个性相投合的对象。这时这些与自身本质构成相适应的对象，也就成了主体主动选择的对象。贾谊被汉文帝疏远，徙为长沙王太傅，在湘水岸边品味屈原辞赋；白居易被贬江州，听琵琶女弹奏"平生不得志"的身世感的弦音；郭沫若在年轻时代作为向往革命的浪漫主义诗人，特别热衷于拜伦、雪莱、惠特曼等人的诗；抗战时期东北流亡学生特别倾情《我的家在东北松花江上》等歌曲。这些都是有力证明。这种审美接受，是马克思说的"对象性的现实在社会中对人来说到处成为人的本质力量的现实，成为人的现实，因而成为人自己的本质力量的现实，一切对象对他说来也就成为他自身的对象化，成为确证和实现他的个性的对象，成为他的对象，而这就是说，对象成了他自身。"这就是接受主体在对象世界中找到了自己，使自己独特的本质力量，得到了独特的对象化方式的肯定。这说明，"人不仅通过思维而且以全部感觉在对象世界中肯定自己。"①

其次是遇合选择。进行这种接受的审美主体，在接触具体鉴赏对象之前，在心理期待上并无特殊意向，而是处在社会、文化的广泛背景之上，面对诸多文艺随遇鉴赏，兴趣由作品状况造成。这种无定向、无负担的自然遇合选择，是主体的耳濡目染，与对象渐趋同化。这在接受主体与对象的互相创造的关系中，更突出地显示了对象对主体的创造。在社会审美接受上掌握了这个规律，便可以从某种目的出发，向人们主动提供对象与机会，造成更多的自然随遇选择的条件。《尚书》记载虞舜命乐官夔制作包含特定倾向的音乐，教育子弟们"直而温，宽而栗，刚而无虐，简无而傲"，就是主动提供包含目的性的选择对象，以期实现

---

① 《马克思恩格斯全集》第42卷，第125页。

以乐化人的目的。所有艺术审美对象都可以造成对于接受主体的随遇选择的机会，但那些饱含有政治、宗教、道德倾向的艺术作品，具有更多的供选择的意味。

第三是被动选择。在这种选择的开始点，接受主体与对象之间有很大的距离，但由于主体对于对象的非出于本意、非主动性的接近。而环境条件无法脱离，时间又积以持久，这样的耳濡目染，就使主体几乎别无选择地选择了这种审美对象。有时其荒诞意味如同茨威格的《象棋的故事》中的Ｂ博士：此人在囚禁中为了看书，被动地选择了一本有一百五十盘棋局的棋谱，他全部接受以后竟然战胜了世界象棋冠军。在前些年的中国，西方的现代派文艺大量涌过，迪斯科舞蹈风靡一时，当时不少人对这些文艺对象反感得很，后来接触多了，习以为常，不仅不觉得那么"隔路"，有的却可以纳入欣赏野视，能予接受了。当然被动选择的被动，也是主体与对象的统一，因为最后毕竟是选择了，接受了，是由被动转入能动，也是对于对象的一种占有方式。

### 2. 接受主体选择中的障碍

在审美接受中主体可以作出多种选择，但主体的这些选择受到心理机制的绝大影响，而这种机制所具有的两极性，其中都有构成选择障碍的作用。

一是主体的接受图式。这是主体在历时的审美接受中形成的心理范式，主体以之接纳外在审美信息，按有序的原则加以联结，形成属于主体的审美接受内容。这种接受图式的外摄功能，具有两极性，用威廉·詹姆士的话来说就是："意识永远是对它的对象的一部分比其他部分更关切，并且意识在它的思想的全部时间里，总是欢迎一部分，拒绝其他部分，换言之，意识总是在选择。"① 这就是说，在心理接受图式中，人们不关切、不欢迎的东西，不论其审美价值如何，都是属于不被选择的东西。这时的心理接受图式，从其受同斥异的功能上说，从不对所遇艺术审美对象一视同仁，一律接受，因而既有吸收一极，也有障碍一极，中国古今历史上对于李白、杜甫的诗风，褒贬各有其辞，不能不认为是接受图式之使然。王夫之在《姜斋诗话》中说："作者用一致之思，

---

① 威廉·詹姆士：《心理学原理》，第135页。参见杨清《现代西方心理学主要派别》，辽宁人民出版社，1982年，第141页。

读者各以其情而自得。"这各自不同的得诗之情，就可以认为是一种接受图式。

二是主体的接受敏度。这也会影响到选择，甚至形成对于审美接受的障碍。所谓接受敏度就是接受主体对于特定审美对象的内蕴感应的敏感程度。这种敏感程度受主体的文化结构、思想倾向、审美情趣、价值观念等多种条件的影响。主体所接受的对象与自身的敏度适应，则一拍即合，一触即发，极易共鸣；如果自身与对象无相适应的敏度，无反应则可能无动于衷，有反应则可能严重偏离对象的审美意蕴。这后者如发生在一般人物身上，还不大为人所注意，如发生在著名人物，尤其在著名艺术家身上，那时则须以接受者的适应敏度的错位来解释。接受美学理论把读者分为多种类型，如"隐含读者"、"冒牌读者"、"虚构读者"、"真实读者"、"理想读者"、"超级读者"、"有见识读者"等，这其中的区别多与其人的接受敏度有关。

三是接受主体的社会心理的张力。作为接受主体的个人，是由社会造成的，因而他的心理取向也必有其社会联系的某种共同性。这时的接受主体，他的个人的"活动和享受，无论就其内容或就其存在方式来说，都是社会的，是社会的活动和社会的享受。"① 当主体以社会心理张力感应审美对象时，也会形成"去其所与异，而从其所与同"；若从"同"的一极来说，可以促进接受选择；从"异"的一极说来，也可以构成接受障碍。欧洲 19 世纪雨果时代浪漫派与古典派在《欧那尼》问题上表现出的尖锐冲突，就是古典派人物的审美心理惰性形成的障碍，阻碍了对于浪漫主义风格情调的选择。

### 3. 接受主体的期待视野的建构

艺术审美主体对作品的接受，在心理经验中有一种思维定式，它成为接受主体审美心理的惯例逻辑（也可以称之为先在结构或先存图式、心理范式），当这种惯例逻辑与接受对象具有同构性的时候，即成为主体的期待视野。所以期待视野的建构是鉴赏艺术作品的决定性的条件。也就是特定时代的审美公众（群体、个体）对艺术接受的心理条件。德国接受美学代表人物姚斯说："一部文学作品，并不是一个自身独立、向每一时代的每一读者均提供同样的观点的客体。它并不是一尊纪念

---

① 《马克思恩格斯全集》第 42 卷，第 121—122 页。

碑，形而上学地展示超时代的本质。它更多地像一部管弦乐谱，在其演奏中不断获得读者新的反响，使文本从词的物质形态中解放出来，成为一种当代的存在。"① 这种读者的"新反响"、"当代的存在"，只有在符合接受者的期待标准的情况下才能实现。姚斯用法国 19 世纪小说家福楼拜的《包法利夫人》说明读者的期待视野的同构性对于作品的意义。他指出，这本小说出版以后，读者已有了新的期待视野，即他们已抛弃浪漫主义，对伟大还是天真的激情都同样藐视，作者适应这一转变，在书中把传统的、僵化的三角关系加以扭转，突破了当时正统批评所允许的标准，并有"不动情"的"非人格叙述"的形式创新。姚斯说，尽管《包法利夫人》问世时这样的有慧眼之士并不太多，但却有了，而且"将其当作小说史上的转折点来理解、欣赏，如今它却享有了世界声誉。它所创造的小说读者群终于拥护这种新的期待标准。"②

接受主体的期待视野的建构，是在历时的过程中实现的。因为欣赏对象对于审美接受者来说，总是不断地为一个又一个、一代又一代的接受者所欣赏，后来人可以在新的期待视野中通过更新形式的现实造作来消化、理解前人在旧形式束缚中得不到的东西。姚斯指出："一部作品实际上首次感知与其本质意义之间的距离，或易言之，新作品与其第一个读者的期待之间的差距是如此之大，以至它需要一个较长的接受过程，在第一视野中不断消化那些没有预料的、出乎寻常的东西。因而，作品的本质意义就要经过很长一段时间，直到'文学演变'通过更新形式的现实化来达到这一视野，使人们得以理解那些曾被误解的旧形式。"③ 中国人在二百多年中对《红楼梦》的了解，其期待视野的变化就是明证。

至此已经清楚，接受者的期待视野的建构，就是作为特定时代的艺术审美鉴赏者，要使自身的审美趣味、思想观点、道德意志、感受能力、知识修养等，都达到时代所可能具有的高度，以便能从多方面向自己所遇的审美对象融入，创造出起于文本而又超越文本的新的审美意象。

---

① 姚斯：《接受美学与接受理论》，辽宁人民出版社，1987 年，第 26 页。
② 姚斯：《接受美学与接受理论》，第 34 页。
③ 姚斯：《接受美学与接受理论》，第 43 页。

## 三、接受主体与对象的转换

审美接受主体以对象为凭依进行审美接受活动，主体必须与对象达到结合，造成主体与对象的统一，对象是主体的对象，主体是对象的主体，对象依靠主体成为现实性的对象。当一个由艺术家创造出来的艺术审美对象，变成了接受主体的对象的时候，便实现了二度的主体与对象的转换。

### 1. 接受主体与对象的互化

在接受主体与接受对象各自存在的意义上，它们是不同范畴的实际构成，二者形成为矛盾。但这二者可以在接受主体的选择、接受的实践过程中达到统一。这一统一就是互化的结果。

在互化中首先是接受主体对于对象的接受。作为被接受的对象自有其实际构成性，凝结着创作主体赋予的多重意义与多重价值，不承认这一客观事实是不实际的。但这种属于对象的意义与价值，对于接受主体来说仅是接受前的现象，具有自在意义。而只有在接受主体选取它为欣赏对象，并把自身融入作品，使作者的作品成为欣赏接受者的对象之后，才成为具有现实审美意义的作品。

审美接受者怎样把自身融进作品对象，以至进而化作品对象为自身存在的一部分呢？主要是应与创作主体在原创作过程中的体验一样，去进行创造性的体验，使作者通过作品发出的召唤，变成接受主体的自由的存在。法国的萨特用一个读者阅读俄国 19 世纪作家陀斯妥耶夫斯基《罪与罚》时的融入，说明了这种互化作品中的人物为自身的心理体验的过程。如果我们认为作品中的人物是一个实体对象的话，萨特的说法足可参考："一方面，文学对象确实在读者的主观之外没有别的实体；拉斯可尔尼可夫的期待，这是我的期待，是我把我的期待赋予他的；如果没有读者的这种迫切的心情，那么剩的只是（白纸上）一堆软弱无力的符号；拉斯可尔尼可夫对于审讯他的法官的仇恨，这是我的仇恨，而且法官本人，如果没有我通过拉斯可尔尼可夫对他怀有的仇恨，他也不会存在；是我们的仇恨使他具有生命，成为血肉之躯。但是，另一方面，字句好比是设下的圈套，它们激起我们的感情然后再把我们的感情向我们反射过来；每个词是一条超越的道路，它知道我们的情感，叫出它们的名字，把它们派给一个想象人物，后者为了我们去体验这些情感，他除了这些借来的情欲之外没有别的实体；他为它们提供对象、前景和一条地平线。"① 萨特这些话是要说明，作为作品对象的这个二度存在的实体，对于接受者来说，"作品只在与他的能力相应的程度上存在"。这说明，一个接受主体不能感知某一作品，体会某一作品，那么这个作品对他就等于不存在。其实萨特的这个观点乃是对马克思在《手稿》中说的对象与人的感觉的关系的理论的发挥。马克思说："从主体方面来看：只有音乐才能激起人的音乐感，对于没有音乐感的耳朵说来，最美的音乐也毫无意义，不是对象，因为我们的对象只能是我的一种本质力量的确证，也就是说，它只能像我的本质力量作为一种主体能力自为地存在着那样对我存在，因为任何一个对象对我的意义（它只是对那个与它相适应的感觉说来才有意义）都以我的感觉所及的程度为限。"②

接受主体的审美感觉及于对象，投入身心，对象化为自身，是一种物与身化，但这同时也意味着是身与物化，是接受主体向对象的转化。因为接受主体所投身寄情对象，虽然离开接受者不能成为欣赏对象，谈不上是二度体验意义上的实体存在，但这并不意味着这个对象在原本存在上是无实体的存在，相反它倒是既有内容又有形式的，其中有思想倾向，有审美情感，有道德评价，以及其他等等。这些也在召唤和感染着欣赏主体，或使之同向易感，或使之异向变移，达到为作品对象所同化。为此马克思才说："艺术对象创造出懂得艺术和能够欣赏美的大众——任何其他产品也都是这样。因此，生产不仅为主体生产对象，而且也为对象生产主体。"③

## 2. 接受主体的角色效应

凡是承认审美接受必须有外在对象为凭依，并要达到主体与对象的统一，就必须承认接受主体在欣赏接受过程中的角色效应。所谓角色效应就是接受主体在欣赏过程中，把关注态度投入作品，使作品中的事件、人物遭遇、环境氛围等等，都变成是自身移情之所在。看"林教头

---

① 萨特：《为什么写作?》，引自《萨特研究》，第 8 页。
② 《马克斯恩格斯全集》第 42 卷，第 125—126 页。
③ 《马克斯恩格斯选集》第二卷，第 95 页。

风雪山神庙",我就是那不能容忍的林冲;看"林黛玉焚稿断痴情",我就是那孤苦绝望的林颦卿。可见角色效应在这里并不是指演员对于角色的外化性的扮演,而是一定文化背景的具有社会心理期待意义的行为体验。

对于角色效应问题,从古到今不少人都有专门研究,其意义很值得重视。

在我国两汉时代,刘向的《说苑》和桓谭的《新论》中都记载了这方面的一个生动事例。身处安乐环境中的齐国孟尝君与琴师雍门子周一起论乐品琴,孟尝君内心没有悲凉感,却向雍门子周提出:"先生鼓琴,亦能令文悲乎?"雍门子周向他说:我的琴声只能使"先贵而后贱、先富而后贫者"感到悲哀,而你现在是高高在上,优游享乐,"视天地曾不若一指,忘死与生,虽有善鼓琴者,固未能令足下悲也。"雍门子周说完这一段话后,为了造成琴音的感动效应,他对孟尝君喻义牵情,用霸强争雄的严峻现实,把孟尝君引入了未来历史的角色当中,造成了属于他的琴音的最佳的期待视野。雍门子周说:我现在感到为你悲哀的倒有一件事,就是七国争雄之中,"不纵则横,纵成则楚王,横成则秦帝,楚王、秦帝必报仇于弱薛,譬之犹摩萧斧而伐朝菌也。必不留行矣。天下有识之士,无不为足下寒心酸鼻者;千秋万岁之后,庙堂必不血食矣。高台既已坏,曲池既以渐,坟墓既以下而青廷矣。婴儿竖子,樵采薪荛,蹢躅其足而歌其上。众人见之,无不愀焉为足下悲之曰:夫以孟尝君之尊贵,乃可使若此乎?"这番话把孟尝君说得心痛神摇,泪眼汪汪,是用叙述描写创造了接受者的期待视野,再用音乐语言重现这种意境,"孟尝君涕浪汗增,欷而就之曰'先生之鼓琴,令文立若破国亡邑之人也。'"欣赏的角色效应,在喻义牵情的交相作用之后,完满地实现了。

在西方美学中人们也比较普遍地重视欣赏接受中的角色效应,尤其是生活、文化背景对于角色效应的意义。美国的托玛斯·芒罗认为:"不同的暂时心境、兴趣、态度、形势、身体和心理条件,它们都影响艺术的欣赏和生产。某一个人的艺术生产或对艺术的反应,受到许多可变因素的影响,这些因素可以是内部的和外部的、社会的和文化的,还包括他先前的艺术经验。在教堂里、舞厅中,军事检阅时或在科学的实验中,分别去体验某段音乐,效果会是非常不同的。……人们不能把一种审美现象从它的现实的或通常的生活背景中分隔开来而同时又不改变它的性质，不摧毁或扭曲它的某些原始特征。"芒罗特别指出，心理反应与外在条件的构成关系十分密切，因而"审美反应差异极大，不仅与个人的才能和年龄有关，而且与他的经验所发生的场合与暂时态度有关。"①

这个判断完全是可以用实践经验证明的。

### 3. 审美接受主体的再创造

艺术审美欣赏过程中接受主体的能动性的极限是不是仅只限于感受文本的意义，这是一个比较复杂的问题，因为感知文本意义就是比较困难的问题。但有一点可以肯定，一个善于进行审美欣赏的接受主体，他必须从感知文本的意义开始，而又能超越文本对象，升华文本对象，形成为接受者的意象。这就是审美接受的创造性。

艺术审美接受的创造性主要表现为想象。

欣赏语言艺术离不开想象的创造。以语言文字为手段的文学作品，由于其形象的间接性，欣赏者想象的余地就更加广大。曹雪芹只告诉读者，林黛玉是个举止言谈不同凡俗，身体肌肤不丰，弱不胜衣，窗下斑竹渍满了泪痕，体态风流，是天下少有的标致人儿。可究竟是什么模样，读者得各有自己的想象。鲁迅曾说："从文学上推见了林黛玉这一个人，但须排除梅博士的《黛玉葬花》照相的先入之见，另外想一个，那么恐怕会想到剪头发，穿印度绸衫，清瘦，寂寞的摩登女郎，或者别的什么模样，我不能断定。但试去和三四十年前出版的《红楼梦图咏》之类里面的画像比一比罢，一定是截然的两样，那上面所画的，是那时的读者心目中的林黛玉。"② 曹雪芹心目中的林黛玉，恐怕也与我们今日读者心目中的林黛玉不是一般模样的。

欣赏造型艺术离不开想象的创造。

画家和雕刻家只取某一对象的瞬间的形态，但欣赏者看画时就决不能停留在这个瞬间上，还要进一步看到与这个瞬间相连的一系列过程。比如米勒的名画《小鸟的哺食》，画面只提供母亲轮流喂挨肩的三个幼儿的一个角度的瞬间的形象，当欣赏者看到母亲把匙送向最小的儿子嘴边时，就必须用想象把这前后的运动联系起来，这样，在欣赏者那里，

---

① 《美学译文》第 3 辑，第 178 页。
② 《看书琐记》，《鲁迅全集》第五卷，第 430 页。

这幅画就不是静止的、单角度的，而是活动的、立体的，变成在时间和空间中运动的艺术形象，这种运动正是欣赏者的想象所创造。

在创作主体创造出来的对象身上施以接受主体的创造的必要性与可能性都是很大的。这表现为：. 作者创造了文本或其他艺术欣赏对象，但由于作者创造的形象对象，体现了完全合于艺术规律简约、隐曲、象征、超象、变形等等审美表现手段，而这些正是给接受者留下了无限的欣赏创造余地，这时的创造性就是接受这些对象的条件；没有欣赏的创造性就不能接受这些艺术对象。2. 作者创造的文本或其他艺术欣赏对象，是在欣赏实践过程中与一个特定的具有新的期待视野的接受者结合，这种结合就意味着是一种具有新机的创造。3. 真正的审美艺术创造，作为对象，产生有其时代性，形态有其凝固性，但它作为具有艺术魅力的审美客体，却是一个认知不尽、接受不尽的永恒对象。今天人们还在欣赏神话艺术，外国有"说不完的莎士比亚"，中国有"说不尽的《红楼梦》。"只要世界存在，人类存在，对艺术审美接受的创造也是无尽的，因为这也是人类延伸自己的本质力量，并在对象化世界中肯定自己的一种高层次的表现。

# 第三十一章　英美的"新批评"方法

　　文艺作品是艺术创作的审美实践成果，它是维系艺术天地的中心，没有它，艺术的一切都无从谈起。但是艺术品在人类的一切对象化的成果当中，也是最复杂万变的一种，它所蕴藏的巧妙魅力，也是无穷无尽的。杜甫说它是"天成"，恩格斯说它是"仿佛凭着魔力似的产生的"，这都因艺术品内在构成的奇绝而发出的对艺术美的赞叹。但是艺术品美在哪里，怎样发现和拾取这种艺术美，却形成了许多不同的角度，因而认识的方法也各不相同。历史上的文艺研究家有的重情，有的重理，有的重结构，有的重声色，有的以语义学方法，有的以比较方法，有的以神话学方法，从者众多，即形成专有方法。这里我们以艾略特和韦勒克为代表的"新批评"方法所发现的作品符号结构的艺术价值，来看研究方法在把握艺术作品的形式方面的是非与利弊。

## 一、"新批评"的出现

　　英国诗人艾略特（1888—1965，原为美国人，1927 年入英国籍）早期的论文，为"新批评"奠定了理论基础。英国语言学家瑞恰兹（1893—1980）将语义学引入文学研究，为新批评派提供了基本的方法。韦勒克和沃伦的《文学理论》则集其大成，成为"新批评"理论的系统构成。美国兰色姆（1888—1974）1941 年出版的《新批评》一书则为这个学派正式定名。

　　刘庆璋的《欧美文学批评史》对这一学派有简要介绍：第二次世界大战后，不少文论家和大学教授支持、总结、发展了新批评派的观点，一些在文论上很有建树、很有影响的文论家实际上走进了"新批评"派的队伍。其中，主要的代表人物有雷·韦勒克、奥·沃伦、威·维姆萨特。他们和原来以梵得比尔大学学友的中心的"南方集团"的成员布鲁克斯，在 40 年代后，长期共事于耶鲁大学，人称"耶鲁集团"，成为新批评派后期的核心。新批评派的文论家们写了不少阐明其理论和批评方法的书籍，如《诗歌理解》、《小说理解》、《当代小说艺术》、《文学理论》、《文学批评简史》等。一些很有影响的刊物如《斯温尼评论》、《肯庸评论》、《哈德逊评论》，也宣传此派观点。从而使"新批评"在20世纪40至50年代、在美国文坛（包括大学讲台）取得了支配地位。"新批评"衰落于50年代末期，但仍有着持续的影响。例如被视为为"新批评"作了理论总结的著作《文学理论》（韦勒克和奥·沃伦合著），已经印行了三版，在英美广为流传，并已有西班牙、意大利、日本、德国、希伯来、印度、中国等多种文字的译本，成为当今西方具有权威性的著作，许多大学以此为文学理论教材。①

## 二、新批评理论的首创者艾略特

托·斯·艾略特，是英国文艺批评家、诗人、戏剧作家。有著作九十余种，在现代西方文坛负有盛名，并被誉为"现代文学批评大师"。1922年发表的长诗《荒原》，描写第一次世界大战后西方社会出现的迷离恍惚的情绪。1948年获诺贝尔文学奖金。他的批评著作有：《传统与个人才能》（1917）、《玄学派诗人》（1921）、《批评的功能》（1923）、《诗歌的用途和批评的用途》（1932—1933）等。他还主编过《自我》杂志和《标准》季刊（1923—1939），后者产生较大影响。艾略特是新批评派的创始人，他的文学观点在大学的文学讲坛上占有重要地位。艾略特自称是"文学上的古典主义者，政治上的保皇主义者，宗教上的盎格鲁天主教徒"。他的文学批评的理论基点，就是文学批评"越不注意作品自身以外的目的越好"。林骧华在《现代西方文论选》中对生平作上述介绍后，对艾略特以《批评的功能》为重点的"新批评"理论有概括的分析。

艾略特的《批评的功能》（1923），阐述了他的"总体论"观点，主要有以下一些内容："第一，世界文学不是作家作品的汇集，而是有机的整体；作家和作品只有同这个整体联系起来才有意义。新的作品产生后，导致文学艺术传统的理想秩序的变化，以及新旧之间的互相适应，文艺批评主要是从理想秩序的变化和新旧适应这些方面来衡量艺术家。

---

① 参见刘庆璋：《欧美文学理论史》，福建教育出版社，1995年，第627—628页。

艺术家不能只维护自己微不足道的特点，必须遵从共同联合的原则才能作出贡献。艺术固然可以有本身以外的目的，但不应强调，对艺术所发挥的作用来说，越不注意这种目的越好。第二，批评是为了解说艺术作品，培养读者的鉴赏能力。批评家必须努力克服个人的偏见和癖好，追求正确判断，与最大多数人协调一致。就作家而言，在创作前的准备和创作本身过程中，批评也具有头等重要性。他的创作可能有很大一部分是属于批评活动，因为创作是在自觉中进行的。但批评和创作毕竟有区别。假如说创作或艺术作品本身就是目的，那么批评还涉及这本身以外的东西。但与创作活动结合的批评是最高的，真正有效的批评。第三，批评应以‘外在权威’或传统（亦即古典主义批评原则）为准。但在解释一个作家或一部作品时，还须使读者掌握他们所容易忽视的种种事实。批评家必须有高度的事实感，他的主要工具或方法是比较和分析。这样才能向读者提供事实，提高读者的认识和鉴赏能力。"① 这几点概括，大体上揭示了艺略特这篇文章中所强调的艺术批评的明确目的在于艺术自身，而不在于"艺术本身以外的目的"的批评原则。

### 三、为"新批评"学派定名的《新批评》

在英美文论界持"新批评"见解的人不少，但正式为这个学派定名的是美国兰色姆的《新批评》一书。由我主编的《文艺美学辞典》一书，概要地评述了《新批评》一书的主要内容。

约翰·克罗·兰色姆（1888—1874），美国文学批评家、诗人，新批评的代表人物之一。《新批评》是兰色姆的文学批评代表作，初版于1941年。此书的出版，确立了"新批评"这个名称，标志着"新批评"正式成为一种批评原则。全书共分四章，在前三章中，兰色姆依次考察了新批评的三位主要先驱者：理查兹、艾略特和温特斯，对他们的成就和缺陷作出评判；在最后一章里，兰色姆提出了他期望出现的一种新批评家：本体批评家。

兰色姆认为，在我们这个时代出现了一种批评，这种批评在深刻性和精确性两方面都超过了英美所有以往的批评，这是一种新批评，已经具备了某些统一的批评方法。但是，批评是一种特别难以讲清楚的东

① 见伍蠡甫主编：《现代西方文论选》，上海译文出版社，1983年，第275—277页。

西，况且这还是一种新批评。新颖的东西总是不确定的，不一致的，甚至是不成熟的，新批评自然也不例外。因此，作者将批评式地论述这些新批评家。

兰色姆认为，新批评受到两种广泛存在的理论错误的危害。其一是使用心理感受词汇进行批评，试图以有关感情、情感、态度的术语作出文学批判，而不使用有关这些情感的对象的术语，理查兹和艾略特犯了这种错误；其二是公开的道德主义，在新批评中存在的道德主义表明，新批评还没有将自己从老式的批评中解脱出来，温特斯犯了这种道德说教的错误。兰色姆希望批评家摆脱掉这两种累赘。

兰色姆首先讨论了"心理批评家"理查兹。他认为，讨论新批评必须以理查兹为起点，新批评几站可以说是从他开始的，也可以说是从他走上正路的，因为他试图将它建立在一个宽广的基础之上。但是，理查兹是作为一个心理学家来论诗的，他认为科学的认识仅仅受其它认识的影响，而不受情感和欲望的影响；与此相反，我们在艺术中的认识多半经受不住严格标准的检验，艺术的真正价值根本不是认识，而是它激发和表现的情感状态。理查兹的典型批评方法是心理学方法，这种方法是将诗歌经验的情感民欲求方面从认识方面抽取出来，为他们赋予不同的而且可以说是推测出来的行为。兰色姆指出，任何一种情感的特性都无法单纯以有关情感的术语来加以界定，因为我们认为属于某种情感的鲜明特性实际上属于使我们产生那种情感的对象，"情感是认识对象的对应物"。兰色姆认为，诗确实涉及到感情，但是，对批评理论来讲，重要的是必须认识到，感情自发地依附于情境的细节之上。既然是自发地依附，它们就几乎没有必要进入批评讨论之中了。

兰色姆继而讨论了"历史批评家"艾略特。艾略特的批评通常是探索标准的诗歌创作实践，标准的意思是指这种实践处于英语诗歌的主流或"传统"之中。兰色姆认为，将一种实践与传统相比较，批评家就证明了这种实践的传统性或正统性，但他没有证明这种实践的审美价值。

"逻辑批评家"伊·弗·温特斯认为，道德兴趣是唯一的诗歌兴趣，但是，兰色姆指出，温特斯对批评的贡献不是他的道德主义，而是他对诗歌逻辑结构的分析，因为新批评并非道德过每，它致力于成为文学的批评。

最后，兰色姆呼吁一种当时缺少的批评家的出现：本体的批评家。他指出，诗直接而令人信服地自动显示出它与散文论述的差异，前述几位批评家感觉到了这种差异，但他们没有确切地表述这种差异是什么。它不是道德说教，也不是情感、感觉或"表现"。兰色姆认为，将诗所代表的一种结构看作这种差异更有说服力，这种结构（a）与科技散文不同，它通常不具有严密的逻辑；（b）包含、携带大量离题的或相异的材料，这些材料显然是与结构无关的，甚至是妨碍结构的。由此出发，兰色姆给诗下了一个定义："诗是具有离题的局部肌质的松散的逻辑结构"。他进一步指出，结构本身可以是任何一种逻辑论述，处理所有适于逻辑论述的内容；同样，肌质似乎是任何可以想到的实际内容，它必须是自由的，不受限制的，广泛的，否则它就无法适当地进入结构之中。因此，是内容的序列，而非内容的种类，才使肌质区别于结构，使诗区别于散文。诗作为一种论述，它与逻辑论述的差异，是一个本体的差异，它处理的是一个存在序列，一个客观的等级，而这是科学论述所无法处理的。兰色姆解释说，我们生活在一个世界上，这个世界必须与抽象的世界或种种世界区分开来，因为我们在科学中处理的是许多世界，这许多世界是我们生活于其中的那个世界的分解、删削、驯服了的变体。诗意图恢复我们通过自己的知觉和记忆模糊地认识的那个更为繁富更难把握的原初世界。根据这个规定，"诗是在本体上与科学认识大不相同的一种认识"，而他期望的批评家就是探索这种诗的认识的批评家。[①]

## 四、"新批评"的批评原则

韦勒克和沃伦的《文学理论》的基本观点是在艾略特"越不注意艺术本身以外的目的越好"的主旨下，把艺术品设想为一个符号和意义多层结构，认为它完全不同于作者在写作时的大脑活动过程，因此也和可能作用于作者思想的影响截然不同。在作者心理与艺术作品之间，在生活、社会与审美之间，存在着某种"本体论的差距"。这样的认定，就把艺术品自身与作者、与生活、与社会分离开来，艺术作品与艺术本身以外的一切无关，成为自足自律的本体。

---

① 王向峰主编：《文艺美学辞典》，辽宁大学出版社，1987年，第1238—1240页。本条目由傅礼军拟稿。

"新批评"的主旨最早是由英国的托·艾略特①创立的。这个方法把目的集中在解说艺术作品本身上。艾略特在《批评的功能》中说："我并不否认艺术可以有本身以外的目的；但是艺术并不一定要注意到这种目的，而且根据评价艺术作品价值的各种理论，艺术在发挥作用的时候，不论它们是什么样的作用，越不注意这种目的越好。但是，另一方面，批评就必须有明确的目的；这种目的，笼统说来，是解说艺术作品，纠正读者的鉴赏能力。"② 这可以认为是"新批评"方法的基本美学原则。韦勒克和沃伦的《文学理论》，正是从这一原则出发，建立了他们的理论体系。书中把凡是属于"文艺本身以外"的，但实际上却是关系到文艺内容的成分，诸如社会、思想、心理等，都放在外部研究范围之列，而只把结构、节奏、手法、语言、体式等，作为作品的真正的内部范围来加以研究。韦勒克和沃伦在他们的《文学理论》中，主要是强调对艺术形式自身审美意义的分析，具体表现在由文学的外部研究到文学的内部结构的研究，由文学研究中的内容与形式的相分离到文学的符号结构统一论。

对文学作品本身的分析，韦勒克反对传统的"内容与形式"分析法他们认为"内容"和"形式"这两个术语被用的太滥了，形成了极其不同的含义，因此，将两者并列起来是有助益的。于是他把所有一切与美学无关的因素称之为"材料"，而把一切需要美学效果的因素称之为"结构"。在结构的概念中，包括了原先的内容和形式中依审美的目的组织起来的部分，这样艺术品就被看作一个为某种特别的审美目的服务的完整的符号体系或符号结构。这是艺术的核心，如同一个在生命的过程中，不断变化但仍保留其本质的一个动物或一个人的生命一样。

## 五、"新批评"的操作方法

韦勒克的方法论中不仅运用了语义学，他也得力于现象学的方法论。现象学的主要目的是摆脱关于因果解释的理论，对事物本身进行无前提的研究。特别是在对艺术品自身结构的层次分析中，他求助于波兰现象学美学家英伽登的艺术品的多层次结构区分的美学。英伽登认为艺术作品的层次互为"负载者"，并总是从扎根于所用媒介中的最基本的

第五编 现代与后现代美学

---

① 伍蠡甫主编：《现代西方文论选》，上海译文出版社，1983年，第279页。

② 同上书，229页。

层次开始。这样声音就是文学作品的第一个层次。但并不是所有声音都构成艺术作品，它必须是高一级的声音组合，再有要使声音具体化，即个别的具体的声音构成一个固定的，典型的声音结构。而这不变的声音结构是艺术品保持同一性的原因，尽管这种同一性在知觉中表现出千变万化的差别，而这一特性决定了第一层次的重要性。第二是意义单元的组合层次。在这一层次中声音组合具有不可还原的性质，即不能还原为组成它的声音，因为它是不可还原的新东西组成。这种声音结构一经形成便具有审美的价值，构成了文艺作品的意义系列。声音组合（单词、句子和句子系列）成为艺术品的有机组成部分，主要功能在于描绘人物、环境、情感等，这样它本身也就具有了由人物、事件组成的世界中特殊的意义。第三个层次是"再现的客体"，它是从意义层次中产生的，也就是人物、背景这一"世界"层次。最后一个层次是多层次结构形成的相当于"复音效果"的艺术感受最高点或叫审美具体化的顶点层次。它是艺术品所再现的人物，事件环境以及它的各个侧面在其中不断活动，充满感情和芬芳的那种特有的气氛。这种气氛具有支配一切形而上学的性质（崇高的、悲剧的、可怕的、神圣的等）。通过这一层次，艺术可以引人深思。韦勒克从英伽登的这一美学分析开始了他的"新批评"的分析艺术层次结构的方法。韦勒克基本上承袭了英伽登的方法，但又与之不同。现象学的方法否认价值判断，认为文学的标准与价值是相脱离的，把对艺术分析的标准当作绝对的模式。韦勒克把它的方法称之为"透视主义"的综合观点。这里主要表现两方面的内容，一是动态的即发展变化的观点，再一是整体的系统的观点。在上面他所划分的层面中，他把文学当作一个整体系统来分析，而文学作品的内部结构则处于文学的子系统的地位上，这样就完成了他对文学分析的理论框架。

## 六、"新批评"的排他性与历史回归意向

由于新批评方法从形式结构的角度进行审美研究，所以他们对于在当时西方颇为流行的方法，多不以为然。他们认为传记方法，从既定的作品的内容全然是作者传记的原则出发，"从作者的个性和生平方面来解释作品"，这就等于把作品的写作视为自我表现，而"一件艺术品与现实的关系，与一本回忆录，一本日记或一封书信与现实的关系是完全

不同的，前者是在另一个平面上形成的统一体。"① 韦勒克把诗人分为两类：主观的和客观的诗人，前者"旨在表现自己的个性；后者对世界采取开放的态度，作品中表现个人的成分微乎其微。他认为不应把艺术品看做是作家生活的摹本，如果真的是这样，那写《呼啸山庄》艾米莉一定得经历过希斯克利夫的生活，并且不是女作者所能写出的；那莎士比亚一定到过意大利，必定当过律师、士兵、教师和农场主，甚至还是一个女人。此外，他还对心理分析方法、社会历史方法提出了许多问题，说明了所长之处，也指出了所短之处。他对于弗洛伊德的心理分析方法，例如，对因幻想和白日梦把艺术家视为背离现实的人，并以作为区别艺术家同哲学家和"纯科学家"的条件，则不以为然。他引述了弗洛伊德关于"艺术家本来就是背离现实的人"，他借助原来特殊的天赋，把自己的幻想塑造成一种崭新的现实，"因此再也不用去走那种实际改变外部世界的迂回小路"的观点之后，明确指出："这样一种说明，也许可以把哲学家和'纯科学家'同艺术家区分开来，因此也就成为对沉思性活动的一种实证主义的'贬低'，使之降为一种观察性和命名性，而非实践性的活动。这种说明，几乎否定了沉思性作品的间接的或侧面的效果，以及小说家和哲学家的读者们所实现的'改变外部世界'的效果。这种说明，也没有认识到动作本身就是外部世界的一种工作方式；没有认识到白日梦者仅是满足于梦想写出他的梦，而实际写作的人则是从事于'客观化'地调节社会的活动。"② 对于韦勒克的看法，我们认为他指出创作是一种调节社会的外在活动，是正确的，但否认艺术家是以心理幻想方式塑造一种新的现实，却是没有理由的。韦勒克这样做的原因是出于固守自己的研究方法。在这个问题上我们看到，历史上形成的各种研究方法，从某种意义上说，都有它的认识与审美价值，但却不是惟一独有的最好方法。

韦勒克有一篇评论《二十世纪文学批评的主潮》的论文，他列举了六种批评的基本潮流，认为："（1）马克思主义文学批评；（2）精神分析批评；（3）语文学与风格批评；（4）一种新的有机形式主义；（5）以文化人类学成果与荣格学说为基础的神话批评以及（6）由存在主义或

---

① 韦德克·沃伦：《文学理论》，生活·读书·新知三联书店，1984年，第71页。
② 韦德克·沃伦：《文学理论》，生活·读书·新知三联书店，1984年，第77页。

类似的世界观激发起来的一种新的哲学批评。"③ 他在文中——批评这六种方法,其中除形式批评被给予一定肯定,此外都以为是非文艺批评。

韦勒克出于"新批评"是关注"艺术本身目的",而不是"艺术本身以外的目的",他对于不论是美国的文学批评,还是世界范围内的文学批评,都不以为然,用一个字来说就是"旧"。他说:"非常明显,即便在今天,许多文学批评仍旧沿袭着过去的方法:围绕着我们的是批评史上的遗风、残余,有的甚至主张重新回到过去的年代。联结着作者与公众的一般书评,采用的依然是印象式的描述或根据趣味武断地下结论的陈旧方法。历史研究对文学批评仍然有极大影响,将文学与生活作简单比较的方式也远未消失:人们依然根据或然性的标准与文学作品反映社会状况的准确程度来评价现代小说。在所有的国家都还有作者,而且常常是优秀的作者在采用着明显带有十九世纪的批评特征的方法:印象主义的鉴赏,历史解释,现实主义的比较等等。让我们回想一下 V·伍尔芙那些迷人的、令人回味无穷的论文;回想一下 V·W·布鲁克斯描述昔日美国那些充满怀恋之情的简洁的速写;回想一下那些分析美国近代小说的连篇累牍的社会批评;此外,我这要提到文学历史研究的重大贡献,它帮助我们对文学史上几乎所有时代和作家有了更好的了解。然而冒着某种被人指为不公正的风险,我将在下面描述另外一些在我看来是二十世纪出现的新的批评潮流。"④

韦勒克对于美国和世界范围内的文学批评方法,有的有肯定也有某种保留意见。如他说:"尽管我赞同神话批评和存在主义对人类灵魂和状况的许多深刻观察,而且也对近来持这些见解的某些批评家表示钦佩,我并不认为神话批评或存在主义为文学理论问题提供了一种解释方法。如果追随神话学和存在主义,我们就会重新回到把艺术与哲学、艺术与真视为同一的立场。在热衷于对诗人的态度、情感、观念、哲学进行研究的时候,艺术作品作为一个美学整体就被割裂或忽略了,创造的行为和诗人,而不是作品,便成了人们兴趣的中心。在我看来,仍然是植根于从康德到黑格尔的德国美学传统,由法国象征主义者和德·桑克蒂斯、克罗齐等人加以重申和捍卫的形式主义、有机主义、象征主义的美学更确定地把握了诗和艺术的本质。今天它还需要与语言学和风格学

---

③ 韦勒克:《批评的诸种概念》,四川文艺出版社,1988年,第 327——328 页。

④ 韦勒克:《批评的诸种概念》,四川文艺出版社,1988年,第 326—327 页。

更紧密的合作，对诗歌作品层次作出更清晰的分析，以便成为一种能够进一步发展和加强的严整的文学理论，但它几乎不需要再进行重大的修正了。"①

在韦勒克的文学批评中对于批评家的是非可否，有一个属于他个人的原则：凡是形式主义批评，则多有肯定；凡是社会历史批评，几乎是完全否定的。刘勰《文心雕龙·知音》中的一段话好像是专对他说的："会己则嗟讽，异我则沮弃，各执一隅之解，欲拟万端之变，所谓东向而望，不见西墙也。"在他的《近代文学批评史》中，对俄国杜勃罗留波夫以《黑暗王国的一线光明》为题评论《大雷雨》所表现的民主主义的社会历史批评十分反感，所发出言辞极为失当，如不了解他的批评方法的执拗，则根本无法解释下述的言辞：

> 评述奥斯特洛夫斯基《大雷雨》的后期文章《黑暗王国的一线光明》(1860) 表明杜勃罗留波夫的方法的根本毛病在于无所感受。杜勃罗留波夫执意把剧中的女主角卡捷琳娜视为"一个伟大的民族观念的代表"，把她的自杀和她对折磨者的违抗歌颂成"我们民族生活在发展过程中达到的高度"。她在伏尔加河自觉给说成是"向专制势力的挑战"，她的性格被视为"一场民族生活的新运动的反映"。杜勃罗留波夫意识到他的解释似是而非，于是便无视别人对他的指责，说他把"艺术变成了传播外来思想的工具"。他一面设问，一面期待肯定的回答：这种解释是从剧本中得出的吗？现存的俄国本质在卡捷琳娜身上得到了表现吗？新兴的俄国生活运动的各种要求真实地反映在剧本的意义中了吗？他得意洋洋地推断说，奥斯特洛夫斯基"已向俄国生活和俄国力量挑战，要求采取果断的行动"。不过我本人对剧本的读后感如果大致切近文本意思的话，卡捷琳娜倒是应该看作一个可怜的人物，她受着阴暗的本能的支配，轻率地作了通奸的冒险，面对上帝的愤怒战战兢兢，看到大雷雨和地狱鬼火的画面惊恐万状，最后感到罪孽和内疚，便投向伏尔加河以求解脱。剧本的气氛和童话里一样。凶狠的婆婆，蠢笨的丈夫，门口的情人，千方百计要发现永恒运动的秘密的钟表匠，多嘴多舌的朝圣女人，还有那个似疯不疯、叫喊着"你

---

① 韦勒克：《批评的诸种概念》，四川文艺出版社，1988年，第346页。

们所有的人都会叫扑不灭的烈火烧死的贵妇，剧中的众多角色使得全剧带有一种怪诞不现实的味道，犹如恩·特·阿·霍夫曼短篇小说的口气。把卡捷琳娜这样一个奸妇和轻生的人、一个迷信愚昧且被内疚厄运的意识纠缠压垮的妇女变为革命的象征，看来这就是所谓"完全脱离"文本的极限了。任何事物必须为事业服务，不然的话就必须加以改造，使其适合事业需要。"①

韦勒克作为一个有巨大批评权威的批评家，竟然连《大雷雨》和其中卡捷琳娜都不能正确理解，以致在发出一连串非文艺批评语言的攻击之后，以"奸妇"的污水淋头，完全否定了《大雷雨》和民主主义批评的意义，实在是形式主义障眼自误。

韦勒克以形式主义的"新批评"写了很多论著，把本有一定意义的形式批评但却发展至极端片面的地步，难道他一点也没有反思吗？他在1963年出版的《批评的诸种概念》中收录的《二十世纪文学批评的主潮》一文，对自己倡导和发扬的"新批评"方法，也在反思中发出了一种向"历史眼光"回归的意向。他认为"新批评"派"目前它无疑已经智穷力竭了。"因为在他看来"新批评"方法"一直未能摆脱其固有的局限"，他认为这些局限就是"缺乏历史眼光。文学史的研究受到忽略。批评与现代语言学的关系未得到应有的重视和研究，结果它对风格、修辞、韵律等的研究都是浮光掠影的，它的基本美学观念常常缺乏一个稳固的哲学基础。"② 说这些话时的韦勒克已年届 60 岁，可谓是他对"新批评"理论与方法所秉持的形式主义在局限性上的自悟。因为，如果首要地运用了"历史眼光"对文作品进行批评，这岂不是在批评上的一种应有的回归，但这个历史的回归之路在哪里，"新批评"理论家指不出来，因为在理论建构上，只有新历史主义才能真正迈开实践的脚步。

---

① 韦勒克：《近代文学批评史》，上海译文出版社，1997 年，第四卷，第 294—295 页。

② 韦勒克：《文学批评的诸种概念》，四川文艺出版社，1988 年，第 342 页。

# 第三十二章　意识流的认知与实践体现

## 一、意识流的发现与认定

1884 年美国心理学家威廉·詹姆士第一次在一篇题为《论内省心理所忽略的几个问题》的论文中提出"意识流"的概念。他说："意识并不是片断的联结，而是不断流动的。用一条'河'或者一股'流水'的比喻来表达它是最自然的了。此后，我们再说它的时候，就把它叫'思想流'，'意识流'或者'主观生活之流'吧。"[①] 1914 年以后，在西方国家，主要有法国的普鲁斯特、英国的詹姆士·乔伊斯、美国的福克纳等，把意识流的心理学与弗洛依德的下意识理论结合起来，运用自由联想的方式，侧重以人的意识为表现的内容对象，用小说展现人的意识的流动状态。这种创作成为潮流，于是便产生了意识流小说早期流派。

"意识流"是形式还是技巧？从意识流小说产生以后，对于这种现象，人们很注意研究：它到底是什么？这在中外主要有三种看法。

第一种，认为意识流是一个文学流派。苏联早期的文艺评论和我国的许多评论中持此看法。因为西方现代派不少作家都推崇这种流派，于是便把它归入现代文学流派。这样看法就早期的意识流来说，有一定道理，但随着这种文学的广泛扩展，打破了中西界限，不少地方每个人有各自不同的运用，再说成是文学流派，已不能说明它的特点了。把王蒙、福克纳说成是同一个流派，很显然是不妥的。

第二种，认为意识流是一种文学形式。美国评论家梅尔文·弗拉德索在研究意识流小说时，把意识流认为是小说的一种形式。完全同'颂歌'或'十四行诗'一样是指某种形式而言。'颂歌'和'十四行体'虽然用某种互不相同的技巧，但是它们仍属于同一范畴。在叙述体小说

---

① 参见杨清《现代西方心理学主要派别》，第 139 页。

和意识流小说之间也可以会有相似的特性。技巧上的不同就是从两种不同的思想方法来的，另一种是梦想或者是幻想。用老一套句法表达思想的叙述体小说是麻烦而缺乏含蓄的。与此相反，意识流小说用回忆和预料却可以通畅自如地表达思想。"① 这里很显然是把意识流作为小说体了，并认为这是一种表达思想的绝对自由的形式。其实这种形式在一个作家笔下，是可以不同程度地运用的，这在西方被称为意识流小说家的作品中，也是如此的，有的是通篇采用意识流的梦想和幻想，有的是现实与幻想交织，我们是在作品中看到了手法，所以基础性的东西学是手法。我认为是手法就要随内容而转移，我们今天的作者可以据内容需要，不同程度地采用意识流的手法，所以还是从手法和技巧的角度看意识流为好。

第三种，把意识流看作手法和技巧。英国评论家阿·福·司各特说："意识流是一种技巧，通过不断独白表现出思想感情在人物的脑海里流动"。为了证明自己的论点，他引证美国女作家伊迪斯·华顿给意识流下的定义："'意识流'方法之所以不同于生活片断，是由于它不仅记录物质反应，而且记录心理反应，但记录这些反应时即使它们酷似生活断片，又有意不去注意在特定的情况下它们彼此之间的联系；或者不如说，正是它们混作一堆的丰富性表现了作者的主题。"② 华顿的分析要点在于说明，意识流手法不注意特定情况下心理与物质的联系，有一种超越存在关系的非非之想。

## 二、作为手法和技巧的意识流

弗拉德曾指出意识流小说有三种写作技巧：一是内心独白。它包括全部意识领域（下意识、无意识、不觉醒、清醒诸状态）一般是一段内心叙述，可以作为一个完整的单元独立存在。二是内心分析。这主要是指作者对人物的内心分析，以叙述的方式表现人物的内心世界。三是感官印象。它很像内心独白，是瞬息即逝的，有时接近完全无意识，是片断的，差不多是完全处于被动状态中的头脑记录下来的不易消失的印象。

---

① 《意识流文学方法研究》1957年。
② 司各特：《通俗文学名词》1980年、华顿：《论小说创作》1925年。

在这些分析中，美国的哈利·肖说得比较简明："意识流是种写作方法，它将人物的感觉和思想用杂乱无章的形式表现出来。在这一技巧中，表现观念和感情并不注意逻辑顺序、不同层次的现实（睡着、醒着等等）之间的区别和句法。……作家用这方法把人的内心思维按照一个平时思想方式随随便便地、杂乱无章地表现出来。"①

哈利·肖的说法比较准确，可以作为意识流的定义，从定义中可以明确看出这种技巧的特点。

下面，我们对意识流小说的手法特点加以具体分析。

首先，意识流小说以意识为表现对象。意识流小说面向人的心理世界，人物的内心独白、作者的心理分析，占有突出地位。

自有小说以来，主要是以现实生活的矛盾中具体人物作为主要表现对象，现实主义是这样，浪漫主义大体也是以此为基础的。意识流特点比较突出的小说，虽然也表现了人，但中心点是在人的心理上，这种人没有特别清楚的社会关系，社会环境也不十分具体，生活常态的真实性也突出地不足，但它却有充分的心理表现。在其他小说中这是手法之一，在意识流小说中它成了承担一切的手段，几乎整个生活事态，都通过人物的心理反响透露出来，有时通篇作品是人物所想，在生活中的一切都存在于人物的意识中。

意识流的小说作者是怎样运用这一手法写作的呢？伍尔芙讲述了她的实践经验。

弗·伍尔芙（1882—1941）是英国女小说家和文艺批评家，写有各种文学著作五十种，她的小说是意识流的代表作。她的《班奈特先生和勃朗太太》以生动、形象的述说，讲了意识流小说创作中作家的意识活动的状态，对了解什么是意识的小说很有参考价值，现录取其中一段，以见意识流方法的实践过程。她说：

> 假如你们允许，我就不再分析和抽象地议论，而来讲一个小故事。不管多么没有意思，它反正是真事，是我从里契蒙到滑铁卢的旅途中碰上的。希望通过这个故事可以说清楚我所指的性格本身是什么，希望你们能认识到它可能具有的不同面貌，以及当你要用文字表现它时所立即陷入的险境。
>
> 那是几个星期以前的事，有一天晚上我赶火车，急急忙忙

---

① 《文学名词词典》1972年。

跳进最近的一个车厢。刚坐定我就有种很奇怪的、不舒服的感觉，似乎我打断了先上车的两个人的谈话。倒不是什么年轻、幸福的一刻。相反，都是上岁数的人了，女的六十出头，男的也年近半目。他们面对面坐着。男的脸涨红，加上坐着的姿势，可以断定他本来正伸着脖子说得很起劲，现在往后一靠，不言语了。显然我打搅了他使他有点别扭。那位老太太，我们就叫她勃朗太太吧，倒象是松了一口气。她是那种穷干净的老太太，她浑身上下扣得严严的，扎起来又束得紧紧的，补过后又刷光，这种极端整洁比破烂和肮脏更能说明极端的贫穷。她身上有一副困窘的样于——她显出一种受苦的、担心受怕的神色，又加上，她个儿特别矮小，穿着干净皮靴的一双脚几乎碰不着地。我直觉地感到她是个孤苦的人，事事都靠自己决定，她一定是早年守寡或被丈夫遗弃，为了抚养独生子熬过多灾多难的日子，想不到儿子如今也开始堕落了。我坐下的当儿，这些念头就在我脑子里闪过。人都有这个毛病，不把同车的人搞清个来龙去脉，心里就不舒服。我又回头看了看那个男的。我敢说他跟勃朗太太不是亲戚，比较起来他更粗壮、嗓门儿大、是那种缺乏教养的人，我看是买卖人，多半是北部的粮商，很体面，穿一套蓝色斜纹哔叽西装，带着一把小刀、一块绸手帕和一个结实的皮包。显然他有件不愉快的事要同勃朗太太打交道，大概是秘密的不正大光明的事，他们不愿当着我的面说。

"是呀，克劳夫兹家真倒楣，碰不上一个好佣人，"史密斯先生（就这么叫他吧）一边想一边说；显然又提起他先前的话题，装装样子。

"啊，真倒楣，"勃朗太太说，带着一点居高临下的派头，"我祖母有个女仆，十五岁来的，一直呆到八十。"（她的语气里带着受辱而自卫的骄傲，大概是要我们两人都别小看她。）

"现在可碰不上那种好事儿了，"史密斯附和着说。

又是沉默。

"奇怪，他们那儿为什么不建立高尔夫球俱乐部——我还当年轻小伙子们早就会搞起来了，"史密斯先生又开了腔。显然，这阵静默使得他有点不安。

勃朗太太懒得搭碴儿。

"这一带变的多快呀，"史密斯先生一边望着窗外说，一边还偷偷地看我。

从勃朗太太的沉默和史密斯先生不自然的和气劲儿一眼就看出，他掌握着老太太的什么短处，现在正可恶地抓住利用。说不定是她儿子的堕落，要么就是她自己或她女儿过去生活中痛苦的一段。也许她正为转手一部分产业，而前往伦敦签署什么字据。很显然她是身不由己地落入史密斯先生掌中。我正开始对她怀抱很大的同情，她出其不意地冒出一句：

"你知道吗，橡树叶让毛毛虫咬了两年，还能活吗？"

她说得挺有精神，咬字清楚，用一种有教养的，好问的语调。

史密斯先生一惊，但也松一口气，总算找着一个无关紧要的话题。他一口气告诉她一大堆有关虫害的知识。他告诉她说他有个兄弟在肯特郡经营果园。又说果园子一年四季是怎么经营的，说了一大套。他说话的当儿发生了一件怪事儿，勃朗太太拿出一小块白手帕擦眼睛。她哭了，但一直很镇静地坐在那里听着，而他呢，接着往下说，只是声音更大，更带着气，好象以前也常见她哭过，好象她的哭是个自讨苦吃的习惯。最后他觉得讨厌了，就打住，望望窗外，然后向她伸过头去象我刚上车时看见的那副样子，用起了一种欺负人、吓唬人的口吻，意思是说别扯淡。

"咱们还是书归正传吧。没问题吗？乔治星期二准去吗？"

"我们一定准时，"勃朗太太说着振作起来，带着无上的尊严。

史密斯一句话不说，站起来，扣上大衣，取下皮包，在到达克莱普汉站以前就下车了。他达到了目的，但又自知理亏，恨不得赶快躲开老太太的目光。

现在就剩我和勃朗太太了。她坐在我对面的角落，干净极啦，矮极啦，怪极啦，心里受着刀割的痛苦。她造成的印象足以压倒一切。象是刮进来的一股风，象是一股烟火味。它是怎样构成的——这压倒一切的、特殊的印象。在这种时刻，无数互不相关互不协调的念头在脑子里一拥而上；我们看见她，看见勃朗太太处在各种不同的景况之中。我想象她住在海边的小房里，守着很多奇怪的小摆设：带刺的海胆壳，盖着玻璃罩子的轮船模型等。她丈夫的奖章挂在壁炉架上。她在屋子里出来进去，坐就坐在椅子边上，吃饭就在小碟里（象个小鸟一样），没事就长时间地发呆。刚才提到的毛毛虫和橡树叶子就意味着这一切。突然，史密斯闯入了这个怪诞的、隐秘的生活。他进来，象冷天里刮进来的一阵风，把门弄得乒乒乓乓响。他的雨伞在堂屋里滴了一滩水。他们俩关起门来密谈。

于是那个可怕的秘密就在勃朗太太眼前揭开了。她断然采取了勇敢的决定。第二天，天亮以前，她装起了箱子亲自提到火车站去，碰都不让史密斯碰一下。她的自尊受伤了，这个立足点被捣毁了。她原是体面人家出身，用过仆人——算了，细节还是等回头再说吧。主要一点是要实现她的性格，把自己浸在她的气氛里。不知为什么我觉得她的气氛里有些悲剧的、雄壮的东四，同时又洒上了想象的、奇妙的色彩。还没想清楚，火车就停了，我看她提着包，消失在灯火辉煌的车站大厅里。她显得很矮小，很顽强，弱小同时又有英雄气概。我再也没见过她，永远也不会知道她的下落。

故事就这么没头没脑地结束了。我讲起这个小轶事既不是显示我自己的聪明，更不是证明从里契蒙到滑铁卢旅行的种种愉快。我要你从中看到这么回事，那就是一个人给别人拿住了把柄。勃朗太太就这样使别人情不自禁地要写一本关于她的小说。照我看，所有的小说都是从坐在你对面角落里的老太婆开始的。我看所有的小说都是写人物的，同时也正是为表现性格，而不是为说教、唱歌或颂扬大不列颠帝国的光荣，小说的形式那么笨拙、罗嗦、缺乏戏剧性，而又那么丰富、有弹性、灵活——才发展起来的。我是说，要表现性格，但你立刻会想到，对这个说法可以做最广泛的解释。譬如说，随着你生长的年代和国家的不同，你会相应对勃朗太太的性格具有非常不同的反映。要把车上见到的那件小事用英文、法文和俄文做三种不同的叙述简直太容易了。英国作家只会把老太太变成一个"人物"，他要突出描写她的古怪穿戴和举止，她身上的扣子和额上的皱纹，头发上的丝带和脸上的粉刺。她的个性会统治全书。法国作家就要把这些都抹掉。他宁可牺牲掉勃朗太太个人，为的是对整个 A 类发表一般感想，创造一个抽象的、合乎比例的、和谐的整体。俄国人则会穿过肉体，显示灵魂，而仅仅是灵魂，在滑铁卢大道上游荡，向生活提出一个巨大问题，直到合上书，它的回声还不断在我们耳边萦绕。除了时代和国家，作家本人的气质也要考虑在内。你看中了性格中的一点，我偏看中另一点。你说有这种意思，我偏说有那——种意思。等到动笔的时候，每个人又会根据各自的原则做进一步的取舍。如此下来，勃朗太太的处理方法可以按照作者的时代、国家和气质而千变万化。

在欧美的各种美学方法中，意识流是一种很特殊的文学创作的实际操作方法，很不容易以理论分析的方法加以说明。上引伍尔芙的实践说明是最好的形象性的方法展示。

## 三、从一篇小说的实例看意识流

美国当代小说家欧茨的小说《二十九条臆想》，通篇是一个精神分裂者的臆想，即内心独白。小说中进行臆想的"我"，她臆想出来了男精神病医生和找他看病的女精神病人，实际这个女病人就是"她"自己，是她精神的分裂物，

这种分裂的精神就成了小说的表现的内容对象。

本来表现人的心理是文学表现人的一个重要方面，许多现实主义作家也很注意这一点。但现实主义作家写心理，特别注意人的现实处境与心理的联系，写环境中的性格，但意识流手法则有意不注意物质条件与心理的联系，人物多有非非之想，甚至近于神经质，作者写时也特别注意心理分析。如美国女作家欧茨的小说《在冰山里》，[①] 写一个天主教修女教授艾琳，在教书时遇见了一个犹太男学生温斯坦，他是一个精神病患者，对现实不满到最后自杀而死，但这个人使艾琳产生了在心理上纠缠不清的情绪。作者在小说中集中写有一大段对于艾琳的心理分析，分析中显示了修女们虽生犹死的凄楚心情：

> 他第二天来上课，迟到了十分钟，他显出一副傲慢、蔑视的样子。他一言不发，抱着胳膊坐着。艾琳修女带了被遗弃的、纷扰的心情，回到修道院。她受了伤害，这是荒唐的，可是……她花了太多的时间去想他。仿佛他是她寂寞的心境的结

---

① 《当代美国短篇小说集》，上海译文出版社 1979 年版。

晶；但是她没有权利过多地想他。她不愿想他，也不愿想她自己的寂寞的心境……她祷告上帝保佑，她把很多时间都消磨在祈祷上，她比前几年更加关心她修女的天职。修道院的生活沾染着虚无缥缈的色彩了，一种迷雾似的变幻，这是从都市之夜的睥睨一切的天空中得来的色彩，一模一样的烟囱在云层下排列成行，它们给天空放出芸芸众生、顺利兴旺的尘世的污秽。这个城市不是她的城市，这个世界不是她的世界。她并不由于了解这一点而感到自豪，这是个事实。小小修道院不是这个嘈杂世界中间的一个孤岛，其实还不如说它是一个窟窿、一道裂缝、尘世不去打扰它，它也没有什么吸引人的东西。修道院里的生活节奏同尘世的节奏毫无干系，它丝毫不会去亵渎、惊扰尘世的。艾琳修女要算将她一生的碎片拾掇起来，还得将它们揉合到作为一个尼姑应尽的天职中去：她是个尼姑，她已被公认为一个尼姑，她已心悦诚服地献身给这种生活，她有个名份，有个职位，她已将她卓越的学识贡献给教会，她工作没有报酬，没有希望得到感谢，她已抛弃了自尊心，她不顾自己，只顾她的工作、她的天职，她不想这些之外的东西，她每天都意识到她卷入了基督教的奥秘之中。但是这种意识每天给她带来恐怖：因为她感到那个学生——那个犹太孩子——把她拖到一种她没有预料到的关系中去。她想大声喊叫，因为她唯恐自己是被迫扮演一个基督教徒的角色的，这意味着什么呢？她的研究能告诉她什么呢？别的修女能告诉她什么呢？她是孤独的，没有人能帮助她。他正在把她逼成一个基督教徒，对她来说这是一种奥秘的事，一种可怕的事，这对别人来说，像随随便便、漫不经心地披上一件衣服一样，而她却看作是个壮丽的、可怕的奇迹。

从这里可以看到一个修女的凄苦，看到尘世对她的冷遇和淡漠，她虽然然想克尽天职，把自己同尘世的节奏分离开来，但一个犹太学生却把她拖到一种没有预料到的关系中去，而这对于她的身份来说是一种奥秘、可怕而又壮丽的事情。可是当后来这个犹太学生向她要求给一种"真实的东西"——"希望您把我当人一样看看我"，而不要"虚假的基督之爱的废话"时，她不准他握她的手，他们彻底地分手了。这暗示着，这个修女遇不到一种可以真正把她拖回到尘世的力量，她的命运只有不断地被吸引到空虚中。作者从人的心理上的失望展现社会,现实关系成了意识之流上漂浮的一块块碎片。

其次是以人的意识的发展变化为结构手段,比之于传统小说情节的有人物、有事件的矛盾关系的自然逻辑安排,显得有些杂乱无章,但从以人物心理为中心来构置内容顺序,打破外在的时间与空间的自然顺序来说,也有它流畅自如的某些方便之处。

美国现代小说家杜鲁门·卡波特的小说《灾星》载《当代美国短篇小说集》。反映的是一个居住在纽约的小人物西尔维亚的心灵如何被损害的悲剧。她寄寓在高楼林立的大都市,孑然一身,贫困孤独,为生活下去而再没有什么可卖时,她去向富人瑞弗康先生卖自己的梦,当她醒悟到一个人如果把自己的梦全部卖光了,那也是很可怜的事,她于是便向买梦者讨还自己做过的但已卖出的梦——这当然是讨还不成的,她终于成了因彻底失望而不足珍惜自身的人。由于这篇小说重在写人的心理,加上生活事实本身又带有很大的梦幻色彩,若以传统的小说手法来写则不好构思,不好组织情节,勉强写成,也不过是虚构的奇异故事,如许多浪漫主义作家所写的那样。但这里摒弃了浪漫主义的结构方法,是以人物所思所想——实际经历的回忆、幻觉中的印象等等,来综合连缀漂浮在记忆之流上的生活片断,不论事情真假如何,就它们出于人的心理活动之中这一点来说,乃是真实的。这如同一个人做了一个荒唐的梦,就梦的内容本身来说是不真实的,但就人确实是做了一个荒唐的梦来说,乃是千真万确的事实。

在《灾星》中,到处是以心理活动为结构中心的手法。如西尔维亚在纽约市街回家的路上穿过一座公园,这时想起了朋友亨利和爱丝特夫妇的劝告:天黑不能从公园穿行。这时两个朋友的形象、行为进入了小说情节,书中有一大段是关于他们一对痴男怨女、卿卿我我的介绍,是公园中风吹树叶的声音,使她精神又回到了公园的路上。她回到家以后,她又想起在自动售饭餐厅听到一个人说他的女朋友因生孩子没有钱而卖梦的新闻,躺在床上,又回忆起自己也曾到东78街卖梦的事实,以致入梦后还向瑞弗康卖梦……西尔维亚在自己房间里吮一块方糖、打开雪茄烟盒,她由物想起了祖母和哥哥,想起了自己的家人和失去的童年,感到了眼前的冷漠和孤单。卡波特笔下的这些内容,如果不用意识流手法使之进入人物的意识链,靠直接情节是很难组织成功的。

最后是非正常心理描写,如梦幻状态、下意识、精神分裂、变态心理等等，占有作品的突出地位。应该承认、生活中存在着这些形态，并且也是可以表现的。意识流小说面对被颠倒的现实资本主义世界，擅长于写不正常社会里的人的不正常心理。

在《灾星》中，有西尔维亚在梦中梦见瑞弗康走入她的梦境；还有丑角演员奥瑞里卖梦得钱买威士忌，喝醉了得以到蓝天漫游，这都是对丑恶现实的一种批判。人处于下意识或无意识的状态中，心理往往是无次序的、混乱的。意识流小说以逼真的手法写出了这种情境。如《灾星》中，当奥瑞里被警察逮捕之后，西尔维亚愁居在家，曾软瘫在地上，后来她起来同时听收音机又看报，听觉视觉感受交织在一起，出现了杂乱的反应：不论她自己还是读者，这时都分不清，"拉娜否认、俄国驳斥、矿工和解"，到底哪里是听来的，哪里是看来的。正是在这里，写出了一个心思极乱的人物形象。包括精神分裂中两种形态：一种写精神病患者，如《二十九条臆想》中的"她"；一种是可以易地而处，能自我审视的正常人，《在冰山里》的艾琳，最后就发现自己是一个被分身的人，她自己身上有些美好的东西已经不属于她，而是从她的自身一部分中"飘浮出去了"。在19世纪，欧洲小说中我们看到过像于连、皮却林那样的自我审视的典型人物，意识流的手法与前人的这种创造有联系又有发展。

意识流小说中的变态心理描写，是更趋向于弗洛伊德的心理学的。如英国现代小说家戴维·劳伦斯的小说《美妇人》[1]，就是表现所谓"恋母忌父"的"俄狄浦斯心理"的。小说揭露了一个十分可怕的具有变态心理的老女人宝玲，是她侄女西西利亚抗争，才使她精神瓦解，随之死去，她的儿子罗伯特才没有被她害死。这种变态心理的描写，是有它的特殊的社会历史条件的。

意识流小说在外国经过几十年的发展，积累了一些新的表现经验。作为表现生活的一种经验积累，并不是没有可取价值，但我们决不能原封不动地照搬外国的。总的态度，我认为可以采取"拿来主义"，在手法技巧上，用得上的就吸收，为表现生活所用；但不能摹仿，更不能用意识流的手法写得让人莫名其妙；有些如连标点符号都不用的所谓"创新"，就不足取，总之，只有在手法适应了内容表现的需要时，才能显出这种手法的必要性。

---

① 载《英国短篇小说选》，人民文学出版社 1981 年版。

# 第三十三章　结构主义与解构主义

## 一、结构主义的特点

要了解从结构主义怎样发展到解构主义（后结构主义）美学，我们需要先了解结构主义。结构主义并不是一个统一的哲学流派，但其核心思想却是把一切事物都看成处在一定的系统结构之中，认为任何事物只有在系统整体中才能获得其意义，并把结构分析作为观察、研究、分析事物和现象的基本思路与方法，以发现事物背后的结构模式。

结构主义要义在于，客体事物的关系要由人来重建，把原客体有组织有目的地构拟起来，揭示支配该客体功能的规律和原则。我们接触文艺作品不可避免地要接触结构的概念，结构是对作品的组织构造方式，如一幅画，画面的形象体系要有一个组织、安排。这里面不同的对象物要形成一个总体。而且有的艺术形式有固定的规范形式，即必须如此结构，否则就不是这种艺术了，如唐诗中的近体诗，就有律诗和绝句，五律、七律，五绝、七绝和排律，其中就有平仄、粘连和韵律的规范。

虽然艺术作品各有不同的思想表现，但里面有内在规律，这就是结构后面隐藏的东西。《聊斋志异》中有篇《鸲鹆》，这是被杰姆逊特别关注的一篇小说。通过这个故事情节我们可以了解在结构后面隐藏的东西。

> 王汾滨言：其乡有养八哥者，教以语言，甚狎习，出游必与之俱，相将数年矣。一日，将过绛州，而资斧已罄，其人愁苦无策。鸟云："何不售我？送我王邸，当得善价，不愁归路无资也。"其人云："我安忍。"鸟言："不妨。主人得价疾行，待我城西二十里大树下。"其人从之。携至城，相问答，观者渐众。有中贵见之，闻诸王。王召入，欲买之。其人曰："小人相依为命，不愿卖。"王问鸟："汝愿往否？"言："愿往。"

王喜。鸟又言:"给价十金,勿多予。"王益喜,立畀十金。其人故作懊恨状而去。王与鸟言,应对便捷。呼肉啖之。食之,鸟曰:"臣要浴。"王命金盆贮水,开笼令浴。浴已,飞檐间,梳翎抖羽,尚与王喋喋不休。顷之,羽燥,翩跹而起,操晋声曰:"臣去呀!"顾盼已失所在。王及内侍,仰面咨嗟。急觅其人,则已渺矣。后有往秦中者,见其人携鸟在西安市上。

这个故事说明了卖八哥的人以鸟为友,是友善的。买鸟的人有权势,把鸟作为自己的玩弄对象,和鸟是不平等的。两者的不同表现了:八哥与卖鸟人在一起,作为鸟自由的存在;被卖之后,买鸟人不把它作为自由对象物来对待,这就构成了矛盾。假使我们把这个意义作为故事后面的存在,后面就有了意义的不同,我们看到作品中有正面人物、反面人物构成的矛盾。两者如何发生矛盾的呢?就是必然要因为某些原因。同一个对象物后面联结着两种人,就是一切事物都存在于系统结构之中,而且事物只有在整体中才有意义。

以《鸲鹆》的具体情节而论,其中有两种对立力量,两种方式。八哥的拥有者是"人",绛州州官是"反人"。在人与鸟的关系上养鸟者与鸟是"友谊"关系,州官与鸟是"控制"关系,他可以随意处置鸟。鸟原不在笼中,而州官必将鸟置于笼中。这是"人"与"非人"、"反人"和"人道"之间的对比,这两者最根本的区别在于:州官靠金钱与权力实现目的,养鸟人靠友谊与交流实现目的。这个模式可以容括不少作品的结构。

分析结构是为了从结构后面隐藏的东西来揭示它的意义,这就出现了结构模式。在不同的民族当中有共同的模式。如古希腊神话、圣经、中国神话均有关于洪水的神话,虽然神话中有具体情节的差别,但它们有共同之处。各个民族积淀着共同的模式,后代作家在创造自己的结构时常常从中得到启示、借鉴。施特劳斯特别注重研究神话模式,找到了不同民族之间共同的结构模式。按西方的解释是说某一民族的结构模式流传到其他的地域,那一地域的民族也有了此种结构模式,并把其称为流传性情节。就是说流传性情节不是从本民族的生活和文化土壤上发源,而是传播的结果。这个说法否认了不同民族在生活相同的情况下会产生同生活相适应的结构模式。虽然在民族交往中有情节流传现象,但这并不是不同民族神话与民间故事情节相似的主要原因。在发生学意义上说,相同的主要原因不是因为传播,而是生活经验相同会产生相同的结构模式。如自然现象中出现的风雨雷电现象，原始初民只能用幻想来解释，这样就造成了相似的结构。再如资本主义萌芽的产生，必然会在各个地域、民族里产生相同的反封建的自由追求。

## 二、解构主义的解构

德里达（1930—2004）是法国解构主义的主要代表人物，影响于全世界，有人特别崇拜他，也有人特别反对他。1992年英国剑桥大学欲授予德里达名誉博士学衔。消息传出，在世界上引起了极大的反响，19名来自世界不同国家的一流教授给剑桥写信，声称不能将名誉博士称号授予德里达，因为他"采用了一种拒绝理解的风格"，而一旦将这种风格"识破"，你会发现"要么是虚假的，要么是微不足道的"。认为德里达的"建立在无非是对理性的价值真理和对学术成就进行半通不通的攻击的基础上的学术地位"，当不起卓越大学的荣誉学位。[①] 但是，剑桥大学还是授予了德里达荣誉学位。这说明德里达在世界范围内具有争议，其理论意义与他所得到的荣誉，人们并不都认为名实相副。可是德里达还是德里达，在萨特逝后还没有一个理论家像德里达那样受到推崇和引起强烈的反响。德里达去世后，世界进入后德里达时代，他的意义、理论价值是什么呢？

解构主义的解构目标是解构的实质所在。

在前结构主义时期，罗兰·巴特的著作中讨论的结构主义是把索绪尔的语言学理论应用其中，这是德里达之前的结构主义，后来罗兰·巴特的立场有了个转变，他否定了前结构主义，进入了解构主义。

成为解构主义的先驱的德里达，他曾经是结构主义的拥护者，他是在厌倦了萨特和梅洛—庞蒂的存在主义哲学之后，才不在人的存在问题上绕圈子而转向结构主义的。但他发现结构主义既无力动摇现存制度和文化结构，也无法疏离权力中心的控制和话语制约，于是开始批评"结构"，消解中心和本源，颠覆形而上学的二元时立，解构统一性和确定性，领导了解构主义的潮流。德里达的文章《立场》体现了解构的目标所在。"传统哲学的二元对立中，我们所见到的唯有一种鲜明的等级关系，绝无两个对项的和平共处。其中一个单项在价值、逻辑等等方面统

---

① 《一种疯狂守护着思想》，上海人民出版社，1997年版，第232页。

治着另一个项，高居发号施令的地位。解构二元对立便是在一个特定的时机，将这一等级秩序颠倒过来。"德里达认为传统二元对立观念，它是传统哲学构成的形而上学大厦，这是在场的形而上学。把类似真理与谬误这两项看成是对立的，支持一方压制另一方。德里达的目标就是要把这个"二元对立的形而上学"的东西否定。果如德里达所论吗？我们认为就现实的存在来说，现实和理念中都存在着不同的事物和观念之间的矛盾、对立。不能否认本质上这种不同的存在，揭示这种不同的存在也不就是形而上学。形而上学是把对立面看作是永远固定不变的，也不能互相转化。在现实中揭示两者的不同、对立，不能称之为形而上学。从所有对立面的揭示中发现、确立它的性质，不能称其为构筑形而上学的大厦。不能无原则地、无条件地把对立关系完全推倒。德里达的解构主义是想把这种对立关系解构。解构在字面上的意思是把原来的事物的构成加以消解。我们认为事实上也无法消解，如果真正可以把不同的东西、对立的东西加以消解，不承认它的对立状态，那施特劳斯的"结构"与德里达的"解构"之间也就不存在着差别和对立了。

德里达的无条件的解构也会把自身否定了。德里达认为二元对立是形而上学的原因是什么呢？他的分析有一定的合理性。合理性在于所有的矛盾、事物对立面都不是截然对立的。以马克思的辩证法来看，所有的对立面当中，不仅是对立的存在，就是对立面自身也有对立面的东西存在，对立面双方不仅仅互相在矛盾中向相反方向转化，矛盾双方总是以对方的存在作为自身存在的条件，对立双方的自身也存在着相反的东西。也就是说美中有丑，丑中亦有美，合理中有不合理，不合理中有合理。相互转化是有内在的动因，外在作为条件，在一定条件下会变成相反的东西，所有的事物都是如此。从辩证法的角度来看，事物总是相互转化，不能形而上学地看待事物，但不承认事物本源性的矛盾，也不符合事物的实际。中国古代的辩证法已显示出了这种意义，老子说："反者道之动"，即事物内在有相反的存在，这相反之合的道，因之而推动着事物的发展变化。事物受道支配，内在相反的东西会推动它向相反方面转化。"福兮祸之所依，祸兮福之所伏。"中国古代辩证法也揭示了对立之间是可以互相转化的，中国的儒、道都强调"中和"、强调"正道中行"，能避免向相反方向转化，从而不走极端，但也不能永远维持中行不变。所以这种对立关系是消解不了的，也不能不承认它的存在。

## 三、解构的广泛颠覆性

德里达在法语中找到了一个词 difference，把其中的第二个 e 改为 a，成为 differance，接近了法语动词的"区别、差异"，变成了具有行动意义的指令，具有了"分延、延异"的词义。这个词就成了解构主义的中心概念，其核心地位相当于中国道家哲学的"道"。但"道"是一个矛盾的创生体，道生一切，也能化解一切；而"延异"则只能解构一切。解构主义的核心关键词"延异"，在内涵上有三层意义。1. 具有区分的意义。2. 散播，具有分散整体的意义。3. 延宕、环环相扣，向无穷伸延。德里达赋予了"延异"这个词自身以颠覆力量。德里达认为这是无所不在的宇宙力量，它会侵入每个实体的概念当中，会侵入每个词当中，没有什么可以逃离它的解构。德里达的解构主义的"延异"，揭示的是事物的内在矛盾，显示出概念的内在撒播性。"延异"的无所不在会渗透在每一个词句当中，他指出，在柏拉图的著作中有一篇《斐德若篇》，其中说希腊语"药"（pharmakon），就具有毒药（Poison）和良药（Remede）两层意思，这个统一的词被自行拆解，可以自身产生区分、延宕、散播的作用，"药"存在着自身对自身的解构。因而，善恶、美丑等对立的东西都应该像"药"一样回到统一的范畴中去，因此不能强调矛盾的某一方面。

德里达对于语言中心论的强有力支柱索绪尔的语言符号理论进行了解构，他用的方法是抓住索绪尔"能、所"二元对立的设置及其解释，揭破"能指"与"所指"之间的漏洞。索绪尔认为，一个符号之所以成立在于它在语言系统中与其他符号不同，因此它本身不具有本体价值。德里达分析，如果一个"能指"的意义仅存于与其他"能指"差异程度上，那它就不能成为"所指"的直接呈现，这样，"能指"与"所指"的关系就成了外加的非必然的关系。用同一方法分析"所指"，它的成立的理由又是存在于与其他"所指"的不同，自身仍无本体价值。就这样，当把索绪尔的符号学理论概念转化为形而上学观念时，被证明的只能是"能指"存在的可能性是基于不存在，而存在之所以存在完全是由于并依赖于"不存在"或"差异"的相对关系。德里达用这种"延异"方式，侵入索绪尔的"能指"与"所指"之中，进行意义解构，给语言中心论认定的言语是内含的与本体性的形而上学以沉重打击，至少了是冲击了"能、所"的二元结构。

德里达的解构主义主要目标集中了解构逻各斯中心主义。逻各斯（Logos）在希腊文中基本义指是"本原性、终极性的真理"。"本原性"是指事物的自身规定性，有决定性的本质意义，是终极的真理。在欧洲文化史上，柏拉图说的理念是逻各斯，而艺术又是理念表现的表现，都由逻各斯确定；亚里斯多德讲的"动力因"也是逻各斯。逻各斯成为一种超验的所指，先验于语言。所以，逻各斯的意义不在语言之内，人们进行的语言表述，语言的涵义不在语言之内而在语言之外。此时，语言成为"说话人的在场"，不在场就没有语言。文字和语言不同，写文字的人不在场。逻各斯中心主义特别强调"在场"，因此强调语言中心，否定文字的价值。认为语言是媒介，文字成了媒介的媒介，成为语言的代用品。认为文字是不在场的形而上学，所以贬低文字，强调语言的价值和作用。在西方传统形而上学中是特别强调语言的价值的。德里达的解构主义就是要消解语言的"在场的形而上学"，否定逻各斯中心主义。所以德里达非常推崇中国的汉字，因为欧洲的语言是表音的，中国的汉字不是语音构成，它具有更大的意义。语音中心主义总是抬高语言贬低文字，海德格尔认为"语言是家园、是诗意的安居"，强调了语言的重要作用。德里达认为逻各斯中心主义正是形而上学大厦的保护神，他要解构它；解构了二元对立，作为一种文学理论或美学理论要实现解决的是建立"阅读和批评的模式"。

德里达的解构又一个对准的目标是文本的权威解读，反对以一义压倒群解的独断，强调在解构中读出前人未有的发现，方法是到文本外去寻求，须用"误读"以消解文本中心。这个模式的基点是把反传统、反权威作为首任。德里达在《弗洛伊德与书写的意味》一文中说："本文是不存在确定性，哪怕过去存在的本文也不具有确定性。……所有本文都是一种再生产，事实上，本文潜藏着一种永远未呈现的意义，对这个所指意义的确定总是被延搁，并被新的替代物所补充和重新组构。"①我们对此可作以五点归纳，以见解构主义经常使用的方法。1.文本没有确定的意义。文字自身有散播、分化作用，自己消解自己，就像"药"有良药、毒药之分一样。如此就和接受美学、阐释学理论结合在

---

① 德里达：《弗洛伊德与书写的意味》，转引自胡经之王岳川主编《文艺学美学方法论》，北京大学出版社，1994年版，第393页。

一起了。接受美学认为作者创作的文本是属于作者的。尼采说"上帝死了"，罗兰·巴特说"作者死了"，所以人们不必按照神所定的原则生存，要自己确定自己的生活方式；"作者死了"，作品已不是作者的，关键在于你得到了文本后想解释什么，这是西方美学的突出口号，把文本当作空筐、纯结构。2. 一个文本可以涉及其他文本，但不指涉文本外的任何事物。3. 一个文本对其解释有多种解释的可能性，不同解释可能是互不相容的，甚至毫无共同之处。4. 文本并未引导人接近作者的意识状态，因此不能被视作任何意义上的从作者到读者的交流。5. 批评家的工作不是解释文本意味着什么，而是将它精心构筑成一个新的文本；批评家不是追随文本，而是超越文本，自己重新构筑一个文本。这是说对文本的解释，不能把文本当作权威，应该按照解释者自我所见来解读文本。

德里达的解构主义还对传统的人本主义发难，认为人本主义是形而上学的；又以人不是超验的存在物反对"自律"说；对于人本主义预先假定一个正在构成的意识也予以批判；对于传统的人本主义认为的科学和知识是不断进步的自由史观也予以批判，认为历史"正要死去"、"正在终结"，并写有《人类的终结》的语义双关的论文。德里达在这个问题上的批判是足够激进了，但理论的价值不大，虚无主义更加明显。

德里达以解构主义消解一切的二元对立观念，对形而上学形成了有力冲击，但也否定了矛盾的对立性；否定了对立性，自然也不承认矛盾的转化与统一性。他以为作者不创造意义，必须到文本之外去寻求，可是我们在德里达的文本外却不知哪里还有德里达的哲学！

# 第三十四章　德里达的解构主义

在 20 世纪六十年代的法国巴黎，虽然在历史上早有思想渊源，如传统的形而上学和索绪尔的语言学，但却同时涌现出一群学者，他们共同掀起了结构主义的理论思潮，盖过了在二战后一直占主导地位的存在主义，很快风靡欧美，辐射到文学、艺术、哲学、美学、人类学和社会学等多学科之中。其代表人物列维－斯特劳斯、阿尔都塞、巴特、德里达等，都成为 20 世纪后期人气最旺的学者，他们所倡导的结构主义也成了最有操作性的实践方法。而对于结构主义加以解构的解构主义，即习惯上说的后结构主义，也是从其内部发生的，巴特和德里达都是后解构主义的代表人物。

法国的结构主义承续传统的二元对立的形而上学，形成为完整系统的结构模式，深入到多种学科领域，成为一时的显学。但不久即在内部出现像罗兰·巴特和德里达这样的解构理论家。特别是德里达，抓住了结构主义认为结构是在以无意义的各部分重建客体并由人制造意义的破绽，以结构主义重建的客体无始源意义为突破点，展开对形而上学一切领域对立模式的颠覆活动，进而一概否定文本的固有意义，建构了以挑战传统权威、消解逻各斯中心主义为能事的解构主义。但德里达解构二元对立只不过是颠倒对立结构项中的主次地位，并不能真正消除矛盾关系，原本的二元关系仍然存在。所以德里达所反对的二元分立，不论在实际关系中还是在他的思维中皆仍如其旧。

## 一、结构主义的客体重建

结构主义是理论，是活动，也是方法。对此，巴特的说法具有代表性。他介绍结构主义时说："结构主义是什么？它不是一个学派，甚至也不是一个运动（至少目前不是），因为一般被帖上这个标记的多数作者并不感到有任何真实的教义或主张把他们联合在一起。它也不是一套词汇。"他认为"结构主义本质上是一种活动，即是说，一定数量的精神活动的延续。"这种活动的基本目标是，"不管是内省的或诗的，用这样一种方式重建一个'客体'，从而使那个客体产生功能（或'许多功能'）的规律显示出来。结构因此实在是一个客体的模拟，不过是一个有指导的、有目的的模拟，因为模拟所得的客体会使原客体中不可见的，或者愿意这么说的话，不可理解的东西显示出来。结构主义的人把真实的东西取来，予以分解，然后重新予以组合；看来，这个微不足道……但从另一角度来看，这'微不足道'却是决定性的：因为在结构主义活动中两种客体（按：指原客体与重建客体）或两种时态（按：指'共时'与'历时'，原客体存在于历史中，是'历时'的；模拟的重建客体是表明共时内的各部分关系的模式，是'共时'的）之间产生了一些新的东西，而这新东西并不少于一般的可理解性：模拟物是理智加于客体，而这种增加是有人类学上的价值的。"[1] 巴特在解析结构主义"重建客体"的具体活动时，他列出了两个典型动作，即分割和明确表达。关于"分割"，巴特指出："分割原客体，那个承受模拟活动的客体，就是要在其中发现某些机动的部分，它们的不同处境会产生某种意义；那个部分本身并无意义，但它却是这样的部分，在它构造中造成的最细微的不同会引起整体的变化。"巴特认为列维—斯特劳斯的"神话素"就是"这样的部分"。关于"明确表达"，巴特指出："各个部分一旦定位以后，结构主义的人必须在其中发现或为它们建立某些联合的原则：这就是明确表达的活动，它接替了召唤的活动。我们知道，艺术或叙述的方法是极为不同的；但我们在结构主义事业中的每件作品里都发现一种对经常性强制力的服从，这种强制力的形式主义，当它被不恰当地表明时，远远不如它的稳定性重要，因为在模拟活动这第二阶段发生的正是一种反对偶然性的斗争；这是为什么强制某些部分重复出现的力量几乎具有造物主的价值；是靠部分以及部分联系的经常出现使作品显得是制成的，即是说，是被赋予了意义的。"巴特对结构主义目标概括为："可以说结构主义的目标不是人被赋予意义，而是人制造意义。"[2]从这里，可以看出索绪尔语言学的"历时"与"共时"、"能指"与"所

---

① 罗兰·巴特：《结构主义——一种活动》，见伍蠡甫、胡经之主编：《西方文艺理论名著选编》下册，北京大学出版社，1987年版，第464—466页。

② 罗兰·巴特：《结构主义——一种活动》，见伍蠡甫、胡经之主编：《西方文艺理论名著选编》下册，北京大学出版社，1987年版，第468—470页。

指"的二元对立结构;而通过重建客体过程,使本身无意义的各部分,经结构而引起整体的变化,并产生意义,这也就肯定了文本意义的客观性,这些都是后来的解构主义所坚决反对并加以解构的"形而上学"。

结构主义强调从原客体上重建客体,在艺术创造中,不外就是把分散的、偶然的材料,结构为一个是人"从偶然性争夺过来的东西",并"制造意义"。这里虽然有索绪尔的处于历时中的"能指"无本体性,以及形式主义的结构决定意义的倾向,看不到结构所结构的东西中本身就包含有客观内容意义,但结构主义的这个方法却可以给人以启示,要承认结构自身的意义,因为结构中矛盾对立内容是情节冲突和人物性格的基础。结构主义不承认结构是在结构着内容成分的这种形式主义立场,是后来被后结构主义所解构的先因。

对于解构主义在这里有必要特别说明两个问题,一是结构的效用,一是二元对立的模式导致的形而上学。

巴特认为建构客体的"模拟物是理智加于客体"。此语表述的是结构的效用。人们在客体建构中,所选择的各个部分都是出于对整体构成的考虑,不管作为分体的存在其原本意义为何,它一旦被结构进来,必须作为新建客体的支撑点,实现的是新建客体的意义。这就像诗文中的用典,不论原典意义为何,此刻作为能指成分进入诗文语境,必须成为诗文表现的某种意义承担者,不应是其始源独在意义的显现。如李白的古风之十五的"燕昭延郭隗,遂筑黄金台";之三十五的"丑女来效颦,还家惊四邻",其前者典故来自《史记》,后者有来自《庄子》、《韩非子》等书的典故,它们在原典中本各有其义,但到了李白诗中,却分别服从于李白的愤世不公、不得时用和憎恶浮华、渴望淳朴的主题建构。当然这分体部分也是本有相适意义的,但入诗后却成了李白建构新客体的分体支撑成份,结构主义的关注目标也正在这里。

结构主义者循着索绪尔在语言学研究中所用的语言/言语,能指/所指,历时/共时的对立模式,揭示所遇的传统文学作品结构的基本元素,用找到的客体的"机动"的部分,去说明由于它们有规律性的组合,对建构的客体的意义赋予。对于这种客体建构的最终目标,德里达从解构意义上将其归结为逻各斯的二元对立,认为在对立的二元中只承认和尊崇其中一方面,而一律否定和贬斥另一方面,并不知道所肯定的方面仍存有自我解构的存在。但德里达只知解构二元对立,而没有顾及统一中的对立确又是统一的基础,没有这种对立,统一也无从谈起,"反者,道之动"，是内在的矛盾推动着事物的发展变化。正是根据这一规律，艺术作品才以之为结构关系的动力，人物有正反，甚至正中亦有反，反中亦有正。只是像法国古典主义那种人物性格必须归守理性的胜利或情致的单一律，是不符合生活现实逻辑的，因而在结构方法上是须加解构的，但正反的矛盾结构设置以及强调真善美的意义，这却是不能解构的。

解构主义者以各种文学作品的构成为研究对象，有人对不同体式的作品专作模式研究，如普罗普专门研究民间故事的功能单位，列维—斯特劳斯专门研究"神话要素组合"，托多罗夫特别关注作品的句法结构，热奈特尤为注重叙述的组成层次间的相互作用，雅可布逊特别注重以对等原理分析诗歌。应该说，这些人多方位地展开结构主义的批评运作，开阔了人们对作品的观察角度，也丰富了文艺理论内容。但他们都有以自己所发现的一种结构方法为普遍结构的偏颇性，让人错觉为各类文学作品的结构都是自律自足而无他律的存在，以致这种结构主义越向完备方向发展，就越接近它的解构地步。结构主义就是在它的形而上学极端阶段，遭遇了解构主义的解构。

## 二、解构主义的解构目标

解构主义的首要代表人物是法国的德里达。是他首先于 1966 年在美国霍普金斯大学的一次研讨结构主义的国际学术会议上向结构主义发出的批判。德里达在许多美国人正在张望结构主义怎样到来的时候，就以《人文科学话语中的结构、符号和游戏》的论文，向他们泼出了一头解构的冷水，他认为美国同行们至今还将结构主义看作是方兴未艾，而自己倒觉得结构主义之路已走到尽头了。德里达的发言以他的解构主义第一次向结构主义和传统发出冲击。首先，他对结构主义大师列维—斯特劳斯的理论加以质疑，认为自柏拉图直至结构主义以来的诸多哲学观念都存在形而上学的二元对立问题。德里达早就意识到"解构不是，也不应该仅仅是对话语、哲学陈述或概念以及语义学的分析；它必须向制度、向社会的和政治的结构、向最顽固的传统挑战。"① 在德里达的视野中，"除了尚未发现可对马克思、恩格斯或列宁的文本作出相类似的

———————————

① 《一种疯狂守护着思想—德里达访谈录》，上海人民出版社，1987 年版，第21页。

批评"，而"只要我将索绪尔，或弗洛伊德，或其他人的文本，作为同质的文本来处置（同质主题，尤其是神学主题），它们就必然是被消解的对象。"① 德里达认为传统的二元对立哲学深入植根于各个学科领域，而对于对立的二元总是一个单项统治着另一个单项："在一个传统哲学的二元对立中，我们所见到的唯一是一种鲜明的等级关系，绝无两个对立项的和平共处。其中一个单项在价值、逻辑等等方面统治着另一个单项，高居发号施令的地位。解构这个二元对立，便是在一定的契机，将这一等级秩序颠倒过来。"② 德里达的这个观点表明了他的社会政治立场和学术思想倾向。他像似否定一切传统形而上学依据的尼采，对从古希腊哲学以来以语言确立的"逻各斯"即万物生灭变化背后的规律，也就是事物的终极真理，一律采取了颠覆的态度。对于逻各斯中心主义与语言的关系，陆扬有一段分析足以见出二者之间的密切关系，也是德里达特别要解构索绪尔语言学中的二元对立结构的奥秘所在。陆扬解释说："逻各斯中心主义是相信有某个终极的所指，如存在、本质、本原、实在等等，可以作为一切思想、语言和经验的基础。这是一切所有能指唯它为指归的'超验所指'。由于它被认为是整个思想和语言的基础，它自身就必然超越思想和语言的系统，不为语言的自由游戏所玷污。它自然也是一种意义，但它不像任何其他意义一样，只是差异游戏的产物，而是先于语言存在，表现为意义的意义。要之，哲学的方向便是追索意义：意义不在语言之内，而在语言之外，是先于语言而存在，语言本身是无足轻重的，不过是一种工具。从这一前提出发，以言语的'活的声音'为直传逻各斯的'本原'，以文字为成事不足，败事有余，反将人引入歧途的'补充'，无疑是势在必然的结论。所以德里达说，逻各斯中心主义是一个别称，就是'语音中心主义'，或者说，它与压制文字、高抬言语的语音中心主义，是形影不离的一对伙伴，它们都是在场的形而上学。"③ 德里达以言语的语音中心主义为直传逻各斯的"本原"，他抓住了当时被结构主义视为最权威最直接的护法理论，即索绪尔《普通语言学教程》中的二元对立结构，作为理论范畴和思想方法解构的重点所在。

---

① 《一种疯狂守护着思想—德里达访谈录》，上海人民出版社，1987 年版，第 108 页。

② 德里达：《立场》，转引自陆扬《德里达·解构之维》，华中师范大学出版社，1996 年版，第 57 页。

③ 陆扬：《德里达·解构之维》，华中师范大学出版社，1996 年版，第 16 页。

德里达解构的核心是反对形而上学的二元对立。德里达有如德国的尼采，不承认一切领域的形而上的根据，他对于资本主义的现存社会制度有一种深深的质疑。在1968年法国发生的"五月风暴"，他是实际参加者，组织了巴黎高等师范学校的第一次大集会，他亲自参加了当时的示威。在事后的反思中，他"并没感到我是在参与一个伟大的变革"①，因为这是一场"自发的迷狂和某种自然主义的乌托邦思想"的运动，所面对的"非自然的、历史性的、人工构筑的制度"，虽然"人们发现它们完全是没有根基的，既没有法律的根基，也没有合法性的根基。"②因此对其解构则是合理的。所以"解构不是，也不应该仅仅是对话语、哲学陈述或概念以及语义学的分析；它必须向制度、向社会和政治的结构、向顽固的传统挑战。"③

　　从上述言论所见，德里达的结构的主要目标，原本是对着社会政治及其制度的体现，这是对实体的实践性的解构。问题是经过五月那场他自己所描述的"不太合乎我口味的狂欢中"④，他有醒悟，他们的举动除了激起社会怨恨和权力欲望，就是造成了"一个哲学事件"。德里达在1991年3月在回答埃瓦尔德访谈时说：五月风暴"这是一个哲学事件，虽然它不是以一部作品或一篇专题论文为形式，事实上它是对一种社会性或散漫的政体作了实践性的质疑"，"这一质疑是通过动摇这种政体或参与对它的改革来进行的，对这些结构的真实性进行质疑也是一种哲学事件，或是对哲学事件的一种许诺。不管人们知道与否，或愿意与否，它总是使哲学发生了变化。"⑤德里达说这种后果对他自己来说，就是"开始赋予我的作品一个明显的、更具（可以说是）'战斗性'的形式。"

　　我们从上述的历时描述中可以见出，德里达的解构是以向传统社会政治制度全面进行解构的姿态出现的，但是仅凭呐喊、示威解构不了政治制度，更是动摇不了它的基础，一度作势的他和他们都失败了，他们的"自发的迷狂和某种自然主义的乌托邦思想"，使运动无果而终。德

---

　　① 《一种疯狂守护着思想—德里达访谈录》，上海人民出版社，1987年版，第35页。
　　② 《一种疯狂守护着思想—德里达访谈录》，上海人民出版社，1987年版，第36页。
　　③ 《一种疯狂守护着思想—德里达访谈录》，上海人民出版社，1987年版，第21页。
　　④ 《一种疯狂守护着思想—德里达访谈录》，上海人民出版社，1987年版，第35页。
　　⑤ 《一种疯狂守护着思想—德里达访谈录》，上海人民出版社，1987年版，第36—37页。

里达在五月风暴之后，把他的政治狂欢后的愤慨带进了他的哲学，他自谓我正是在这样的后果中，才开始赋予我的作品一个明显的、更具战斗性的形式。这种极具反传统、反中心、反权威、反停滞的倾向，加大了他的解构主义哲学批判性的颠覆性。可惜他不是诗人，他的愤慨只能使他的哲学减少科学的理性，偏离理论的准度。

一是，解构主义的解构重点是二元对立，而解决二元对立的方法是颠倒对立单项的地位，也就是使一个"在价值、逻辑等等方面统治着另一个单项，高居发号施令的地位"的单项，变成与原来统治地位相反的地位，而原来被统治的那个单项在解构主义的"等级秩序颠倒"中，就可以在价值、逻辑等等方面统治着另一个单项，自然也会"高居发号施令的地位"，等级、价值都变了位。这对于原来处于被统治地位的那一单项，无疑地是一个美妙的许诺，并且是应该力争的愿景。可问题是解构主义消解的这个二元对立，本是存在于形而上和形而下的一切领域中的，尤其是对于作为形而下的社会形态的对立存在，绝不是纸上驱遣所能消解和颠倒其地位的。这种用颠倒主次地位而实现"两个对立项的和平共处"方式，并没有真正消除实际关系中的二元对立，也未能达到二元对立思维模式的改变。

二是，二元本来表述的是矛盾既对立又统一，也就是说不只是对立。结构主义的以及一切形而上学都把二元对立设为构成万事万物和文艺作品的万应不变的动因与构成模式，看不到对立的双方因为彼此的矛盾以及每一方自身的内存矛盾，会推动彼此在一定条件下各向对立面去转化，因此对形而上学是必须加以解构的。颠覆结构主义所秉持的历史过程中形成的"天不变，道亦不变"的形而上学，这在原则上是应予肯定的思想。但二元对立的规律体现并不只体现在如语言与文字、言语与写作这类由索绪尔人为结构成的二元对立模式，在形而下的现实领域中更有坚实的存在，对此，并不像语言学领域，只要一颠倒"文字"与"写作"地位，"文字"地位就提高了，就优于言语了。

三是，解构主义者提出要无条件地消解二元对立，实际上是不承认二元对立中的对立项因自身本质构成的不同，在其发展过程中所处的地位不同，自身内部矛盾程度的不同，必然有主导与从属的不同，价值与意义的不同。这种不同，是由对象自身的条件确定的。人们面对这种对立关系，如果仅仅是为了消解二元对立而去加以颠倒，那颠倒后出现的只不过是对立项换了位的二元对立。更何况在对立模式中的两项，如福与祸，它们都各有相对的自身矛盾，人们固然不能简单静止地对待它们，认其为绝对的福与祸。但是当它们各自没有达到向自己的对立面转化并转化到占有主导地位时，还不会发生地位的颠倒。而且福与祸，在人们的现实的追求中，其价值与意义总是福处于这个二元对立的首位，也可以说是无法让世人去把祸视为在价值上优于福的，尽管福在有条件的情况下也会变成"塞翁得马"的结果。

四是，二元对立中的对立项，本来是各有其自身的矛盾的，以祸/福、善/恶、穷/通这类对立项中，对立的每一单项，其身身也都在一定程度上包含有对立面的某些质数。对此，即使人为地颠倒它们彼此的地位，让善恶二元中的善居于统治地位，可是恶却不服从，它势必抗争，还是实现不了解构主义所预设的"两个对项的和平共处"。所以颠倒对立的二元中两个单项地位，实现的结果仍是二元对立，只不过其中处于统治地位的单项换了另一个。

五是，形而上学的二元对立的思想，其弊端不在于以对立结构二元的模式，而在于认为这个对立是不变的，不承认发展与变化，以致不知二元对立统一后会变化为新的矛盾对立。解构主义解构这个二元对立，所采取的方式是改变其中的等级关系，改变其中的发号施令者，例如把原来的言语高于文字，所指高于能指加以解构，颠倒为文字高于言语，能指高于所指，并能从语言存在缝隙中找到一些事例，但终究不能说明事物矛盾关系中对立又统一，统一又对立的广泛存在。对此，朱立元主编的《当代西方文艺理论》一书出："解构批评专门从文本中搜索矛盾，并几乎是千篇一律地企图推翻定论的做法，常常显得捉襟见肘，生硬勉强，难以令人信服。在传统主义阵营看来，这样做不说是刻意引人走火入魔，至少也是毫无意义。连小说家厄普代克也认为德里达是在鼓吹'艺术中没有健康的东西'。即使在左翼中，反对解构主义的呼声也很高，虽然德里达自喻为民主左派，左派们认为，解构主义是诱人沉湎于永远没有结果的玄想，而无视现实世界的不公。"[1] 这个评断，就解构主义的缺欠之处来说是大致不差的。

---

[1]　朱立元主编《当代西方文艺理论》，上海华东师范大学出版社，1997年版，第340页。

### 三、解构主义的解构策略

德里达的解构主义向传统的形而上学发起冲击，他的理论起点源自于他发明的新词"différance"（异延）。这个词是对法语 différence（差异）的改造，把本词第七个字母 e 换成了 a，用以表示意义在时间过程中一环一环地向后延宕，以与只表示空间上的差别的"差异"不同。在德里达看来，"异延"可以渗入和颠覆每一个概念、每一种实在，它向四方播撒而没有中心，解构文本，在延宕中产生意义，导向无边的解构世界，可使逻各斯和在场的形而上学被消解和替代。

德里达的解构主义对准逻各斯中心主义，他在解构策略上善于抓取形而上学所暴露的矛盾之处，找到其话语结构的自消解的异延所在，施展开自己的理论。柏拉图是以理式为终极真理的逻各斯中心主义者，在言语与文字的关系上，也是言语胜于文字论者。在《斐德若篇》中，就以苏格拉底转述古埃及国王塔穆斯对于发明文字的图提认为的文字"是医治教育和记忆力的良药"的说法并不认可，塔穆斯认为书文是"外在的符号"，"只是真实世界的形似，而不是真实世界的本身。作为药，它只能医再认，不能医记忆，因为有了文字就不再努力记忆了。"[①] 德里达对于国王塔穆斯"将文字与言语的关系比喻为助记手段与记忆的关系"，认为是柏拉图的逻各斯中心主义的体现。[②] 但柏拉图在文中以"药剂"比喻文字，却使德里达由药的自身性质与作用具有相反意义的构成，展开了他的颠覆策略。已如前述，德里达在《柏拉图的药》中，对"药"的内涵循柏拉图的以药比喻为文字的思路，进行了解构性的分析，认为"药"这一概念自身就具有"异延性"，它既是"良药"又是"毒药"，所以他在《播撒》一文中认为"药"没有毒药和良药的专属特性，而是以用向和程度为根据，所以"药"成了任何可能分裂的共同要素和中介。[③] 德里达这是找到了"药"自身的矛盾性。其实这是辩证法固有之义，在方法上并不是首创。中国的《周易》以阴阳和合、相辅相成和相荡相摩解释万事万物；老子讲"万物负阴而抱阳"；庄子讲"其

---

① 柏拉图：《文艺对话录》，人民文学出版社，1980 年版，第 169 页。

② 德里达：《文字学》，上海译文出版社，2005 年版，第 50 页。

③ 参见《一种疯狂守护着思想—德里达访谈录》，第 182 页。

分也，成也；其成也，毁也"，等等，都是说不论对任何事物，皆须正反面、里外间都要看到，不可偏执于一端，偏居于一隅。

德里达在颠覆语音中心主义时，他要解构索绪尔的能指和所指无本体的错误解释。索绪尔出于意义生成于结构关系的前提，认为言语（以音素为符号）和文字（以线条为符号）的意义，都不是来自于语言的实体，而是来自于"区分"或"连接"的过程，即结构中的一个符号或一个音素，因为不是其他才是它自己。在德里达看来，这样要想确立能指和所指的二元结构，以期实现意义高于符号，所指高于能指，是不可指望的。结构主义的这种意在以虽有差别却无意义的符号组合中"制造意义"的结构模式，被德里达找到了爆破的漏洞。德里达出于解构逻各斯中心主义，反对把能指符号的意义固定化、权威化，他抓住了能、所二元理论所认定的能、所二元本身皆无内在实体意义，意义本自于区分（即此能指、所指与彼能指、所指的不同）与连接，就此，德里达就以其作为本身无本体意义的结构加以颠覆。本来能指与所指的概念是各有其涵义的，因而也自有意义，但索绪尔出于言语追求意义的原则，却错误地解释了从能指到所指的最终意义创造过程，为德里达留下了颠覆的破绽。索绪尔关于语言符号无本体意义，而其意义只存在于区分性的关系中的理论，导致他的结构语言学的能指、所指这两根支柱的自解构。因为，认为一个能指符号的意义仅仅在于与其他能指的差异上，那就等于承认它本身没有本体意义。因此，一个能指的意义存在于永无止境地追逐其他能指，不能作为所指的直接呈现；而所指的存在也在于与其他所指的差异。这样，不论能指与所指，都成了无本体性的存在。两个不存在的存在，岂不是完全失去了存在的根据。如果我们去掉索绪尔的错误解释，可以看到能、所结构自有其本体意义，所以德里达的解构只能解构错解，并不能颠覆符号与意义的关系，因为庄子说的"言者所以在意"，是道出了人言在于意义的本质，并不是谁规定的说话著文必须表意的结果。

德里达的解构主义着眼于事物的自身矛盾，颠覆逻各斯中心主义，这与他反正统、反权威的立场直接相关，可以启发人们的辩证思考。任何事物不论自身之内，还是存在关系，都有相反的存在，药是如此，别的事物也莫不如此。事物的矛盾构成就叫做"反"。正是这个"反"推动着这个事物，是内因，是动力。如果由此类推，如处于矛盾关系中的善或恶、美或丑，也不是善是绝对的善，恶是绝对的恶，美是绝对的美、丑是绝对的丑。而善的东西里面包含着恶，恶的东西里面也包含着善。如对于"暴力"，从来都被认定是恶的表现。但是暴力却有推动历史进步的方面。"暴力"一词也有点像"药"，其中有进步与反动这种统一又分裂的自消解作用。所以，与杜林一概地视"暴力是绝对的坏事"相反，恩格斯在《反杜林论》中着重分析过"暴力"的两种相反的作用。他说，"野蛮的征服者杀光或者驱走某个国家的居民"，用的是暴力；而"暴力在历史中还起着另一种作用，革命的作用；暴力，用马克思的话说，是每一个孕育着新社会的旧社会的助产婆；它是社会运动借以为自己开辟道路并摧毁僵化的垂死的政治形式的工具。"① "药"与"暴力"这两个词具有同构性，都具有自身内的相反意义，即统一又拆分的自身消解自身的作用。不知德里达关于"药"的灵感是否来自于马克思和恩格斯？

德里达反对逻各斯中心主义，怀疑、否定一切权威、本源和终极意义，其颠覆的方向指向文字书写的固有内涵，必然解构文本权威。本来一个作品出现，其自身是有一定意义存在的，在历时的过程中也有不少解释和发现，自然也各有不同价值或权威性，成为后人认识作品的历史材料和定位引导。但由于德里达出自"异延"的起点，既不承认作品的始源性意义，也不承认文本内在的固有性，只强调阅读、批评的创造性，因此视误读和无定解为正常之事。德里达解构文本权威解读的理论，其大致意向是：

首先，由于认为作品没有原意，作者也不创造意义，作品文字的播撒性，要求阅读者必须无止境地到文本之外去寻求踪迹，德里达认为这是始源迷失之所致。

其次，认为阅读作品即是写作。所强调的是读者变作品为文本，造成自己的创造空间。为什么阅读是写作？德里达认为作者写作是在有路又无路中间跋涉，他要表现意义却又不能实现意义的表现，留下的是非确定性的踪迹，阅读者这时不是从作品中找到原意，而是在解构作品中创造属于自己的文本。

再次，由于认为文本无始源性的意义，因而怎样解读作品则完全是由读者做出，因此也就不存在文本的解读权威。这样，对一个文本出现不同解读，甚至是互不相容的解读，这也是正常现象。这个思想到了德

---

① 《马克思恩格斯选集》第三卷，人民出版社，1976年版，第223页。

·曼那里，就成了凡是阅读皆是误读的说法。

最后，由于认为文本不存在作者赋予的始源性意义，而作品只是在一个能指接着一个能指的异延中分延、播撒、游荡，其意义永远无法完全确定，以致封闭在文本中间。因此，阅读和解答无法由一人一次最后完成，"本文不再是完成了的作品资料体，内容封闭在一本书里或字里行间，而是一个区分的网络，一种踪迹的织体，这些踪迹无止尽地涉及它自身外的事物，涉及其他区分的踪迹。"① 如果这样，读者在阅读文本时，由于不知文本中真正属于作者的是什么，因此解构主义便不认为阅读是与作者在交流。读者与作者的这种关系，在德里达那里定位还是"写作是撤退的作者"，可是到福柯的《何谓作者》里，已经变成了"死者"："作家的标志降低到不过是他独一无二性的不在场，他必须在书写的游戏中充当一个死亡的角色。"②

德里达以结构主义的颠覆性，向西方以逻各斯中心主义为代表的传统思维模式发起了挑战，发现和提出了许多新的问题，经常是"采用了一种拒绝理解的写作风格"，以标新立异的态度惊世骇俗，在学术界引领风骚二十多年。他的支持者非常坚定，形成为学派；反对者也特别强烈，把他"学术血统"与六十年代的"五月风暴"的"轻率任性"的背景联系在一起。由于他的许多观点对于历史上通常之论都采取不承认的态度，显得特别偏激，加上在文本批评上未能摆脱形式主义的文本中心论，对许多对待性的范畴常好偏执于一端为是，自然要陷入自设的二元对立之中，这就难免不被别人所解构了。

---

① 德里达：《继续生存》，转引自胡经之、王岳川《文艺学美学方法论》，第389页，第391页。

② 德里达：《继续生存》，转引自胡经之、王岳川《文艺学美学方法论》，第389页，第391页。

# 第三十五章　反形式主义的新历史主义

新历史主义差不多是西方现代美学中出现的距今最近的批评理论，它的问题的提出是在上世纪八十年代，到现在才二十几年；后现代主义的发生比新历史主义早得多，所以新历史主义是西方美学当中历史最新的一种理论。说到新历史主义，前面加个"新"字，必须先了解在新历史主义之前还有一种"历史主义"，所以要了解新历史主义，必须先了解历史主义。而要了解历史主义和新历史主义，还必须了解马克思主义的历史唯物主义。本文只想着重谈谈新历史主义。

在美国正式形成的新历史主义，是在旧历史主义偏向实证主义研究方法衰微、各种形式主义大行其道之后，特别是在解构主义乃至现代主义热衷于"语言论转向"而切断了历史文本和文学文本与社会历史存在的必然联系的时况下，实行"历史文化转型"，把社会、人生的历史，重新放置于文本解释过程之中，实现了研究理路上向历史意识的回归，不论在西方还是在中国都发生了积极的思想文化影响。

## 一、历史主义的自然存在

在过去很长的历史过程里，人们研究文学艺术或者社会现象时，都是将其与现象后面的历史背景联系起来加以考究和评论，也就是说都是把它放在一定的历史条件下去加以分析。所以凡是把一种现象，不论是政治现象或者是思想现象以至于文学艺术现象，把这些现象和历史联系起来做考究，可以说都是历史主义的一种表现。按荷兰的佛克马和易布思的概念界定，"历史主义的方法是把艺术品放在一定的历史背景中加以评价，倾向于把它意义限制在产生它的那个时代。"① 历史主义的核

① ［荷］佛克马、易布思著：《二十世纪文学理论》，北京：生活·读书·新知三联书店1988 年版，第 5 页。

心在于从历史条件来说明产生于这种历史条件下的各种各样现象，也包括文学艺术现象。因此这种研究方法历史很久远，从有文学艺术的研究就已经开始了。在朱立元主编的《当代西方文艺理论》中，在历数了维柯、卢梭、柏克、黑格尔、克罗齐等人之后，在分析历史主义的特点时，作者概要地指出：历史主义"大致都强调历史的总体性发展观，坚持任何对社会生活的深刻理解必须建立在关于人类历史的深思熟虑之上，强调社会发展规律支配着历史进程并容许作长期的社会预测和预见；注重思辨的历史哲学为整体的人类历史总方向提供一种解释的模式；注重批判的历史哲学将历史最终看作一种独立自主的思维模式。"①但把这种方法定为一种主义，甚至于在文学批评、文学研究中找到一些作为主义的代表人物却又不多，因为历史主义是一种历时性的批评方法，表现在个人身上却又各有不同。比如法国 19 世纪的丹纳，他著有《艺术哲学》和《英国文学史》等书，就以艺术"表现的历史特征或心理特征的重要、稳定与深刻的程度"作为"艺术品等级高低"的决定条件，并以艺术形象所表现历史深度和时代的思想感情的深度为评量艺术的标准。② 他的《艺术哲学》主要是研究以绘画为主的各类艺术的规律，他以种族、环境、时代这三个点作为解说各种艺术源流的依据。就是说不论你这个艺术中画家怎么进行创作，或者说进入到其他的领域当中，像戏剧表现为什么出现有那种情况，他都能找出历史条件来加以说明。比如他研究法国路易十三王朝的贵族人物的好勇、不怕危险、好面子、讲高雅，他认为就是当时的社会风气，他称此为"精神气候"。③他说，在路易十三王朝一代之中，死于决斗的有四千人之多；他说法国戏剧中上流社会人物多具这种历史风尚。④ 还有在法国悲剧中写的希腊题材，不论是高乃依还是拉辛写来都不失法国十七世纪的贵族的文雅风尚，迥异于古希腊的原版模样。⑤ 他认为这都是历史与现实条件的表现，他非常明确地以历史条件来解释文学艺术现象。他研究古希腊的裸体艺术、中世纪与文艺复兴时期艺术中的人性呈现之异，古典主义悲剧

---

① 朱立元主编：《当代西方文艺理论》，第 16 章"新历史主义"（王岳川执笔），上海：华东师范大学出版社 1997 年版，第 391—392 页。

② ［法］丹纳：《艺术哲学》，北京：人民文学出版社 1963 年版，第 362 页。

③ ［法］丹纳：《艺术哲学》，北京：人民文学出版社 1963 年版，第 34 页。

④ ［法］丹纳：《艺术哲学》，北京：人民文学出版社 1963 年版，第 55 页。

⑤ ［法］丹纳：《艺术哲学》，北京：人民文学出版社 1963 年版，第 58 页。

中的文雅风格，都是以历史之异为据来加以说明。在这些历史条件里边，他虽没有从社会政治经济基础来解释，但他标榜的一些东西还是属于历史条件的，并透露出历史与现实的某种交合性。所以要说到历史主义，丹纳被认为是最典型的历史主义者。那么把这种存在与他之前之后的评论家联系起来，往前可追溯到古希腊亚里士多德或者黑格尔等等，他们研究文学艺术现象，在很多条件下也都在说着历史怎样进入艺术，艺术如何表现历史，也是从历史条件来解释这些文学艺术现象。所以历史主义是一个非常广泛的存在现象，没有那个单个人说自己是历史主义者，不像新历史主义者那样明确标榜自己的理论名号。

用这种历史主义的人常有他的缺欠：在解释文学和它所依据的历史条件的时候，把这个艺术仅仅停留在它所依据的历史条件之上，容易表现为实证主义的机械论，好以文学作品为历史本身的存在，既不突出其本身为文学，也否定了此时此地的研究者对以前的历史现象、文学作品的表现之间的不断生发的期待视野的存在。所以有人在框定历史主义的缺欠时说，历史主义在研究作品时把意义仅仅限定它产生的时代，作品的意义就发生在它产生的时代，对现在和今天有什么意义或者批评者解释者怎么表现在对作品的解释中却没有顾及。以致认为不论是对于历史文本还是文学文本，都有最终的定论。新历史主义恰恰要克服这些局限。无论是对历史条件的认定，还是对今人的新解释和认定上，这两个方面都做了比较大的开拓。历史主义认为这是绝对不可以的，历史就是客观的历史。新历史主义认为那仅仅是一些文献资料，凡是历史的都是过去的。所以不存在作者表现的历史之外的历史，只存在书写的历史，不存在绝对的历史的本身。新历史主义把它松动了。在主体这方面，过去的历史主义把作品的意义就限定在过去的历史条件上，好像与今天没有关系；而新历史主义认为批评者、解释者应该进入到历史文本和文艺作品当中，把现代现在的自身带进历史解释当中去，写出属于这个人、这个时代人的历史。认为历史和文本的解释者就是创造者，这就不是历史主义的主张者、实践者那种主体状态，而是今天"活着的人说着过去的事"，让过去的事情活在今天。所以有多少个今天的人去说过去的历史，就有多少个过去的历史；有多少文本的读者就有多少个文本。这是新历史主义与过去的历史主义的根本不同所在。

用历史主义的方法研究历史和现实，就要把历史还原为历史，把文学艺术置身于历史背景之下加以研究，即把各种文本纳入历史之中去解释，或者把历史纳入文本之中以解释文本，这本身并没有什么不当。问题是解读者对历史的理解的想象成分，对文本理解的主体条件限制，使其都不会是唯一的理解，自然也不会是终极的理解。解构主义抓住这个形而上学的表现，反其道而行之，大行其"误读"、"撒播"之道，使历史与文本所具有的客观本来意义，变成"作者死了"、只有形式存在的无主之作，或可以作任何解释都行的"创造"，这才物极必反地召唤出了反形式主义的新历史主义，使其既能继承历史主义追求的文本与历史结合，把历史还给了文学文本，又能在现代的现实意义上能动地解读和生发历史和文学文本，去除各种超现实、超历史的形式主义的偏颇。

## 二、新历史主义的发生

新历史主义作为批评学派的发生是在 20 世纪的 80 年代，或者说是在 1982 年。在新历史主义登上历史舞台之前，西方文艺理论、文艺批评、文艺研究中是形式主义潮流占据了主导地位，新历史主义的产生与此时境有直接关系。

在二十世纪初的形式主义，有以什克洛夫斯基和雅各布森（后成为"布拉格学派"）为代表的俄国的形式主义批评，有以贝尔和弗莱为代表的英国的形式主义。形式主义影响范围非常大，除了直接以"形式主义"的旗号出现外，还有一些如结构主义、新批评等也是以形式主义的思想为核心的研究方法。就是说把文学艺术作品看作形式，艺术是进行形式的创造，这个形式的创造和历史和作者的经历都没有直接关系，研究文学艺术不应跳出作品的形式之外，不要跳出结构之外，研究文学艺术不该陷到内容里边。这种思潮非常突出，它漫延到整个欧美世界。以至像新批评、解构主义、现代主义都成了占据主导地位的文学批评的方法和流派，并成为占据美学、文艺理论领域的主要思想。这些形式主义的研究在文学艺术的表现中几乎一律地以形式为本体，普遍地认为艺术的本质在于形式或形式的某一方面，而对于作品和历史的关系，和作者经历有什么关系，也就是作品和作品之外有什么关系，形式主义认为一律没有关系，因而在研究中则把历史主义所坚持的作品与作品之外历史联系，极力地予以消解和抛弃。所以在二十世纪"异说"竞盛的时代里，惊人说法层出不穷："上帝死了"、"作者死了"，剩下的差不多就是手持解构主义的理论家在"解构"了。几十年皆如此。此时文学艺术的解读、评价让人们非常困惑，许多理论一个比一个新，但如何才能将文艺作品解释得合乎历史实际？文学艺术的本体到底是什么？却不能给以科学的回答。就是在这样的情况之下，历史推出来新历史主义。因为这时人们发现艺术具有的意义与历史语境有直接关系，文学艺术本质和历史意识有斩不断的联系，被形式主义所否定的旧历史主义它们所用的方法、所追寻的原则还有某种意义，不可能把它们全部抛弃，把文学艺术存在说成和历史毫无关系，因为这样好像解释不了文学艺术现象。所以这个时候出现了一些和形式主义不相同的理论，如英国的文化唯物主义，德国的法兰克福学派，法国和意大利的新历史学派，它们都是在新历史主义产生之前即多有论著表明新的历史主义观点，也就是对于文化的评价，文学艺术文本的评价与历史联系起来。这些理论家的理论，虽然还不叫新历史主义，但是已有了新历史主义的一些内容，就是说已经把历史意识、历史批判、文化诗学作为自己阐释文学艺术的理论观念，它们不同于旧历史主义，也有力地冲击了解构主义与后现代的文艺批评，这些都为新历史主义的出场创造了条件。

新历史主义的理论建构多赖格林伯雷和怀特二人。

在 1982 年，美国加州大学伯格利分校的教授格林伯雷（又译成格林布拉特）在他的《文艺复兴文学研究与历史主体》这篇文章中正式提出来"新历史主义"的名称并进行了相应的探索。在此前后格林伯雷以英国文艺复兴时期的文化和文学为主要研究对象，写出了大量的论著，如《文艺复兴时期的自我塑造：从莫尔到莎士比亚》、《再现英国的文艺复兴》、《莎士比亚的商讨》等，他提出"新历史主义"时其研究的视野并不是当前的文学，他选取了英国文艺复兴时期作家作品，尤其是选中了包括莎士比亚在内的六个人。他认为这些作家和作品与历史有密切联系，在他们的作品与历史的联系中能找到文学与历史的联系规律。他是用新的历史方法去研究文艺复兴时期的作家作品和历史的联系，并且显示出他作为今天的研究者和二十世纪的理论评论者所具有的新的意识。把历史的规律和现实的文学艺术加以连接，得出来历史上的文学艺术作品和历史的关系是如此，现时的文学艺术和历史的关系也是如此，总而言之文本中脱离不了历史意识，文本批评中也不应缺少历史意识的维度，这也在证明着对文学艺术理论的创造和生发，所依据的对象既可以以现时的文学艺术为对象，也可以以历史上的现象作对象，不论古今，文艺发展在规律上是相通的。凡是规律都是内在的制约条件，古代的规律到今天仍是规律，所以他通过研究英国文艺复兴的文学艺术提出了新历史主义的见解。

新历史主义的另一个人物是美国圣克鲁兹加州大学教授怀特。他在《文学批评及历史研究》中大大推进了新历史主义理论。其基本理论是：历史的存在是素材性存在，素材性存在本身不是历史，对素材的理解和联缀使历史文本具有了一种叙述话语的结构，这个历史文本指的就是历史本身，把历史看作一个文本。这是广义的文本。而人在解释中对素材的理解和联缀使历史文本具有了一种叙述话语的结构，也就是使历史素材变成了一种用语言叙述出来的一种结构。所以这时出现的历史是人们头脑中的"关系网"，形成的历史文本，也只是解释性的历史。新历史主义认为除了这种历史外，没有别的历史，所以所有历史都是对历史的素材赋予叙述性话语结构，这就成了历史书。所以怀特认为找不到已逝去的历史，因为凡是历史都是流过去的水，而人们读到的历史只能是经过历史思辨哲学编纂的历史哲学形态。怀特的新历史主义与旧历史主义最不同处在于他认为语言叙述之间的真实是一种假定的真实，不可能有"对过去事件文学表现或文本化符合那些事件本身的真实"，因为"不论历史事件还可能是别的什么，它们都是实际发生过的事件，或者被认为实际上已经发生的事件，但都不再是可以直接观察到的事件。作为这样的事件，为了构成反映的客体，它们必须被描述出来，并且以某种自然或专门的语言描述出来。后来对这些事件提供的分析或解释，不论是自然逻辑推理的还是叙述主义的，永远都是对先前描述出来的事件的分析或解释。描述是语言的凝聚、置换、象征和对这些作两度修改并宣告文本产生的一些过程的产物。单凭这一点，人们就有理由说历史是一个文本。"① 怀特把历史本身说成是"文本"，其根本意向在于它是只能在描述的语言结构中存在，不是事实性的历史存在，因此人们以自己的倾向去解释，既是不可避免的，也是天经地义的。在怀特看来，人们通过对历史材料的理解，以语言作表述的文本，所以这些文字文本都带有诗人的想象和虚构性。正因为这样，新历史主义将所有的历史都看成是具有诗性特征的著作。这样就动摇了传统史学家认为的文本可以反映历史本来面貌，或现实主义文学理论认为作品可以反映出历史真实的观点。在

---

① ［美］怀特：《新历史主义：一则评论》，见王逢振等编《最新西方文论选》，桂林：漓江出版社 1991 年版，第 499 页。

"怀特看来无所谓历史的本来面目，更没有历史的真实。人们在解释历史时实际上早已介入了历史，即把自己的主观倾向带进了历史。这决定了不存在作为客观对象的历史真实。"① 怀特认为"历史真实"不是一种客观对象这是对的，但不承认历史文本和文学文本在表现历史时可以有与历史本身一致或相切近的性质，即历史的真实，那也正给了反对新历史主义的人们以"主观主义"回应的口实。我们如果实事求是地看历史家的历史文本、作家艺术家的作品文本与历史现实的关系，固然都不可避免地要承认其作者要在文本中表现自己的倾向，但这倾向与历史的实际存在并不是绝对不相容的；有时能达到历史真实性。

新历史主义认为历史是一种历史文本，人们面对历史文本可以有自己的创造，有自己的解释，并具有诗性和象征的特征，这个思想与法国的现代哲学家、美学家福柯有直接关系。福柯认为"历史学家不可能客观地描述过去，因为他们不可能了解过去。"② 这是说对每个人都一样客观的纯然的历史是没有的。格林伯雷和怀特受这个思想的影响比较大，即否定了绝对历史，认为历史学家不可能客观地描述过去，因为过去已经过去，他不可能真正地去了解过去，就成了格林伯雷和怀特所讲的历史只有素材性的存在的理论前在，而历史的文本性使由人们表述的历史，必然是要把表现者加到历史表现中去，体现的特征就是诗性和象征。因此必然要出现对同一个历史对象的不同文本的解释。

## 三、新历史主义的理论要点

对新历史主义理论的学理性归纳可以概括成四点：

1. 新历史主义进入到文学艺术作品的批评和评价中，认为文学艺术作品和最初形成的社会和文化环境有密切的联系。因为我们看到新历史主义它说到历史本身的存在和对历史表现时，虽然认为人的表现和历史本身有很多差异，因为表现的人不同，必然就有很多种表现，但前提都是历史；新历史主义没有舍弃这一点，而形式主义却把这些前提都舍弃了。正因为新历史主义没有舍弃，所以它认为文学艺术作品与最初形

---

① 章国锋、王逢振主编：《二十世纪欧美文论名著博览》，北京：中国社会科学出版社1998年版，第489页。

② 弗兰克·伦特里契亚：《福柯的遗产——一种新历史主义》，见王逢振等编《最新西方文论选》，桂林：漓江出版社1991年版，第488页。

成的社会文化环境是有密切联系的，并且文学艺术作品对历史社会文化环境的表现和以前以及当时的"话语模式"相联系。这个话语模式是新历史主义使用的一个频率很高的概念。这个"话语模式"不仅涉及到话怎么说，还牵涉到话语和政治与权力的关系。格林伯雷特别强调对任何文本的解释，都不能停留于语言文辞表面，必须到个人经验与特殊环境中去，到"权力话语"的结构中去，回答文本世界所面对的社会存在，以及文化的互文性。每个时代的话语模式后边常常都隐藏着一个权力模式。就是说这个话语和当时的社会历史政治有密切联系，甚至于社会里不仅有政治权力统治，也有话语权力统治。话语权力统治很重要的一个表现，就是这个时代的人说话都是使用着这种语言的模式和句式。

2. 新历史主义把历史看作是一体化的文化系列所排列成的一个序列。首先确定历史是由人所排列的序列，这就是所谓的历史书。它的存在，在历史书之前的存在是一个一体化的文化序列，写历史的人把一体化的文化系列变成一个由文字所表述的序列，当一体化的文化系列被排列成历史书的这样的序列以后，必然要和历史本身发生差异。进入到文学艺术领域，就是一体化的文化系统所排列的一个带有人为性的序列进入到文学的表现，成为历史的文本。这里有历史本身的序列，然后经过历史学家，历史的写作人使这个序列变成历史书的文本。如果以历史书和历史本身相对照，会出现很多差异性情况。所以有这种差异就在于以文字去表现历史本身，必然会发生因表现者不同而产生的不同。

3. 历史是一个可以重新获得事实的领域。它表明了这样一个意思："历史"的这种存在会有无数的事实随着人们对它的了解研究而随时出现。可以从"历史"的存在中获得新的事实，它是一个事实不断出现的领域。这要付诸现象的解读的话，就是说历史已经过去，人们和它不同代；不是同代的人们对以前的"历史"中的很多"素材"没有把握，但"历史"的这些"素材"会不断地闪现在后来人的面前。很多过去人们没有接触到的"素材"不断的出现，就可以说这是一个可以不断获得事实的领域。这一点就是承认了历史主义所说的历史本身是存在的，也就是说新历史主义也不认为历史本身是虚无的东西。但承认这一点会留下一个问题，即人们现在认定的、写的历史会在将来有被纠正的可能，因为新获得的事实的存在会纠正以前人们所写的历史。因此历史的权威性是有限的，不是一个绝对的历史。

4. 历史知识是从一个偏狭的、既定的观点产生的。不能指望得到"只此一家，别无分店"的历史，所以必须承认各种主体生产的多种历史。这里的历史知识指的是人们写的历史文本，即用语言文字表述的历史。因为这种表述正如格林伯雷和怀特所说的，它们带有诗性的特点，带有想象、幻想、理想以至于某种观点所认定的历史态度，所以它都是有一定的角度，而且写历史的人都有自己既定的观念。这样写出的历史必然是从一个侧面表现的历史，从一个观点产生的历史。在格林伯雷的理论中认为，由于这种文本特性的存在，对于文本的解释，不论是历史文本还是文学文本，都不能超越历史而寻求原意，因而任何文本的解释都是两个时代、两颗心灵的对话与文本意义的重释。所以，历史是根据某种文本模式产生的，并且以文本方式表示出来的东西。新历史主义所说的历史都不是指客观的绝对历史本身，而是历史意识和历史书。历史书又是根据某种文本模式产生的。这个观点寓存着这样一个基本的理论：凡是文本的存在都是可以溯源到历史本身当中去，若没有历史的存在就不会有表述历史的语言的文本。所以新历史主义认为文本里的历史是现实历史文本的一个压缩，而文字文本又具有对现实的放大意义，因为它要对历史的某些部分着重加以表现，要把这个历史加以张扬。这说明文学文本、文字文本不可能脱离历史，也不能没有个人的介入。这就在形式主义大张其道时把文学文本与历史做了重新连接，而且在连接时又与旧历史主义不同。

新历史主义以反对形而上学的实证主义方法与旧历史主义批评方法相区别，而它以文本与社会历史及文化系列相结合的方法，必然与以前盛行的各种研究方法发生矛盾。怀特在为新历史主义辩护时说出了新历史主义的文学研究把文学"置于与同时代的社会惯例和话语的实践的关系之中"，对在 20 世纪中许多已成为文学和历史研究中的"正统观念"的触犯。怀特说："这样一种阐述触犯了文学和历史研究中许多正统观念。首先，由于提出文学文本可以通过研究它们与它们历史语境的关系来说明，新历史主义者触犯了较旧但仍然有力的新批评的形式主义原则。新历史主义者似乎正在回到研究文学文本的更早的语文学方法，并在这个过程中犯下新批评派所说的'发生谬误'。其次，通过提出可以区分文本和语境，他们触犯了较新的后结构主义对形式主义的看法。根据后结构主义理论，文本'之外'一无所有，因此新历史主义者区分文本的语境的努力，会使他们犯'参指谬误'。第三，他们解释历史语境本质所采取的方式，触犯了一般的历史学家。对于新历史主义者，历史语境是'文化系统'。社会制度和习惯，包括政治，被看作是这种系统的作用，而不是倒过来看。因此，新历史主义的基础似乎是可以称之为'文化主义的谬误'，而这表明它是一种历史唯心主义的标记。第四，新历史主义者解释文学文本和文化系统之间关系的方式，同样触犯了历史学家和传统的文学学者。这种关系被认为具有'文本互涉'的性质。它是两种'文本'之间的一种关系：一方面是'文学的'文本，另一方面是'文化的'文本。由此出现了对新历史主义的指责，说它是双重意义的归纳论：它将社会归纳为一种文化作用的状况，然后进一步将文化归纳为一种文本的状况。所有这一切总和起来就是犯了所谓的'文本主义的谬误'。"① 这些矛盾现象，正表明了这种研究方法的张力。

我们说新历史主义是在形式主义走入绝路之处发生的一种文艺批评方法，是因为它是在"解构主义乃至现代主义在语言论转向的旗帜下斩断了文本与社会的联系，强调文本间关系比文本自身更重要，进而热衷于从文本裂缝和踪迹中寻绎压抑语型和差异解释，并藉此推导出激进的'洞见'时，新历史主义突然进入'历史——文化转型'，强调对文本实施政治、经济、社会综合治理，并将其工作重点放在对半个世纪以来的形式主义批评清算上，他们将形式主义颠倒的传统再颠倒过来，再重新注重艺术与人生、文本与历史、文学与权力话语的关系"。"新历史主义将形式与历史的母题重新整合，从而将艺术价值（恒常性）与批评标准（现时性）、方法论上的共时态与历时态，文学特性与史学意义等新母题显豁出来，使当代批评家开始告别解构的独标异说的差异游戏，而向新的历史意识回归，实现了文学研究话语的转型。"②

作为 20 世纪晚期出现的一种文学与历史的研究方法，它克服了旧历史主义的许多局限与片面性，自有其历史功绩；但它否认历史真实的存在，把历史存在在时间上的消逝，等同于历史本身的消失，认为历史一旦过去即无客观实体性，又过分张扬历史事件形成在个人头脑中的"关系网"③ 的作用，都是一种片面的深刻，亦不足取。

---

① 怀特：《新历史主义：一则评论》，见王逢振等编《最新西方文论选》，桂林：漓江出版社 1991 年版，第 497 页。

② 朱立元主编：《当代西方文艺理论》，上海：华东师范大学出版社 1997 年版，第 396 页。

③ 王先霈等主编：《文学批评术语词典》，上海文艺出版社 1999 年版，第 634 页。

# 增订版后记

2006 年我把给硕士生和博士生讲"西方美学史"的课堂录音整理出来，定名为《西方美学讲稿》，印在了《向峰文集》第七卷中。内列从古希腊美学到德里达的解构主义美学，一共是二十五章。在这之后，我几次用这个讲稿讲课，发现有些问题还应补充进来，如现象学、新批评、新历史主义等问题，于是我又加以扩充，成了现在《西方美学论稿》的三十五章规模。

写出《西方美学论稿》，出一本独立存在又有相当规模的书，可以说是我的一个梦想。据科学研究表明，凡是有睡眠的动物都能做梦；只不过一般动物只能梦见过去，不能超经历地梦见未来，因为它们没有对于未来的理想与幻想。而人却不然，不仅能梦见过去，还能梦见未来，这是作为"宇宙的精华，万物的灵长"的人，最富于理想的超越性之所在，也是吸引人前进创造的自动自觉的力量。1996 年我在中国社会科学出版社出版了《中国美学论稿》之后，当时就想：哪一天也出一本与中国美学配套的《西方美学论稿》。但初发此想的时候，我手头虽然有不少原著与参考书，读过，有的还论过、讲过，但成稿的系统文字很少，并且还不是为写史论而作的。后来由于给项士生和博士生讲课的需要，而情势又"舍我其谁"，于是就系统准备，讲过两轮，在 2006 年把西方美学的讲稿印进了文集。这以后的几年来仍是壮心未息，向着设定的目标努力，实现了一个人此时此刻经过努力所能达到的地步。作为实现了的梦想，回头审视，自知还很粗略，但是观点是明确的，写法是别样的，虽然梦想并不高远，但能与我的《中国美学论稿》和 2010 主编的《中国现代美学论稿》配套使用，这却足可抚卷自珍，不禁要高呼一声"梦想万岁"了！

西方美学从古代到现代，已有两千多年的历史，其中包括欧美地区的很多国家、很多人物、很多名著、很多学派，内容十分复杂，材料极为丰厚，是讲不胜讲，论不胜论的高深学问。所以，我当年对于二十五章结构的讲稿，才以"讲稿"为名，是设定以"讲"为书稿之限；这部"讲稿"今天虽然扩展到三十五章的规模，用书名为《西方美学论稿》，但实质上仍然是"讲稿"的限度，出发点是作为一门专业课在一个学期内可以讲完，不是展开学科体系的全面研究。当然，这次增订版不仅有章数的增多，也因为其中的不少章节曾以论文的形式在学术刊物上发表过，所以在用语上也向书面语言靠近了许多，有的作为论文发表后，还在《新华文摘》和人大复印报刊资料《美学》上转载过，由此使笔者增加了信心，才易"讲稿"为"论稿"。其实"讲"与"论"，一个强调用口，一个强调用笔，但我的这本书是我口讲我知，我笔写我知，所以"讲"与"论"并无根本性的区别。

本书所论，都是西方美学史上按时代先后选出的一些重点，并且在阐发中着重于出自已见的辨析，方向目标在于对美学史进行理论的阐发，发表是非的评论，或许这是本书与任何西方美学史的写法都不同之处。同时又由于本书用于听课的对象，都是文学艺术专业的硕士博士研究生，所以在讲述这些西方美学大家时，又特别突出了他们的文艺美学观点，并又较为专注地联系了当时与当今的文艺现象，这是学生愿意听，也是我乐于讲的，其实也是融通那些艰深美论所需要的。这样的安排与侧重，虽然构不成美学史全面而又丰富的系统，但在历史与理论、美学与艺术、知识与实践的结合上，却有其特殊的意义。

在本书的三十五章的立题上，我的想法非常明确，这就是找出重点而不求面面俱到。这一点朱光潜先生的《西方美学史》显示了实际先例。我在多年的文艺理论、美学理论与中国美学史、西方美学的教学与研究及理论批评的实践经验中感到，这些重点多是非常值得认真了解的，不仅有学理性，也有适时性，其中很多人的很多观点先后对中国多有影响，如能真正把握了这些内容，不论是在美学知识的获取上，还是在美学与文艺理论概念的辨识与运用上，都会得到学理的滋润与启迪，比听别人在那里搬弄五花八门的新名词，要实际得多，收获得多。

不论是学习和研究美学史，还是文艺思想史，直接的目的是掌握美学的发展变化规律，从中吸收有用的理论观点，建立自己的审美实践观，同时也能借此机缘引导自己去读那些经典原著，这不仅能使上述目的得以落实，还能由此创生自己的美学见地。所以，我认为读理论思想史不同时读原著不行，而读理论思想的原著不与现实实践结合也不行。在读经典原著的重要意义上，我十分赞赏叔本华的说法："善于读书的

增订版后记

人，决不滥读，这是极为重要的。不论何时何地，凡为大多数所欢迎的书，切勿贸然地拿来读，例如那些正在走红，一年之内一版再版的政治的、宗教的小册子、小说、诗集等，你要知道，凡是为傻瓜而写作的人，总会有一大群读者，请不要浪费时间去读这些东西；应该把你的时间花在阅读那些一切国家、所有时代具有伟大心灵作者的作品上，这些作者超越其余人，他们的声音值得你去倾听。"叔本华是德国十九世纪凌俗出众的哲人，或许他的读书标准一般人难于企及，但要人们切勿随波逐流地在那些一时走红的"畅销书"身上浪费时间，而要花时间去读那些"具有伟大心灵作者的作品"，这不能不认为是关于确立读书的取舍原则和采取厚薄态度的一种忠告。

《西方美学论稿》的增订写作，到此已告一段落。本来在增订之后还有很多可以补写的问题，但由于现实的主客观条件的限制，只好暂时到此，以后如何作为，只有待于新的梦想发生。

在对本书进行一校完了之时，正是农历的"霜降"日。在沈阳这是冬天的开始。但由于心怀对于本书的出版热望，校对到深夜也未觉寒冷，还在天未亮时就起床写了关于本书五编内容的五首诗，抄录如下，供读到此书的朋友们参考。

> 美是寻求唯叹难，千年夏夏辩开端。
> 乞灵上帝终无补，溯本追源在世间。
> 经验沉思几脉流，多元主义探源由；
> 虽难论定一尊理，各有千秋供选求。
> 西方美学数精英，何处名家举世倾？
> 公认超强唯德国，光辉闪烁满天星！
> 推陈不惮显奇偏，语见出新人爱传。
> 唯物唯心难计较，何妨披拣为今天！
> 学林美论见新篇，派立多门竞领先。
> 九仞高山需篑土，汪洋大海汇流川。

这篇后记最后特别要说的是：辽宁大学出版社总编辑董晋骞教授很看中这部书稿的选题与写法，及时纳入了出版选题；辽宁省作协名誉主席、著名作家王充闾先生从作家创作角度审读了书稿的全文，给予很多令人充满信心的嘉许，并校正了打印中的许多错讹之处；辽宁女娲石文化产业公司总裁温权先生对本书出版提供了积极有力的支持；北京大学哲学系教授、北京市美学学会会长李醒尘先生是西方美学史学养深厚的专家，我的本课教学与研究从他的著作中多有得益，现在他又为本书撰写了热情鼓励的序言。对于上述各位的支持、帮助与鼓励，使我感谢之情言难尽表，我不仅要书之于书后，更要深深地留存于心底。

王向峰

20011 年 10 月 24 日

增订版后记

胜利女神

米勒岛的维纳斯

【拉斐尔】西斯廷圣母

【米开朗基罗】摩西

【达·芬奇】最后的晚餐

【鲁本斯】劫夺吕西帕斯的女儿

【伦勃朗】浪子回头

【大卫】赫拉斯兄弟之誓

【米勒】喂食

【德拉克洛瓦】自由女神

【列宾】伏尔加河上的纤夫

【莫奈】草地上的午餐

【梵高】皮靴

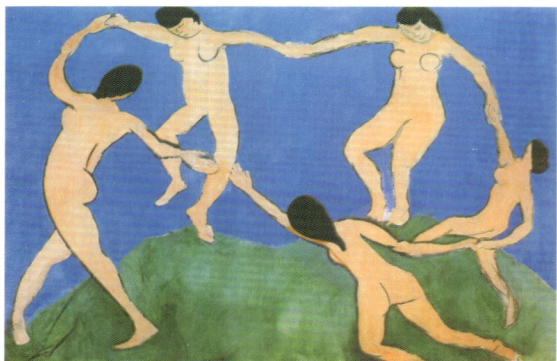

【马蒂斯】舞蹈

【格桑·博格伦】【林肯·博格伦】国家纪念碑

【毕加索】哥尔尼卡